北美水生态区保护

〔美〕罗宾·埃布尔
〔美〕大卫·奥尔森
〔美〕埃里克·迪纳斯坦 等 著
〔美〕帕特里克·赫尔利

李 冰 吴海锁 曲常胜 常闻捷 等 译

科学出版社

北 京

著作权合同登记号：（图字）01-2014-3536

图书在版编目（CIP）数据

北美水生态区保护 /（美）罗宾·埃布尔 (Robin A. Abell) 等著；李冰等译. —北京：科学出版社，2016
书名原文：Freshwater Ecoregions of North America: A Conservation Assessment
ISBN 978-7-03-048697-4

Ⅰ. ①北⋯ Ⅱ. ①罗⋯ ②李⋯ Ⅲ. ①水环境–生态环境–环境保护–研究–北美洲 Ⅳ. ①X143

中国版本图书馆 CIP 数据核字（2016）第 129419 号

责任编辑：杨婵娟 张翠霞 / 责任校对：张小霞
责任印制：张 倩 / 封面设计：黄华斌
编辑部电话：010-64035853
E-mail:houjunlin@mail. sciencep.com

科学出版社 出版
北京东黄城根北街 16 号
邮政编码：100717
http://www.sciencep.com

北京利丰雅高长城印刷有限公司 印刷
科学出版社发行 各地新华书店经销
*
2016 年 7 月第 一 版 开本：889×1194 1/16
2016 年 7 月第一次印刷 印张：20 1/4
字数：583 000
定价：148.00元
（如有印装质量问题，我社负责调换）

本书翻译组成员

李　冰　吴海锁　曲常胜　常闻捷
宛文博　蔡安娟　朱　迟　王伟霞
田　颖　陈　怡　胡开明　孙一宁
江野立

受日益加剧的社会经济活动影响，水环境恶化、水生态系统退化已成为我国各大流域面临的共同难题。长期以来，我国在水体污染控制领域开展了大量工作，逐渐形成了以污染物排放浓度控制和污染物排放总量控制为核心的水环境管理体系，对于降低污染排放强度、缓解流域水质恶化趋势发挥了积极作用。但由于没有将污染控制与水质目标，特别是流域生态系统特征、生态系统健康紧密联系起来，流域生态系统受损严重，河湖生态安全保障能力持续下降，传统的管理模式已不能满足生态系统保护的要求，无法适应流域水环境综合管理的需求。

2015 年 9 月，中共中央、国务院印发《生态文明体制改革总体方案》，明确提出要树立山水林田湖是一个生命共同体的理念，按照生态系统的整体性、系统性、综合治理，增强生态系统循环能力，维护生态平衡。2015 年 4 月，国务院出台《水污染防治行动计划》，其中第二十五条"深化重点流域污染防治"明确提出"研究建立流域水生态环境功能分区管理体系"。

他山之石，可以攻玉。20 世纪 70 年代以来，以美国、加拿大为代表的西方发达国家开始意识到流域本身是有生命的，只有一个自发可以进行良性循环的流域体系才能发挥其生态服务功能，水质管理必须要与生态系统健康相结合，开始探索建立基于水生态分区和生态系统保护的流域综合管理模式，即综合考虑水质、水量、水生生物、栖息地环境等要素，科学划分反映流域水生态系统空间特征差异的区域单元，实行差异化的管理，将水质管理的着眼点转向水体生态系统健康管理，将修复和保持水域的化学完整性、物理完整性和生物完整性作为管理目标，并通过对化学、物理完整性的保护，最终达到对生物完整性的保护。

我国也存在着地表水环境功能区划、水资源区划、主体功能区划等，但都并非基于流域水生态系统空间特征所建立，缺乏对区域水生态系统及其功能的考虑，也难以在其基础上建立体现区域差异的水环境保护管理体系，不能满足面向水生态系统保护的水质目标管理的要求。鉴于此，"十一五"和"十二五"期间，国家重大水专项在重点流域部署开展了水生态功能区划的研究与示范。本书课题组具体承担了在江苏省太湖流域开展的水生态功能分区综合管理示范研究任务。

为了更好地吸收借鉴国际前沿研究成果和先进管理经验，推动我国流域水环境综合管理，本书课题组组织翻译了《北美水生态区保护》一书。本书研究范围包括加拿大、美国本土和墨西哥，采用了专为淡水生态系统而建立的基于生态区的评价方法，将北美地区划分成 76 个淡水生态区，精确地反映不同水体中物种的分布。全书分为三大部分：第一部分概述了生态评价方法；第二部分系统介绍了生物特异性和保存现状的评价，以及优先保护等级的判定；第三部分是关于建议和对策措施的制定。附录部分列举了北美全部 76 个水生态区的生态特性、保护现状和推荐的优先管控措施。本书外文原著出版于 2000 年，书中出现的规划、数据等均反映的是原著编写时的情况，可能已经与当前状况有所差异，但其研究思路和工作方法仍值得我们学习和借鉴。

本书的翻译是在国家"十二五"水专项课题"太湖流域（江苏）水生态功能分区与标准管理工程建设"（2012ZX07506-001）的资助下完成的。参与翻译工作的课题组成员包括李冰、吴海锁、曲常胜、常闻捷、宛文博、蔡安娟、朱迟、王伟霞、田颖、陈怡、胡开明、孙一宁、江野立等。

感谢国家水专项总设计师孟伟院士对课题研究与翻译工作的持续关心与指导；感谢江苏省环境保护厅陈蒙蒙、柏仇勇、于红霞、刘建琳等领导的指导与支持；感谢美国加利福尼亚州橙县流域管理局彭舰博士在版权联系和翻译过程中给予的无私帮助。研究和翻译过程中还得到中国环境科学研究院、中国科学院南京地理与湖泊研究所、南京大学、江苏省环境监测中心、宜兴市环境监测站、常州市武进区环境保护研究所等单位的帮助，在此一并致谢。

由于时间仓促和译者学术水平有限，书中难免存在不足之处，恳请学术界同行和广大读者不吝赐教。

李　冰

2016 年 3 月于南京

随着这本书的出版,世界自然基金会美国分会(WWF-US)为美国、加拿大和墨西哥保护生物多样性的工作提供了一个指导框架。就整个北美洲而言,人们对土地和水资源的需求迫使一些物种迁移,栖息地退化,并对该地区自然系统的关键生态过程造成了巨大压力。自然保护主义者正通过多种途径应对这些威胁。世界自然基金会希望通过基于生态区的淡水生物多样性评价来加速整个北美洲生态保护的计划和实施。退一步说,出版这本书至少可以帮助把我们整个机构的力量凝聚起来。大家在北美洲生物多样性方面的做法各不相同,我们希望这本书能帮助把这些工作串联起来。例如,美国联邦环保署(United States Environmental Protection Agency, USEPA, 这项工作的主要赞助方)致力于设定全国范围内近期和长期生态保护的目标,因而能在这方面起到重要作用。

我们最大的希望是这本书能让读者深切感受到保护生物多样性的紧迫性。在一些生态区内,我们迫切需要停止已经发生的破坏,或者立刻开始保护仅存的生物多样性,或者大力恢复已经丧失的生物多样性。在那些尚未遭到破坏的生态区内,避免重蹈覆辙的机会可能转瞬即逝。

既然情况如此迫在眉睫,世界自然基金会应该何去何从?我们实施基于生态区的保护方案时,越来越多地采用双管齐下的方式:①设立保护区;②在保护区外保障土地和水资源的可持续管理。在美国,我们现在的紧迫任务主要集中在保护五个具有全球重要性的濒危生态区及区块:克拉马斯–锡斯基尤(Klamath-Siskiyou)区块,南佛罗里达区块(包括大沼泽地区块),奇瓦瓦沙漠(Chihuahuan Desert)区块,白令海区块,美国西南部的河流区块。这五个生态区都保存了重要的淡水生物多样性,或者像白令海区块那样为经常迁入迁出淡水环境的迁徙物种提供了生存条件。

通过对北美的淡水生物多样性的评价,我们现在有了一个保护生物多样性的指南。这本书也可以衡量世界自然基金会自身和其他机构保护措施的成败。我们热切希望与其他志同道合的人士合作,团结一心,众志成城。

James Leape
世界自然基金会美国分会执行副主席

　　世界自然基金会美国分会的生态保护科学项目长期以来一直致力于评价全球陆地、淡水及海水生态区生物多样性，这本书正是这方面工作的一部分。整个工作起始于对俄罗斯联邦陆地生物多样性的评价（Krever et al., 1994），然后是拉丁美洲和加勒比地区（Dinerstein et al., 1995）、拉丁美洲的红树林生态区（Olson et al., 1996）、拉丁美洲和加勒比地区的淡水生态区（Olson et al., 1997），最后是墨西哥以北的北美陆地生态区（Ricketts et al., 1999a）。近期这个系列即将出版的工作包括北美海洋生态区的保护评价以及非洲和亚洲的陆地生态区生物多样性保护评价等。1998年出版的《"全球200大"生物区图》（*Olsen and Dinerstein*, 1998）纳入了书中提到的这些具有全球重要生物多样性价值的生态区。

致谢

我们首先要感谢专家工作组的成员。他们为本书贡献了高水平的指导、多年积累的经验，以及宝贵的时间。其中一些专家还应邀撰写了书中的专题文章。这些专题文章大大拓宽了本书的覆盖面。

在世界自然基金会内部，除了以上的专家之外，许多其他人在不同阶段做出了诸多贡献。Marlar Oo、Kim McCrary、Quinn McKew、Michele Thieme、Meghan McKnight 和 Belaine Lehman 在关键阶段提供了帮助。生态保护科学项目的全体成员都在百忙之中抽出时间应急。另外，Carla Langeveld 帮忙查到了许多至关重要的文献。

Peter Moyle、Christopher Taylor、W. L. Minckley 和 Don McAllister 为本书提供了专家审稿。他们的修改意见使我们获益匪浅。Daid Propst 和 Paul Loiselle 为本书的生态区的描述做了很多工作。世界自然基金会加拿大分会的 Kevin Kavanagh 抽出时间审阅补充了加拿大部分生态区的描述。

我们也很感谢James Maxwell 和 Clayton Edwards 无私地分享他们自制的生物地理区图。他们绘制的图是本书淡水生态区图的主要依据。他们的帮助给了本书一个良好的开端，使得我们有时间做其他烦琐的评价工作。

Christopher Taylor、James Williams 和 Larry Master 提供了螯虾和蚌类的分布数据。如果没有他们的贡献，我们可能只能依赖有限的文献数据，因而对生物特异性的分析就远不如现在这样全面。另外，Larry Master 从大自然保护协会（The Nature Conservancy，TNC）拿到了全球排序的数据，使得我们能够对威胁物种的因素进行分析。

本书也大大得益于与此同时进行的北美陆地生态区划的工作。那些工作做得非常细致，为本书提供了很好的模板。对那些工作中陆地生态区划的许多修改意见也使本书受益良多。

墨西哥国家生物多样性知识及应用委员会（National Commission for Knowledge and Use of Biodiversity，CONABIO）和世界自然基金会墨西哥分会都对本书提供了重要信息。尤其值得一提的是，他们帮助识别了墨西哥境内的重要样点。同样，本书也得益于世界自然基金会美国分会、墨西哥分会，以及大自然保护协会联合在奇瓦瓦沙漠进行的生态区保护项目。另外，世界自然基金会加拿大分会帮助提供了当地的相关信息，并审阅了我们对加拿大地区内的评价结果。

　　我们还感谢许多作者、制图师、生物地理学家和生态保护学家。他们的工作为本书所作的评价奠定了基石。我们引用了他们的文献，在此一并致谢。

　　最后，我们特别感谢为这项工作提供资金的机构和个人，包括美国环境系统研究所公司（Environmental Systems Research Institute, Inc., ESRI，提供了电脑软件）和惠普公司（提供了电脑硬件）。尤其值得一提的是，美国联邦环保署的 Tom Born 和他的同事一直全力支持和鼓励这项工作。正是由于他们的努力，淡水生态保护这项紧要的任务才由于本书的出版而得到应有的重视。

目 录

专栏目录

图 目 录

表 目 录

① 介　绍

　　北美洲的淡水栖息地，包括湖泊、泉眼、小溪及主要河川，为许多全球闻名的生物种群提供了生存条件。和全球其他类似的栖息地相比，北美洲的许多生物群落可谓举世无双，这里有非常独特的鱼类、蚌类、鳌虾、两栖类，以及水生爬行类动物种群（Olson and Dinerstein，1998）。

　　然而不幸的是，北美洲的淡水环境也同样因为遭受巨大威胁而名声不佳（Moyle，1994）。河流改道、栖息地退化和分割、外来物种入侵，以及综合土地使用情况的变化已使该洲的淡水生物蒙受了巨大损失，许多幸存的物种和种群的数量也在急剧下降（Miller et al.，1989; The Nature Conservancy，1996a）。例如，在美国的 510 万千米的河道里建有 75 000 座大型水坝和 250 万座小型水坝，仅有 2% 的河流未受人为影响（Langner and Flather，1994; Naiman et al.，1995a; McAllister et al.，1997）。各种对淡水生态系统的扰动效应叠加之后，其程度可谓令人咋舌。单就美国而言，67% 的淡水蚌类、65% 的鳌虾已经非常稀少或面临威胁，37% 的淡水鱼类濒临灭绝，35% 的依赖淡水生境的两栖类已经数量稀少或面临威胁（The Nature Conservancy，1996c）。这些还不包括过去一百年内北美洲已经灭绝的 27 种淡水鱼类和 10 种蚌类（Miller et al.，1989; The Nature Conservancy，1996c）。

　　虽然全球生态保护界已经动员起来保护热带雨林和珊瑚礁等生物资源，但淡水环境却直到最近才受到一些关注（Allan and Flecker，1993; Olson and Dinerstein，1998）。这种情况在北美和其他不太知名的地区都存在。例如，1986 年在美国召开的全国生物多样性论坛，没有一人专门谈到淡水方面的议题（Wilson，1988; Blockstein，1992）。其后，由于受威胁物种的统计数字越来越清楚地表明淡水生物比陆地生物要受更多的威胁（Neves，1992; Allan and Flecker，1993; Williams et al.，1993; McAllister et al.，1997），许多人对此提出了警告。而且这些统计数字仅仅包括描述过的物种，而许多即使是常见大类的淡水物种（如鱼类），也很可能在被描述分类前就灭绝了（N. Burkhead, pers.comm.; McAllister et al.，1985）。

　　淡水物种及生境受威胁的严重程度已经引起了政府和公众的关注。越来越多的人开始支持物种保护的工作。由于每个淡水生态系统都有或多或少的退化，我们急切需要脚踏实地、分清主次，以便有效利用有限的资源。出于这个考虑，国际野生动物基金会美国分会在美国联邦环保署的帮助下，在评价淡水生态区的保护方面做了一些工作，旨在为鉴别亟待保护和修复的生态区做个铺垫。

　　本书所做的评价工作有以下目的：①识别出支持具有全球重要性生物多样性的生态区，从而激励我们认识到我们对保护和恢复全球生物多样性的责任；②评价威胁北美洲淡水生境的因素的种类和紧迫性；③着手识别那些对保护措施立竿见影的地区；④识别影响生物多样性精确评价的主要知识空白；⑤提供一个包含各种规模和层次的框架体系，以便生态保护机构和其他组织能够在该框架下放眼全洲和全球来计划其保护措施，从而更合理地分配资源。

　　以上目标与其他有关北美洲、拉丁美洲、加勒比地区、非洲和亚洲的陆地、海域及淡水生态区类似的保护与评价工作指南颇有相近之处（Dinerstein et al.，1995; Olsen et al.，1997; Ricketts et al.，1999a;

Wikramanayake et al., 1999; Olson et al., in prep；Ford, in prep）。在这些地方，生态保护与评价工作源于许多生境及物种面临的严重威胁，因而准确信息的快速获取至关重要。北美洲淡水生态系统也不例外。我们希望本书的评价工作能够为该洲紧迫的生态保护工作提供重要资料。

1.1 评价工作概况

生态保护学家意识到保护淡水生物多样性的紧迫感，但又左右为难：在生物多样性尚未在地形单元尺度（landscape-scale）上定量前，其保护从何下手？答案之一是，从典型生境着手。这种方法提倡着重保护各类有代表性的生态系统（Noss and Cooperider，1994），并已得到越来越多的生态保护学家的认同。在洲一级尺度上，这种代表性可以通过生态区划来完成。

生态区可定义为较大面积的，包含具地域独特性的自然生物群落组合的地域或水体。这些群落共享大多数的物种、种际关系，以及环境条件，因而可以一起被当作一个保护单元来对待。在本书的评价当中，北美洲被定义为包括加拿大、美国本土和墨西哥等国家。该地区被划分成 76 个淡水生态区。这些生态区包括了从近北极圈直到近热带地区北缘的生物地理大区。多数情况下，淡水生态区包括了多个集水区的集合体，或者称为流域或径流盆地。一个集水区包括所有流入某一河流（或者对于没有外流的封闭盆地系统，流入某一湖泊）的地区。

本书采用了专为淡水生态系统而建立的基于生态区的评价方法。我们没有削足适履地把淡水物种强行用陆地生态区的模式进行划分，而是用了基于生态区的方法。这是因为该方法能更精确地反映不同水体中物种的分布（专题短文 1）。淡水和陆地环境唇齿相依，因而其生物多样性的保护工作密不可分。但

专题短文 ①

北美洲淡水生物特征及淡水生态区划的必要性

和其他温带区的大洲相比，北美洲拥有种类极其繁多的淡水生物。这里有 1200 多种鱼类，仅次于亚洲的 1500 种（Briggs，1986）。该洲还拥有全球最多的珍珠蚌类和河蚌类，共计 181 种和 16 个亚种（Williams et al.，1993）。北美洲还有全球 77% 的螯虾类别，包括 99% 的螯虾（Cambaridae）科中的各个属种（Hobbs，1988）。大部分淡水无脊椎动物尚未被分类，但北美洲就有超过 10 000 种（见专栏 14）。其他的研究表明，这里有 5000 多种淡水甲虫类（Coleoptera），20 000 多种摇蚊，4000 多种甲壳类（Crustacea），以及 1350 种石蛾类（McAllister et al.，1997）。这些淡水无脊椎动物多样性的数据是较为粗略的估计，但它们从侧面表明了在该洲淡水生态系统中可能受到威胁的物种的巨大数量。

洲一级尺度上的物种种类数据对生态保护学家而言可谓中看不中用。这是因为它们提供不了生物地理学或生态及进化过程的信息。生态保护学家在寻找切实可行的保护措施之前，首先要知道不同的物种在不同地域如何组合，从而才能有效地开展工作。大家都可以看出《美国濒危物种法》（*U.S Endangered Species Act*）除了拯救单个物种免于灭绝之外，对其他问题束手无策。这促使一些人开始从地形单元尺度过程（landscape-scale process）和物种组合的角度开展工作（Moyle，1994; Angermeier and Schlosser，1995）。Angermeier 和 Schlosser（1995）认为，物种组合可以直接由于生

物因素或间接由于物理因素而五花八门。这种情形使得我们可以考虑除单纯物种数量之外的生态学和进化学因素，因而物种组合应当是生态保护的最佳基本单元。

淡水生物组合正如其居住的集水区一样，可以根据不同的空间尺度来定义和描述。许多洲一级的陆地生物多样性的评价都已采用生态区作为划分的基本单元。这是因为生态区的常见定义中包含了广泛的生物地理特征，但同时也没有过多地丧失单个物种分布的详细信息（Dinerstein et al., 1995; Ricketts et al., 1999a）。有几个广为使用的基于生态区的划分和评价方法主要是考虑气候、地表形态、可能的天然植被，以及土壤类型（Bailey，1976; Omernik，1987; Dinerstein et al., 1995）。尽管水生态系统的特征大都由陆地的形态特征所决定（Lyons，1989; Bryce and Clarke，1996），但是这些陆地生态区划方法无一能够描述淡水种群的分布及特异性［见 Hughes 等（1994）对此的综述］。其生存局限于淡水生态系统的物种的天然分布一般都局限于湖滨、泉眼，以及（多数情况下）较大的集水区内。陆地生物的分布则大相径庭，因为后者主要取决于植被、土壤类、地形等陆相特征。因而基于生态区的淡水生物多样性的保护措施需要一组不同的淡水生态区划来支撑。

由于我们的目标是将生态区划分为既有独特性又功能上互动的生物群落的区块，我们理当依据物种组合的特征来建立生态区。Maxwell 等（1995）根据土著淡水鱼的分布构建了一个初步的生物区划图。这张图将加拿大、美国本土，以及墨西哥大部分地区划为 61 个"亚区"。这个初步的生物区划图为本书的工作建立了坚实的基础。在 Maxwell 等的基础上我们增加了其他动物物种，并添加了较详细的墨西哥地区的信息以便更好地反映生态区的地理形态特征。据笔者所知，这是首次专门基于淡水生物生态区划而开展的淡水生物多样性的保护评价工作。同时这也是墨西哥第一次被纳入北美洲的评价范畴。

是我们必须因地制宜，为两种环境分别找到最适当的方法来保护。

将生态区进行划分仅仅是生态保护评价工作的第一步。最终，我们需要将这些生态区排出优先顺序以便依序开展工作。为将那些急需保护的生态区找出来，我们必须首先决定什么需要挽救，什么需要恢复。我们的生态保护分析工作是为了达到以下生物多样性保护的基本目标：①代表性生态区得到保护；②保证物种生存繁衍的最小个体数量；③生态过程的维护；④对短期和长期变化的应变能力（Noss，1991）。

生物保护工作的目的是保持生物多样性，但对生物多样性的定义却是众说纷纭（Angermeier and Schlosser，1995）。这个词多数情况下被当作物种丰富度的同义词。然而，这个定义没有考虑物种群落及栖息地类型的独特性，以及生物高级类别（科、属等）的多样性。这个定义也没有考虑生态和进化过程的稀有性。在本书中我们采用了一个"生物特异性"的指标将上述所有概念包容起来。这个指标假定，在一个特定的生态系统，对其生态结构和生态过程的保护与单纯对生物组合的保护一样重要。基于生态区划的生物特异性的评价可以揭示不同生态区的重要差别，据此我们能够在全球和洲一级尺度上对其生物多样性的价值进行排序。

假想所有生态区都完全未受人为影响，我们可能会将主要精力集中在保存最具生物特异性的生态区。不幸的是，几乎所有的生态区都已遭受一定的人为影响并将持续面临威胁。然而生境退化和物种生存威胁的程度在全洲范围内各不相同。这些威胁性因素和如下过程相关：地表人为改造、用水，以及特定生态系统和生物种群对人为扰动的敏感度。有些淡水生态系统已经遭受了无法挽回的改变，不可能恢复到以前的自然状态。其他的生态系统则由于足够的原始结构、功能及生物构成得以保存，不需太多花费即可得到修复。如果我们想知道不同的生态系统在两种极端情况中处于何种位置，就需要评价它们的"保存现状"。

为了给生态保护设定优先顺序，我们必须既考虑生态区的生物特异性，又考虑其保存现状。优先保护最具生物特异性的生态区可谓顺理成章，然而许多人意识不到，那些遭受最严重威胁的生态区也应最优先受到保护。遵照项目专家的推荐，我们建立了一个根据生物特异性和保存现状来设定生态区保护优先顺序的矩阵。我们意识到，其他生物保护组织可能用不同的方法设立优先度，因而该矩阵里的优先度可以灵活设定。

本书评价工作中用到的一些信息是从文献中得到的，如物种分布数据，我们用它们计算了各生态区物种丰富度和本地性指标。然而，大部分生态区尺度上至关重要的指标的信息都无法在文献中找到。例如，全洲统一格式的整个生态区内生境减少量的数据根本不存在。为了高效率地收集这些重要数据，我们较多地使用了专家评估的方法。我们召集了许多专家研讨会，以便于生态学家和生态保护专家能基于生物特异性和保存现状等多种因素对生态区进行集体评价。我们首先让专家们对生态区边界的划分提出意见以便我们修改。然后各地区各自的专家组对各生态区进行评价，并根据专家的综合经验和知识将各生态区根据各项指标进行大类的划分。为了对所有生态区一视同仁，整个评价过程都有明确的评价尺度和分类标准。这样下来，我们收集了大量的客观而定量但文献中无法获得的数据。可能最值得一提的是，本书附录中明确列出了这些评价尺度和划分标准的计算方法，从而尽可能地保证了评价过程的透明度和重现度。

由于该项工作地理跨度大，其空间的粗糙度在所难免。生态区的边界无非是对生态群落渐变地带的近似。我们收集的文献数据及专家意见都只是较为粗略的大类的划分。然而，由于我们是做生物多样性及其威胁的大尺度的评价，这样的精度实际上很合适。本书的目的是帮助生态保护规划专家走出在北美洲战略性设定优先保护对象第一大步，因而本书没有囊括一切。若想让本书所述的评价方法的价值得以充分发挥，较细尺度的（如生态区内或少数生态区块之间的）生态保护政策及行动尚待完成。

在专家研讨会过程中，我们收集了许多对将来较细尺度生态区内的保护工作很有价值的信息。对于每一个生态区，我们让专家识别出主要的威胁、最佳的保护生物多样性的做法，以及在该区内主要的生态保护机构。这些详细信息收录在附录 G 对生态区的描述中。因此，本书实际上不但包括了大尺度的跨生态区的评价框架，也包括了各个生态区特有的详细信息，应该对当地工作有指导作用。我们希望全洲和全球的优先保护的框架可以对当地生态保护工作的决策和实施提供参照。

1.2　本书结构

本书其后的章节可分为三部分。第一部分简略地描述生态评价的方法。附录中包含了更详细的生态区评价系统的特定方法（附录 A 中的生物特异性指数和附录 B 中的保存现状指数）。第二部分介绍生物特异性和保存现状的评价，并通过一个优先度计算矩阵用这两个指标同时计算优先度。生物特异性和保存现状的原始数据在附录 C 和附录 D 中可以查到。附录 E 中还有这些数据的统计分析结果。附录 F 中指明了这两种独立计算出来的参数是如何合二为一对各种生态区进行综合评价的。

在本书的第三部分，我们讨论了由这次评价工作衍生出来的几个重要议题。本书的结果和讨论中穿插了许多专题文章对北美洲淡水生态保护提供了许多补充信息。最后几章中我们提供了一系列的建议。

如果这些建议能付诸实施，北美生物多样性的保护工作将会有显著改善。在讨论北美洲生态区的生物多样性价值时，我们也参照了最近完成的全球 200 大生态区的分析（Olson and Dinerstein，1998）。我们这样做是为了强调，北美洲必须率先肩负起全球生态保护的重担，这样才能成为这方面的领军者。

在整本书中，生态区全名后的括号内写有该区的代号（如田纳西 – 坎伯兰区 [35]）。最后，附录 G 中包括了所有生态区的描述。这些描述包括了各个生态区的覆盖面、重要的生物学特征、保存现状、所受威胁及其分析、专家推荐的一系列保护措施。

1.3 挑战

作为北美洲的居民，我们理当保护我们家门口的淡水生态系统的生物多样性。这也是我们对于整个地球的责任。不幸的是，本书所作的评价表明我们尚未尽到自己的职责。有些淡水生态系统可能已经受到不可挽回的破坏。但我们仍有机会保护其他生态系统的自然遗产。本书确立了 12 种具有全球意义生物多样性的生态区。如果我们现在亡羊补牢，这些生态区的生物多样性特征的拯救仍然为时未晚。我们等得越久，生态资源的损失就越大。

当前北美洲已经有一些颇有影响力的生态保护组织采用了基于生态区的生态保护措施。这些组织包括国际野生动物基金会美国分会（WWF-US）、大自然保护协会（The Nature Conservancy）、野生动物守护者（Defenders of Wildlife）、国际野生动物基金会加拿大濒危动物运动组织（the WWF Canada Endangered Spaces Campaign）、各州政府的保护空白分析项目（State GAP analysis programs），以及墨西哥国家生物多样性知识及应用委员会（Comisión Nacional Para el Conocimiento y Uso de la Biodiversidad）等。这些机构采用了大小尺度结合的分析方法，为保护北美洲丰富的自然遗产提供了颇有价值的指导框架和战略规划工具。

本书为上述工作增添了一条重要的新思路。这是因为本书考虑到了淡水生物多样性的保护与相应陆地方面的工作有异曲同工之处。许多非常独特的淡水生物多样性与陆地上的类似区域可能大相径庭，然而有时具有全球意义的淡水和陆地生态区却多有重合。再者，淡水和陆地生态区所面临的威胁常常来自同样的人为因素。同时，生态保护工作如果规划得当，对淡水和陆地生物都有益处。

我们希望本书的评价结果能够为全北美洲的基于生态区的保护工作的成功开展做出贡献。我们尤其希望本书结果能够让人们注意到北美洲淡水生物多样性的特殊价值及其遭受的严重威胁。不夸张地说，时间已经所剩无几。淡水生态系统有相当强的再生能力，然而这些生境中的大多数珍贵的生物资源如果不被保护就会永久消失。

② 方　法

2.1　生态分区的定义与地理范畴

生态分区是指具有独特自然生物群落的较大陆域或水域，这些区域具有以下特点：①拥有相同的大多数物种、动力学特征和生境；②作为一个保护单元有效地结合在一起（Dinerstein et al.，1995）。本书范围的淡水生态区域包括河流、溪流、泉眼等动水系统，以及湖泊、池塘等静水系统。在美国和加拿大，湿地被纳入单独的陆地评价中（Ricketts et al.，1999 a），河口则涵盖在即将开展的海洋评价中（Ford，待发表）。

本书划定的保护单元包括 76 个生态分区（图 2.1），在很大程度上来源于美国农业部林务局测绘项目根据本土鱼类种类分布划定的亚区（Maxwell et al.，1995）。为了更好地体现横跨美国、加拿大和墨西哥更大范围内的生物多样性分布情况，有效应用于更大尺度的保护规划、报告与生物监控，生物多样性领域的专家们对 Maxwell 等的亚区边界进行了修订与改进。我们沿用了 Maxwell 等体现更大区域范围内的生物亲和性的分区及亚区，将其区域重新命名为复合区（如科罗拉多复合区、密西西比复合区）和生物区（如太平洋生物区、北极 – 大西洋生物区）（图 2.1、图 2.2）。

鱼类、蚌类和大部分螯虾都只能在水生环境生存，跟其他受到相同环境胁迫的物种一样，在进化过程中表现出越来越相似的分布模式。而活动更自由的种群，如两栖动物、爬行动物、水生昆虫等，在空间分布上就没有那么集中。因此，我们使用鱼类、螯虾和蚌类来划分生态区。这些物种整个生命周期都在淡水生境中，可以作为淡水生态系统的最佳保护目标。关于其他水生无脊椎动物的研究远未完成，等研究数据整理完成，可以用来修订淡水生态分区边界。

2.2　主要生境类型的分类

不同生境类型的规模和重要性，在生态过程、生物多样性模式，以及对干扰的反应方面都存在较大的差异。为了表征这个差异，根据在其他区域已经应用实施的全球结构框架（Dinerstein et al.，1995；Olson et al.，1997），我们将生态分区划分为 8 种主要生境类型（major habitat types，MHTs），主要包括：北极地区河流 / 湖泊、大型温带湖泊、温带源头水 / 湖泊、大型温带河流、靠降水补给的内陆河流 / 湖泊 / 泉、干旱地区河流 / 湖泊 / 泉、温带沿海地区河流 / 湖泊 / 泉，以及亚热带沿海地区河流 / 湖泊 / 泉（表2.1、图 2.3）。主要生境类型不单是地理意义上的单元，而是结合了生态系统动力学、栖息地结构和物种多样性模式的类型。

太平洋生物区

海岸带复合区

1. 北太平洋沿海区（North Pacific Coastal）
2. 哥伦比亚河流域冰封区（Columbia Glaciated）
3. 哥伦比亚河流域未冰封区（Columbia Unglaciated）
4. 斯内克河上游区（Upper Snake）
5. 太平洋中部沿海区（Pacific Mid-Coastal）
6. 太平洋中央山谷区（Pacific Central Valley）
7. 南太平洋沿海区（South Pacific Coastal）

大盆地复合区

8. 邦纳维尔区（Bonneville）
9. 拉洪坦区（Lahontan）
10. 俄勒冈湖泊区（Oregon Lakes）
11. 死亡谷区（Death Valley）

科罗拉多复合区

12. 科罗拉多河区（Colorado）
13. 维加斯－圣母河区（Vegas-Virgin）
14. 希拉河区（Gila）

北极–大西洋生物区

格兰德河复合区

15. 格兰德河上游区［Upper Rio Grande（Rio Bravo del Norte）］
16. 古兹曼区（Guzmán）
17. 孔乔斯河区（Rio Conchos）
18. 佩科斯河区（Pecos）
19. 马皮米区（Mapimí）
20. 格兰德河下游区［Lower Rio Grande（Rio Bravo del Norte）］
21. 萨拉多区（Rio Salado）
22. 科瓦特雷西尼加斯区（Cuatro Ciénegas）
23. 圣胡安区（Rio San Juan）

密西西比河复合区

24. 密西西比河区（Mississippi）
25. 密西西比湾区（Mississippi Embayment）
26. 密苏里河上游区（Upper Missouri）
27. 密苏里河中游区（Middle Missouri）
28. 中部大草原区（Central Prairie）
29. 欧扎克高地区（Ozark Highlands）
30. 沃希托高地区（Ouachita Highlands）
31. 南部平原区（Southern Plains）
32. 东得克萨斯湾区（East Texas Gulf）
33. 西得克萨斯湾区（West Texas Gulf）
34. 泰斯－老俄亥俄区（Teays-Old Ohio）
35. 田纳西－坎伯兰区（Tennessee-Cumberland）
36. 莫比尔湾区（Mobile Bay）
37. 阿巴拉契科拉区（Apalachicola）
38. 佛罗里达湾区（Florida Gulf）

大西洋复合区

39. 佛罗里达区（Florida）
40. 南大西洋区（South Atlantic）
41. 切萨皮克区（Chesapeake Bay）
42. 北大西洋区（North Atlantic）

圣劳伦斯河复合区

43. 苏必利尔湖区（Superior）
44. 密歇根－休伦湖区（Michigan-Huron）
45. 伊利湖区（Erie）
46. 安大略湖区（Ontario）
47. 圣劳伦斯河下游区（Lower St. Lawrence）
48. 北大西洋－昂加瓦湾区（North Atlantic-Ungava）

哈得孙湾复合区

49. 加拿大洛基山脉区（Canadian Rockies）
50. 萨斯克彻温河上游区（Upper Saskatchewan）
51. 萨斯克彻温河下游区（Lower Saskatchewan）
52. 英格兰－温尼伯湖区（English-Winnipeg Lakes）
53. 南哈得孙湾区（South Hudson）
54. 东哈得孙湾区（East Hudson）

北极复合区

55. 育空区（Yukon）
56. 麦肯齐河下游区（Lower Mackenzie）
57. 麦肯齐河上游区（Upper Mackenzie）
58. 北极北部区（North Arctic）
59. 北极东部区（East Arctic）
60. 北极群岛区（Arctic Islands）

墨西哥过渡生物区

61. 索诺兰沙漠区（Sonoran）
62. 锡那罗亚沿海区（Sinaloan Coastal）
63. 圣地亚哥区（Santiago）
64. 马南特兰－阿梅卡区（Manantlan-Ameca）
65. 查帕拉区（Chapala）
66. 萨拉多平原区（Llanos el Salado）
67. 贝尔德河源头区（Rio Verde Headwaters）
68. 塔毛利帕斯－韦拉克鲁斯区（Tamaulipas-Veracruz）
69. 莱尔马河区（Lerma）
70. 巴尔萨斯河区（Balsas）
71. 帕帕洛阿潘河区（Papaloapan）
72. 卡特马科区（Catemaco）
73. 夸察夸尔科斯区（Coatzacoalcos）
74. 特万特佩克区（Tehuantepec）
75. 格里哈尔瓦－乌苏马辛塔区（Grijalva-Usumacinta）
76. 尤卡坦区（Yucatán）

图 2.1 北美淡水生态分区
注：分生物区、复合区、生态区三级

图例

⋀ 生态分区边界

⋀ 河流

⋀ 行政边界

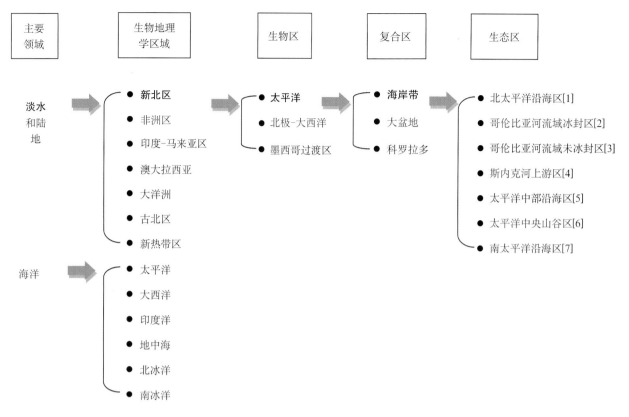

图 2.2　保存现状评估的空间单元框架

陆地和淡水保存现状评估针对相同的生物地理学区域，使用生物区、复合区和生态区来分区，可参考北美陆地生态分区（Ricketts et al.，1999 a）

生物保护组织一致认为，地球上所有生境的代表性类型对于保护地球生物多样性是至关重要的。通过将生态分区分成不同的主要生境类型，然后分别评估每个类型，可以促进区域保护策略的制定（Noss and Cooperrider，1994；Olson and Dinerstein,1998）。

生物特性和保存现状的分析标准是根据不同主要生境类型的特征制定的。生物特异性指数（Biological Distinctiveness Index, BDI）主要基于物种丰富度和特有分布，不能应用于将多个生态分区组合在一起进行评价（参见附录 A）。生物地理学研究已经明确，大多数种群的物种丰富度随纬度降低而增加，虽然水生无脊椎动物并不符合这个规律，但是这在水生脊椎动物中已得到证明（Gee，1991；Allan and Flecker，1993；Ricketts et al.，1999 a）。因此，通过直接比较北极与亚热带地区的生境物种丰富度，并没有得到更多有用的信息。此外，北美北部部分地区近期的冰川作用（距今 10 000～15 000 年）减少了物种形成的机会，导致总物种和特有物种的数量较低（Briggs，1986）。鱼类物种丰富度与流域和湖泊区域之间存在着联系，换句话说，相比小型的湖泊或河流，在大型湖泊或河流应该能够找到更多的鱼类（Allan and Flecker，1993；McAllister et al.，1997）。不过，生态分区的大小与物种数量并没有统计上的关系，如附录 E 所示。为了能够正确地判定生态分区的生物特性，每个生境类型都采用了相应类别的独特性加以反映。

对于每个生境类型，根据对物种与种群的影响程度，对不同的生态现状指标赋予不同的权重。这个非常必要，因为外界的干扰对所有生境的影响并不是统一的。例如，改变水文的完整性，对干旱地区比对湿润的沿海地带可能会有更为深远的影响；水质恶化对于湖泊而言会比大型河流的影响更加严重。

表 2.1　不同主要生境类型下的生态区

主要生境类型	生态区	主要生境类型	生态区
北极地区河流 / 湖泊（ARL）	南哈得孙湾区 [53]	干旱地区河流 / 湖泊 / 泉（XRLS）	南太平洋沿海区 [7]
	东哈得孙湾区 [54]		维加斯 – 圣母河区 [13]
	育空区 [55]		希拉河区 [14]
	麦肯齐河下游区 [56]		孔乔斯河区 [17]
	麦肯齐河上游区 [57]		佩科斯河区 [18]
	北极北部区 [58]		萨拉多河区 [21]
	北极东部区 [59]		科瓦特西尼加斯区 [22]
	北极群岛区 [60]		圣胡安河区 [23]
大型温带湖泊（LTL）	苏必利尔湖区 [43]		索诺兰沙漠区 [61]
	密歇根 – 休伦湖区 [44]		查帕拉区 [65]
	伊利湖区 [45]		贝尔德河源头区 [67]
	安大略湖区 [46]	温带沿海地区河流 / 湖泊 / 泉（TCRL）	北太平洋沿海区 [1]
温带源头水 / 湖泊（THL）	中部大草原区 [28]		哥伦比亚河流域冰封区 [2]
	欧扎克高地区 [29]		哥伦比亚河流域未冰封区 [3]
	沃希托高地区 [30]		斯内克河上游区 [4]
	南部平原区 [31]		太平洋中部沿海区 [5]
	泰斯 – 老俄亥俄区 [34]		太平洋中央山谷区 [6]
	田纳西 – 坎伯兰区 [35]		东得克萨斯湾区 [32]
	加拿大洛基山脉区 [49]		莫比尔湾区 [36]
	萨斯克彻温河上游区 [50]		阿巴拉契科拉区 [37]
	萨斯克彻温河下游区 [51]		佛罗里达湾区 [38]
	英格兰 – 温尼伯湖区 [52]		南大西洋区 [40]
大型温带河流（LTR）	科罗拉多区 [12]		切萨皮克湾区 [41]
	格兰德河上游区 [15]		北大西洋区 [42]
	格兰德河下游区 [20]		圣劳伦斯河下游区 [47]
	密西西比河区 [24]		北大西洋 – 昂加瓦湾区 [48]
	密西西比湾区 [25]	亚热带沿海地区河流 / 湖泊 / 泉（SCRL）	西得克萨斯湾区 [33]
	密苏里河上游区 [26]		佛罗里达区 [39]
	密苏里河中游区 [27]		锡那罗亚沿海区 [62]
内陆河流 / 湖泊 / 泉（ERLS）	邦纳维尔区 [8]		圣地亚哥区 [63]
	拉洪坦区 [9]		马南特兰 – 阿梅卡区 [64]
	俄勒冈湖泊区 [10]		塔毛利帕斯 – 韦拉克鲁斯区 [68]
	死亡谷区 [11]		巴尔萨斯河区 [70]
	古兹曼区 [16]		帕帕洛阿潘河区 [71]
	马皮米区 [19]		卡特马科区 [72]
	萨拉多平原区 [66]		夸察夸尔科斯区 [73]
	莱尔马区 [69]		特万特佩克区 [74]
			格里哈尔瓦 – 乌苏马辛塔区 [75]
			尤卡坦区 [76]

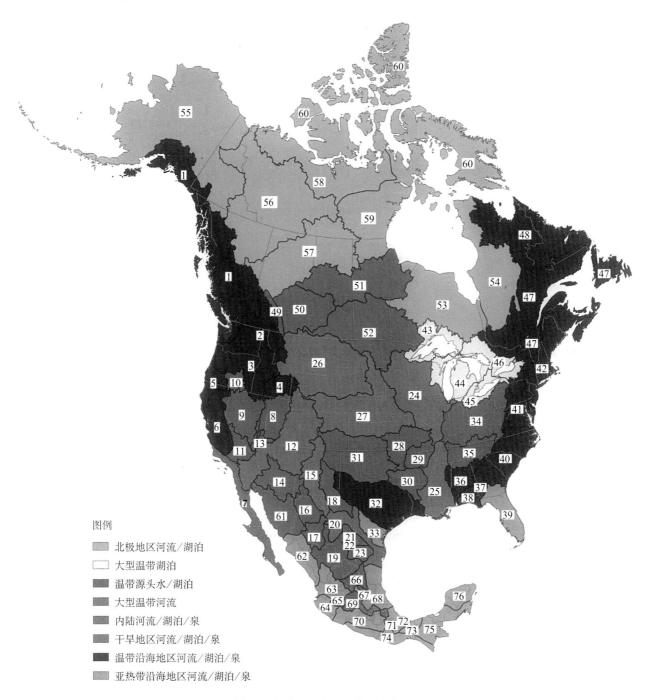

图 2.3　北美地区主要淡水生境类型

图例
- 北极地区河流/湖泊
- 大型温带湖泊
- 温带源头水/湖泊
- 大型温带河流
- 内陆河流/湖泊/泉
- 干旱地区河流/湖泊/泉
- 温带沿海地区河流/湖泊/泉
- 亚热带沿海地区河流/湖泊/泉

2.3　评价体系

生物特异性和保存现状识别最早由世界自然基金会美国分会在拉丁美洲和加勒比地区的陆地生态分区保护评价项目中建立（Dinerstein et al.，1995）。在这项研究中，针对淡水系统专门提出了保存现状指数（Conservation Status Index, CSI）。生物特异性指数和保存现状指数都是使用几个评价标准来开展的（表 2.2）。详细描述见附录 A 和附录 B，这些是构成评价标准的数据源。

表 2.2　生物特异性和保存现状评价标准

生物特异性	保存现状
1. 物种丰富度 2. 特有性 3. 罕见的生态或进化现象 4. 罕见的生境类型	1. 土地覆被（流域）变化 2. 水质退化 3. 水文完整性变化 4. 生境破碎化程度 5. 原始完整生境的额外损失 6. 外来物种的影响 7. 物种直接开发利用

2.4　生物特异性指数

2.4.1　概述

本书采用 Dinerstein 等（1995）所提出的，用不同生物地理尺度下生物多样性的独特程度来诠释生物栖息地在一个生态分区中的重要性。我们使用这种尺度效应评价方法将生态区分为四个类别：全球显著、北美显著（即一个生物地理区域）、生物区显著和国家重点。

生物多样性评价通常关注的是物种水平。我们使用术语生物特异性来严格定义除物种以外的生物多样性，因为物种将生态系统多样性和维持生物多样性的生态过程融为一体。具体来说，生物特异性评价是基于广泛的物种丰富度、地域分布性、高等级种群的特异性、异常的生态和进化现象，以及全球稀有的生境类型。

2.4.2　评估标准

从拥有 2200 多个物种的北美地区选出五类代表种群来进行生态分区图的系统对照，以便评价物种丰富度和区域特异性，它们是鱼类、螯虾、蚌类、依赖于水生生境的两栖动物，以及水生、半水生爬行动物。之所以选择这些种群，除了它们是淡水生物群的重要组成部分之外，还因为它们拥有最佳的分布数据可以使用。蚌类是淡水生境中最受威胁的种群，尽管墨西哥的蚌类研究数据不够充分，但蚌类仍然要被纳入分析。总的来说，这五类代表种群可以作为数量众多但不太知名的群体（如水栖昆虫）的警示性代表，从而被选作所有生物多样性模式的指标。

除了物种分布，我们在生物特异性指数中还采用了两个生态分区尺度的评价标准：罕见的生态或进化现象与全球稀有的生境类型。罕见的进化现象包括辐射进化、更高级别的分类多样性和独特的物种组合所形成的全球范围的突出中心，比如鱼类在大型河流或由海洋向淡水栖息地的大规模迁移。

稀有的生境类型分为两种类型：原始的和人类活动诱发形成的。这个标准是为了评估某一稀有现象保护的可能性，因此这两种稀有类型都要考虑进去。对于曾经分布广泛的生态过程，其原始位置大部分已经被破坏，那么其剩余未被破坏的位置，可以当作最初的稀有生境类型来对待。例如，鲑鱼的产卵场一般分布在太平洋海岸，但是现在已经大幅度减少了，现存的鲑鱼产卵场就可以作为稀有的生境类型来处理。这一标准的目的是要捕捉那些难以用其他方式来量化的生态分区特征，通过专家评价法做出全球显著的、北美显著的或者是不适合的评价来进行打分。

我们对存在物种组合现象的生态分区额外提出了高水平的 β - 多样性判别。β - 多样性可以用来表征远离或顺着环境演变发生的物种反演、更替。从某种意义上说，β - 多样性指示着生态分区的生物复杂性，而且与当地特有种有着相关关系。与此同时，它还是确定生态分区保护工作的类型和等级的重要指标。通常情况下，β - 多样性水平高的生态区需要由不同的分散式景观组成多样化保护区域，以保持淡水物种的分散与组合。在北极河流和湖泊的一些生态分区，鲜有物种反演现象，而在干旱区生态系统里的生态区往往具有较高的 β - 多样性。四沼泽区 [22]，一个由数百个小型温泉、湖泊、溪流和众多本地特有物种组成的内陆河生态系统，就是一个高 β - 多样性的典型例子。

同样的，对于全球稀有的栖息地类型，我们使用了相同的专家打分法来评价。如果全世界少于 8 个生态区包含某种特定生境类型，那么我们认为这个生态区是全球显著的；如果少于 3 个生态区分布在北美，那么我们认为这个生态区是北美显著的。否则，它就被评价为不适用。这种方式意味着在全球保护这一生境类型的机遇，以及包含这种生境类型的北美生态区的重要性。

2.4.3　综合性的BDI标准

在每个重要生境类型里，物种丰富度和地域分布性都分为高、中、低三个类别（详尽的方法讨论参见附录 A）。为了表示地域分布性对生物特异性的贡献，将地域分布性进行加倍加权。这两个标准结合起来使用，将生态区划入四个生物差异性类别之一：全球显著、北美显著、生物区显著和国家重点。如果生态区内具有稀有的生态或进化现象，或者属于稀缺的生境类型，那么这个生态区就会被提升为全球显著或者北美显著，每个生态区至少也是国家重点。所有生态区为当地人类社会提供了重要的生态系统服务、自然资源或自然游憩机会，许多国家重点的生态分区还拥有珍稀或濒危物种的栖息地。然而，每个生境类型的特定生态分区都具有异常丰富或不寻常的生物多样性，其保护体现出全球性或大洲性的重要价值。

2.5　保存现状指数

2.5.1　概述

第二个主要的判别标准是保存现状评估，旨在估计生态区当前和未来满足生物多样性保护三个基本目标的能力。这三个基本目标是指维护可承载的物种种群和群落、维持生态过程、对短期和长期的环境变化能够有效应对。我们基于七个标准来快速定义保存现状：土地覆被（流域）变化、水质退化、水文完整性变化、生境破碎化程度、原始完整生境的额外损失、外来物种的影响和物种直接开发利用。每个生态区按照从 0 到 4 进行排序（0 为退化最少的，4 为退化最多的），分数根据生态区的主要生境类型（图 2.4）进行加权赋值，然后将每个生态区的分数汇总，进行均一化处理，得到每个分区的百分比。将百分比分成五个等级，对应地将每个生态区划分为五个类别：极危、濒危、易危、相对稳定、相对完整（参见附录 B）。

主要生境类型	保存现状指标						
	土地覆被（流域）变化	水质退化	水文完整性变化	生境破碎化程度	原始完整生境的额外损失	外来物种的影响	物种直接开发利用
北极地区河流/湖泊							×2
大型温带湖泊		×2				×2	
温带源头水/湖泊	×2		×2	×2		×2	
大型温带河流	×2		×2	×2			
内陆河/湖泊/泉	×2	×2	×3		×2	×2	×2
干旱地区河流/湖泊/泉	×2	×3	×3	×2	×2	×2	×2
温带沿海地区河流/湖泊/泉	×2		×2				×2
亚热带沿海地区河流/湖泊/泉	×2		×2	×2			×2

图 2.4　不同主要生境类型保存现状指标的权重

注：某些威胁或潜在威胁会产生不同影响

2.5.2　评估标准

淡水生态系统的威胁因素有据可查。在一般情况下，多重威胁存在于所有生态系统（Allan and Flecker，1993）。淡水生态系统的生境质量在很大程度上取决于其他地方发生的生态过程，这导致生态保护评价标准的制定变得复杂。具体地说，一个流域内的陆地土地利用情况或多或少地会影响到下游的淡水生态系统，这就是受干扰活动的影响而在空间尺度上发生变化。溪流附近河岸带植被的减少对温度、有机质输入、营养和溪流栖息地的输沙量有着直接影响，而许多千米以外的城市化开发才会造成同样程度的影响（如径流变化及其携带的污染物）。对于不同土地利用类型对淡水生态系统生境的影响很难加以区分，想要监测物种或种群对于具体影响源做出的变化更是难上加难。

我们选择的评价标准是基于先前淡水生物多样性保护的研究成果提出的。Miller 等（1989）评估了100 年前已经灭绝的北美地区鱼类情况，识别出引起这些鱼类灭绝的原因有五个：物理栖息地改变、外来物种入侵、化学变化或污染、杂交和过度捕捞。在已经消失的 27 种和 13 亚种中，只有 7 种鱼类的灭绝是由单一可能原因造成的，而最常见的原因是栖息地的丧失（占所有种类灭绝原因的 73%）。杂交虽然在所有种类灭绝原因中占到 38%，但是在所有灭绝鱼类中，杂交都不是单独引起灭绝的原因，所以不作为我们的生态保护评价标准。

水生生态系统修复委员会（Committee on Restoration of Aquatic Ecosystems,1992）针对湖泊和河流生物群列出了不同类别的影响清单。对于湖泊，主要的影响类别包括：各大类营养物质和有机物质的过度投入、水文和物理变化、农业和采矿活动造成水土流失引起的淤积、外来物种的引进、大气沉降和采矿废水排放引起的酸化作用，以及有毒或潜在有毒金属与有机化合物污染。因此，对引起湖泊水质恶化的各种形式需要进行单独分类，不过水文和物理变化需结合考虑。另外，对于河流，五大主要的影响类别则改为能量来源（如粗颗粒有机物的减少、藻类生产的增加等）、水质、栖息地质量、水流动态和生物相互作用。在这种情况下，改变流域土地覆被情况就改变了区域的能量来源。

Allan 和 Flecker（1993）认为，动水栖息地生物多样性威胁有六大关键因素：栖息地丧失和退化、外来物种的蔓延、过度开发、二次灭绝（一个物种灭绝后在区域物种组合内产生连锁效应）、化学有机污染和气候变化。二次灭绝难以量化，往往造成当地种群损失，而不是全球性的灭绝。气候变化也许已经对栖息地和种群造成了不良影响，但更多地被认为是一种长期的威胁。剩下的四个因素都包含在我们的保存现状评估标准中。

在南非的河流保存现状评估项目中，O'Keeffe 等（1987）使用了 41 个评价指标，其中 26 个指标都属于威胁（相对于正面属性，如不受管制河流的百分比）。这 41 个评价指标中，每一个都非常具体地归类为与"河流""流域"或"生物群"相关联；在许多情况下，一些相类似的指标可以合并成综合的类别，如"水质恶化"。

当一起考虑淡水系统的主要威胁因素并尝试将它们归类时往往会识别出相同的因素，但要将它们合并起来又有些不同。我们保留了大部分的主要威胁类别，并进行修改完善，以确保多数威胁种类能够覆盖到各种不同的淡水生态栖息地。我们的标准在某些情况下会相互重叠（比如流域土地覆被变化的影响将在一些其他类别中表现出来），但是我们选择了超量计算威胁，假设每个专家对照每一条标准进行打分来表征影响时往往不止一次。为确保研究的全面性，我们还增加了第五个标准，即原始完整生境的额外损失，来获得未包括在四条标准之内的其他任何影响。根据 O'Keeffe 等（1987）的分类情况，我们的评价标准有一条与流域有关，四条涉及河流、湖泊或泉水（或统称栖息地），两条涉及生物区系。

与其他生态保护评估不同，我们的评估没有把物种威胁作为标准，因为物种威胁可作为其他指标的多种威胁的共同结果。不过我们运用物种威胁的相关信息来帮助验证评估结果（Natural Heritage Central Databases et al.，1997，细节见评估结果和附录 E）。

虽然我们评估了生态分区尺度的保存现状，但是影响物种的过程是发生在不同的时空尺度的。除了第一条标准"土地覆被（流域）变化"，其他评价标准的评价尺度并无特殊要求，假设专家会根据生态分区特定的生境类型的合适规模来进行打分。

关于每个标准是如何打分的，在附录 B 中给出了详细说明。

2.5.3　关于标准的评估

有一些国家陆地数据集和地图集对于七个标准中的部分内容的定量评估可能有用（U.S. Enviornmental Protection Agency，1997；Natural Heritage Central Databases et al.，1997；Federal Emergency Management Agency，1996）。然而，它们没有足够的空间分辨率或一致性，不能完全满足分析要求。为了及时地收集到高质量的信息，我们邀请生物学家和具有地区专业知识的环保主义者召开了一次研讨会，来探讨如何评估各生态区的七个景观特性。与会人员提出了标准化的决策规则和用于生态区打分的数据表单（详细说明见附录 B）。

2.5.4　快速定义保存现状

对这七个标准进行加权求和得到一个单一指数，从中推导出极危、濒危、易危、相对稳定、相对完整等五类保存现状，这五个类别采用了 Dinerstein 等（1995）的研究成果，并出版在经典的《世界自然保护联盟红皮书》系列（IUCN，1988；Collar et al.，1992）。《世界自然保护联盟红皮书》提出了受到各种级别威胁的物种名录，呼吁人们关注濒临灭绝的物种和种群。世界自然基金会已经采用了类似的分类方案来描述生态区并评估其保存现状（Dinerstein et al.，1995）。使用这些标准的原因很简单：红皮书中列出的约 90% 的物种是因为栖息地的丧失而被列为濒危物种的（Wilcove et al., 1996）。在同一个生态区里的更多物种要么是没有研究描述，要么是永远不太可能正式公布。因此，我们直接采用适用于生态区的红皮书标准，以确定最有可能发生整个物种丧失或下降的区域。

用于推导出保存现状指数分类而使用的方法、权重和阈值在附录 B 中都做了详细介绍。下面我们对每一类生态区在栖息地完整性和生态影响预测方面提出通用的定性描述。以下列出的分类并不一定都存在。这些描述反映了生态区是如何随着栖息地的丧失，出现了退化、破碎化、生态过程自然终止、种群变化不再处于正常偏差范围内，以及生物多样性的重要组成部分被破坏等后果的（改编自 Dinerstein et al., 1995）。

（1）极危：现存完整栖息地局限在偏远地区或河段，未来 5～10 年内持续下去的可能性低，缺乏紧急和持久性的保护与恢复措施。现存栖息地无法满足维持种群内多数物种存活和生态过程的最低要求，周围的土地利用方式与维持水生生境的结构和功能不相符，水文完整性被永久性地大规模严重改变，外来物种严重威胁到本地物种的种群数量，水质持续较差使得现存栖息地大部分物种消失而只剩下最顽强的物种，很多物种已经灭绝。

（2）濒危：现存完整栖息地局限在偏远地区或者不同大小或长度的区段（可能会出现几个较大的区域或河段），未来 10～15 年持续下去的可能性低或中等，缺乏紧急和持久性的保护与恢复措施。现存的栖息地不能满足许多物种种群和大型生态过程的最低要求，周围的土地利用方式在很大程度上与维持水生生境的结构和功能不相符，水文完整性被永久地分割成大小不一的区段，外来物种的扩散对本土物种种群构成了潜在的严重威胁，水质较差使得很多物种离开了现存栖息地，有些物种已经灭绝。

（3）易危：现存完整栖息地处于大小不一的区块或区段，如果给其以充分保护和适度恢复，这些栖息地很可能在未来 10～20 年保持完整状态。一些现存栖息地能够满足物种种群和大规模生态过程的最低要求，周围的土地利用方式能与维持水生生境的结构和功能相符合，某些区域的水文完整性可以通过适度的改变得以恢复，外来物种能够得到控制，有些物种可能消失或灭绝。

（4）相对稳定：某些区域的自然群落已经发生改变，导致当地一些种群的衰退和生态过程的破坏。这些受影响的区域分布广泛但相对完整，完整栖息地之间的生态联系在很大程度上仍然发挥着作用，敏感物种依然存在但密度在减少，水文完整性即使发生改变也能通过较小的调整来恢复，周围的土地利用方式对水生生境没有影响或者有影响但很容易被消除，外来物种对本地物种很少或没有威胁，原生物种几乎全部存在。

（5）相对完整：一个生态区内的本土群落拥有完整的物种、群落，以及自然范围内变化的生态过程。敏感物种的种群数量没有减少，生物群在生态区内自然迁移发散，生态过程的自然波动在很大程度上贯穿于连续的自然栖息地之中，水文完整性没有发生改变，周围的土地利用方式对水生生境没有损害，维持现状将在短期和长期时间跨度上保护本土物种。

2.5.5　最终（经威胁修正的）保存现状

根据专家研讨会上预估的未来威胁程度，对各生态区的快速定义的保存现状进行修正。通过这个方式，我们超出隐藏在生境丧失、破碎及其他现有力量背后的生态风险的范畴来评估这些现象的未来轨迹。专家预估了未来 10～20 年里持续对物种构成的所有风险的累积影响，根据威胁程度将生态区分为高威胁、中威胁和低威胁三类。高威胁的生态区提升为下一级保护状态类别，即为修改后的保存现状（例如，一个高威胁的濒危级生态区被提升为极危级）。中威胁或低威胁的生态区，其保护状态维持不变（参见附录 B）。

2.6　集成生物特异性与保存现状

在大尺度生物多样性保护规划中，生物特异性指数和保存现状指数是两个至关重要的指标。它们将生态区的相对生物重要性评估与当前及预测的人类活动的影响程度结合起来。这两个指数同时考虑，可以作为一个功能强大的工具，用于指导生态区内进行适当的保护活动，并为资源有限急需谨慎规划的区域制定区域优先顺序提供指导。

为了综合这两个指数，我们改进了 Dinerstein 等（1995）开发的矩阵，生物特异性类别沿垂直轴而保存现状沿水平轴设置（图 2.5），生态区根据所属类别对应地填入矩阵的 20 个单元之一。包括这个综合步骤在内的整个评估过程，对每个主要生境类型都是独立进行的，以确保在最终分析结果中主要生境类型的代表性。根据淡水生态系统专家的建议，将这 20 个单元分为五大类，用来反映可能需要开展的自然和管理活动，以有效实现生物多样性保护。

生物特异性	最终保存现状				
	极危	濒危	易危	相对稳定	相对完整
全球显著	II	I	I	II	II
北美显著	III	II	II	III	IV
生物区显著	IV	III	III	IV	V
全国重点	V	IV	IV	V	V

图 2.5　确定优先级的综合矩阵

专家们一致认为，极度濒危的淡水生态区受到的威胁将是不可逆转的，除非投入庞大的支出及完全改变水体利用和陆地利用方式，建议不给予极危生态区最优先保护；可用于淡水保护的有限资金应该用在生态区内切实容易获得生态保护收益的区域，因此，全球显著的濒危、易危生态区应该给予最高优先级保护。但是，专家觉得不应放弃对那些全球显著的极危生态区保护所做的努力，因此，给予全球显著的极危、相对稳定和相对完整的生态区以第二优先保护级。

优先度确定的综合矩阵遵循这样的分类逻辑，在每一个生物特异性等级上，濒危、易危生态区采用相同的优先等级，因其均为具有重要显著性并或多或少受到威胁的生态区。这个优先级的设定不能忽视这样的事实，自然生态系统为动物、植物、人类群落提供了自然生态系统服务功能，生物多样性保护对于每一个生态区都非常重要，保护生态区内自然环境是为了保护特殊物种种群和跨物种种群的遗传功能多样性。此外，还必须保护生态区为当地提供的生态系统服务，诸如防洪、地下水补给、淡水净化，以及数不胜数的休憩活动。

然而，一些生态区具有生物学上的全球重要性，并且受到人类活动的急迫威胁，因此得到了世界各地环保主义者更多的及时关注（Olson and Dinerstein，1998）。在有限的可用于生态保护的资源和时间条件下，战略性地分配和安排保护工作和时间是非常重要的。我们已经制订了保护框架，旨在协助完成这一分配过程，同时强调北美生物多样性的特殊性。我们认识到，其他人可能会选择不同的优先级设定方案，比起我们强调的生态区会更加重视生态单元，因此，在报告中我们提供了评估产生的所有数据，以便其他人根据自己的需要来设定优先级别。

2.7　重要保护地点标识

本书的研究设置了生态区的优先次序，但实际的保护发生在单个的地点尺度上。有鉴于此，专家们列出了每个地点或活动的优先级，并为致力于生物多样性保护工作的个人或群体提供联系信息。这些地点见第 7 章的图件，每个生态区的生态保护人员列于附录 G。

③ 北美生态区的生物特异性

3.1 物种丰富度

北美东南部和中部地区生物种类繁多（图 3.1～图 3.3）。北美的这种物种地理分布模式很大程度上是由主要生境类型决定的。通过主要生境类型对物种丰富度数据进行分组时，某些主要生境类型通常比其他类型拥有更多物种（完全统计研究参见附录 E）。对鱼类而言，温带源头水和湖泊、大型温带湖泊和大型温带河流生态区平均拥有的物种远比其他主要生境类型的物种多，特别是干旱地区、内陆地区和北极地区的生态区。对螯虾而言，温带源头水和湖泊生态区比其他主要生境类型包含更多物种，而对爬行类动物而言，亚热带生态区中的物种数量平均是其他主要生境类型的两倍。

一些主要生境类型的某些生态区始终保持着它们的高物种丰富水平（表 3.1）。在温带大型河流生境类型中，密西西比湾区 [25] 拥有的物种丰富度在所有已测的动物区系中是最高的。在温带源头水和湖泊类型中，田纳西 – 坎伯兰区 [35] 和泰斯 – 老俄亥俄区 [34] 拥有最高的丰富度值。丰富度在这些生态区较高，就使得相同生境类型的其他生态区相形见绌，从而揭示了生物特异性确实存在重要差异。

鱼类物种丰富度最高的生态区全部分布在北极 – 大西洋生物区的密西西比河水系。它由密西西比湾区 [25]、泰斯 – 老俄亥俄区 [34] 和田纳西 – 坎伯兰区 [35]（图 3.4a；专栏 1 和专栏 2）组成，每个生态区拥有 200 多种鱼类。鱼类物种丰富度值的下降趋势往往呈以这些生态区为原点向外扩散的趋势。密西西比河区 [24]、欧扎克高地区 [29]、莫比尔湾区 [36] 和南大西洋区 [40] 拥有 150～200 种鱼类。另外，有 11 个生态区鱼类物种在 100～150 种。北极、耐旱和内陆河流生态区物种丰富度相对较低，这些河流水系流向太平洋海岸。鱼类物种最为匮乏的生态区有北极群岛区 [60]、俄勒冈湖泊区 [10]、死亡谷区 [11] 和萨拉多平原区 [66]，全部共有 9 类物种，其中后三个生态区为内陆河系。

虽然物种数量较少，但是螯虾的丰富度分布与鱼类类似，同样遵循动物地理模式（图 3.6a；专栏 3）。

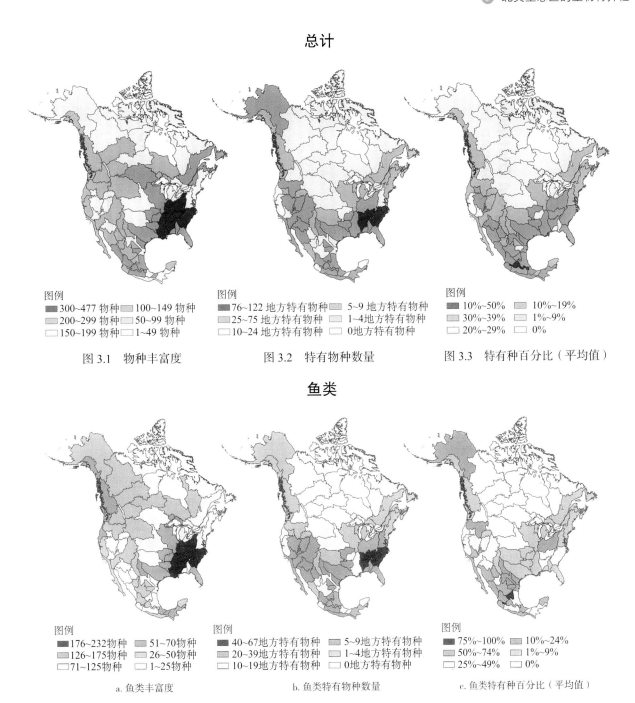

总计

图例
- 300~477 物种
- 200~299 物种
- 150~199 物种
- 100~149 物种
- 50~99 物种
- 1~49 物种

图 3.1 物种丰富度

图例
- 76~122 地方特有物种
- 25~75 地方特有物种
- 10~24 地方特有物种
- 5~9 地方特有物种
- 1~4 地方特有物种
- 0 地方特有物种

图 3.2 特有物种数量

图例
- 10%~50%
- 30%~39%
- 20%~29%
- 10%~19%
- 1%~9%
- 0%

图 3.3 特有种百分比（平均值）

鱼类

图例
- 176~232 物种
- 126~175 物种
- 71~125 物种
- 51~70 物种
- 26~50 物种
- 1~25 物种

a. 鱼类丰富度

图例
- 40~67 地方特有物种
- 20~39 地方特有物种
- 10~19 地方特有物种
- 5~9 地方特有物种
- 1~4 地方特有物种
- 0 地方特有物种

b. 鱼类特有物种数量

图例
- 75%~100%
- 50%~74%
- 25%~49%
- 10%~24%
- 1%~9%
- 0%

c. 鱼类特有种百分比（平均值）

图 3.4 鱼类丰富度、特有物种数量、特有种百分比

表 3.1　生物特异排序

生态区	主要生境类型	丰富度分值	特有性分值	丰富度与特有性总分值	生物特异性类别	特有现象类别	最终生物特异性类别
南哈得孙湾区 [53]	ARL	3	0	3	国家重点	—	国家重点
东哈得孙湾区 [54]	ARL	2	0	2	国家重点	—	国家重点
育空区 [55]	ARL	2	6	8	北美显著	—	北美显著
麦肯齐河下游区 [56]	ARL	2	0	2	国家重点	—	国家重点
麦肯齐河上游区 [57]	ARL	3	0	3	国家重点	—	国家重点
北极北部区 [58]	ARL	1	0	1	国家重点	北美显著	北美显著
北极东部区 [59]	ARL	1	0	1	国家重点	—	国家重点
北极群岛区 [60]	ARL	1	0	1	国家重点	北美显著	北美显著
苏必利尔湖区 [43]	LTL	1	0	1	国家重点	北美显著	北美显著
密歇根-休伦湖区 [44]	LTL	3	2	5	生物区显著	北美显著	北美显著
伊利湖区 [45]	LTL	3	0	3	国家重点	—	国家重点
安大略湖区 [46]	LTL	2	0	2	国家重点	—	国家重点
中部大草原区 [28]	THL	2	4	6	生物区显著	—	生物区显著
欧扎克高地区 [29]	THL	2	4	6	生物区显著	—	生物区显著
沃萨托高地区 [30]	THL	2	4	6	生物区显著	—	生物区显著
南部平原区 [31]	THL	1	2	3	国家重点	—	国家重点
泰斯-老俄亥俄区 [34]	THL	3	6	9	全球显著	—	全球显著
田纳西-坎伯兰区 [35]	THL	3	6	9	全球显著	—	全球显著
加拿大洛基山脉区 [49]	THL	1	0	1	国家重点	北美显著	北美显著
萨斯喀彻温河上游区 [50]	THL	1	0	1	国家重点	—	国家重点
萨斯喀彻温河下游区 [51]	THL	1	0	1	国家重点	北美显著	北美显著
英格兰-温尼伯湖区 [52]	THL	1	0	1	国家重点	北美显著	北美显著
科罗拉多河区 [12]	LTR	1	4	5	生物区显著	北美显著	北美显著
格兰德河上游区 [15]	LTR	1	2	3	国家重点	北美显著	北美显著
格兰德河下游区 [20]	LTR	2	6	8	北美显著	北美显著	北美显著
密西西比河区 [24]	LTR	3	2	5	生物区显著	—	生物区显著
密西西比河区 [25]	LTR	3	6	9	全球显著	北美显著	全球显著
密苏里河上游区 [26]	LTR	1	0	1	国家重点	—	国家重点

续表

生态区	主要生境类型	丰富度分值	特有性分值	丰富度与特有性总分值	生物特异性类别	特有现象类别	最终生物特异性类别
密苏里河中游区 [27]	LTR	2	0	2	国家重点	—	国家重点
邦纳维尔区 [8]	ERLS	1	4	5	生物区显著	北美显著	北美显著
拉洪坦区 [9]	ERLS	1	4	5	生物区显著	北美显著	北美显著
俄勒冈湖泊区 [10]	ERLS	1	2	3	国家重点	—	国家重点
死亡谷区 [11]	ERLS	1	6	7	北美显著	北美显著	北美显著
古兹曼区 [16]	ERLS	2	6	8	北美显著	北美显著	北美显著
马皮米区 [19]	ERLS	2	6	8	北美显著	北美显著	北美显著
萨拉多平原区 [66]	ERLS	2	6	8	北美显著	北美显著	北美显著
莱尔马河区 [69]	ERLS	3	6	9	全球显著	全球显著	全球显著
南太平洋沿海区 [7]	XRLS	3	2	5	生物区显著	北美显著	北美显著
维加斯－圣母河区 [13]	XRLS	1	4	5	生物区显著	北美显著	北美显著
希拉河区 [14]	XRLS	1	4	5	生物区显著	北美显著	北美显著
孔乔斯河区 [17]	XRLS	3	6	9	全球显著	北美显著	全球显著
佩科斯河区 [18]	XRLS	3	4	7	北美显著	北美显著	北美显著
萨拉多河区 [21]	XRLS	3	2	5	生物区显著	北美显著	北美显著
科瓦特西尼加斯区 [22]	XRLS	2	4	6	生物区显著	全球显著	全球显著
圣胡安河区 [23]	XRLS	3	6	9	全球显著	北美显著	全球显著
查帕拉区 [65]	XRLS	2	6	8	北美显著	全球显著	全球显著
贝尔德河源头区 [67]	XRLS	1	4	5	生物区显著	北美显著	北美显著
索诺兰沙漠区 [61]	XRLS	2	4	6	生物区显著	北美显著	北美显著
北太平洋沿海区 [1]	TCRL	1	2	3	国家重点	北美显著	北美显著
哥伦比亚河流域冰封区 [2]	TCRL	1	0	1	国家重点	—	国家重点
哥伦比亚河流域未冰封区 [3]	TCRL	1	4	5	生物区显著	北美显著	北美显著
斯内克河上游区 [4]	TCRL	1	2	3	国家重点	—	国家重点
太平洋中部沿海区 [5]	TCRL	1	4	5	生物区显著	北美显著	北美显著
太平洋中央山谷区 [6]	TCRL	1	6	7	北美显著	全球显著	全球显著
东得克萨斯湾区 [32]	TCRL	2	6	8	北美显著	北美显著	北美显著
莫比尔湾区 [36]	TCRL	3	6	9	全球显著	全球显著	全球显著

生态区	主要生境类型	丰富度分值	特有性分值	丰富度与特有性总分值	生物特异性类别	特有现象类别	最终生物特异性类别
阿巴拉契科拉区[37]	TCRL	2	6	8	北美显著	—	北美显著
佛罗里达湾区[38]	TCRL	2	6	8	北美显著	北美显著	北美显著
南大西洋区[40]	TCRL	3	6	9	全球显著	北美显著	全球显著
切萨皮克湾区[41]	TCRL	2	4	6	生物区显著	北美显著	北美显著
北大西洋区[42]	TCRL	2	2	4	国家重点	—	国家重点
圣劳伦斯河下游区[47]	TCRL	2	2	4	国家重点	北美显著	北美显著
北大西洋–昂加瓦湾区[48]	TCRL	1	0	1	国家重点	—	国家重点
西得克萨斯湾区[33]	SCRL	1	4	5	生物区显著	北美显著	北美显著
佛罗里达区[39]	SCRL	3	6	9	全球显著	全球显著	全球显著
锡那罗亚沿海区[62]	SCRL	1	4	5	生物区显著	北美显著	北美显著
圣地亚哥区[63]	SCRL	1	4	5	生物区显著	北美显著	北美显著
马南特兰–阿梅卡区[64]	SCRL	1	4	5	生物区显著	全球显著	全球显著
塔毛利帕斯–韦拉克鲁斯区[68]	SCRL	3	6	9	全球显著	全球显著	全球显著
巴尔萨斯河区[70]	SCRL	1	6	7	北美显著	北美显著	北美显著
帕帕洛阿潘河区[71]	SCRL	2	6	8	北美显著	北美显著	北美显著
卡特马科区[72]	SCRL	1	4	5	生物区显著	全球显著	全球显著
夸察夸尔科斯区[73]	SCRL	2	4	6	生物区显著	北美显著	北美显著
特万特佩克区[74]	SCRL	2	6	8	北美显著	—	北美显著
格里哈尔瓦–乌苏马辛塔区[75]	SCRL	2	6	8	北美显著	北美显著	北美显著
尤卡坦区[76]	SCRL	1	4	5	生物区显著	北美显著	北美显著

专栏 1

美国东南部多样性、威胁及同形种鱼类

Noel M. Burkhead, Howard L. Jelks

  北美洲墨西哥北部栖息了约 800 种淡水鱼类（Page and Burr，1991）。在陆地上，这些物种分布并不均匀，大多数物种（约 500 种）栖息于美国东南部（Warren et al.，1997），多为高地鱼类，据我们统计其中有约 349 种栖息于南阿帕拉契亚。总而言之，这些物种代表了完整的进化历史和生物多样性，从存活在恐龙时代的古老鱼类到现代不同的鱼类族群，很多种类还伴随着各种鲜艳耀眼的色彩。这种形式和适应性也包括海洋家族的成员。例如，鲱鱼或鲱类（细长型溯河产卵的鱼类）曾经成千上万地迁徙数百英里①到蓝岭山脉的河流受精和产卵（Jenkins and Burkhead，1994）。相反，小型三点镖鲈（*Etheostoma trisella*）也在淡水中游动，但是不是大型河流，而是随着细小溪流进入池塘里将它们少量的卵产在水下草叶上（Ryon，1986）。在这些极端的适应性和族群之间就存在着生物多样性（从基因到复杂、模式化行为），鱼类的学者们在 265 年的研究过程中，不仅在发现新物种，同时也痴迷于对这丰富的生物多样性的深入研究。高鱼类多样性的原因有三点：①东南地区避开了最后的冰河期；②东南部河流系统排水景观具有不同的地质、地形和气候因素，所以栖息地也相当多样化；③东南地区淡水鱼类具有丰富的动物地理史和进化过程（Hocutt and Wiley，1986；Mayden，1988）。

  鲑科鱼类只是东南地区动物区系的一个小代表（大约占 6%），而该区系内的大多数物种对于公众来说都是未知的。在很多方面该区系是孤立的。与黄莺不同，非鲑科淡水鱼类缺乏公众给予的相关支持。可以代表美国东南部本地鱼类的物种有不少于 28 科之多，但是多样性却往往只有鲤科（Cyprinidae）、吸口鲤科（Catostomidae）、北美鲶科（Ictaluridae）（特别是狂雄猫鲶）、棘臀鱼科（Centrarchidae）和河鲈科（Percidae）5 科来代表。其余的几种到十几种科类只代表一个物种（单型物种）。北大西洋胸肛鱼（*Aphredoderus sayanus*）就是单型物种的一个例子。这是一种体型较小，居住在低洼的湿地、沼泽、小溪和死水中的鱼类，这种鱼类在解剖学上来说长得很古怪——在早期发育阶段它的肛门会向前移动，在幼年直到成年其肛门会移动到头部后面。具体原因尚不清楚。单型的至少在北美区域有匙吻鲟（*Polyodon spathula*）（在中国有近亲物种），匙吻鲟是一种有着桨状鼻子的大型物种，就像匹诺曹在游泳，这种鼻子的构造里可能含有微小器官通过电脉冲检测捕获微观浮游猎物（Jenkins and Burkhead，1994）。

  令人担忧的是动物区系多样性的下降。联邦政府列出的近二十年来美国东南部濒危淡水鱼类物种数量由 12 种发展到 22 种之多，近乎两倍（Federal Register，1986,1995）。从其他分析中也可以证实该动物区系的相关衰落（Williams et al.，1989；Warren and Burr，1994；Warren et al.，1997）。东南部鱼类绝大多数是活水鱼类，适应生活在流动水体或附近有流动水体的地方。世界上温带水生动物最丰富的区域由于其中具有流动水体的栖息地的普遍衰退和损失，这些鱼类和其他水生生物群（特别是软体动物）面临着不断升级的威胁（Lydeard and Mayden，1995；Warren and Burr，1994；Walsh et al.，1995；Taylo et al.，1996；Neves et al.，1997）。美国东南部流动水体栖息地损失的显著原因是众所周知的：污染、拦蓄（大小规模都有）、交通分导、过度沉积和城市化（Moyle and Leidy，1992；Warren and Burr，1994；Lydeard and Mayden，1994；Burkhead et al.，1997；Richter

---

① 1 英里 = 1.609 344 千米。——编者注

et al.，1997）。激流类栖息地的恶化是美国东南部人口快速增长的副产物（Noss and Peters，1995）。水生生物多样性区域增长的广泛影响是以认可东南部地区为全球优先淡水资源为基础的（Master et al.，1998；Olson and Dinerstein，1998）。

以东南地区镖鲈类同形种为例。左图是1991年的短吻镖鲈（*Etheostoma brevirostrum*），与其高度相似的是右图的某种镖鲈（*Etheostoma sp. cf. brcvirostrum*）。1990年以来，北美有26类新的镖鲈物种确认。迄今了解的154种镖鲈类，至少有1/4被认为是处于濒危状态的（图片由Noel Burkhead提供）。

　　动物区系衰落的一个症状指标是群落碎片分区：蓄水、河流污染或过度沉积使得相邻群体的同一物种分散孤立（Burkhead et al.，1997）。由于被孤立的群体更容易受到干扰，人类人口数量的增长带来的压力使得一个或多个种群面临灭绝的概率持续增大。鉴于缺乏近年来美国东南部群落调查的数据，碎片分区的探知是不确定的。我们所了解的种群分布数据是20多年前的数据，如很多分布的描述来自Lee等（1980）。除非将主要的关注力投注在河流生态系统的保护上，否则，鱼类和其他濒危水生生物的数量将持续下降，有些甚至灭绝。

　　根据目前的了解，物种面临的威胁可能被低估了。尽管东南部鱼类区系是世界上研究最为频繁密集的区域之一，新物种仍然在不断被发现。最近发现的很多鱼类都是同形种。通常同形种与已知物种非常相似，因此一些物种直到进行更加彻底的动物物种或种群评估后才被承认。同形种常常是小范围活动，有一些甚至局限在单一溪流系统中，因此造成它们被发现或者长期存活的概率小（Boschung et al.，1992；Page et al.，1992）。由于在整个东南地区景观中，水生栖息地的退化是普遍存在的，所以一些小范围活动的同形种可能在未被发现（或确认）前就已灭绝了。东南部大多数的同形种是小型鱼类，如镖鲈——河鲈、鲈科，但是也包括一些相对较大的河流鱼类，如令人印象深刻的小鳍吸口鱼（*Moxostoma robustum*）（Hendricks，1998）和亚拉巴马州鲟鱼（*Scaphirhynchus suttkusi*）之类的古老鱼类（Williams and Clemmer，1991）。

　　镖鲈中同形种的情况最多，且其受威胁情况奇高（图3.5），所以仍有关注那些未认定物种的必要性。镖鲈生存在美国东南部从布鲁克斯高山到大型海岸平原的所有河流生境中，还有一些种群生活在湿地中（Page，1983）。从数据上来说，166个镖鲈物种已被确认，其中的154种完全或部分居住于美国东南部（Ceas and Page，1997；Warren et al.，1997，作者计数）。很多新确认的物种都是同形种：主要是通过不同群体之间雄性发情颜色模式对比发现的（Boschung et al.，1992；Page et al.，1992；Wood and Mayden，1993；Bauer et al.，1995）。镖鲈之所以受到威胁的水平较高是由于它们的属性决定了它们在面临溪流减少、河流变更时易受侵害。这些属性包括：体型小、繁殖力低、底栖生物特性和亲流属性（Berkmana and Rabeni，1987；Angermeier，1995）。

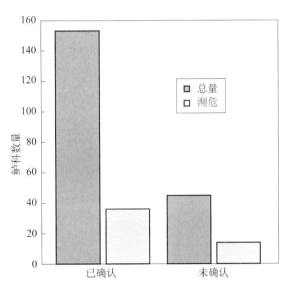

图 3.5　美国东南地区镖鲈（鲈科）受威胁水平

　　自从 1990 年以来，值得注意的是美国东南部地区有 26 个镖鲈新物种被确认（Suttkus and Etnier，1991；Boschung et al.，1992；Page et al.，1992；Wood and Mayden，1993；Jenkins and Burkhead，1994；Suttkus et al.，1994；Bauer et al.，1995；Thompson，1995；Ceas and Page，1997）。这 26 个物种中，有 13 个物种被发现十分相似，其余的物种一直都是鱼类学者熟知的（却是近年来才被确认的）。估算新确认的分类群受威胁的水平是保护这些物种的重大问题（图 3.5）。在 154 个已确认的物种中，37 个被认为受到威胁（24%）（Warren et al.，1997）。不管怎样，43 个公认的新的镖鲈类群（计数之外的，基于 9 位鱼类学者交流的数据）中，我们估算有 15 种或者 35% 的未确认的同形种处于威胁中。基于我们的数据，一些未被确认的镖鲈很可能值得列入濒临绝种的物种名单里。当然我们必须强调，这些数字是估算的。尽管在 1990～2000 这十年里有 13 个新物种被确认，但我们仍可能低估了实际的物种多样性情况。

　　动物区系衰减的速率可以减缓，甚至可以逆转。河流是一种如果给予适当条件就可以重新恢复的系统。如果我们选择消除这些系统的主要威胁，就能使其成为系统智能发展的一部分。一些较年轻的东南部地区公民在成长过程中，目睹了他们的河流系统变得浑浊、泥泞。除了黑水的海岸平原河流外，东南地区几乎所有的河流过去常常清澈见底。这些河流往往美丽如画，引人驻足并为它们眩目的美丽所惊艳。常常，一处荡漾的水波，一缕在水面跳跃的阳光，一只惊飞的翠鸟，就能唤醒人们珍贵的回忆。所以，水生生物多样性的衰减不只是生境的损失，也包括无形资产的损失，一方水土养育一方人，我们不禁要思考，失去生我养我的土地就将意味着我们会变得一无所有。

密西西比河流域的大型动物群及水文变化

Brooks M. Burr, James B. Ladonski

作为世界第三长河和美国北部第一大河,密西西比河全长 3731 千米,发源于明尼苏达州,向南流经路易斯安那州时分成数个支流并另延伸 32 千米注入墨西哥湾(Fremling et al., 1989)。流域面积 4 759 049 平方千米,大约有北美面积的 1/8,包括 31 个州和加拿大 2 个省的全部或一部分(Keown et al., 1981)。在未开发时期,洪水脉冲情况证明了密西西比河流域在大洪水时拥有丰富多产的鱼类资源,然而现在密西西比河有着严重的交通管制和防洪规定,因此它已失去了很多它原有的历史和本性。

密西西比河流域拥有北美最为丰富的鱼类区系,包括 31 个科,至少 375 种物种(Burr and Mayden,1992)。有 34% 的物种为流域特有种,它们大多数生活在阿帕拉契山脉、欧扎克、沃希托等高地。类似但相对的,一些螯虾和蚌类同样是流域的特有种且资源丰富。仅仅主流就有超过 240 类物种(Fremling et al., 1989),其中有一些如浅色鲟(*Scaphirhynchus albus*)和大鳅鲹(*Macrhybopsis gelida*)的物种只出现在主河道和最大支流(即密苏里河)的主河干中。下游及滨海湿地季节性地维持着其他海洋或河口的鱼类[如海湾凤尾鱼(*Anchoa mitchelli*)、大西洋颌针鱼(*Strongylura marina*)]和无脊椎动物种群。

此流域是全球鱼类进化的比较突出的例证。它曾经是冰河时期古老鱼类以及其他水生、半水生类物种的避难所。例如,密西西比河流域和中国长江流域现存的两种白鲟(匙吻鲟科)、原始吸口鲤[长背亚口鱼属(*Cycleptus*)和胭脂鱼属(*Myxocyprinus*)]、短吻鳄和大型水生蝾螈(大鲵科;Zhao and Adler,1993)。很明显地,密西西比河动物区系是北美动物区系的“母亲”,周边一些生态区的多样性提高也是由于这个温带鱼类发源地物种多样性的外流而导致的。

例如,田纳西、坎伯兰、格林河等重要支流系统有着高度分化的生物群系,有大约 50 种地方鱼类、43 种螯虾和相当数量的贻贝。密西西比湾区[25]拥有 33 种地方特有螯虾。欧扎克和沃希托高地(分别为[29]和[30]生态区)拥有 26 种地方特有鱼类、36 种地方特有螯虾和大约 7 种地方贻贝种(Oesch,1984)。不太常见的水生生物如洞穴鱼(盲胸肛鱼科)、淡水螯虾属(*Barbicambarus* 和 *Bouchardia*),以及许多贻贝种仅存在或绝大部分生存在这些区域。大量的镖鲈(鲈科)和鲦鱼(鲤科)群系主导着这个地区的多样性。

密西西比河流域的水生生境比较特殊,有世界上最大的泉水和地下水水源、有如瓦巴希河一般流动不息的大江大河,有喀斯特地貌,也有水流清澈的高山溪流。除了这些自然条件外,密西西比河曾经是仅有的两条拥有鱼类繁殖和生长所需的回水的温带河流之一,并且给北美带来了无与伦比的渔业资源。

在过去的 200 年里,为了提供航运和洪水防控功能,密西西比河有了很大的改变。上游航运(从明尼苏达州明尼阿波利斯市到俄亥俄河河口)的交通分导开始于 1878 年(Fremling et al., 1989)。现在,密西西比河从明尼苏达州伊塔斯加湖(Lake Itascan)源头到密苏里州圣路易斯市之间有 40 座水闸和(或)水坝控制(Fremling et al., 1989)。另外,很多中下游的河段加固了防洪堤坝进行缓冲。水坝口下水流量增多导致河道向下侵蚀,并反过来从旁道和回水区域引水,导致那些重要的生境逐渐干涸(Sheehan and Rasmussen,1993)。在一些情况下,蓄水使得鱼类数量增加,这主要是由于毗邻地区因洪水而筑坝使得静水、浅水物种，如太阳鱼（棘臀鱼科）利于生存的栖息地数量增多。当然，随着沉降速率的增加这种情况往往都是短暂的，大多数新形成的回水区域在蓄水形成后的 50～100 年里就被填满了（Sheehan and Rasmussen，1993）。

密西西比河系统近年来最为严重的威胁是外来物种的入侵。尽管早在 19 世纪晚期外来鱼类资源就被用作娱乐或商业用途而引入，但是直到今天外来物种的入侵依旧有着惊人的速度，其中大多数非本地鱼类物种是由于经营机构有意引入而出现的，其他物种大多是在偶然的情况下进入流域而出现的。最为声名狼藉的入侵种可能要属斑马贻贝（*Dreissena polymorpha*）了。1988 年斑马贻贝首先在五大湖区域被发现，1992 年通过伊利诺伊河进入密西西比河流域（Oesch，1984）。五大湖的其他入侵种，包括梅花鲈（*Gymnocephalus cernuus*）、云斑原吻虾虎鱼（*Proterorhinus marmoratus*）、黑口新虾虎鱼（*Neogobius melanostomus*），也同样被发现侵入了密西西比河流域。外来的鲤科（鲤属、草鱼属、鲢属）通过主河道巨大的生物量同样证明了其已定居在了流域内。

尽管密西西比河及其流域由于人类活动影响早已今非昔比，但是其仍然是一个独特且珍贵的自然资源。包括较大比例的巨型动物特有种和娱乐商用产业的全部生物多样性清晰地证明了密西西比河在任何方面都是一个无价的资源。未来十年的前景是令人鼓舞的：最近颁布的环境法律要求减轻鱼类和野生生物生境的损失，同时复原已经退化的区域。私人行业基金已经建立了几个水生生物储备金，如格林河生物储备金来加强流域水生资源的管理。

20 个生态区显示无本地螯虾种，另外，13 个生态区仅有一个单一种。全部生态分区内有 3/4 的区域拥有 10 种以下的螯虾，拥有螯虾种类最多的生态分区有田纳西 - 坎伯兰区 [35]（*N*=65）、莫比尔湾区 [36]（*N*=60）、密西西比湾区 [25]（*N*=57），以及南大西洋区 [40]（*N*=56），这些分区拥有的螯虾种数在世界范围内也是较高的。与鱼类一样，螯虾的丰富度呈从中心向外围逐渐减少的趋势，而在北极圈、干旱和内流的生态区内几乎没有螯虾存在。在墨西哥，塔毛利帕斯 - 韦拉克鲁斯区 [68] 相比相邻的其他生态单元而言，拥有相对较多的螯虾种数，约有 20 种。

另一种无脊椎动物——贻贝，过去仅仅在加拿大和美国能够见到。因此，在墨西哥区域内的大部分生态分区没有关于贻贝的记录（图 3.7a）。与鱼类和螯虾一样，贻贝丰富度最高的区域是密西西比河流域，包括田纳西 - 坎伯兰区 [35] 和泰斯 - 老俄亥俄区 [34]，分别拥有 125 种和 122 种物种（专栏 4）。与这两个区域相邻的生态区域均拥有 50～100 种贻贝，包括汇入大西洋的南大西洋区 [40]，但不包括墨西哥湾。加拿大西部和北部的生态区发现的贻贝种类数量较少。

与鱼类、贻贝和螯虾不同，淡水爬行类动物的丰富度在亚热带的墨西哥区域（新热带区）达到最高。有三个生态区拥有的物种数量超过 100 种（图 3.8a）。这种高丰富度值主要来源于大量的蛙类和蝾螈群体。例如，在特万特佩克区 [74]，125 种水生爬行类和两栖类中有 70 种属于蛙类，36 种属于蝾螈。相比之下，在其他温带生态区中，南太平洋沿海区 [7]（包括加利福尼亚半岛）是蛙类数量最多的地区，有 36 个物种。南大西洋区 [40] 和莫比尔湾区 [36] 在墨西哥以北的北美区域爬行类物种较多，分别有 82 种和 77 种爬行类动物。在墨西哥，新物种通常只是例行地记录一下，所以现有已了解的爬行类物种的数量可能低于实际物种数量。

螯虾

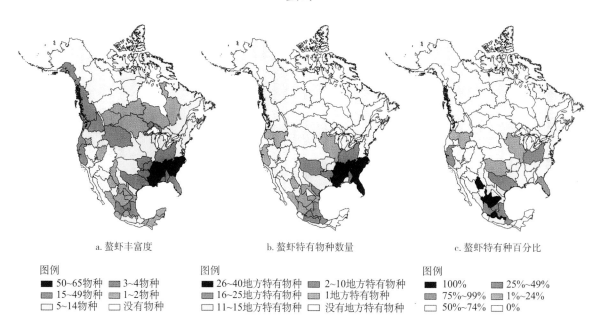

a. 螯虾丰富度　　　　　　　b. 螯虾特有物种数量　　　　　　c. 螯虾特有种百分比

图例
- ■ 50~65物种　　■ 3~4物种
- ■ 15~49物种　　■ 1~2物种
- □ 5~14物种　　　□ 没有物种

图例
- ■ 26~40地方特有物种　　■ 2~10地方特有物种
- ■ 16~25地方特有物种　　■ 1地方特有物种
- □ 11~15地方特有物种　　□ 没有地方特有物种

图例
- ■ 100%　　　　■ 25%~49%
- ■ 75%~99%　　■ 1%~24%
- □ 50%~74%　　□ 0%

图 3.6　螯虾丰富度、特有物种数量、特有种百分比

专栏 3

北美洲特有的螯虾物种的保护

Christopher A. Taylor

　　螯虾，也叫小龙虾或蝲蛄，是淡水生态系统的一类物种，除非洲和南极洲外其余板块均有分布。螯虾在南美洲北部、中美洲南部和东南亚等热带地区数量并不显著（Hobbs，1988）。在北美洲，螯虾成功地移居到包括溪流、湖泊、湿地、地下洞穴和泉水等几乎各类型的水生生态系统中。螯虾的掘洞种已逐渐进化了生活史策略，使得它们能够栖息于半水生生境（如河漫滩森林、潮湿的草原、热带稀树草原、季节性洪水沟）中。

　　除了生境的多样性外，北美洲螯虾群系拥有极其多样的分支（Hobbs，1988；Taylor et al.，1996）。这个分类学多样性使得北美洲与欧洲、南美洲、亚洲和大洋洲与众不同。目前世界范围内已知的螯虾种和亚种有506种，有393种（78%）在北美发现。在这393种分类群中，有346种（占所有总数的68%）在美国和加拿大，43种（8%）在墨西哥，4种（低于1%）在古巴岛。在美国，螯虾的分布格局与淡水鱼类（Warren and Burr，1994）和贻贝（Williams et al.，1993）所显示的分布类似，美国的东南部地区是螯虾种和亚种生存最多的地区。全美国的螯虾种大约有68%是地区特有种，这个地区粗略估计是肯塔基州的东部和南部地区。其次拥有多特有种和高多样性的地区是密苏里州和阿肯色州的欧扎克和沃希托高地（分别是 [29] 和 [30] 生态区）以及路易斯安那州和得克萨斯州的墨西哥湾沿岸平原（[32] 生态区）。

　　鱼类和贻贝数量下降在近年来屡被提出，并且原因直指人类活动（Karr et al.，1985；Parmalee and Hughes，1993；Williams et al.，1992）。据已有报道，有5%的美国本土鱼类群系（Warren and Burr，1994）和7%的本土贻贝群（Williams et al.，1993）已经灭绝。螯虾受人类活动的影响并未如此严重。近年来的研究（Taylor et al.，1996）发现，有162个螯虾物种（北美洲墨西哥北部动物群的 48%）处于危险状态，有 2 个螯虾物种（低于 1%）已经灭绝。人类活动并不是造成这一结果的主要原因，相反，有限的自然环境是主要原因。Taylor 等（1996）学者的文献中记录了已知的来自同一地方的 11 个螯虾物种和来自 5 个或更少地方的另外 20 个螯虾物种。利用 Taylor 等（1996）的数据，我发现北美洲墨西哥北部 43% 的已知螯虾完全分布在单一州的政治边界内。而有限的自然分布区内的生物可能由于达不到相应条件而未能出现在政府所列出的清单上（sec.1533（a），1973 年《濒危物种保护法》），但是不应该剥夺对它们的保护和关注，因为小范围生存的物种非常容易灭绝（Gilpin and Soulé，1986；Rabinowitz et al.，1986）。如果没有受到适当的重视，整个物种或者物种的重要部分可能由于其小范围生境的改变（城市发展、湿地排水或者是非本地螯虾物种入侵）而遭到灭绝。

虽然生境的改变确实威胁北美洲螯虾群的生存，但是非本地螯虾种的侵入却是更为严重的威胁。在美国有充足的记录表明罗洛斯锈斑螯虾（*Orconectes rusticus*）和北美淡水大虾（*Pacifastacus leniusculus*）已经快速地取代了本地螯虾种（Capelli and Munjal，1982；Light et al.，1995；Taylor and Redmer，1996）。这两种螯虾是美国本土物种，但是当它们被带出它们原本居住的区域进入其他流域后，它们就取代了流域内的本土螯虾种。它们进入其他区域的途径通常是被用作鱼饵带入的（Page，1985；Taylor and Redmer，1996）。通过这一途径，罗洛斯锈斑螯虾遍布美国，无论是新墨西哥州还是缅因州。调查表明，罗洛斯锈斑螯虾的好斗天性和较大的身形是它能够取代其他螯虾种的主要原因（Butler and Stein，1985；Garvey and Stein，1993）。也有人提出，罗洛斯锈斑螯虾和本地螯虾的杂交也是取代本地种的一条途径（Capelli and Capelli，1980；Page，1985）。

极少数的州拥有完善的阻止非本地螯虾种侵入的法律法规，而那些已经颁布法律的州，在法规出台前非本地种就已经具有相当的数量了。联邦几乎没有关于外来种入侵的相关立法。这就造成了一个令人不安的现状，拥有外来物种的水产养殖企业和市场对于其对本地物种的潜在影响认识不充分，使得外来种比大多数北美本地种发展迅速。如果我们要保护我们的本地螯虾种，特别是那些生活区域较小的特有种的话，我们必须在州和联邦层面上颁布具有前瞻性和有效性的法律。我们不能忽视数据显示的非本地种如罗洛斯锈斑螯虾带给我们本地螯虾区系的负面影响。

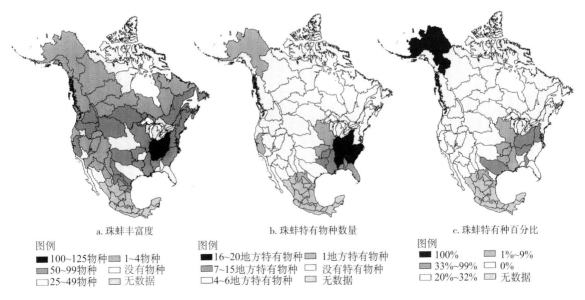

图 3.7　珠蚌丰富度、特有物种数量、特有种百分比

淡水贻贝：一种需要保护的复杂资源
G. Thomas Watters

　　由于软体动物一再侵入淡水领域，彼此关系很远的群体如今也在我们的湖泊、河流内共存。其中，从多样性和形态大小上来说，由淡水贻贝组成的极其大的群体之一是珍珠螺科和珠蚌科。这一群体的处境也是最危险的。在过去的 200 年里，很多物种由于人类活动的影响而减少直到彻底灭绝。

　　北美洲东半部地区是这些动物多样性最丰富的代表地区。这一地区有近 300 个物种，主要来自富饶的密西西比河、俄亥俄州、田纳西州、坎伯兰和莫比尔河（分别是 [24]、[25]、[34]、[35]、[36] 生态区）。在这一区域任一未受干扰的溪流内的贻贝物种比澳大利亚和欧洲加起来的贻贝物种还要多。但是，人们认为 75% 以上的这些物种在数量上在逐渐减少，它们的领土在迅速缩小，种群被隔离开来。一些物种灭绝了，而其他物种属于功能性灭绝，即它们的数量太低以至于难以持续发展。

　　贻贝栖息于湖泊或河流底部，以通过它们的腮过滤水中的食物为生。大多数成年体的贻贝很少移动。它们可以存活很长时间，有的物种能存活超过 120 年。它们的壳可能很大，重达几磅①、几厘米厚。壳内有一层膜，被称为珍珠层或珍珠母。与其他软体动物一样，贻贝为了保护自身，通过壳内隐藏的珍珠层将外来异物包裹起来，形成珍珠。珍珠以及那炫彩夺目的贝壳是人们千百年来渴望拥有的珍宝。

　　贻贝拥有复杂的生活史，其幼虫寄生期被称为钩介幼虫。雌性贻贝通过它们的腮的一个专门部位（又称育幼袋）孵育大批的幼体。到了成熟期，这些钩介幼虫被释放到水里去寻找宿主——通常是鱼类，也有极少数两栖类动物可能被寄生。贻贝有着广泛的宿主特异性，有的可以寄生在碰巧路过的各种鱼类上，也有专门寄生在如鲈鱼或杜父鱼等特定鱼类上的。这些钩介幼虫钩在它们宿主的腮、鳍、唇、触须或者其他暴露在外的地方，形成一个被囊。幼虫在被囊里几天到几个月变成小贻贝后脱离包裹它们的囊，沉入水底。在这个寄生阶段，贻贝通过宿主带动分散开来。这个阶段是强制性的，如果没有宿主，这个过程就不会发生。这就使人猜想一些年龄结构老化的贻贝群体也许就不能再繁衍下去了，因为它们寄宿的鱼类宿主已经不存在了。从保护和管理的角度来看，这就意味着仅仅保护贻贝的栖息地是不够的——宿主的栖息地也要被保护起来。由于这些宿主可能伴随有迁徙或换地产卵的习性，对于宿主栖息地的保护变成了一个严峻的挑战。

　　可以肯定地说，近 20 年来对这些动物基础生物学的了解要远超任一时期。我们目前了解到当小贻贝脱离宿主后，在水底生活数年，利用在它们盖层和足上面的纤毛束捕食。我们也发现，它们的寄生生命过程并不单单是释放钩毛，依靠偶遇碰到合适的宿主。很多贻贝已进化出一些方法来引诱宿主。一些贻贝的身体某部分变成类似小鱼或蠕虫的形态，这些"诱饵"可以达到拥有"眼睛""鳍"和"侧线"的程度，并且可以随着游动摆动。当掠食性鱼类如鲈鱼攻击鱼饵的时候，雌性贻贝就会释放大量的钩介幼虫到鱼的面部。其他贻贝将它们的钩介幼虫包在一个蠕虫状诱饵的构造里散布到水中。这些诱饵可以模仿昆虫、蠕虫、鱼类甚至是鱼卵。每个诱饵内有上千个钩介幼虫，当诱饵被咬开后会释放寄生幼虫。

　　尽管有这些适应性的变化，但贻贝还是遭受了人类双手直接或间接的摧残。人类通过筑河坝已

---
① 1 磅 =453.59 237 克。——编者注

经改变了自然生境，间接造成了贻贝和宿主的消失。交通分导、清淤和清除底质改变了河流水文，消除了栖息地的异质性。来自农业、建筑和居民区的底部径流掩埋了静静躺在水底的贻贝或者覆盖了它们的鳃使它们窒息。农药、重金属和化肥形式的污染聚集在它们体内，一些进入了食物链。更令人困惑的是，有证据表明这些间接影响对小贻贝和钩介幼虫的影响不同于成年体。同样也有人类带来的直接影响，正如数千年前人类喜爱珍珠一样，现今在海外也有成千上万吨的贻贝被捕获繁殖。最终，北美洲引进的外来物种斑马贻贝（*Dreissena polymorpha*）对本地贻贝带来了灾难性的影响。因为外来物种的侵入，曾经繁盛的贻贝物种正在逐渐消亡。

美国鱼类及野生动物管理局（U.S. Fish and Wildlife Service，USFWS）规定，淡水贻贝是北美洲形势最严重的濒临灭绝的动物群体。对它们的保护是最为重要的，当然并不仅仅是因为它们的内在价值。它们是固着、滤食、长寿的生物，对环境扰动有很大的忍耐性。就其本身而言，它们在作为河流健康的生物监测者方面有很大的潜能，是众所周知的警示物种。

两栖爬行动物（爬行类和两栖类）

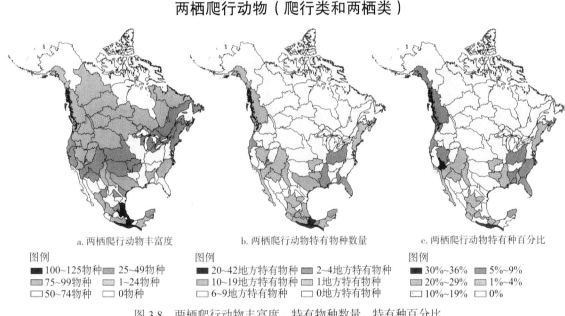

a. 两栖爬行动物丰富度　　　　b. 两栖爬行动物特有物种数量　　　　c. 两栖爬行动物特有种百分比

图例
- 100~125物种　　25~49物种
- 75~99物种　　1~24物种
- 50~74物种　　0物种

图例
- 20~42地方特有种　　2~4地方特有种
- 10~19地方特有种　　1地方特有种
- 6~9地方特有种　　0地方特有种

图例
- 30%~36%　　5%~9%
- 20%~29%　　1%~4%
- 10%~19%　　0%

图 3.8　两栖爬行动物丰富度、特有物种数量、特有种百分比

3.2 特有性

北美特有种的分布模式与丰富度相似，特有种较多的生态区往往伴随着较高的丰富度值（图 3.2）。在田纳西 – 坎伯兰区 [35]，鱼类特有种的数量是最高的（*N*=67），其次是南大西洋区 [40]（*N*=48）和莫比尔湾区 [36]（*N*=47）（图 3.4b）。这三个生态区同时拥有最高的螯虾特有种数（图 3.6b）和贻贝特有种数（图 3.7b，贻贝特有种还分布在泰斯 – 老俄亥俄区 [34]）。螯虾特有种数量较高的生态区趋向于围绕墨西哥湾分布，特有种数量较少的生态区主要分布在西部、中西部、北部和墨西哥大部分地区。有贻贝数据的 55 个生态分区中，35 个生态区没有特有贻贝，5 个生态区仅有 1 类特有种，这就突出显示了密西西比河和大西洋沿岸的特有种数量之多。

相比之下，洛基山脉以西和许多在墨西哥境内的生态区拥有的特有鱼种数量就呈现中等水平。特别是在墨西哥，塔毛利帕斯 – 韦拉克鲁斯区 [68]、格里哈尔瓦 – 乌苏马辛塔区 [75] 和莱尔马区 [69] 分别有 29 种、29 种和 30 种特有鱼类物种。内陆河莱尔马流域是银汉鱼科 [主要是月银汉鱼属（*Menidia*）]

物种形成的优势场所，格里哈尔瓦 – 乌苏马辛塔和塔毛利帕斯 – 韦拉克鲁斯地区均拥有较高数量的花鳉科和丽鱼科，而这三种群体在温带生态区内很少分布。

就爬行类动物而言，迄今发现的特有种数最高的是特万特佩克区 [74]，其拥有 42 种特有物种（图 3.8b）。另外，在南墨西哥的 5 个生态区相比其他地区而言也拥有较高数量的特有种。在墨西哥以北的北美，东得克萨斯湾区 [32] 拥有 13 种特有物种，其中的几类物种仅分布在得克萨斯中心地区的洞穴和泉水里（专栏 5）。其余的生态区拥有的特有爬行类物种数均低于 10 种。

专栏 5

墨西哥东北部和得克萨斯州地下淡水生物多样性

Dean A. Hendrickson, Jean Krejca

墨西哥湾被深深的白垩纪石灰岩所包围，这些石灰岩至少在得克萨斯州和墨西哥东北部从较高的内陆地形向墨西哥湾下沉（Carilo-Bravo，1971；Smith and Veni，1994）。这是由白垩纪晚期到第三纪早期的拉拉米造山运动形成的，在第三纪中新世断层作用下断裂，形成了广阔的喀斯特地形。喀斯特地形复杂，拥有极深的洞穴和渠道系统，从渠道的间隙、狭窄的裂缝延伸到巨大的洞穴都有水的存在，形成了许多地下河流和湖泊（Fish，1977；Sharp，1990；Veni，1994）。这些系统的上下界限由溶解性较低的部分构成，水移动的倾斜底层可能形成承压水，水体通过自然断裂部分流向地表形成泉水，或者近年来更多的是通过人工挖井形成（Brune，1981）。

普遍认为随着岩溶含水层的发展变化，现今的地下水生动物的祖先是生活在地表的，它们进入地洞并不断适应，很多物种变化成专门栖息于地下的生物。通过趋同适应，洞穴生物作为已知的生活在洞穴中的水生生物都具有眼睛退化、缺乏色素的特征。与它们在地表的亲属相比，它们发展出了更加敏锐的感知系统、较低的代谢速率、大量的脂肪或脂质堆积、较小的身形、瘦长的附肢、较低的繁殖力（但是卵较大），以及较长的寿命（Culver，1982；Barr and Holsinger，1985）。这一动物区系的研究是较困难的。洞穴仅能提供有限的探索区域，通常只能到含水层栖息地的外围，探索它们往往需要高难度的攀登以及使用轻便潜水器潜入。尽管有这些局限性，我们的研究只是朝这些物种前进了小小的一步，很多关于生物和生活史的问题仍然未解决，但我们已经记录下了这个区域的多样性动物种群落。

得克萨斯州的 81 类典型潜流层物种相比世界其他地区而言都是无与伦比的（Longley，1981；Reddell，1994）。大多数的物种来自狭窄的爱德华兹含水层区域，这一区域呈弧线形态从州的西南部到得克萨斯州中心位置，爱德华兹高地是从含水层向西延伸，并还在变化。虽然面积小，但是爱德华兹含水层拥有 47 种典型含水层物种，有 35 种（75%）是特有种。在含水层内部，圣安东尼奥池深处的栖息地提供了一个相对稳定的环境，并拥有大量的特有种，在圣安东尼奥市的深水承压井（300～600 米）中找到过如鲶科的宽口撒旦鲵（*Satan eurystomus*）和北美洞鲵（*Trogloglanis pattersoni*）（Longley and Karnei, Jr.，1979a；Longley and Larnei, Jr.，1979b）。显然是由于区域以西的区域是含盐的"劣质的水"向东流，"良好的水"的区域向西流这一独特的生态环境，鲶科和其他物种依赖这一区域生存。许多物种能够直接或间接地为细菌或真菌提供有机物质（Longley，1981）或者提供界面来给微生物进行化学反应。狭窄的含水层区为高度适应的得州盲螈属的蝾螈以及河溪螈属中多达 8 个物种提供了生存环境（David M.Hillis, pers.comm.），还有许多未能一一列出。无脊椎动物门中的扁形动物门、软体动物门、节肢动物门及甲壳动物亚门 4 种占了典型含水层动物的大多数。

岩溶含水层和典型含水层区系向南延伸穿过墨西哥东部地区，有相关文件证明墨西哥东部地区水文情况与含水层有关，与其生物区系的关联研究却很少。尽管大多数文献都有关于物种的描述（Reddell，1982，1994），但是只有几篇文献中提及这种关联以及该地区动物的生物地理学情况（Longley，1986；Botosaneanu and Notenboom，1986；Holsinger，1986，1993）。属的分布表明，至少有一些拥有共同生物地理历史的属横跨很大区域，这一现象指向的一种可能是广大区域在目前或者过去是通过地区含水层（包括美国-墨西哥的地下脉络）相互关联的。片脚类动物和等足类动物的五个属从得克萨斯州的爱德华兹含水层中出来，遍及墨西哥东南部，包括两个等足目物种——漂水虱科（*Cirolanides texensis*，Cirolanidae）和栉水虱科（*Lirceolus* n.sp.），它们的活动范围从得克萨斯州圣马科斯一直延伸到科阿韦拉州北部（未公布数据）。目前已知的广泛存在的是北美鲶科盲鲴属墨西哥盲鲶鱼类。在40年的时间里科阿韦拉州中心地带一条泉水中一直被认为拥有单一特有种（Carranza，1954），其实它是由两个物种组成的，这两个物种的活动范围从爱德华兹含水层南端之南的科阿韦拉州北部（未公开数据）一直到塔毛利帕斯的最南端，有750千米之远（Walsh and Gilbert，1995）。近年来除圣安东尼奥盲鲶鱼外，其他鲴类的DNA序列数据（未公开）否定了早期关于关联性的假定（Lundberg，1982，1992），并使得曾经认为的盲鲴属可能存在与洞鲴属更加亲近的关系的问题成为悬而未决的事情。相同的DNA数据表明，盲鲴属北边的物种种群之间的遗传分化相对缺乏，这些物种遍及科阿韦拉州北部的绝大多数地方，从而表明大量的基因流动与地下水文有关联。

科阿韦拉州、新莱昂州和塔毛利帕斯州的深层承压含水层的动物区系是几乎完全未勘察过的。只能通过井来探察，这些含水层中的水质有淡水、盐水，也有含硫磺的，塔毛利帕斯沿海平原的天然井里的水也是一样的。这些天然井的深度超出潜水员所能勘察的范围，估计深度超过250米（James Bowden, pers. comm.）。因此就有可能存在一处"良好的水"或"劣质的水"在圣安东尼奥市地下汇合，并穿越塔毛利帕斯州，从而拥有了相似或相近的动物区系。

在我们的地区，岩溶含水层处于很严峻的风险中。由于在含水层抽水，20世纪得克萨斯州有很多泉水已经干涸（Brune，1981）。爱德华兹含水层圣安东尼奥"良好的水"这部分是圣安东尼奥城市区域两百万居民的唯一水源（Crowe and Sharp，1997），这一区域的快速发展为含水层带来了很多威胁。持续高效的抽水导致大量的泉水地方种受到危害（Edwards et al.，1984；Crowe and Sharp，1997）。相对的，已经有20年未对圣安东尼奥池不同深度的动物群系取样了。近来曾试图建立这个动物区系的一些濒临灭绝生物的名单，但是由于缺乏了解而以失败告终（U.S. Fish and Wildlife Service and Division of Endangered Species，1998），而且去了解这些的努力也被井的拥有者所阻止，他们认为应该去探索发现新的濒危物种，而现有政治体制可能使用水管理进一步复杂化。在墨西哥，农业灌溉和工业用水都越来越多地依靠含水层抽水。因此造成了泉水的干涸，并且蒙特雷大城市正在不断寻求更多、更广泛的水资源来应对人口快速增长带来的饮水问题（Contreras-Balderas and Lozano-Vilano，1994；Vázquez-Gutiérrez，1997）。在更远的西部，在索诺拉省托雷翁市附近，含水层的透支已经使地下水径流反向流动，导致大量有害物质进入水质良好的水体。墨西哥官员近来已经对在得克萨斯州边界附近设置有毒废物堆场的计划提出了质疑，认为它们可能污染墨西哥含水层，而且沿着边界区域的快速工业发展也存在污染的威胁。这个地区人们了解较少的典型含水层动物群的未来存在着太多的不确定因素。

　　虽然我们的方法强调保护那些数量最多的特有种的重要性，但是特有种数量的准确评价可能掩盖物种匮乏的生态区的特有分布形态。当我们调查每个生态区特有物种的百分比时，发现了众多特殊的情况（图 3.3）。对淡水鱼类来说，11 个生态区特有种占 50% 或更高，这些生态区全部属于内流的、干旱的或者沿海生境类型。令人震惊的是，有一个生态区——卡特马科区 [72]①的 26 种鱼类 100% 都具有地方特异性（有几个物种也存在于临近的生态区，但根据本项评估中运用的特有分布确定原则，一些分布在有限范围的物种可能被认定为在多个生态区特有。细节参见附录 A）。通过鱼类特有分布地图与特有种总数地图的对比，可以发现北美洲西部地区的重要性，尤其是美国和墨西哥中部地区（图 3.4c）。

　　对于螯虾来说，大量生态区里特有种的百分比统计数据都很高。5 个全部在墨西哥境内、属于内流的或干旱生境类型的生态区内的螯虾虽然仅有 1～2 种，但是 100% 都具有特有分布性。有 20 个生态区拥有 50% 或更高的特有种分布性，另有 8 个生态区的特有种分布占 20%～50%。特有种百分比和特有种数量之间在地理学分布上的主要区别是当特有种百分比在地理图像上映射时几个墨西哥的生态区在图中十分显著（图 3.6c）。

　　贻贝特有种占有率没有达到螯虾和鱼类那么高的程度——除了拥有的唯一一种是贻贝且为特有种的育空区 [55]。特有种分布率一般遵循着与特有种数量分布相似的地理分布规律，分布率最高值（不包括育空区 [55]）是密西西比河和大西洋复合区域（图 3.7c）。太平洋中央山谷区 [6] 在西部生态区特有种分布中较突出，占 20%，该数值源自一个单一特有贻贝物种。正在进行的研究表明，许多贻贝物种仍然存在分类的可能。

　　与贻贝一样，爬行类动物的特有种分布率同样没有达到鱼类和螯虾的水平，可能是由于生态区边界不是根据爬行类动物分布来界定而造成的。爬行类特有种分布率的最高值是在内流的死亡谷区 [11]，小型爬行动物集聚（N=11）为地方特有种，分布值为 36%，而在特万特佩克区 [74] 发现了 125 个爬行类物种，分布百分比为 34%。值大于 20% 的也出现在物种丰富的帕帕洛阿潘河区 [71] 和内流的莱尔马河区 [69]。特有种分布百分比图示与特有种数量分布相似，但更着重于美国西部和墨西哥南部（图 3.8c）。

　　下面以田纳西 - 坎伯兰区 [35] 和莱尔马河区 [69] 为例来说明特有种数量和特有种分布比例的价值。田纳西 - 坎伯兰区 [35] 拥有 67 种特有鱼类，远远多于其他生态区，这 67 种占生态区内所有鱼类物种的 29%。与此相反，莱尔马河区 [69] 拥有 30 种特有鱼类，但是它们占整个生态区鱼类区系的 63%。从保护方面来说，如果田纳西 - 坎伯兰区 [35] 的鱼类区系数量大量下降，67 个物种可能会在地球上灭绝，但是生态区内其他 71% 的鱼类区系可能依然存活着。如果莱尔马鱼类区系消失，很多鱼类物种将会消失，仅有 27% 的物种可能会在其他生态区内出现。明显地，这两类动物区系都应该得到保护。

　　这些生境类型的特有分布模式在很多情况下都不同于丰富度（表 3.2）。通过鱼类物种平均数量排名的主要生境类型突出了温带源头水 / 湖泊、大型温带湖泊和大型温带河流。另外，利用特有鱼类物种平均数量的排名突出了源头水、沿海和内陆的主要生境类型的高特有分布现象，但无大型河流或湖泊。最终，内陆、干旱和亚热带沿海地区主要生境类型比其他主要生境类型更大程度（百分比）地展示出鱼类特有种分布情况。

　　就丰富度来说，主要生境类型特有现象值之间往往存在实质变化（表 3.2）。例如，田纳西 - 坎伯兰区 [35] 29% 的鱼类物种是特有种，与之相比，特有现象值第二高的泰斯 - 老俄亥俄区 [34] 为 12% 的特有分布。对比相同生境类型的生态区，往往发现这些生态区由显著不同的生物多样性组成。

---

① 英文原书序号 [65] 错误，应为 [72]。——译者注

表 3.2 不同主要生境类型的生物多样性指标均值及相应排名

主要生境类型	鱼类丰富度均值	鱼类丰富度排名	鱼类特有种数量均值	鱼类特有种数量排名	鱼类特有种百分比均值 /%	鱼类特有种百分比排名
ARL	31	6	1	7	1	7
LTL	103	2	0	8	0	8
THL	115	1	12	1	6	6
LTR	94	3	5	6	8	5
ERLS	19	8	11	3	55	1
XRLS	29	7	9	5	42	2
TCPL	83	4	11	3	11	4
SCRL	51	5	12	1	30	3

主要生境类型	螯虾丰富度均值	螯虾丰富度排名	螯虾特有种数量均值	螯虾特有种数量排名	螯虾特有种百分比均值 /%	螯虾特有种百分比排名
ARL	1	6	0	5	0	7
LTL	9	4	0	5	0	7
THL	21	1	11	1	31	2
LTR	12	3	5	3	17	6
ERLS	1	6	1	4	42	1
XRLS	0	8	0	5	18	5
TCPL	17	2	8	2	23	4
SCRL	7	5	4	4	31	2

主要生境类型	爬行类丰富度均值	爬行类丰富度排名	爬行类特有种数量均值	爬行类特有种数量排名	爬行类特有种百分比均值 /%	爬行类特有种百分比排名
ARL	3	8	0	6	0	7
LTL	27	7	0	6	0	7
THL	34	5	1	4	2	4
LTR	41	2	1	4	2	4
ERLS	32	6	3	2	9	2
XRLS	36	4	0	6	2	4
TCPL	41	2	3	2	5	3
SCRL	76	1	10	1	10	1

主要生境类型	贻贝丰富度均值	贻贝丰富度排名	贻贝特有种数量均值	贻贝特有种数量排名	贻贝特有种百分比均值 /%	贻贝特有种百分比排名
ARL	1	5	0	4	13	1
LTL	29	2	0	4	0	5
THL	45	1	4	1	4	3
LTR	26	3	1	3	2	4
ERLS	—	—	—	—	—	—
XRLS	—	—	—	—	—	—
TCPL	21	4	4	1	9	2
SCRL	—	—	—	—	—	—

主要生境类型	平均名次	名次众数	名次变化范围
	总计表（赅贝排名除外）		
ARL	6.7	7	3
LTL	6.1	7	6
THL	2.8	1	5
LTR	4.0	3	4
ERLS	3.7	1	7
XRLS	5.1	5	6
TCPL	3.5	4	2
SCRL	2.6	1	4

3.3 稀有的生态或进化现象

稀有的生态学和进化的现象不能如丰富度或特有性分布那样统计、排名或绘图。但是，这些现象体现了生物的独特性，是生物独特性的重要组件之一，是需要我们保护的（专栏6）。这些现象的生物独特性的评估主要是基于专家评估。另外，我们在这个分类中涵盖了特有的更高的分类组（属、科）和独特的物种组合。将8个（科瓦特西尼加斯区 [22]、佛罗里达区 [39]、马南特兰 – 阿梅卡区 [64]、查帕拉区 [65]、贝尔德河源头区 [67]、塔毛利帕斯 – 韦拉克鲁斯区 [68]、莱尔马河区 [69] 和卡特马科区 [72]）全球显著的生态区和40个北美显著的生态区列入考虑范围（表3.3，图3.9）。

专栏 6

从陆地到海洋：溯河产卵鱼类

Peter B. Moyle

北美洲太平洋沿岸流动着强大的、冷的洋流。它起源于阿拉斯加海湾，向南流动，逐渐变弱直到其残余水流在南加利福尼亚州旋转偏离海岸。沿着海岸线，底部具有丰富营养的海水形成上升流，使得沿海生物大量繁殖——不论是鲸鱼还是细菌。水流流经的海岸由岩石和陡峭的山脉、火山群和断层组成。不稳定的山脉中途截断了来自海洋的降雨和雾，形成广袤的森林和湍急的河流，并将水带回海洋。山脉和海洋不仅仅是由水相连的，还通过在它们之间运动的生命形式相连，最明显的是鱼类。鱼类从富饶的海洋里携带营养盐游到多岩石的内陆、施肥的溪流和河口，供养了大量的熊类、鹰和其他代表性的动物，并将海洋的肥沃带到陆地和森林里。

这种习性很明显的鱼类是大马哈鱼——三文鱼（*Oncorhynchus gorbuscha*）、狗鲑（*O. keta*）、红鲑（*O.nerka*）、奇努克（*O. tshawytscha*）、银大马哈鱼（*O. kisutch*）——因为它们在该地区很普遍，体型大、数量多。当然还有许多其他鱼类也如此：太平洋七鳃鳗（*Lampetra tridentata*）、河流七鳃鳗（*L. ayresi*）、高首鲟（*Acipenser transmontanus*）、中吻鲟（*A. medirostris*）、花羔红点斑鲑（*Salvelinus malma*）、切喉鳟（*O. clarki*）、虹鳟（*O. mykiss*）、白北鲑（*Stenodus leucichthys*）、油胡瓜鱼（*Spirinchus thaleichthys*）、蜡鱼（*Thaleichthys pacificus*）、多刺杜父鱼（*Cottus asper*）、海岸山脉杜父鱼（*C.aleuticus*）、三刺鱼（*Gasterosteus aculeatus*）等。每个物种都催生了许多，有时候是几百个不同的

由溪流、沿海和海洋条件组成的特定组合的地区形态。例如，河流七鳃鳗、切喉鳟和三刺鱼已经形成了不返回到海洋的几乎任何水域都栖息的形态。这些形态通常通过杂交或非杂交与溯河产卵鱼类共存。当进化生物学家因物种与它的环境之间复杂的、动态的交互作用而兴奋的时候，分类学家已经对所有这些形态的命名感到绝望了。

这些动态物种生存在太平洋沿岸的动态环境中，这些生境包括：海洋生产力有高有低的地方，因为火山爆发和热火山污泥使河流系统贫瘠的地方，因为山体滑坡而阻塞河流的地方，冰川形成或是消融的地方，以及地震造成山体移动形成新的溪流的地方等。所以尽管每一个物种变种数量巨大，但是溯河产卵的物种总数很小。

由于这些动态物种依靠许多生境（特别是溪流和江河）维持生存，所以对它们的保护是很困难的。如果近岸流减弱（因为周期性），海洋生产力就会下降，随后造成鱼类的存活力也会逐渐衰弱。因此，为了在低盐水的时期生存下来，幸存的溯河产卵鱼类不得不在淡水中繁殖。如果说有一件事导致了分布广泛却又面临灾难性衰退的太平洋沿岸溯河产卵鱼类的现象，那么一定是现代人类在海洋－溪流间关联的重要性认识上的失败。我们构筑的大坝阻止了鲑鱼和七鳃鳗游回其世代产卵和繁殖的地方。我们大量捕获鱼类，很少放过它们去补充或保持遗传多样性以应对环境突变。我们通过航行、修路、放牧、种田、城市化，以及其他使用水域的方式使得水流不利于鱼类洄游。总之，是我们降低了生态系统的恢复力。难怪即便人类不捕获溯河产卵鱼类，这些鱼类也在很多河流中消失了。

迁徙鱼类与未受到破坏的生境。每次大量的太平洋鲑鱼（大马哈鱼属）向沿海溪流迁徙产卵都是很重要的生态现象（左图）（图片由美国鱼类及野生动物管理局G. Haknel提供）。某些仅存的最好、最完整的鲑鱼栖息地位于北极地区，如克古亚克河、科迪亚克岛、阿拉斯加州（右图）（图片由Dominick Dellasala提供）。

溯河产卵鱼类数量的减少在加利福尼亚州更加明显，因为加利福尼亚州是大多数溯河产卵鱼类的终点。七鳃鳗类目前在鳗鱼河内数量稀少，鳗鱼河是以蜿蜒而行的大量迁徙者而命名的。中吻鲟目前仅在整个沿岸流域的三条河流内产卵，其中两条在加利福尼亚。曾经作为重要的印第安渔业资源的蜡鱼事实上已经从卡拉马斯和附近河流内消失了。生活在萨克拉门托－圣华金河口和三角洲的油胡瓜鱼正面临灭绝的危险。曾经在从圣克鲁兹到俄勒冈州边界所有沿岸河流中大量繁殖的银鲑鱼目前只存有不到其繁盛时期数据5%的数量。中央山谷内曾经拥有的数百万计的四种奇努克鲑鱼现今也已被列为或计划列为濒危物种。虹鳟可能是所有溯河产卵鱼类中适应性最强的鱼类，但是它也被除北海岸（虹鳟的数量也在下降）之外的其他州列为受威胁鱼类。而粉鲑已经灭绝了。

保护这些溯河产卵鱼类的多样性需要恢复海洋－淡水之间的联系，这既有字面意义（即恢复断流的河流），也有象征意义（通过修复流域的方式让它们能接纳鲑鱼和其他鱼类）。这种需求似乎得到了越来越多的认可，在公共流域组织的发展和基于生态系统恢复的大型研究上就可以反映出来。一个例子就是萨克拉门托河的支流普塔河，它流过果园和番茄田地，它已经被有组织地弱化、衰退了超过 130 年的时间。然而当市民认识到存在再次拥有一个能娱乐大家的健康的河流的可能性时，普塔河委员会成立了。他们尝试在丰水年将奇努克鲑鱼（也许还有虹鳟）引回普塔河，使它们加入还在苦苦挣扎的七鳃鳗群体。忽然之间，委员会的梦想意外地成为现实并有意想不到的事情发生：黑熊顺着溪流从山上下来捕食鲑鱼，并重新将陆地连接到了海洋。

普塔河委员会的努力间接地连接了海湾 - 三角洲地区一个庞大的、官方多部门的生态系统恢复计划。海湾 - 三角洲计划的存在是因为，很明显，生态系统健康才能使加利福尼亚经济健康发展。无论是否有人期待奇迹，虽然只有缓慢的变化，但是改变现有溯河产卵鱼类数量下降的趋势将是一个信号，这个信号表明修复加利福尼亚州中部海洋 - 淡水之间的关联至少是有可能实现的，当然在其他地方也一样。

3.4   稀有生境类型

温带大湖生境类型是北美洲已知的 8 个主要生境类型中代表数量最少的，有 4 个生态区，覆盖五大湖地区。由于在北美洲每个主要生境类型的生态区都超过 3 个，所以并没有被认为是大洲级别的主要生境类型。同样的，由于北美洲主要生境类型的生态区较少不能达到世界级水平（贝加尔湖、巴尔喀什湖、拉多加湖和咸海使得大型温带湖生态区的总数增加到至少 8 个），所以没有一个主要生境类型是全球级别稀有的。因此具有生物特异性的生态区的排名并未得到提高。

很多生态区中稀有的生境类型由于规模不够大而不能形成自己的主要生境类型。这些生境类型被鉴定为洲级或全球级稀有类型，包含它们的生态区内生物特异性的分数也相应提升（表 3.3）。案例包括分布广泛的泉水系统以及其相关的地下栖息地（专栏 7）和更多的季节性的栖息地，如只有春季才有的水池或洞穴（专栏 8）。其他虽不是稀有的但是具有重要生态价值的淡水生境的描述详见专栏 9 和附录 G。

3.5   生物特异性数据综合

当综合了每个生态区的丰富度和特有性分值数据，进而确定了生物特异性类别时，可以识别出 10 个全球显著生态区、16 个北美显著生态区、25 个生物区显著区和 25 个国家重点生态区（表 3.1，图 3.10）。当进一步通过对稀有现象和稀有生境类型的评价提高了生态区级别时，结果显示最终有 15 个全球显著生态区、41 个北美显著生态区、4 个生物区显著区和 16 个国家重点区（图 3.11）。

不论是否考虑了稀有现象和稀有生境类型，除了北极河流湖泊和大型温带湖泊之外，所有的主要生境类型都包含了至少一个全球显著的生态区。若考虑到稀有现象，则有 5 个干旱生态区和 4 个亚热带沿海地区生态区被评估为全球显著生态区。尽管北极和大型湖泊主要生境类型都没有全球显著生态区，但是这两个生境类型的大部分生态区一旦有稀有现象存在就都被评为了北美显著生态区（北极生境类型的 8 个生态区内有 3 个，大湖生境类型的 4 个生态区内有 2 个）。

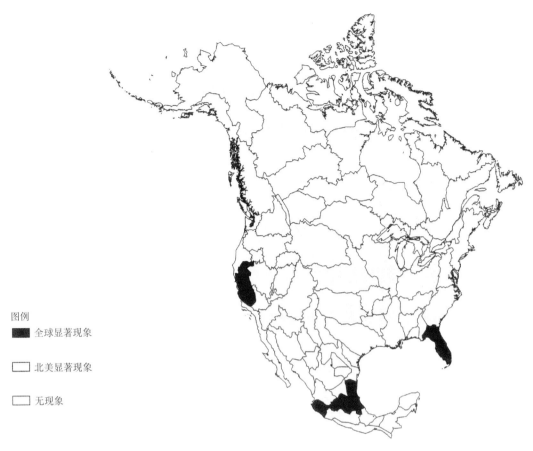

图例
■ 全球显著现象

□ 北美显著现象

□ 无现象

图 3.9　稀有的生态或进化现象

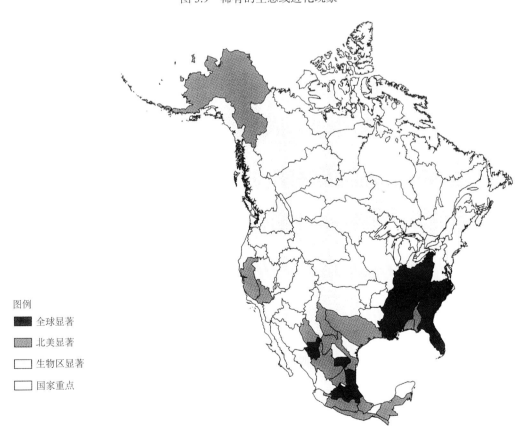

图例
■ 全球显著
▨ 北美显著
□ 生物区显著
□ 国家重点

图 3.10　基于丰富度和特有性的生物特异性分类

表 3.3 稀有的生态和进化现象

生态区	稀有现象类别	稀有现象描述
北太平洋沿海区 [1]	北美显著	一个特有鱼属（蕲鲉鱼属 Novumbra）；溯河性鱼类的主要种群（7 个大马哈鱼属 Oncorhynchus，3 个七鳃鳗属 Lampetra）；喀斯特洞穴拥有独一无二的无眶椎泉水水生类区系
哥伦比亚河流域未冰封区 [3]	北美显著	大量过境的溯河产卵鱼类（奇努克大马哈鱼、银大马哈鱼、北美鳟鱼、红鲑）；近年有种归的鱼类（伸口鲹属 Oregonichthys）
太平洋中部沿海区 [5]	北美显著	太平洋海岸最南端溯河产卵物种与其衍生物；1 个特有鱼类属（三角亚口鱼 Deltistes）和两个近特有种（伸口鲹属 Oregonichthys 和虾虎鱼属 Eucyclogobius）；近特有种蟢蟆属（水亚蟆属 Hydromantes）；季节性水塘动物区系
太平洋中央山谷区 [6]	全球显著	4 种过境的奇努克类；最南端产的 5 种溯河产卵鱼类；近特有蟢蟆属（水亚蟆属 Hydromantes）；5 个特有鱼属（断线日鲈属 Archoplites，裂尾鱼属 Pogonichthys，直齿鱼属 Orthodon，美扣鲷属 Lavinia，白齿鱼属 Mylopharodon）和仅有的淡水代表鱼类妊海鲷属（Hysterocarpus）；季节性水塘动物区系
南太平洋沿海区 [7]	北美显著	溯河产卵的太平洋上鳃鳗和虹鳟种群；在淀海潟湖发现的近特有鱼类属；虾虎鱼属 Eucyclogobius
邦纳维尔区 [8]	北美显著	粗略估算区域内拥有约 100 个冲击州，包括大盐湖和熊湖（拥有 4 种特有鱼类物种；高 β-多样性；特有鱼类属（阴河鱼属 Iotichthys）
拉洪坦区 [9]	北美显著	3 类特有种或近特有鱼类（漠鱼属 Eremichthys，子鱼属 Relictus 和泉鳉属 Crenichthys）
死亡谷区 [11]	北美显著	完整的沙漠泉水与河流系统；拥有在最极端条件下生存的水生生物（魔鳖洞，稻球沼泽）；高 β-多样性；地方鱼类；（裸腹鳉属 Lepidomeda，仿鳍鱼属 Emperrichthys）
科罗拉多河区 [12]	北美显著	适应于高流量大河系的特有鱼类；3 个特有种或近特有鱼属（锐项亚口鱼属 Xyrauchen，刺鳉属 Lepidomeda，仿鳍鱼属 Plagopterus；参见下面 [13]，[14]）
维加斯－圣菲河区 [13]	北美显著	4 类特有种或近特有鱼属（革鳉属 Moapa，刺鳉属 Lepidomeda，仿鳍鱼属 Plagopterus，泉鳉属 Crenichthys）
希拉河区 [14]	北美显著	3 类特有种或近特有鱼属（革鳉属 Moapa，仿鳍鱼属 Plagopterus，鳅属 Tiaroga）
格兰德河上游区 [15]	北美显著	1 类特有和无脊椎类分布在盐泉中（螺类 Fontelicella，蜗牛类 Tryonia，索科罗等足虫 Thermosphaeroma）
古兹曼区 [16]	北美显著	内流生境；鱼类之间的特有分布较突出；泉水和地下生境
孔乔斯河区 [17]	全球显著	坐落任德兰德流域的唯一的自由流动的大型河流栖生境；洞穴和泉水栖息地的特有现象
佩科斯河区 [18]	北美显著	格兰德河流系的高鱼类丰富度和特有富度，包括 3 类鲤齿鳉科（鳉属 Cyprinodon）、镖鲈属（Etheostoma）、丽体鱼属（Cichlasoma）；真小鲤属（Cyprinella）和食蚊鱼属（Gambusia）
马皮米区 [19]	北美显著	灭绝的单型鱼属（残齿鲤属 Stypodon）和现存的特有鱼类（大鳍鱼属 Stypodon）
萨拉多河区 [21]	北美显著	显著的鱼类特有分布，包括鳅、镖鲈、食蚊鱼和阔尾鱼
科瓦特西尼加斯区 [22]	全球显著	多样性的、复杂的数百物种和组合；高热温泉、湖泊和溪流；高 β-多样性
圣胡安河区 [23]	全球显著	高水平的鱼类特有分布和泉水动物区系
密西西比湾区 [25]	北美显著	大型河流鱼类在持续淤浊环境中表现出很多适应性
东得克萨斯湾区 [32]	北美显著	包括爱德华兹含水层和相关的泉水系统，拥有独特的物种组合；1 种特有的蝾螈属（Typhlomolge）；地下和泉水动物区系
西得克萨斯湾区 [33]	北美显著	两类特有鱼属（撒旦鱼属 Satan，洞鲴属 Troglanis）；爱德华兹含水层的鱼特有分布于持续浑浊环境中；地下和泉水动物区系

生态区	稀有现象类别	稀有现象描述
泰斯-老俄亥俄区[34]	全球显著	非常大量的物种集聚区,特别是鱼类(208种)和贻贝(122种)
田纳西-坎伯兰区[35]	北美显著	1类地方特有鱼属(宽吻盲鲷鱼 Speoplatyrhinus)和1种近特有蝾螈属(Leurognathus)
莫比尔湾区[36]	全球显著	丰富多样的生境类型;东部海湾最高等的水生生物多样性;软体动物和两栖类的高水平特有分布
阿巴拉契科拉区[37]	北美显著	多样的生境类型;泉水动物区系;45%的珠蚌是特有种
佛罗里达湾区[38]	北美显著	珠蚌特有分布;丰富的鱼类动物区系
佛罗里达区[39]	全球显著	多样性的水生景观,包括奥德万泉群,巨大的淡水湿地和沼泽,大沼泽地;高 β-多样性;1类地方特有螯虾属(Troglocambarus)都需淡水来
南大西洋区[40]	北美显著	1类近特有螯虾属(Leurognathus);1类地方特有螯虾属(Distocambarus)
切萨皮克湾区[41]	北美显著	溯河产卵鱼类(条纹鲈、蓝背鲱、大西鲱、短吻鲟、大西洋鲟),加上半溯河产卵鱼类(如白鲈)都需淡水来产卵
苏必利尔湖区[43]	北美显著	最大的温带淡水湖泊(依据表面面积);包含近来逐步形成的加拿大白鲑复合体和其他"新"特有种
密歇根-休伦湖区[44]	北美显著	包含近来进化的深水鱼复合体(加拿大白鲑),其在过度捕捞前是优势生态种
圣劳伦斯河下游区[47]	北美显著	世界上最大和最完整的大西洋鲑鱼的栖息地
加拿大洛基山脉区[49]	北美显著	冰期生物种遗址,拥有腹足类、等足类、片脚类和鱼类的特有种;也拥有不同寻常的地下生境
萨斯喀彻温河下游区[51]	北美显著	大量敦营养的冰川湖和清澈的水流;溪流为避暑的北极熊提供食物
英格兰-温尼伯湖区[52]	北美显著	大中原河流;3个大型的、浅滩的、多产的湖泊(温尼伯湖、温尼伯格斯湖和马尼托巴湖)
育空区[55]	北美显著	4种位于北极的特有鱼类;冰川作用之外区域
北极北部区[58]	北美显著	从麦肯齐河三角洲向支流迁徙能取食营养的红点鲑和其他溯河产卵鱼类
北极群岛区[60]	北美显著	一些拥有冰河期海洋残遗鱼类和无脊椎动物的湖泊
索诺兰沙漠区[61]	北美显著	3类特有蜗牛和8类特有鱼类;适应于干旱淡水条件
锡那罗亚沿海区[62]	北美显著	鱼类和螯虾间的特有现象;亚热带高坡度生境
圣地亚哥区[63]	北美显著	特有鱼类(包括丽鱼科的鳉鱼和鲶鱼);水生微动物群的温泉生境
马德雷-阿梅卡区[64]	全球显著	5类特有或近特有鱼属(异纹谷鳉属 Allodontichthys、异纹谷鳉属 Xenotaenia、阿迈喀鳉属 Ameca、谷鳉属 Ilyodon、斯鳉属 Skiffia)
查帕拉区[65]	北美显著	2类近特有鱼属(驼谷鳉属 Chapalichthys、斯鳉属 Skiffia)
萨拉多平原区[66]	北美显著	鱼类非常高的地方特有分布,主要是鳉;内流的
贝尔德河源头区[67]	全球显著	半月湖;鳉科(Cyprinodontidae)和古德鳉科(Goodeidae)的单型属
塔毛利帕斯-韦拉克鲁斯区[68]	全球显著	2类近特有的鳉鱼(盲鳉属 Prietella、异谷鳉属 Xenoophorus)
来尔马河区[69]	全球显著	4类特有种或近特有鱼属[驼谷鳉属 Chapalichthys、赫氏谷鳉属 Hubbsina、斯鳉属 Skiffia、驼谷鳉属 Chapalichthys、真墨西哥哥鳉属 Evarra(全部都已灭绝)]和1类近特有蝾螈属(Rhyacosiredon)

续表

生态区	稀有现象类别	稀有现象描述
巴尔萨斯河区 [70]	北美显著	3 类近特有鱼属（阿迈喀鳉属 Amecca，驼谷鳉属 Chapalichthys，谷鳉属 Ilyodon）和 1 类近特有蝾螈属（Rhyacosiredon）
帕帕洛阿潘河区 [71]	北美显著	17% 的鱼类为特有种，包括锯花鳉属（Priapella），食蚊鱼属（Gambusia），异小鳉属（Heterandria）；水生爬行类系区的高水平
卡特马科区 [72]	全球显著	特有分布（26%）
韦拉夸尔斯区 [73]	北美显著	古老的火山山口；44% 的鱼类为特有种
特万特佩克区 [74]	北美显著	非常高的鱼类特有分布，特别是花鳉科
格里哈尔瓦－乌苏马辛塔区 [75]	北美显著	显著的鱼类特有分布（29%）及水生爬行类系非凡的丰富度和特有现象
尤卡坦区 [76]	北美显著	多样性的生境，包括大型河流、内流盆地和大型湿地；41% 的鱼类为特有种
		亚热带喀斯特生境，包括泉水和含水层

专栏 7

西部泉水动物群及其生存威胁

W. L. Minckley, Peter J. Unmack

　　泉水是由地下水上升到地表而形成的。在北美洲西部很多地区泉水比其他水生栖息地更加稳定、可靠，往往形成地表河流和湖泊。伴随着荒漠化，水生栖息地逐渐减少，泉水很快成为一片干旱区域内孤立的个体，在常年湖泊和溪流消失后继续流动。最后，它们可能成为整个生物区唯一的自然庇护所。沙漠里极大部分水生生物与陆生动植物一样依赖常年流水，而这常年流水与泉水及其供给系统是分不开的。

　　全世界有一系列的生物体与泉水有关。最著名的是鱼类，种系差异大，却拥有很多共同的形态学和生理学特征；大多数体型较小，世代时间较短且拥有良好的生化耐受性。

　　泉水作为鱼类栖息地存在一个未解难题。尽管数量可观的物种依赖于这种生境（Meffe，1989），但是只有少数物种始终生存在水从地下出露的地方。我们很难了解为什么有的鱼类能够成功生活在泉水源头而有的就不行（Courtenay and Meffe，1989；Hubbs，1995）。少数的泉水由于温度太高或者是溶解氧较低等，面临着目前难以克服的问题（Sumner and Sargent，1940；Hubbs and Hettler，1964；Hubbs et al.，1967），但是大多数泉水看起来是宜人的。一些物种难以成功存活下来必然是因为源头存在一个或多个持续的极端条件导致其不能适应，如持续不变就可能排除了那些需要季节性变化达到性腺成熟的鱼类。它们往往拥有单一鱼类物种，间或受困于生境的特殊性如狭温性（耐温性有限）。

　　相对的，一些经常栖息在恶劣条件下的、在泉水中生存的鱼类同样有能力生存在其他地方。例如鲤齿鳉科（鳉属），其中一些在高度波动的源头水中也同样能够繁殖生存。鳉类分布在整个泉流中，并且一些随着泉水游入尾闾湖，这些泉水的盐度高于海水 3.0 个单位以上，且年度温差达到 40℃（Soltz and Naiman，1978）。这些鱼类大部分是不具竞争性的。尽管对于极端条件除了它们自己其他鱼类都不拥有如此显著的耐性，它们依然倾向于在生境中与其他鱼类保持异位，这些生境的特点是恒久不变（如泉水）或者条件艰苦（如高温、高矿化度）。总的来说，泉水与泉水供给的区域支撑了北美西部内陆河流域占很大比例的鱼类区系。单一泉水（或泉水群）内鱼类的特有现象要远高于其他组合。

　　与鱼类不同，其他泉水中居住的生物常常局限于源泉和最上层的外流。水生螺类蜗牛数量丰富并展现出了极大的多样性。例如，在 1998 年大盆地（the Great Basin）的一个单一属就确认了 58 个新物种（Hershler，1998）。很多水生螺类类群都有对应的体型和数量，并彼此临近泉水。个别的泉水可能拥有单一的物种，小型的泉水群拥有一个或两个属的 1～4 类物种。大型的泉水集聚区如内华达州的阿什梅多斯（Ash Meadows）和科阿韦拉州的四沼泽（Cuatro Ciénegas）分别拥有两个属的 8 个物种和九个属的 13 个物种（Hershler，1984，1985；Hershler and Sada，1987）。片脚类和等足类甲壳纲动物也频繁出现（如 Cloe，1984），但是与其他大多数动物一样，小型动物几乎未被人类研究过。

　　泉水及其动物区系由于人类干扰而受到严重威胁。当水质适用于灌溉或家用时，过度抽取很快会使得自然水停止流动，扼杀整个地表生态系统。地下水的过度使用是隐秘的、难以察觉的，因为水体流出的影响可能会在抽水多年后才出现在 10 千米到 100 多千米的地方。农业抽水破坏了得克萨斯州一些最大规模的泉水（Brune，1975）。在阿什梅多斯住宅开发和农业灌溉的水抽提只能在美国最高法院同意后才能停止（Deacon and Williams，1991）；新莱昂州瓦莱圣地亚的整个生物区系在过去的 10 年内已经被破坏了，在地表水被充分消耗掉之前那里至少有 4 种特有鳉类和大量未知的无脊椎动物消失了（Lozano-Vilano and Contreras-Balderas，1993；Contreras-Balderas and Lozano-Vilano，1996）。墨西哥的泉水处境尤为严重，因为在偏远地区发展了一种新兴电力并扩大了灌溉范围来供养迅速增加的人口。墨西哥几乎有 100 眼泉水在过去的几十年里干涸了。然而到目前为止墨西哥似乎也没有相关方面有力的支持保护和强制执行的法律（Contreras-Balderas，1991；Contreras-Balderas and Lozano-Vilano，1994）。

未抽干的泉往往是受到了限制或者转移了的，或者是由于水量较大转换为娱乐所用，这些统统对其生物区系有害（Contreras-Balderas，1984，1991；Sheppard，1993）。集中放牧不仅造成植被减少和被践踏，而且带来了粪便和死尸的堆积，从而使得泉退化。一旦泉受到干扰，由于植被入侵阻塞源泉和水体流出，外围的保护可能会起到相反的效果。它们也遭受着外来种的影响：垂钓用鱼和鱼饵如小龙虾使位于加利福尼亚州的欧文斯山谷（Minckley et al.，1991）、内华达州的灰草地和怀特河水系（Courtenay et al.，1985；Pister，1991），以及科阿韦拉州的四沼泽（原始资料）的泉处于危险境地。目前被引入的观赏性鱼类和无脊椎动物，如花鳉科和丽鱼科鱼类以及拟黑螺属蜗牛随处可见（Williams et al.，1985；Contreras-Arquieta et al.，1995）。为了控制蚊子，食蚊鱼也已经遍布全球（Courtenary and Meffe，1989）。

泉小而孤立，其内的物种数不多；但是，泉却容纳和支撑了不可或缺的生物多样性，因为它们往往代表着唯一现存的地表水。因此，栖息地的消失和改变对于当地和区域生物多样性在相关尺度上都具有高度毁灭作用。特别是在残余物种和特有种以及整个生态系统由于一个举动而消失时尤其如此。只有公众保护，外加迅速行动才能够逆转大量干旱的泉及其无可替代的生物区系迫近灭绝的危险。

专栏 8

加利福尼亚季节性水塘

Barbara Vlamis

在加利福尼亚大量的牧草地、橡树林与河岸林地景观中，季节性水塘和洼地（季节性的湿地）是唯一的淡水指向标。包括水塘和排水系统，面积从几平方英尺[①]到数英亩[②]不等，坐落在限制性土壤层或基石之上。在冬天和春天潮湿季节期间，不透水层使得这些湿地能维持大量的生物活动需要，然后从根本上转变为热干草原直到下一次雨季。

地方生物群系使得洼地这些短暂的避难所上演了生物奇观。洼地提供栖息场所并庇护众多特殊物种（被认为稀有或濒危的物种）。洼地中四种特殊地位的淡水虾陆续被发现：水利丰年虫（*Branchinecta conservatio*）、春池丰年虫（*Branchinecta lynchi*）、长角丰年虫（*Branchinecta longiantenna*）和春塘鲎虫（*Lepidurus packardi*）。虾类是这个系统中不可分割的部分，支撑着迁徙的水禽和其他本土动物的食物链体系（Krapu，1974；Swanson et al.，1974）。西部锄足蟾科蟾蜍（*Scaphiopus hammondii*）会利用季节性水塘繁殖，它是《加利福尼亚州濒临绝种动植物名单》

① 1 英尺 = 0.304 8 米。——编者注
② 1 英亩 = 0.404 686 公顷。——编者注

（*California Endangered Species List*）中涵盖的一类物种。

众多名单中的鸟类依靠季节性湿地周边的草原觅食，包括斯温森的鹰（*Buteo swainsoni*）、阿留申加拿大雁（*Branta canadensis leucopareia*）、鵟鹰（*Buteo regalis*）、金雕（*Aquila chrysaetos*）、美洲游隼（*Falco peregrinus anatum*）、灰背隼（*Falco columbarius*）、白尾鹞（*Circus cyaneus*）、草原猎鹰（*Falco mecicanus*）、北美条纹鹰（*Accipiter sriatus*）、白尾鸢（*Elanus leucurus*）、大沙丘鹤（*Grus canadensis tabida*）、长嘴麻鹬（*Numenius americanus*）、短耳鸮（*Asio flammeus*）、西部穴鸮（*Athene cunicularia hypugea*）和伯劳鸟（*Lanius ludovicianus*）。

在很多当地水塘和相关的草地中发现的特殊地位植物种包括：博格湖牛膝草（*Gratiola heterosepala*）、雷德布拉夫小灯芯草（*Juncus leiospermus* var. *leiospermus*）、灯芯草（*Juncus leiospermus* var. *ahartii*）、风铃草（*Legenere limosa*）、白池花（*Limnanthes floccosa* ssp. *floccosa*）、道格拉斯薄荷（*Monardella douglasii*）、多毛奥克特草（*Orcuttia pilosa*）、奥克特草（*Orcuttia tenuis*）、加纳利指甲草（*Paronychia ahartii*）、彼得韦尔紫菀科植物（*Polygonum bidwelliae*）和格林禾草（*Tuctoria greenei*）。布尤特县的白池花（*Limnanthes floccosa* ssp. *california*）已列入联邦政府和州政府的濒危物种名单，且仅在布尤特县中心到北部边界狭窄的25英里带状线上分布。人们仅发现了11个白池花的群落。

与野生生物一样，季节性水塘热带稀树草原也为人类提供很多有价值的功能。它们涵养水源，将洪泛降到最小。这些开放的大草原也为人类提供了娱乐的可能，如徒步旅行、摄影、视察研究野鸟、野花观察。湿地通过径流过滤污染物，优化当地水质。这些热带稀树草原也存有印第安居民为寻求鸭蒜留下的考古学史前古器物，也有猜想印第安居民用这些器具增强蛋白和打猎。

总的来说加利福尼亚州91%的湿地面积已消失，据估算在18世纪80年代湿地面积有500万英亩，而到目前州内只剩不到450 000英亩（National Audubon Society，1992）。季节性水塘情况也差不多，目前有不到30%的加利福尼亚原始季节性水塘未遭破坏（Holland，1978），而且这些剩余的季节性水塘即将面临来自城市扩张、葡萄园开辟，以及不适当的部门标准和人员配备的威胁。加利福尼亚中央山谷原始的400万英亩湿地中大约只有200 000英亩保留了下来（生态区[6]）（National Audubon Society，1992；Kempka and Kollash，1990），使其成为维系这一区域生命力的关键。

中央山谷的生长比率是州其他地区的两倍。鉴于不断膨胀的人口和农业扩张到以前边际土地，山谷中残留的孤立湿地受到严重威胁。因此，主要通过地役权自愿保护、奖励兼容农业的管理工作和收购等措施对其进行保护。在中央山谷北部，巴特环境委员会、艾塔卡奥杜邦协会（Altacal Audubon）、塞拉俱乐部（the Sierra Club）、原生植物学会和其他组织与当地政府、美国陆军工程兵团、美国联邦环保署、美国鱼类与野生动物局和加利福尼亚州鱼类和娱乐局密切合作。尽管如此，现存的季节性湿地稀树大草原的高价值区域仍在持续消失。例如：

- 在蒂黑马县（Tehama County）1万英亩的季节性水塘复合体在未被允许的情况下被辛普森纸业公司（the Simpson Paper Company）填平。
- 非法湿地填埋持续发生，面积有大有小。由于机构总部设在城市中心且缺乏管理人员，该区域几乎没有湿地执法能力。
- 为了防止需要对季节性水塘景观采取更多的保护措施，已经将其分裂开来以使其不超过相应的临界值。

湿地退化或破坏的国家监管准则是极其有限的。目录的最前面是声名狼藉的军队特别许可（NWP 26）。在 1997 年 1 月之前，这个许可证允许湿地破坏低于 1 英亩的可以不预先通知，损失在 1～10 英亩内的，经常以最小量来审查。1988～1996 年 NWP 26 单独允许萨克拉门托兵团办公室毁坏了超过 1000 英亩湿地。在过去的 2 年里，降低了不需要报告湿地损失的临界值，临界值为每英亩不到 1/3 的面积，NWP 26 允许最高 3 英亩。兵团计划到 1998 年 12 月停止使用 NWP 26，但目前正在考虑以修订形式维持。

季节性湿地在规模上往往不到 1 英亩。例如，180 英亩的生物丰富的季节性湿地仅有 5.6 英亩的湿地在兵团的管辖权下。虽然维持景观对水注、生态系统健康和食物链的生存至关重要，但是它既未评估也不在《清洁水法案》（Clean Water Act）的保护下。当兵团批准一个许可证或者 NWP 26 破坏湿地时，维持草地和橡树林栖息地的数百英亩土地可能成为讨价还价的一部分，并不可避免地被破坏。

美国鱼类及野生动物管理局保护濒危物种的指导方针可能显著减缓许可证的需求，但是迄今在中央山谷北部兵团或者美国鱼类及与野生动物管理局的工程项目并没有被叫停。此外，只要土壤还未遍及整个湿地，就存在越野车和农业活动影响湿地和濒危物种的问题。

很明显，迫切需要更多约束性的管理规定来保护加利福尼亚现存的自然湿地。季节性湿地是加利福尼亚自然遗产中令人称奇的一类，并且这种景观值得为未来我们的后代和野生生物保存。

专栏 ⑨

衰退的草原凹坑

Mark H. Stolt

北美中西部和大平原地区的北部点缀着数不清的类沼泽淡水湿地，被称为大草原凹坑。在最后一个冰期期末，1 万～1.5 万年前，冰雪融化的融水使平坦但贫瘠的土地留下了 2500 万个凹洼湿地。大草原凹坑从 1 英亩到几百英亩大小不等。很多是在春季由雨水和雪消融后填满在夏季干旱气候下完全干涸的类湖型的凹坑。大草原凹坑是一种动态的生态系统，维持各种不同的依靠湿地生存的物种，并且对景观级生态过程起至关重要的作用。

草原凹坑范围粗略估算有 30 万平方英里，并有部分延伸到美国的艾奥瓦州、北达科他州、南达科他州、蒙大拿州、明尼苏达州，以及加拿大的阿尔伯塔省、曼尼托巴省和萨斯彻温省（生态区 [24]、[26]、[27] 和 [52]）。人类和动物十分依赖于这种关键性资源。世界上一些最重要的涉及小麦和玉米生产的农业土壤是在草原凹坑地区中发现的。相比而言，有数不清的水生植物包括超过 30 种沉水植物和浮水植物、300 种候鸟、60 种爬行动物和两栖动物、超过 60 种的哺乳动物躲避和栖息在这些湿地中。北美洲半数的水禽是在草原凹坑区域中孕育的，因此这一区域被称为"北美鸭厂"。

水位动态、盐度和农业干扰程度是一系列植物和动物们在草原凹坑中寻找合适栖息地的主要控制因素。水位取决于季节、年降水和当地区域地下径流情况。流入凹坑的地表水由季节和长期降水循环控制。大多数进入凹坑表面的水来自冬春季节的冰雪消融。在夏季，大量的水分通过土壤水分蒸发蒸腾损失，湿地开始干涸，也可能通过地下渗流进入当地地下水。这些补给地下水的湿地通常高于所处景观，可能造成土壤营养贫瘠。很多凹坑一端容纳地下水，另一端排水，如溢流湿地。草原凹坑地势较低，常常容纳地下水。这些补给型湿地通常富含营养物质，但含盐量较高。

　　动态表层和次表层的水文由每年潮湿、干燥季节和周期性长期干旱或多年过度潮湿驱动，形成了凹坑的5种不同区域植被带。植被带沿着海拔从高到低渐变，被称作湿地草甸（矮草地）、浅沼（粗莎草）、挺水植物沼泽（香蒲等高大草本植物带）、浅型开阔水面（沉水植物）和开阔水面。每个凹坑中并非有所有的植被带，因为植被的出现和消失由丰水期或枯水期决定。从一个干燥年到一个潮湿年，生物量可以相差20倍。种子库停留在湿地，当环境条件适合特定植被出现时，植被就会成长。盐度升高的凹坑往往湿地植被的多样性有所下降。

　　鸟类是草原凹坑最重要的用户。北美洲差不多800种候鸟的30%种类在草原凹坑区域繁殖或在每年秋季和春季迁徙过程中在此进食和落脚。其中如麻雀（*Ammodramus bairdii*）、黑浮鸥（*Chlidonias niger*）、燕鸥（*Sterna antillarum*）、伯劳鸟（*Lanius ludovicianus*）、北方苍鹰（*Accipiter gentilis*）、游隼（*Falco peregrinus*）、笛鸻（*Charadrius melodus*）、西部穴鸮（*Athene cunicularia*）和美洲鹤（*Grus americana*）这些候鸟有的受到威胁，处于濒临灭绝的状态，有的人们正考虑将它们加入到联邦名单里。

　　虽然在较低地势的48个州中仅有大约5%的湿地处于草原凹坑区域，但是已发表的论文一致表明，北美每年有50%以上的鸭类来自这些湿地资源。它们的生产能力取决于土壤是否肥沃、水生无脊椎动物的供养是否充足，以及植被的多样性是否丰富。5类植被带为哺育的鸭子提供了众多的栖息地。15种鸭子与绿头鸭（*Anas platyrhynchos*）、蓝翅鸭（*Anas discors*）和针尾鸭（*Anas acuta*）一起在草原凹坑中找到了栖息地，构筑了60%以上的种群数量。每年这一区域的鸭子数量都有所不同，这主要取决于每个物种的栖息地、气候条件和人为影响程度。

　　农业生产和湿地生境之间土地利用的矛盾使得景观变得支离破碎，并且严重地削减了草原凹坑作为动植物栖息地的功能。在殖民之前，估算有2000万英亩草原凹坑存在。然而，草原凹坑以每年高达33 000英亩的速率消失，在南北达科他州的原始700万英亩草原凹坑仅剩不到一半。在明尼苏达州，大约有900万英亩的草原凹坑已经干涸。艾奥瓦州已损失了98%的凹坑湿地。大多数凹坑的消失与排水和由于农业生产凹坑水文转变有关。附近农业活动导致的烧荒、刈草、放牧，以及沉积物、农药和营养元素的引入也影响到了草原凹坑中动植物的数量。

　　凹坑干涸情况影响最显著的是鸭子的衰退。在20世纪50年代中期草原凹坑区域有超过1500万只鸭子生存，现在，每年仅有约500万只鸭子。绿头鸭和针尾鸭筑巢提前是凹坑衰退最为显著的证明，例如，20世纪70～80年代针尾鸭数量有60%的衰减，在同一时期蓝翅鸭有超过30%的衰减。

　　努力维持草原凹坑数量的工作已经取得了一定的成功。美国鱼类与野生动物局为很多草原凹坑投入了强力工作。然而，有90%的草原湿地仍然由私人拥有。因为湿地用于农业不受《清洁水法案》限制，这些草原凹坑持续被耗尽。国家立法规定为减少湿地排水提供了激励机制。在私人手里大约18%的草原凹坑符合这些规定或类似的保护，还剩余70%未保护的湿地资源。最近，通过大量保护组织、州和当地政府机构与美国鱼类与野生动物局的共同努力，保护草原凹坑区域已经扩大了影响，但仍然需要做更多的工作来保护这些多样又至关重要的草原湿地。

　　主要生境类型中生物特异性类别分布相当好，耐旱和内陆河生态区在其主要生境类型生物特异性上处于更高水平。在考虑了生态现象后，8个内陆河生态区中有7个已评估为洲级或者全球级显著的生态区。同样，11个耐旱生态区全部是洲级或者全球级别的生态区。在这些主要生境类型中，有更多潜在的机会来保护重要生物多样性特征，当然这些生物多样性特征也有消失的可能性。

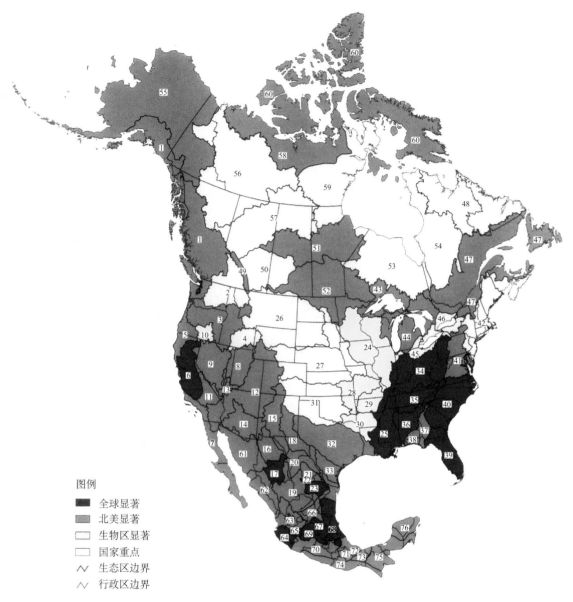

图例
- 全球显著
- 北美显著
- 生物区显著
- 国家重点
- 生态区边界
- 行政区边界

图 3.11　最终的生物特异性分类

4 北美生态区的保存现状

"我们现在不是面临着淡水生物多样性将要减少的悲剧，而是这种悲剧已经发生了。"

——W. L.Minckley （pers. comm.）

在本章中，我们通过两方面介绍和分析了北美生态区保存现状及其发展趋势。第一部分介绍了 1997 年北美生态区的保存现状。第二部分是对未来 20 年的威胁分析改进后状况的最终评估。每个生态区所受威胁的更多详细信息见附录 G。

4.1 保存现状概况

通过研究主要生境类型趋势（表 4.1）和 1997 年的北美地图（图 4.1），生态区的退化规模和完整性可以清晰可见。大陆全图显示出所有的极危区都位于美国西部和墨西哥，而且那些濒危地区也集中在这些地区以及五大湖区和美国的南部（表 4.2）。正如人们所料，最完整的生态区位于北极圈，以及阿肯色州和密苏里州的欧扎克高地区 [29]。处于相对稳定和易危状态的生态区则遍布北美大陆。

主要生境类型评估结果显示，特定的生态区栖息地类型退化程度较其他种类大很多（表 4.1）。北极圈生态区都显示相对的稳定和完整是因为这里的人口和人类活动影响少。相反，没有大型温带湖泊、大型温带河流的区域或者是内陆河生态区是相对稳定或完整的，事实上，大多数的大型湖泊和大型河流都是濒危或极危的。干旱地区、温带和亚热带的沿海生态区是几近退化的。只有温带源头水 / 湖泊的主要生境类型处于中等水平，其几乎所有的生态区是易危和濒危的。

总体来看，概况的分析结果显示，只有很少的一部分生态区还保持着完整性。只有相对少的一部分生态区的退化程度超过了其恢复能力。大部分的生态区被评估为濒危和易危，这表明美国北部的淡水物种可能已经被严重破坏。

表 4.1　不同主要生境类型下的生态区保存现状情况（1997 年）

主要的生境类型	基于概况评估的保存现状类别					
	极危	濒危	易危	相对稳定	相对完整	合计 / 个
北极地区河流 / 湖泊	0	0	0	2	6	8
大型温带湖泊	0	3	1	0	0	4
温带源头水 / 湖泊	0	0	5	4	1	10
大型温带河流	2	3	2	0	0	7
内陆河流 / 湖泊 / 泉	1	4	3	0	0	8
干旱地区河流 / 湖泊 / 泉	1	3	5	2	0	11
温带沿海地区河流 / 湖泊 / 泉	1	7	5	2	0	15
亚热带沿海地区河流 / 湖泊 / 泉	0	1	9	3	0	13
总计	5	21	30	13	7	76

表 4.2　保存现状排序

生态区	主要生境类型	保存现状概况评估结果 /%*	保存现状概况评估排序（1～5）	保存现状类别	未来可能的威胁级别（高－中－低）	经未来威胁调整后的最终保存现状排序（1～5）	最终保存现状类别
南哈得孙湾区 [53]	ARL	26.6	1	相对完整	中	1	相对完整
东哈得孙湾区 [54]	ARL	42.2	2	相对稳定	中	2	相对稳定
育空区 [55]	ARL	29.7	1	相对完整	中	1	相对完整
麦肯齐河下游区 [56]	ARL	15.6	1	相对完整	低	1	相对完整
麦肯齐河上游区 [57]	ARL	37.5	2	相对稳定	高	3	易危
北极北部区 [58]	ARL	15.6	1	相对完整	低	1	相对完整
北极东部区 [59]	ARL	12.5	1	相对完整	低	1	相对完整
北极群岛区 [60]	ARL	12.5	1	相对完整	低	1	相对完整
苏必利尔湖区 [43]	LTL	55.6	3	易危	中	3	易危
密歇根－休伦湖区 [44]	LTL	80.6	4	濒危	高	5	极危
伊利湖区 [45]	LTL	81.9	4	濒危	高	5	极危
安大略湖区 [46]	LTL	84.7	4	濒危	高	5	极危
中部大草原区 [28]	THL	34.1	2	相对稳定	中	2	相对稳定
欧扎克高地区 [29]	THL	27.3	1	相对完整	低	1	相对完整
沃希托高地区 [30]	THL	43.2	2	相对稳定	中	2	相对稳定
南部平原区 [31]	THL	68.2	3	易危	低	3	易危
泰斯－老俄亥区 [34]	THL	54.5	3	易危	低	3	易危
田纳西－坎伯兰区 [35]	THL	58	3	易危	高	4	濒危
加拿大洛基山脉区 [49]	THL	47.7	2	相对稳定	高	3	易危
萨斯克彻温河上游区 [50]	THL	67	3	易危	高	4	濒危
萨斯克彻温河下游区 [51]	THL	48.9	2	相对稳定	低	2	相对稳定
英格兰－温尼伯湖区 [52]	THL	61.4	3	易危	中	3	易危
科罗拉多河区 [12]	LTR	87.5	5	极危	高	5	极危
格兰德河上游区 [15]	LTR	85	4	濒危	高	5	极危
格兰德河下游区 [20]	LTR	87.5	5	极危	高	5	极危
密西西比河区 [24]	LTR	72.5	4	濒危	中	4	濒危
密西西比湾区 [25]	LTR	77.5	4	濒危	高	5	极危

续表

生态区	主要生境类型	保存现状概况评估结果/%*	保存现状概况评估排序（1～5）	保存现状类别	未来可能的威胁级别（高－中－低）	经未来威胁调整后的最终保存现状排序（1～5）	最终保存现状类别
密苏里河上游区 [26]	LTR	67.5	3	易危	低	3	易危
密苏里河中游区 [27]	LTR	62.5	3	易危	低	3	易危
邦纳维尔区 [8]	ERLS	70	3	易危	高	4	濒危
拉洪坦区 [9]	ERLS	80	4	濒危	高	5	极危
俄勒冈湖泊区 [10]	ERLS	65	3	易危	中	3	易危
死亡谷区 [11]	ERLS	58.3	3	易危	中	3	易危
古兹曼区 [16]	ERLS	80	4	濒危	高	5	极危
马皮米区 [19]	ERLS	75	4	濒危	高	5	极危
萨拉多平原区 [66]	ERLS	86.7	5	极危	高	5	极危
莱尔马河区 [69]	ERLS	71.7	4	濒危	高	5	极危
南太平洋沿海区 [7]	XRLS	84.4	4	濒危	高	5	极危
维加斯－圣母河区 [13]	XRLS	65.6	3	易危	高	4	濒危
希拉河区 [14]	XRLS	87.5	5	极危	高	5	极危
孔乔斯河区 [17]	XRLS	75	4	濒危	高	5	极危
佩科斯河区 [18]	XRLS	68.8	3	易危	高	4	濒危
科瓦特西尼加斯区 [22]	XRLS	37.5	2	相对稳定	高	4	濒危
萨拉多河区 [21]	XRLS	56.3	3	易危	高	4	濒危
圣胡安河区 [23]	XRLS	75	4	濒危	中	4	濒危
索诺兰沙漠区 [61]	XRLS	62.5	3	易危	高	4	濒危
查帕拉区 [65]	XRLS	60.9	3	易危	高	4	濒危
贝尔德河源头区 [67]	XRLS	34.4	2	相对稳定	中	2	相对稳定
北太平洋沿海区 [1]	TCRL	56.8	3	易危	高	4	濒危
哥伦比亚流域冰封区 [2]	TCRL	77.3	4	濒危	中	4	濒危
哥伦比亚流域未冰封区 [3]	TCRL	77.3	4	濒危	中	4	濒危
斯内克河上游区 [4]	TCRL	75	4	濒危	中	4	濒危
太平洋中部沿海区 [5]	TCRL	72.7	4	濒危	高	5	极危
太平洋中央山谷区 [6]	TCRL	93.2	5	极危	高	5	极危

续表

生态区	主要生境类型	保存现状概况评估结果 /%*	保存现状概况评估排序 (1~5)	保存现状类别	未来可能的威胁级别 (高-中-低)	经未来威胁调整后的最终保存现状排序 (1~5)	最终保存现状类别
东得克萨斯湾区[32]	TCRL	59.1	3	易危	中	3	易危
莫比尔湾区[36]	TCRL	75	4	濒危	高	5	极危
阿巴拉契科拉区[37]	TCRL	79.5	4	濒危	高	5	极危
佛罗里达湾区[38]	TCRL	50	2	相对稳定	中	2	相对稳定
南大西洋区[40]	TCRL	75	4	濒危	高	5	极危
切萨皮克湾区[41]	TCRL	59.1	3	易危	高	4	濒危
北大西洋区[42]	TCRL	58	3	易危	高	4	濒危
圣劳伦斯河下游区[47]	TCRL	64.8	3	易危	高	4	濒危
北大西洋-昂加瓦湾区[48]	TCRL	47.7	2	相对稳定	高	3	易危
西得克萨斯湾区[33]	SCRL	61.4	3	易危	中	3	易危
佛罗里达区[39]	SCRL	80.7	4	濒危	高	5	极危
锡那罗亚沿海区[62]	SCRL	54.5	3	易危	高	4	濒危
圣地亚哥区[63]#	SCRL	—	—	易危	高	4	濒危
马南特兰-阿梅卡区[64]	SCRL	40.9	2	相对稳定	中	2	相对稳定
塔毛利帕斯-韦拉克鲁斯区[68]	SCRL	54.5	3	易危	高	4	濒危
巴尔萨斯河区[70]	SCRL	65.9	3	易危	高	4	濒危
帕帕洛阿潘河区[71]	SCRL	56.8	3	易危	高	4	濒危
卡特马科区[72]	SCRL	38.6	2	相对稳定	低	2	相对稳定
夸察夸尔科斯区[73]	SCRL	63.6	3	易危	高	4	濒危
特万特佩克区[74]	SCRL	52.3	3	易危	中	3	易危
格里哈尔瓦-乌苏马辛塔区[75]	SCRL	59.1	3	易危	中	3	易危
尤卡坦区[76]	SCRL	45.5	2	相对稳定	中	2	相对稳定

表示无保存现状数据。排序信息引自 Olson 等（1997）。* "%" 代表占相应主要生境类型的保存现状最大可能值的比例。

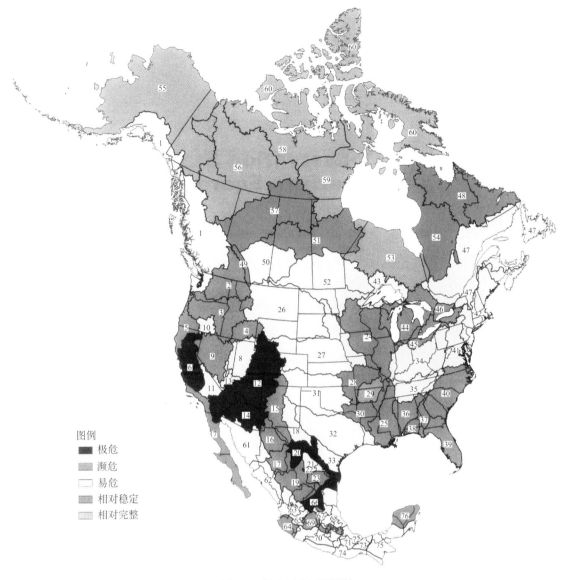

图 4.1 保存现状概况评估

图例
- 极危
- 濒危
- 易危
- 相对稳定
- 相对完整

4.2 保存现状评价标准

4.2.1 土地覆被（流域）变化

　　土地覆被变化与城市发展区域的人口密度密切相关，但是它也可能广泛发生于人口很少的农业地区。因为这个原因，人口极少的北极圈生态区，因其独特的地理格局，这一指标值普遍较低（意味着低水平的改变）（图 4.2）。除此之外，每一个地区和栖息地类型的生态区的该指标值均较高，在总分 4 分的得分中很少低于 3 分。也有部分地区例外，如北大西洋 – 昂加瓦区 [48] 和邦纳维尔区 [8]，以及在一些密西西比河流域的较为原始的上游生态区等不适宜居住的地区。这个指标得到了最高的平均值：21 个生态区（28%）的值都为 4。没有一个生态区的值为 0，只有北极地区的 4 个生态区的值为 1。但即使是在几乎无人居住的生态区域，像是采矿等活动也给淡水生态系统造成了影响。

4.2.2　水质退化

水质是所有上游输入的反映，更多下游的生态区和周转率缓慢的大型湖泊往往表现出更大的水质问题（图4.3）。四大湖所有生态区由于众所周知的重工业污染，在水质评价中都得到了最严峻的评分。除了格兰德河上游区 [15] 外，所有的大河生态区，在4分得分中得到了3分或4分。此外，干旱和内流生态区水质差是农业灌溉和污染物浓度的综合作用造成的。其他高值的生态区，如阿巴拉契科拉区 [37]、圣劳伦斯河下游区 [47]、南部平原区 [31]，一般为高强度农业或工业活动的地区或是其下游地区。

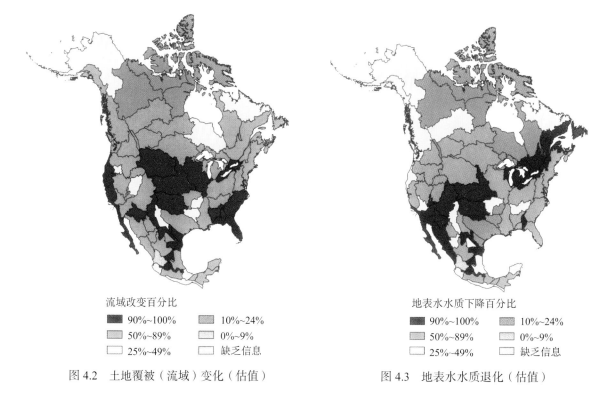

流域改变百分比
- 90%~100%
- 50%~89%
- 25%~49%
- 10%~24%
- 0%~9%
- 缺乏信息

地表水水质下降百分比
- 90%~100%
- 50%~89%
- 25%~49%
- 10%~24%
- 0%~9%
- 缺乏信息

图 4.2　土地覆被（流域）变化（估值）　　　图 4.3　地表水水质退化（估值）

总的来说，18 个生态区（24%）在这个指标上都得到了最高值。没有生态区得到最低值，这表明在生态区尺度下，北美已没有还未被人类活动影响的水域。例如，即使是在最遥远的北极圈生态区，人类活动也以酸沉降的形式显现。然而，尽管大众已熟悉并关心水质的问题，但是这个威胁在所有生态区的平均值比其他任何一个生境指标要严重得多，它改变了水文的完整性，并导致了生境的破碎化。

4.2.3　水文完整性变化

这个指标的高平均值反映出其对大多数的生态区造成严峻的威胁（图4.4）。在有大量水利工程的大河生态区，以及由于地下水的减少已经影响到地表水位的内流河生态区内这一指标都为高值。尽管其他的主要生境类型值有高有低，但是普遍较高，特别是汇入太平洋和墨西哥湾的最温和的沿海生态区被评估为水文完整性受到严重改变。数量最多的生态区在该指标上得了最高分值，也反映出该威胁的严重性。

北极生态区的这个指标值很低，除了东哈得孙湾区 [54]，该河由于有大规模的水电站项目彻底地改变了水流量。大湖生态区为中等值，其水位主要受控于五大湖的规模以适应湖的多种用途。一些温带的上游生态区也是中等值。尽管水坝众多，农业区的河道渠化也很普遍，还是有少部分源头区溪流没有并入大流量的水控制体系中。在这些上游生态区，只有南部平原区 [31] 在这个指标上是高值。

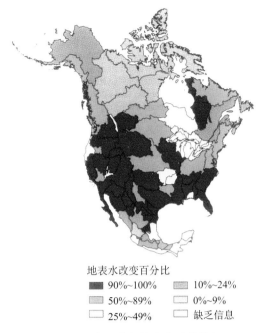

地表水改变百分比

■ 90%~100%　　■ 10%~24%

■ 50%~89%　　□ 0%~9%

□ 25%~49%　　□ 缺乏信息

图 4.4　水文完整性变化（估值）

4.2.4　生境破碎化程度

生境破碎的模式和水文的完整性（图 4.5）相似，因为水坝一般都会产生这两种影响（模拟自然水文运行的水坝、不用改变水流的通航用水坝，以及保障鱼类通过的水坝是除外的）。生态区内两个指标值完全不同的是麦肯齐河上游区 [57] 和圣劳伦斯河下游区 [47]。其他几乎所有的情况中，生态区在两个指标值上的微小差异表现在水文的完整性变化值都稍稍偏高，这表明生境的破碎化问题在大部分生态区中相对较小。与 4 个低指标生态区（都在北极）相比，17 个生态区在这个指标上取得了高值。

4.2.5　原始生境的额外损失

专家采用这个指标来自由裁定原始生境的损失，而不是采用其他更具体的指标。专家在评价西部和墨西哥的生态区时往往给予这个指标较高的值，这表明这些生态区原始生境的损失是由其他因素引起的，而不是水质退化、水文完整性改变或破碎化等因素造成的。举个例子，河岸带的损失是有多重效应的，如有机物输入量的减少和光照水平的提高。

两种对淡水生物多样性有广泛影响的威胁。左边是密西西比州帕尔希曼的栖息地在流域渠道化（河道修直）中消失（Mike Dawson摄）。右边是一个小龙虾缠绕有斑马贻贝（专栏10）（Don Schlocsser摄）。照片由美国鱼类及野生动物管理局提供。

4.2.6 外来物种的影响

外来物种对淡水系统存在着一些最为普遍和持久的威胁（图 4.6；专栏 10）。仅仅在北极圈的生态区和少数其他独立的地区或是上游地区，外来物种对其长期上只有很小的影响或是没有影响。另外，在大型温带湖泊、内陆河流栖息地和干旱地区栖息地，外来物种几乎对所有的生态区的生物多样性都有影响。四大湖所有生态区都被列为高度退化，并且所有的内流河生态区在总分 4 分的前提下得分都为 3 分或 4 分。由于这些生态区与外界的隔绝，特有物种在竞争中更敏感、更易被入侵者攻击。总的来说，15 个生态区相对于前面讨论的 4 个指标来说，在这个指标中均获得了最高的分数。

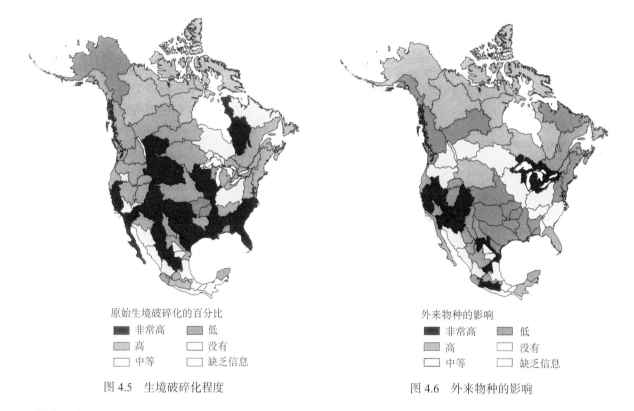

原始生境破碎化的百分比
■ 非常高　■ 低
■ 高　　　□ 没有
□ 中等　　□ 缺乏信息

外来物种的影响
■ 非常高　■ 低
■ 高　　　□ 没有
□ 中等　　□ 缺乏信息

图 4.5　生境破碎化程度　　　　图 4.6　外来物种的影响

外来入侵物种往往通过破坏和退化的栖息地，使得原生物种变得脆弱和易受影响，从而赢得一席之地。但是有一个例外（苏必利尔湖区 [43]），这个生态区在外来入侵物种指标中得了最高分，同时在其他保存现状指标中也获得了最高分。在许多种情况下，最新外来的物种的影响还有待评估，但是这些物种被认为是对未来具有实质性的威胁。斑马贻贝就是一个很好的例子，被引进不到 20 年，却以极快的速度在五大湖区以点向外扩散。

4.2.7 物种直接开发利用

淡水生态多样性受物种直接开发利用影响最大的是在五大湖区和太平洋海岸生态区（图 4.7）。巨大的渔业压力导致五大湖区许多供垂钓的鱼类灭绝，特别是加拿大白鲑（*Coregonus* spp.）。在包含太平洋生物区海岸复合体的生态区内（[1]～[7] 生态区），过度捕捞溯河产卵的大马哈鱼（anadromous salmonids）已经引起了国际社会的关注和讨论，但其仍旧是保护这些生态区独特性的一个严重威胁。

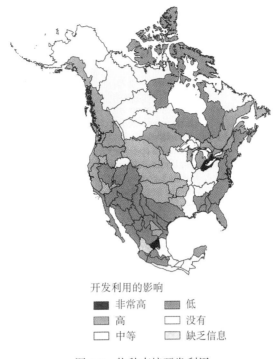

开发利用的影响

- ■ 非常高
- ■ 高
- □ 中等
- ■ 低
- □ 没有
- ░ 缺乏信息

图 4.7　物种直接开发利用

专栏 ⑩

外来入侵的物种：淡水生物多样性的一个主要威胁

James D. Williams, Gary K. Meffe

　　外来物种的引进和培育是现在物种多样性的保护和自然资源的管理面临的主要问题之一。代表上百万年独立进化史的动植物群的同质化现象，造成了大面积的生态浩劫。外来物种入侵美洲大陆从第一批欧洲移民开始并一直以上升的趋势增长着。很多早期的引进是故意的并且普遍认为对自然界的生物群有积极的改进作用。随着数量的增长，外来物种对本土物种的影响越来越明显，外来物种从原来的受欢迎的附加物变成了有害物。虽然有些外来物种提供了经济和休闲的利益，但是其他外来物种从经济和生态角度来看都很昂贵。外来物种问题的严重性已经达到了临界水平，现在急需颁布关于外来物种的法规。

　　什么是外来物种？外来物种在通俗文献和科学文献中的定义在很大程度上被弄混了。区分自然物种的入侵（如分布区的扩大）和与人为活动有关的入侵是十分重要的。一种被广泛接受的外来物种的定义是"一个移动超过了它预期可能分散的自然分区或自然带的物种，包括所有的驯养和野生动物以及杂交种"。这个定义来自 1990 年的《非本土水生公害防治法案》(*Nonindigenous Aquatic Nuisance Prevention and Control Act*)，体现了外来物种生态方面最关键的问题——由人类导致的物种入侵到一个远离其本土环境的地方。无论是从哪一个物种起源的政治管辖权谈起，受到外来物种入侵的生态系统，最终都会以一系列的生物和生态的相互作用为基础进行反映。

　　外来物种对种群、群落和生态系统结构和功能的影响都有详细的记录（Elton，1958；Mooney and Drake，1986；Vitousek et al.，1987；Drake et al.，1989）。生态系统的生物量和生产力，以及水、营养和能量的循环的改变会直接影响到人类社会。外来物种的入侵，在生态系统层次上有着重要的生态和经济影响，并且直接影响人体健康。化学污染和物理变化对生境退化的影响研究已经取得了一些进展。但是，关于外来物种入侵的问题很少被人关注，也没有什么研究进展。生物学家估计，在美国，有超过 6500 种可以自我维持的外来动植物和微生物种群（U. S. Congress, Office of Technology Assessment，1993; USGS, Gainesville, FL，非公开的植物和鱼类数据）。这些物种大约有 6271 种是非美国本土的。这个数字指出了一个严重的问题，并警示那些认为仅有 5%～10% 的外来物种可以生存，只有 2%～3% 的外来物种可以外扩其范围的观点（di Castri，1989）。同样令人震惊的观点是，外来物种的增加有益人类运动和产品的运输，以及缩短与目的地之间的旅行时间。

外来鱼起源于多样的水源和地域。管理机构已出台垂钓和鱼类放养的政策，但是很多的鱼已经由于饲养者被误导而被非法放养。一些物种，像草鱼（*Ctenopharyngodon idella*）被大量引进，是为了在生态上控制一种同样是被引进的水生植物（Schmitz，1994）。观赏鱼是另一种被大量引进的外来鱼类。很多是从养鱼设施里逃出来的，但大部分是由水族馆放生的。大多数的观赏鱼是热带鱼，在美国仅能分布在南部或寒冷地区的热泉（Courtenay et al.，1984）。

外来鱼类对水生生物的多样性的影响，在未来的 25 年内可能会有急速的增长。这是基于过去 48 年外来鱼类的大量增长而预测的。通过对超过 15 000 条引进鱼种的分析，从 1831 年第一种外来鱼到美国到 1950 年共 120 年间只有不到 120 种鱼被引进。但在 1950～1995 年则有超过 458 种鱼被引进。引进鱼在所有的州和水域都有，但主要集中在加利福尼亚州、佛罗里达州、科罗拉多州和得克萨斯州（图 4.8）。

淡水鱼和其他的水生生物，像岛屿物种，对外来物种的影响非常脆弱。对全球 1600 年以来所有灭绝的动物进行综合回顾发现，其中 75% 的为岛屿物种（Groombridge，1992）。淡水生态系统和岛屿很相像，因为它们都是被陆地环绕的水生生境。由于广泛存在的生境干扰，外来物种对淡水生态系统的影响被放大了。

沙漠西南部的本土鱼类受到了外来物种的严重影响（Minckley and Deacon，1991）。这个地区以本土鱼类密度低、特有性高为特点，有最多的引进鱼类并且经历了最大程度的本土鱼类的减少。像粗壮骨尾鱼（*Gila elegans*）和锐项亚口鱼（*Xyrauchen texanus*）这些栖息在科罗拉多盆地的大河里的鱼，以及索诺兰沙漠的食蚊鱼（topminnow）（耙齿若花鳉）（*Poeciliopsis occidentalis*）和栖息在一些小的沙漠泉里的鳉鱼和多春鱼，直接被当地大量引进的食肉鱼所威胁。

现在有超过 100 种鱼在美国鱼类与野生动物局被列为濒危和受到威胁的物种，而且外来物种对这些物种下降的影响有超过一半以上的贡献。外来物种至少对美国 30 种中 24 种灭绝的物种有部分的责任。与鱼类灭绝有关的外来物种有寄生海七鳃鳗、大肚、鳟鱼、太阳鱼、鲈鱼和牛蛙。造成灭绝的行为有捕食、食物和空间的竞争，以及由于杂交导致的基因淹没（Miller et al.，1989）。

两种引进的淡水双壳类软体动物亚洲蛤蜊（*Corbicula fluminea*）和斑马贻贝（*Dreissena polymorpha*）导致了当地蚌类的减少（Ricciardi et al.，1995）。在美国发现的大约 300 种蚌类中，有 73% 被认为是遭受到威胁的（Williams et al.，1993）。亚洲蛤蜊是在美国分布最广的外来软体动物，在 1930 年到达西海岸，50 年代入侵美国东南部（McMahon,1983）。在一些地区，亚洲蛤蜊趴在溪流的底部，密度甚至可以达到每平方米几千个（J.Witliams，pers.obs）。

最近引进的软体动物——斑马贻贝，是随着铜鼓货船在 1989 年到达五大湖区的。它的入侵给五大湖区带来了很大的经济和生态破坏。仅在发电行业的损失就超过 30 亿美元（U.S. Congress, Office of Technology Assessment，1993）。然而，在改变淡水生态系统的结构和功能、改变当地双壳类和其他水生生物的消失方面的花费，是很难估计的。关于物种的消失和生态系统改变的损失一般都不包含在外来物种的代价中，除非一个群落消失。应对外来物种的建立和未来引进种的挑战，需要政策体系、强制执行力、教育和研究。目前关于外来物种的法律是脆弱和不完整的。最关键的是需要在政策的制定和执行时，需要有积极的公众意识和教育活动的支持。

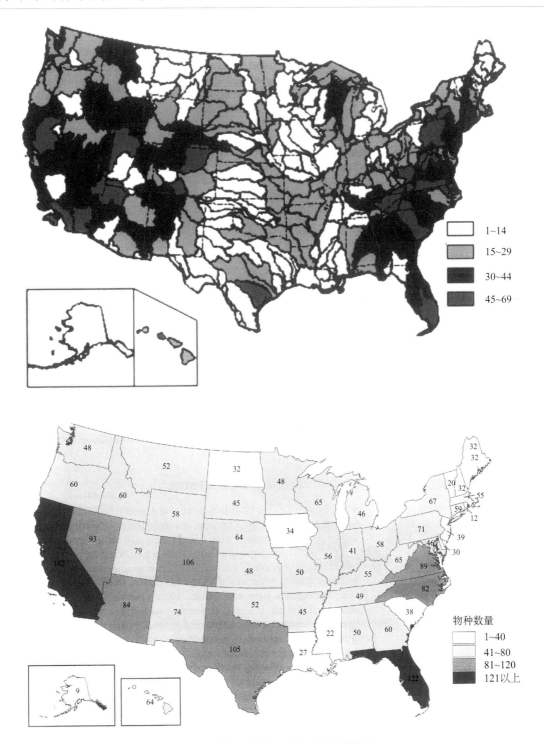

图 4.8 外来鱼类被引进美国水域的数量

注：以流域（美国地质调查局水文单元，上图）和州（下图）的形式呈现。数据来自美国地质调查局，盖恩斯维尔，佛罗里达，1998年10月

尽管大量地捕捞鱼类作为食物，以及捕捞某些贝类提供给珍珠工厂，但是没有一个生态区的物种开

发指标获得最高的评分（伊利湖区 [45] 的值最接近，为 3.5～4）。在七个指标中这个指标的值是最低的，有 12 个生态区评估显示没有受到物种捕捞的影响，只有 12 个生态区显示其值为 3～3.5。物种捕捞对淡水鱼类的多样性的威胁也许是最容易管理和监测的，并在很大程度上是针对特定目标物种的直接影响的测量。然而，目标物种的下降或减少能产生广泛影响；目标鱼类一般是最顶层的捕食者，而贝类则可能在维护栖息地方面扮演关键的角色。

4.3　威胁评估

在威胁评估中，按照未来 20 年对生物多样性的威胁将生态区划分为高、中、低三级。43 个（57%）生态区被认为面临高威胁，这里包括所有在保存现状概况评估里被评为极危的生态区，但是不包括一个被评估为相对完整的生态区（图 4.9）。其中 22 个（29%）生态区面临中度威胁，仅 11 个（14%）生态区面临低威胁。威胁评估结果图表明美国西部和东南部以及墨西哥的大部分面临着高威胁，然而中西部和加拿大在威胁程度上更为复杂（图 4.9）。

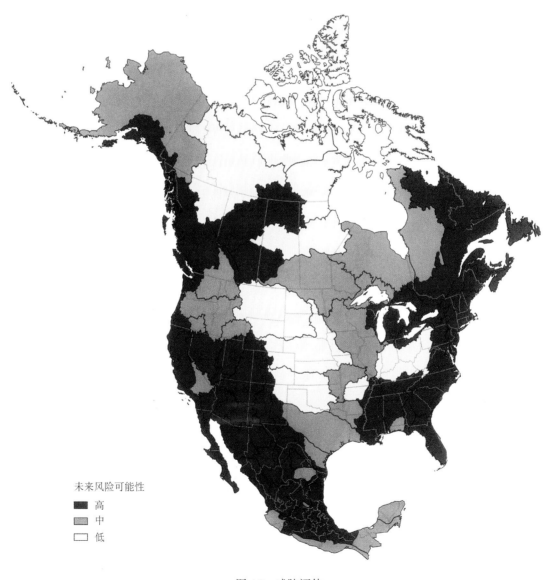

图 4.9　威胁评估

4.4 最终保存现状

38 个生态区（表 4.3，图 4.10）的保存现状概况评估结果经威胁评估调整后发生了变化，将会变得更危险。总的来说，更多退化生态区的生物多样性将变得越来越危险，而更多完整生态区将变得更加稳定。经过威胁评估后，21 个（28%）生态区被评估为极危，24 个（32%）是濒危的，15 个（20%）是易危的，9 个（12%）是相对稳定的，7 个（9%）是相对完整的。换句话说，根据专家的判断，在未来的 20 年里，如果不立即采取行动来扭转目前的趋势，超过 1/4 的生态区将严重退化。

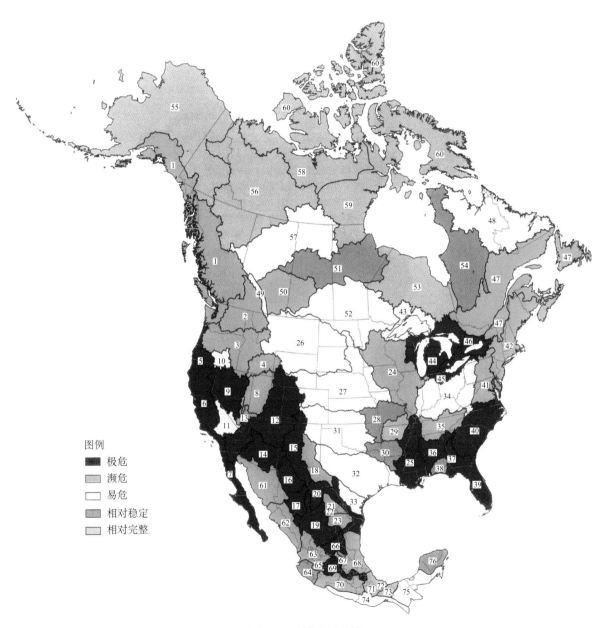

图例
■ 极危
▨ 濒危
□ 易危
▨ 相对稳定
▨ 相对完整

图 4.10 最终保存现状

4.5 其他保存现状数据

4.5.1 受到威胁的动物群

生态系统中动植物受到威胁的程度，是保存现状的一个良好指标，并且在本书的研究中一些动物群的相对综合的数据也是可用的。然而，因为以下的三个原因，这些数据没有被用在正式的保存现状评估中。首先，受到威胁的物种是栖息地退化、开发利用、外来物种入侵和其他威胁的一个总的结果，如果再考虑物种的威胁，实际上会导致重复。其次，物种的威胁将不足以作为保存现状的唯一标准，因为它没有反映威胁的原因。此外，稀有物种常常被认为受到威胁因为其很脆弱可能灭绝，但它们的稀有和减少又并不总是人类造成的。最后，鱼类、爬行类、贻贝类和小龙虾的下降趋势也许并不相互平行，而且研究分类也较少，然而栖息地的评估参数应能反映对大多数甚至全部组群的广泛威胁。

尽管用物种受到威胁的大小数据来判定保存现状有困难，但是这些数据可以用来作为补充信息，特别是鉴定那些保存现状的指标值和威胁程度看上去不符的生态区。关于物种受威胁程度大小的数据有多个来源。其中大自然保护协会的自然遗产数据库中的数据用来鉴定美国、加拿大和墨西哥部分地区的物种的数据，那些都是全球内岌岌可危的（G1）或全球危险的（G2，专栏 11）（Natural Heritage Central Databases et al.，1997）。对于鱼类，附加数据来源于 Willams 等（1989），也来自墨西哥国家生物多样性知识及应用委员会的清单里提供的大量墨西哥物种的信息。对于爬行动物，墨西哥国家生物多样性知识及应用委员会的列表提供了大量的墨西哥的信息和一个来自 Gonzáles 等（1995）的附加列表；自然遗产的数据再一次用于美国和加拿大。

表 4.3　不同主要生境类型下的生态区最终保存现状情况（经威胁评估调整后）

主要生境类型	最终保存现状类别					
	极危	濒危	易危	相对稳定	相对完整	合计 / 个
北极地区河流 / 湖泊	0	0	1	1	6	8
大型温带湖泊	3	0	1	0	0	4
温带源头水 / 湖泊	0	2	4	3	1	10
大型温带河流	4	1	2	0	0	7
内陆河流 / 湖泊 / 泉	5	1	2	0	0	8
干旱地区河流 / 湖泊 / 泉	3	7	0	1	0	11
温带沿海地区河流 / 湖泊 / 泉	5	7	2	1	0	15
亚热带沿海地区河流 / 湖泊 / 泉	1	6	3	3	0	13
总计	21	24	15	9	7	76

专栏 11

濒危和易危物种的分类

Lawrence L. Master

为对这些最需要保护的物种进行保护，评估其相对威胁是至关重要的。哪些物种和生态群落是兴旺的而哪些又是濒临灭绝的？为了回答这些问题，自然遗产保护网络和数据中心以及大自然保护协会建立了一种评估物种和生态群落现状的统一方法。这一评估给每个物种和生态群落的相对危害的保存现状等级命了名。对物种来说，这些是一个对它们灭绝危险程度的估计（Master，1991b；Stein et al.，1995）。

为了确定保存现状的等级，自然遗产生物学家和他们的合作者使用了大量不同的标准，用来评估物种灭绝的危险性。这些标准考虑了珍稀性、生存能力、趋势、威胁和脆弱性。对每个珍稀物种的四个部分进行评估：每个物种不同种群的数量、其占地面积程度、其分布范围的广度，以及其总量规模。现存群落的生存能力也是一个非常重要的因素，特别是物种曾出现过数量或是规模上的减少。生存能力是种群大小、生存条件（如出生率、生态进程的完整性）和景观环境（如基因连接）的一个函数。短期和长期的整个群落大小的趋势、生存条件、占地面积和分布范围也是等级划分考虑的关键因素。还要考虑物种受到的来自人类和自然的威胁，因为这些都是未来衰退的重要因素。相关的威胁，是考虑在法律上受到土地利用和占用威胁的群落数量。其他的考虑包括了每个物种的环境和栖息地的特异性，以及每个物种对人类非破坏性入侵的敏感程度。

自然遗产生物学家和其合作者们通过上面提到的相关因素，对每个物种进行分类，记录每个物种的状态，给每个物种分配了一个保存现状等级。全球的保存现状等级分为1～5五个等级（见下面附表）从极度危险（G1）到广泛分布，再到丰富和安全（G5）。已知的灭绝的、失踪的和可能灭绝的物种和生态群落也被记录了。总的来说，全球易危的或是存在危险的物种是那些G1、G2或G3保护等级的物种。一个"数字范围"（如G2G3）则是用来标记一个物种或生态群落不确定是哪一个具体的等级。

全球保存现状等级的定义	
全球等级	描述
GX	**假定灭绝** 相信在其范围内灭绝。在曾经的栖息地或是其他可能的栖息地密集的地区也没有找到，而且不太可能再会被发现
GH	**可能灭绝** 历史上存在的，现在还可能被发现
G1	**全球面临很大的危险** 极度罕见或是其他的因素让它非常容易灭绝，特别是曾出现五次或更少，或是现存的个体很少，或是小范围或是区域的存在
G2	**全球危险** 稀有或是其他因素使它容易灭绝；曾出现6～20次或是现存个体很少，或是小范围或小区域的存在
G3	**易危的** 常常很少，是很罕见的，并且在其区域内有限的范围内（即使在一些聚居地是丰富的），或是其他因素（如在多数范围内持续显著的下降）使其易灭绝，通常曾经出现21～100次
G4	**相对安全** 不经常但也不稀有，可能因为长期的关注，通常曾经出现100次以上
G5	**安全** 普遍的，分布广泛且丰富

用T等级作为全球等级的一部分来指示同物种分类单元（亚种或多种类）的全球保存现状。T等级分配法则遵循上面提及的同样的原则。例如，一个来自广泛分布且普遍的种群而且面临很大危险的亚种的全球等级将会是G5T1。

用一个相似的数字量表去划分国家（N1～N5）和地区（S1～S5）的等级。对于这些等级，一个物种或是生态群落的保存现状是在特定的国家或地区（如州、省）管辖权内的评估，而不是基于全球范围内的依据。那些在局部是危险的，但是在大区域的其他部分是相对安全的物种和生态群落，在全球等级上为 G4 或 G5，而在区域的等级上为 N1、N2 或 N3（或者 S1、S2 或 S3）。用这种方法，三个等级在保存现状系统里允许全球、国家和更多地方性的（行政区域）的保存现状相对独立存在。

保存现状的评估不断地被检验、精炼，并且记录在网络数据库中。每一年自然遗产和美国大自然保护协会的科学家和他们的合作者们评估和更新西半球几千个物种和自然群落的现状。这些保存现状的测定基于可获得的最佳信息，包括自然历史博物馆的收藏、科学读物和其他渊博的生物学家的调查和报告。现状评估结果的不断改变反映了对于物种或群落实际情况的科学了解的深入和提高，这些常常是以特定目标的实地调查为基础的。

其他的系统也被开发成可以评价物种灭绝危险。例如，世界自然保护联盟在世界尺度上开发了威胁分类法，给出了高灭绝风险的量化分类定义和低灭绝风险的定性定义（IUCN，1994）。对于北美物种，美国渔业协会和"飞行合作伙伴"（Partners in Flight）对鱼类、贻贝类、小龙虾和鸟类的受威胁程度进行了评价，美国鱼类与野生动物局将《美国濒危物种保护法》规定下受危害的物种定义为濒危或受威胁的。三种不同系统下的美国物种的比较见 Master 等（in prep）。

各种各样来源的数据在这样的假定下结合起来：G1 等级等价于"濒危"等级，G2 等级与"危险"和"易危"一致。G3 等级，在限定区域内的评估等同于"稀有的"和"特别关注的"分类。基于不同数据来源对特定物种进行评价，结果表明不同分类可以相互比较，除少部分特例外，不同来源的等级评价结果是等价的。当存在差异时，则选择代表更高受威胁程度的级别。该数据主要集中在两个最高类别的分析上。第三种分类"稀有、区域限制、特别关注"没有被用到，因为没有区分是由于自然还是人为导致的稀少，并且自然珍稀物种的报告和特有种的报告是相似的。为了更加清楚，我们将受威胁的程度分类为"濒危的""受威胁的""稀有的"，尽管这些应该不会与美国法律的定义相混淆。

作为保存现状的指标，对物种受威胁程度的最具描述性的度量就是生态区内存在危险的物种百分比。当计算北美的生态区的这个指标时，图 4.11 明确显示出许多生态区动物群处于不稳定状态。它同样反映出落基山脉西部和整个墨西哥生态区的动物群尤其受到威胁。

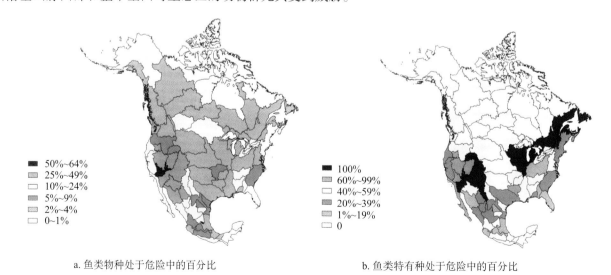

a. 鱼类物种处于危险中的百分比   b. 鱼类特有种处于危险中的百分比

图 4.11   鱼类和鱼类特有种处于危险中的百分比

在 11 个生态区中 25% 或是更多的鱼类是濒危或是受威胁的，并且这些生态区都在美国和墨西哥，从格兰德河到其南部和西部（图 4.11）。在 3 个生态区内，50% 或是更多的鱼类是濒危或是受威胁的：死亡谷区 [11]，维加斯 – 圣母河区 [13] 和贝尔德河源头区 [67]。鱼类受威胁最严重的地区是在维加斯 – 圣母河区 [13]，在这里 67% 的 11 种生态区鱼类都处于危险中。

然而这些生态区中没有一个有很多种类的鱼，它们往往表现出较高的独特性，这意味着地方动物群具有高度濒危性。例如，100% 的维加斯 – 圣母河区 [13] 的地方性鱼种都是处于危险中的。在另外的 7 个生态区中，100% 的特有种受到威胁，即使大多数的生态区只有一个（斯内克河上游区 [4]、格兰德河上游区 [15]、密西西比河区 [24]、密歇根 – 休伦湖区 [44]）或者两个（圣劳伦斯河下游区 [47]）当地特有物种。科罗拉多河区 [12] 是一个例外的生态区，所有 7 个物种都处于危险中。然而其他的具有较多地方特有种的生态区受威胁的程度也很高，例如，小小的四沼泽区 [22] 有 8 个地方性鱼类，63% 都处于威胁中。在 22 个生态区中，至少 50% 的地方性鱼类被列为濒危或是受威胁的。

爬行动物受威胁程度的地理格局与鱼类类似，尽管价值大幅度降低（图 4.12）。受威胁程度最高的是在死亡谷区 [11]，11 种水生爬行动物有 36% 被列为濒危或受威胁的。更引人注目的可能是，在具有更多物种的莱尔马河区 [69]，62 个物种中 31% 的物种处于危险中。与鱼类一样，爬行动物受威胁最严重的生态区都位于西部和墨西哥。

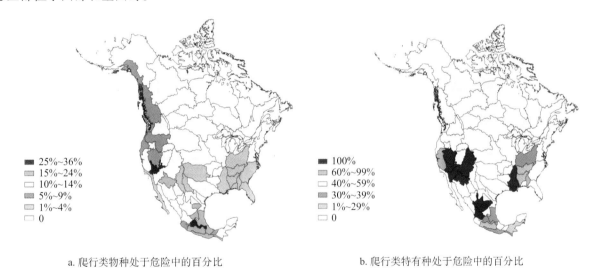

a. 爬行类物种处于危险中的百分比   b. 爬行类特有种处于危险中的百分比

图 4.12   爬行类和爬行类特有种处于危险中的百分比

不同主要生境类型的威胁大为不同（见附录 E 的统计分析）。在干旱和内陆生态区，平均分别有 23% 或 25% 的鱼类种群是处于危险中的。与此相反，在大型温带湖泊和北极生态区中，平均有 1% 的动物群是处于危险中的（表 4.4）。不同生态区之间的差异是处于危险境地的当地特有鱼种的百分比，其中大型温带湖泊生态区为 56%，而北极生态区为 0。

爬行动物在大型温带湖泊和北极生态区中总的物种受威胁程度平均都为 0，尽管可能需要注意的是以上两种主要生境类型中的生态区内的爬行动物和两栖类动物的主要生境类型都很少。温带沿海地区、大型温带河流、温带源头水 / 湖泊生态区的爬行类动物的受威胁程度都很低（分别为 4%、5% 和 1%），然而干旱、内流和亚热带沿海生态区的爬行动物受威胁程度则较高（分别为 14%、15% 和 13%）。因为内流生态区有很多地方性的爬行动物，这里的地方物种受到的威胁程度也很高（42%）。有趣的是，大型温带河流生态区具有相对较高的受威胁程度，百分比为 29%。当主要生境类型通过对不同类群受威胁程度的百分比来划分等级时，干旱、内流、大型温带河流等主要生境类型都很高（受威胁程度高），然而大型温带湖泊和北极等主要生境类型很低。

表 4.4　不同主要生境类型下的物种平均受威胁情况

主要生境类型	所有濒危/受威胁的鱼类		濒危/受威胁的特有鱼类		所有濒危/受威胁的爬行类		濒危/受威胁的特有爬行类		平均名次
	平均百分比/%	排名	平均百分比/%	排名	平均百分比/%	排名	平均百分比/%	排名	
TCRL	4	3	39	6	4	4	20	5	4.5
XRLS	23	7	37	5	14	7	27	6	6.25
ERLS	25	8	45	7	15	8	42	8	7.75
LTR	9	6	56	8	5	5	29	7	6.5
THL	4	3	21	3	1	3	6	3	3
SCRL	5	5	12	2	13	6	12	4	4.25
LTL	1	1	25	4	0	1	0	1	1.75
ARL	1	1	0	1	0	1	0	1	1

这些数据不应掩盖在物种数丰富的生态区内有大量濒危动物的事实。在田纳西－坎伯兰区 [35]，31种鱼类都是处于濒危或是受威胁的，而且 21 种鱼类在莫比尔湾区 [36] 是受到威胁的。在塔毛利帕斯－韦拉克鲁斯区 [68]、帕帕洛阿潘河区 [71] 和特万特佩克区 [74]①，分别有 25 种、25 种和 23 种爬行动物受到威胁。然而不管是百分比还是受到威胁的物种的实际数量，都不能提供信息来说明为什么物种是处于危险中的。对栖息地改造、外来物种的入侵、过度的开发利用和其他威胁的评估，可以指示在每个生态区中哪种威胁是最普遍的，以及这些威胁与受到威胁的模式是否一致。

4.5.2　全国流域特征数据

作为流域性指标指数（Index of Watershed Indicators，IWI）研究项目（以前为全国流域评估项目）的一部分，美国联邦环保署收集了描述美国流域状况和脆弱性的数据，这些数据是由美国地质调查局所描绘的。"现状"是由以下特征指标组成的：①评估河流用途是否满足州或部落水质标准；②鱼类和野生动物的消费咨询；③饮用水供水体系水源情况指标；④受污染的沉积物；⑤水质数据（4 种有毒的污染物）；⑥周边水质数据（4 种常规污染物）；⑦湿地减少指标。"脆弱性"特征指标包括：①处于危险中的水生或湿地物种；②超过允许排放限值的排放负荷（有毒污染物）；③超过允许排放限值的排放负荷（常规污染物）；④城市径流潜力；⑤农田径流潜力的指数；⑥人口的变动；⑦水坝导致的水文变化；⑧江河口污染敏感性的指数。所有指标的综合形成了全国流域特征，在写作本书英文原书的时候它还是草稿形式（图 4.13；U.S. Environmental Protection Agency，1997）。

虽然国家流域特征地图只是美国的，但它是对保存现状评估的内容的丰富补充。将流域性指标研究的流域数据汇总入我们生态区的数据中，然后利用组成部分的面积，计算每个生态区的加权平均值（图 4.14）。最终的得分将决定生态区是六个分类中的哪一个。这个分类在国家流域特征中的应用如下：水质优良－低脆弱性、水质优良－高脆弱性、水质一般－低脆弱性、水质一般－高脆弱性、水质较差－低脆弱性、水质较差－高脆弱性。本书研究中，脆弱性是指基于污染物或其他压力存在的情况下，未来潜在的水质健康的下降状况，这在某种意义上类似于人类的威胁（U.S. Environmental Protection Agency，1997）。将流域性数据汇总入我们生态区的数据的一个最主要的缺点是很多的流域没有数据值，并且有数据的流域不成比例地影响着生态区的最终分数。

---

① 英文原书序号 [70] 错误，应为 [74]。——译者注

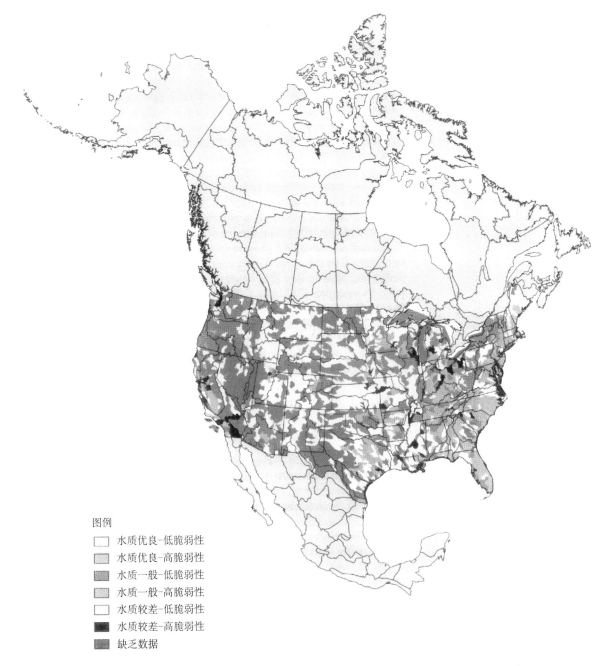

图例

☐ 水质优良-低脆弱性

▨ 水质优良-高脆弱性

▨ 水质一般-低脆弱性

▨ 水质一般-高脆弱性

☐ 水质较差-低脆弱性

■ 水质较差-高脆弱性

▨ 缺乏数据

图 4.13　美国国家流域特征——水质（U.S. Environmental Protection Agency，1997）

　　国家流域特征数据汇总地图的地理格局与受威胁的物种相似（图 4.14）。水质较差的并且含有低脆弱性和高脆弱性的生态区仅在西部和西南部。西部的其他地区和几乎所有的中西部是以水质不太差和高脆弱性为主。东部海岸和南部的部分地区，以及密西西比河和圣劳伦斯混合区的其他地区，是水质不太差和低脆弱性地区。沃希托高地区 [30]、阿巴拉契科拉河区 [37] 和切萨皮克湾区 [38] 是水质优良但仍然有高脆弱性的生态区。没有区域是水质优良和低脆弱性的。

　　不像我们保存现状评估的指标，用于生成全国流域特征的数据的指标，没有根据生境类型或其他因素进行加权。这些数据是很有用的，因为与本书保存现状的指标相比，它们更多的是以定量数据为基础的，但是它们很少涉及对淡水系统最为重要的威胁因素。除了湿地损失指数外，这些状况的指标都和水质有关，也许正是如此，其与本书研究中的水质指标是最具可比性的。另外，脆弱性的指标提到了很多的威胁，其中很多是在我们保存现状的评估中考虑的主要类别。这些脆弱性的指标的目的是要量化未来的威胁，但是它们都是基于当前趋势的。出于这个原因，脆弱性的值分别分配给每一个水域，再汇总到每一个生态区，即既可以和保存现状概况进行比较，也可以和威胁评估比较。

专家被要求评估水质时要考虑以下参数的变化，包括pH、浑浊度、溶解氧、营养物、农药、重金属、悬浮颗粒物和温度，但不局限于此。这是美国联邦环保署对于水质的最为广泛的解释，相比水质健康而言更倾向于人体健康。专家考虑所用的水质参数很有可能是对水生生物有很重要影响的因素，而不全是来自美国联邦环保署的数据。

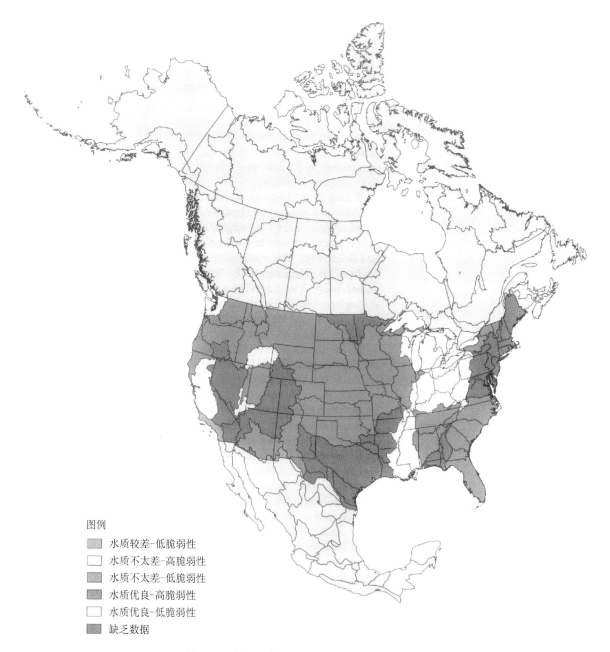

图例

■ 水质较差-低脆弱性

□ 水质不太差-高脆弱性

▨ 水质不太差-低脆弱性

▦ 水质优良-高脆弱性

□ 水质优良-低脆弱性

■ 缺乏数据

图 4.14　美国国家流域特征——按生态区绘制

统计分析美国联邦环保署的数据和本书研究中对美国生态区保存现状评估的分数中的评估数据之间的关系显示，两者之间有很好的吻合性（见附录 E 中对整个统计分析完整的讨论）。有较好水质的生态区的等级和美国联邦环保署的等级一致。特别是欧扎克高地区 [29]、沃希托高地区 [30]、东得克萨斯湾区 [32]

和西得克萨斯湾区 [33] 在两个数据中都是最优水质。包括洛杉矶在内的南太平洋沿海区 [7] 在两个数据中都是最差水质。

美国联邦环保署的水质分数和概况分析的总分数之间的联系处于中等强度，这表明差的水质与各类退化有关。基于美国联邦环保署数据的脆弱性评价与保存现状概况评估总分值之间的联系，并没有其与水质之间的联系更大，然而这依旧表明专家评估是判断衰退和未来威胁的一个适当的方法。

比较来自墨西哥和加拿大的数据，则不足以完成相似的分析，但是每个国家都有自己重要的数据库，特别是墨西哥国家生物多样性知识及应用委员会和加拿大环境部的相关工作（见专栏 12 中关于加拿大的淡水保护问题）。

专栏 12

加拿大淡水生物多样性
Don McAllister

1. 介绍

加拿大河流占世界可利用水源的 9%，有 200 万个湖泊、不计其数的湿地、地下水和 100 000 个冰川，储存了大量的淡水。加拿大的陆地面积（不包括河流和湖泊）有 9 215 430 平方千米，基本上都在各流域范围内。湿地占加拿大陆地面积的 14%（Linton，1997），包括沼泽、树林沼泽、泥沼、季节性淹没的森林和泥坑；湖泊和河流占 8%（SOE，1996）。

关于淡水和它们生物多样性可用的综述有，McAllister 等（1997）对全球尺度的和 Linton（1997）对全国尺度的总结。加拿大国家环境报告（SOE，1996）和 Mosquin 等（1995）提供了加拿大环境和生物多样性的一般性综述。加拿大的水生生物多样性已经准备好在即将出版的关于加拿大生物多样性的一书中作为一章出现。

2. 生态系统

加拿大有多种多样的水生生态系统，包括：湖泊、池塘、季节性水池、溪流、河流、泉水、沼泽、湿地、泥沼、地下水和河口。冰雪地区、树洞、温泉和溶洞水是一些小的水生态系统，但是其在生物上却十分有趣。

3. 类群数

现在加拿大已知的动物、植物和微生物物种中 23% 存在于淡水中，然而主要门类中 72% 存在于淡水环境中（Mosquin et al.，1995）。这些物种包括 177 种淡水鱼、26 种洄游性鱼类和 1 种产卵的鱼类（McAllister，1990），以及 179 种淡水软体动物（Clarke，1981）和 11 种淡水小龙虾（Hamr，1998）。在加拿大 15 200 种真菌中 7% 存在于淡水中，而且 2980 种原生开花植物中 15% 出现在淡水中（Mosquin et al.，1995）。大约有 32% 的细菌是淡水物种。745 种的苍蝇、蜻蜓和石蝇中，50% 可以被认为是淡水物种，因为它们在淡水中产卵和孵化幼虫。

4. 特有物种

加拿大在最末冰期或威斯康星冰期被冰川完全覆盖。今天大多数物种都是幸存于冰期避难所——主要是美国。加拿大物种中 1%～5% 为地方特有种，在冰期覆盖时存活或发展（Mosquin et al.,1995）。加拿大的地方性物种包括来自亚伯达（生态区 [49]）班夫国家公园护城洞的无视力的地下片脚类动物（*Stygobromus canadensis*）和铜红马（copper redhorse）和铜色吸口鱼（*Moxostoma hubbsi*），以及来自临近蒙特利尔的圣劳伦斯河（生态区 [47]）。

5. 外来物种

加拿大淡水中的外来物种数量正在上升。23%的加拿大陆地物种和水生开花植物都是外来的（Mosquin et al., 1995），同样的还有18%的螯虾（Hamer, 1998）、6%的淡水鱼类（McAllister, 1990）和2%的两栖类物种（Cook, 1984）。

一些外来物种像斑马贻贝、紫色马鞭草、千屈草（*Lythrum salicaria*），广泛传播，并对工业造成了额外的威胁。北极鲑鱼从水产养殖中逃逸，又在太平洋沿岸溪流里繁殖出现。

6. 生物多样性的地理分布

淡水物种在加拿大北部较少。例如，加拿大北纬 60° 以北，只发现了 15 种淡水软体动物的 3 种，而 11 种螯虾没有一种被发现（Clarke, 1981; Hamr, 1998）。南北交汇区域有大量物种共存，属于区域热点。最突出的两种在安大略湖的南边（生态区 [43]～[46]）和不列颠哥伦比亚的南面（生态区 [1]）。安大略湖的南面有加拿大最多种类的鱼类、软体动物和小龙虾。

7. 生物多样性的现状

在 1997 年，加拿大濒危野生动物委员会划分了 62 种物种或亚种，把将近 1/3 的加拿大淡水鱼类种群划分为正在灭绝、濒危、受威胁和易危的。从渔业的角度看，30 个流域重要物种聚集地中的 10 个（太平洋、南极和北极）处于差或极其差的状态（Linton，1997）。根据 Dr. David Green（pers. comm.）的研究，加拿大 25 种两栖动物中有 66% 正在减少。

全国 14% 的湿地正在消失（SOE, 1996）。湿地变干或是变成农田，是由市政建设、交通通道或是大坝造成的季节性的水流引起的。湿地的损失导致了鸭子的数量在 21 世纪从 2 亿只下降到 3000 万只。

8. 直接威胁：大坝、农业和林业

安大略湖大小的土地（大约有 20 000 平方千米），现在被水力发电站和水库覆盖（SOE, 1996）。水坝蓄水将流动的水生态系统转化为静止的水生态系统，为了适应流速的变化，物种的栖息地变小。大坝阻拦鱼类的迁徙，影响季节性的流量、温度和浑浊度。如果我们假设加拿大 650 个大坝影响（SOE, 1996）下游的距离为 200 千米，那么这些大坝就会影响总共 130 000 千米的河流。不列颠哥伦比亚的本尼特坝影响了阿萨巴萨卡－匹斯三角洲下游 1200 千米的年洪水量，导致 25% 的水生草地变成森林生境。

加拿大 68 000 平方千米的土地被用来作为改良的农业用地（耕地、改良牧场、夏季休耕）和未改良的农田。这代表加拿大 7% 的土地或是大概加拿大南部 14% 的土地被主要用来进行农业耕作。

农业对水生生物多样性的影响包括湿地的排水、由耕地径流导致的浑浊和淤积、化肥和粪便的倾倒导致的富营养化、有毒农药的污染、灌溉用地表水和地下水的开采，以及清除河岸带植被用于饲养家禽或耕作。

篇幅有限，我们只分析一种影响因素——农药。Dr. Martin Ouellet 和他在麦吉尔大学雷德帕斯博物馆的合作人研究收藏的几千个上百种的魁北克当地畸形两栖动物的标本。在圣劳伦斯河两侧延伸 250 千米长的范围内，畸形的青蛙并不罕见。在喷洒杀虫剂几十年的陆地上，畸形青蛙只占 1%；然而在使用了杀虫剂、杀菌剂、除草剂和化肥的耕作农田上，则畸形青蛙占 12%。这种畸形常常会导致死亡。

毒杀芬是用于几千千米远的农作物上的农药，但在育空领地的拉伯吉湖里的鱼身上被发现，表明了大气传输的程度，还表明大气的输送和冷凝降水可以传送农药。类似的发生在落基山脉高山湖上的大气蒸馏作用，最近在 Dr. David Schindler（pers. comm., 1998）的研究中得到了演示。保持不同农田的农作物的多样性、永续农业、有机耕作、生物控制和病虫害综合治理都是最近用于控制和减少使用农药的科学手段。这些技术在加拿大也正在进行适当的开发。

占加拿大陆地面积 24%，大约有 2 440 000 平方千米的森林，存在砍伐现象，或者有这样潜在的危险（SOE, 1996）。加拿大原始森林中的 42% 已经消失（Bryant et al., 1997）。剩下的森林中，21% 相对从未被人类干扰的边境大面积森林，受到砍伐和其他活动的威胁。

森林提供给水生生态系统大量的生态服务。它们是水文循环中的关键因素。森林可以减慢快速径流的流速，减少洪水期和低水位期的周期，同样也可以减少土壤侵蚀。加拿大的主要收割方式为彻底收割，缩短了循环周期；很多的水快速汇入溪流（加快侵蚀）回到海里；洪水水位变得更高，枯水期时间变得更长、水位变得更低。低水位时期可以减少生存空间，增加温度的波动。

树叶、嫩枝、树枝和树干，是溪流中最主要的食物来源。无脊椎动物消耗这些食物，再成为食物链上端的动物的食物。落下的树枝和树干是构成溪流、湖甚至海洋栖息地的重要因素，也是独特食物链的供给（Maser and Sedell, 1994）。

专注于短期利润的重点大型林产品企业，成为更多、更快砍伐森林的一个推力。但是作为大西海岸森林产品公司之一的 MacMillan-Bloedel 公司宣布在未来 5 年将采用更加可持续的发展方式。May（1998）回顾了加拿大现在的森林问题。Hammond（1991）、Drengson 和 Taylor（1997）表明，生态林业的建设可以为环境、社会、经济上可行的林业产业提供替代方案，并且维持森林对水生生态系统的服务功能。

9. 驱动因子

驱动因子是人类影响环境的驱动因素。它们包括人口的增长、人均消费、贫穷、市场的作用和军事主义。关于驱动因子和生物多样性更全面的讨论，请参阅 McAllister 等（1997）的文章。保护加拿大的淡水生物资源意味着要处理好直接影响和驱动因子。

# 基于生物特异性和保存现状制定保护议程

努力保护每个生态区的生物多样性是责无旁贷的。但是，若要保留那些拥有显著生物多样性的生态区的生物多样性，就需要直接或者更多地得到生态保护学家的关注。对于保护那些严重退化且生态环境不可逆的生态区残留的生物多样性即使有生态保护投资也是没用的。相反，减少对相对完整的生态区的集中干预则可能在更大程度上保护原有的生物多样性。

整合生物特异性和保存现状指标结果有助于根据不同保护手段对生态区进行分类。基于分类的这两个标准，将各生态区对应到20个矩阵单元中的某一个。保护者和保护组织通过这个矩阵可以更好地描述生态区现状并配套制定相应的保护策略。

我们提出了如何将这20个矩阵单元划分为不同最终保护类别（图2.5）的方法。这种优先次序的分类与过去提出的北美陆地生态区不同（Ricketts et al., 1999 a），但与提议的拉丁美洲和加勒比海淡水生态区是基本相似的（Olson et al., 1997）。淡水生态区与陆地生态区相比有两种不同：第一，以上游活动对下游有影响为例，由于淡水生境的连通性，较长距离范围内的空间与功能联系较强；第二，已知的淡水区域的保护范围几乎都在流域尺度上。考虑到保护完整生态区一定是所有保护行动的焦点，北美淡水专家一致认为，受到严重威胁的生态区可能无法修复，并且最好的生物多样性保护活动可能将聚焦在全球显著性多样性的濒危且脆弱生态。同一生态类别的生态区可能因生境类型、β‑多样性等级和可恢复性差异造成具体保护工作的多样。

这种设定优先顺序的方法并不是妨碍或阻止在特定生态区的保护行动，相反，它有助于将保护资金投入到可以最大限度保存全球和大洲尺度上生物多样性的工作中。局地层面的行动可能更适合拯救受到严重威胁的生态区内的种源地，或是那些可能不通过高强度修复而加以保护的受损相对不那么严重的区域（见第7章）。

然而，由于保护资源有限，保护组织可以优先选择具有全球独特性物种栖息的或含有重要生态过程的生态区进行保护，这是最有利于资源配置的一种评估方式。

我们提出两种评估结果，一种是利用生态保存现状概况评估进行优先等级划分（图5.1a，表5.1），另一种是利用最终的生态保存现状进行优先等级划分（图5.1b，表5.1）。概况评估的优先等级划分结果考虑了生态区的退化现状，对于某些高危生态区来说，及时的保护行动可以防止生态区的进一步退化。在生态风险优先的原则下，有11个处于濒危状态的全球显著性生态区应该得到优先保护。然而，考虑威胁因素后，其中的6个生态区变为极危而降级到了第二优先级，科瓦特西尼加斯区 [22] 由于其目前虽然相对稳定但未来将面临高退化风险的状态而升级到了第一优先级。我们提供了"前"和"后"两类结果集合，便于独立的保护机构或组织选择。每个生态区的识别结果可以在附录 F 中查找；附录 F 对每类主要生境类型单独制作了表格矩阵，在矩阵表格中可找到对应的不同生态区。

　　矩阵列表中这些生态区分布不均匀，有1/4的生态区在1997年被评为北美显著且脆弱性生态区（表5.1）。总体上说，多数生态区都面临着风险或本身存在脆弱性，有超过半数的生态区属于北美显著生态区。

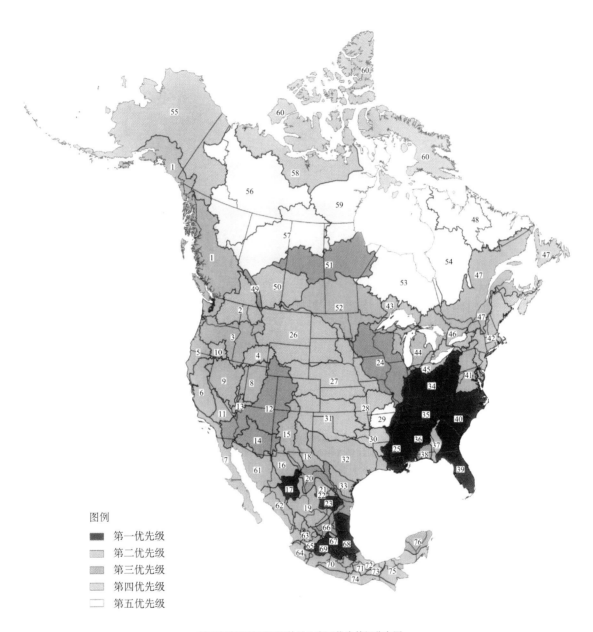

a. 基于保存现状概况评估的生态区优先等级分布图

图 5.1　生态区优先等级分布图

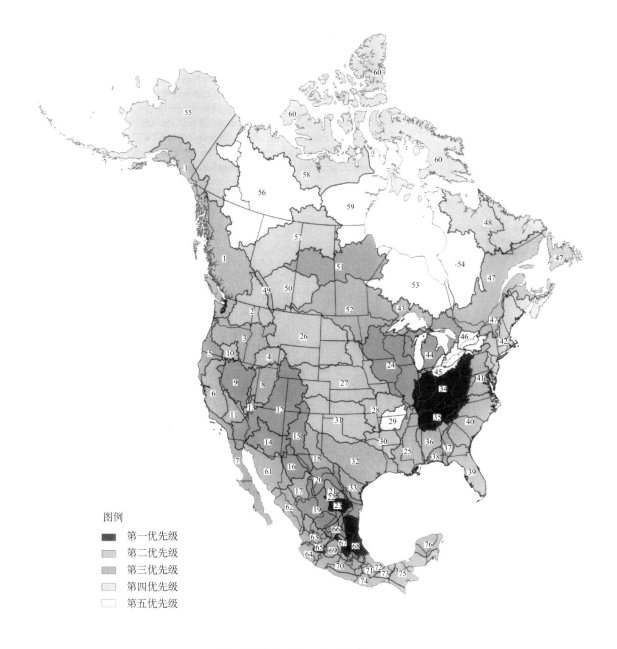

b. 基于最终保存现状的生态区优先等级分布图

图 5.1 生态区优先等级分布图（续）

表 5.1 生态区情况综合矩阵表

生物特异性	基于保存现状概况评估						基于最终保存现状						总计
	极危	濒危	易危	相对稳定	相对完整	总计	极危	濒危	易危	相对稳定	相对完整		
全球显著	0	7	4	4	0	15	6	3	3	3	0		15
北美显著	5	9	20	4	3	41	13	12	10	3	3		41
生物区显著	0	1	0	2	1	4	0	1	0	2	1		4
国家重点	0	4	6	3	3	16	2	4	6	1	3		16
总计	5	21	30	13	7	76	21	20	19	9	7		76

优先等级划分的表格矩阵说明了生态区由于考虑了威胁而导致的状态变化（表 5.2），并且将各级别的生态区绘制在生态底图上，以展示各个级别的地理分布（图 5.1）。

表 5.2　生态区优先等级总体情况

级别	基于保存现状概况评估		基于最终保存现状	
	生态区数量 / 个	百分比 /%	生态区数量 / 个	百分比 /%
Ⅰ级	11	14	6	8
Ⅱ级	34	45	32	42
Ⅲ级	9	12	16	21
Ⅳ级	15	20	15	20
Ⅴ级	7	9	7	9
总计	76	100	76	100

Ⅰ级生态区具有最高生物特异性价值，并且处于濒危或易危状态（表 5.3）。这些生态区位于美国东部和墨西哥。Ⅱ级生态区涵盖了其他全球显著性生态区，同样，被评为Ⅱ级的北美显著生态区在生物区域尺度保护层面也是相当重要的，多数Ⅱ级生态区都需要重要保护。下面对Ⅰ级生态区做了简要描述，在附录 G 中将有更为详尽的记述。

表 5.3　各生态区的优先等级

等级	基于保存现状概况评估		基于最终保存现状	
	生态区	主要生境类型	生态区	主要生境类型
Ⅰ级	泰斯 – 老俄亥俄区 [34]	THL	泰斯 – 老俄亥俄区 [34]	THL
	田纳西 – 坎伯兰区 [35]	THL	田纳西 – 坎伯兰区 [35]	THL
	密西西比湾区 [25]*	LTR	塔毛利帕斯 – 韦拉克鲁斯区 [68]	SCRL
	莱尔马河区 [69]*	ERLS	科瓦特西尼加斯区 [22]*	XRLS
	孔乔斯河区 [17]*	XRLS	圣胡安河区 [23]	XRLS
	圣胡安河区 [23]	XRLS	查帕拉区 [65]	XRLS
	查帕拉区 [65]	XRLS		
	莫比尔湾区 [36]*	TCRL		
	南大西洋区 [40]*	TCRL		
	佛罗里达区 [39]*	SCRL		
	塔毛利帕斯 – 韦拉克鲁斯区 [68]	SCRL		
Ⅱ级	苏必利尔湖区 [43]	LTL	苏必利尔湖区 [43]	LTL
	密歇根 – 休伦湖区 [44]*	LTL	加拿大洛基山脉区 [49]	THL
	英格兰 – 温尼伯湖区 [52]	THL	英格兰 – 温尼伯湖区 [52]	THL
	格兰德河上游区 [15]*	LTR	密西西比河湾区 [25]*	LTR
	邦纳维尔区 [8]	ERLS	邦纳维尔区 [8]	ERLS
	拉洪坦区 [9]	ERLS	死亡谷区 [11]	ERLS
	死亡谷区 [11]	ERLS	莱尔马河区 [69]	ERLS
	古兹曼区 [16]	ERLS	维加斯 – 圣母河区 [13]	XRLS
	马皮米区 [19]*	ERLS	孔乔斯河区 [17]*	XRLS
	南太平洋沿海区 [7]*	XRLS	佩科斯河区 [18]	XRLS
	维加斯 – 圣母河区 [13]	XRLS	萨拉多河区 [21]	XRLS
	佩科斯河区 [18]	XRLS	贝尔德河源头区 [67]	XRLS
	萨拉多河区 [21]	XRLS	莫比尔湾区 [36]*	TCRL

续表

等级	基于保存现状概况评估		基于最终保存现状	
	生态区	主要生境类型	生态区	主要生境类型
Ⅱ级	科瓦特西尼加斯区 [22]*	XRLS	南大西洋区 [40]*	TCRL
	贝尔德河源头区 [67]*	XRLS	北太平洋沿海区 [1]	TCRL
	北太平洋沿海区 [1]	TCRL	哥伦比亚河流域未冰封区 [3]	TCRL
	哥伦比亚河流域未冰封区 [3]	TCRL	太平洋中央山谷区 [6]	TCRL
	太平洋中部沿海区 [5]*	TCRL	东得克萨斯湾区 [32]	TCRL
	太平洋中央山谷区 [6]	TCRL	切萨皮克湾区 [41]	TCRL
	东得克萨斯湾区 [32]	TCRL	圣劳伦斯河下游区 [47]	TCRL
	阿巴拉契科拉区 [37]*	TCRL	索诺兰沙漠区 [61]	TCRL
	切萨皮克湾区 [41]	TCRL	西得克萨斯湾区 [33]	SCRL
	圣劳伦斯河下游区 [47]	TCRL	佛罗里达区 [39]*	SCRL
	索诺兰沙漠区 [61]	TCRL	锡那罗亚沿海区 [62]	SCRL
	西得克萨斯湾区 [33]	SCRL	圣地亚哥区 [63]	SCRL
	锡那罗亚沿海区 [62]	SCRL	马南特兰 – 阿梅卡区 [64]	SCRL
	圣地亚哥区 [63]	SCRL	巴尔萨斯河区 [70]	SCRL
	马南特兰 – 阿梅卡区 [64]	SCRL	帕帕洛阿潘河区 [71]	SCRL
	巴尔萨斯河区 [70]	SCRL	卡特马科区 [72]	SCRL
	帕帕洛阿潘河区 [71]	SCRL	夸察夸尔科斯区 [73]	SCRL
	卡特马科区 [72]*	SCRL	特万特佩克区 [74]	SCRL
	夸察夸尔科斯区 [73]	SCRL	格里哈尔瓦河 – 乌苏马辛塔区 [75]	SCRL
	特万特佩克区 [74]	SCRL		
	格里哈尔瓦河 – 乌苏马辛塔区 [75]	SCRL		
Ⅲ级	加拿大洛基山脉区 [49]*	THL	密歇根 – 休伦湖区 [44]*	LTL
	萨斯克彻温河下游区 [51]	THL	萨斯克彻温河下游区 [51]	THL
	科罗拉多河区 [12]	LTR	科罗拉多河区 [12]	LTR
	格兰德河下游区 [20]	LTR	格兰德河上游区 [15]*	LTR
	密西西比河区 [24]	LTR	格兰德河下游区 [20]	LTR
	萨拉多平原区 [66]	ERLS	密西西比河区 [24]	LTR
	希拉河区 [14]	XRLS	拉洪坦区 [9]*	ERLS
	佛罗里达湾区 [38]	TCRL	古兹曼区 [16]*	ERLS
	尤卡坦区 [76]	SCRL	马皮米区 [19]*	ERLS
			萨拉多平原区 [66]	ERLS
			南太平洋沿海区 [7]*	XRLS
			希拉河区 [14]	XRLS
			太平洋中部沿海区 [5]*	TCRL
			阿巴拉契科拉区 [37]*	TCRL
			佛罗里达湾区 [38]	TCRL
			尤卡坦区 [76]	SCRL
Ⅳ级	育空区 [55]	ARL	育空区 [55]	ARL
	北极北部区 [58]	ARL	麦肯齐河上游区 [57]	ARL
	北极群岛区 [60]	ARL	北极北部区 [58]	ARL

续表

等级	基于保存现状概况评估		基于最终保存现状	
	生态区	主要生境类型	生态区	主要生境类型
Ⅳ级	伊利湖区 [45]*	LTL	北极群岛区 [60]	ARL
	安大略湖区 [46]*	LTL	中部大草原区 [28]	THL
	中部大草原区 [28]	THL	沃希托高地区 [30]	THL
	沃希托高地区 [30]	THL	南部平原区 [31]	THL
	南部平原区 [31]	THL	萨斯克彻温河上游区 [50]	THL
	萨斯克彻温河上游区 [50]	THL	密苏里河上游区 [26]	LTR
	密苏里河上游区 [26]	LTR	密苏里河中游区 [27]	LTR
	密苏里河中游区 [27]	LTR	俄勒冈湖泊区 [10]	ERLS
	俄勒冈湖泊区 [10]	ERLS	哥伦比亚河流域冰封区 [2]	TCRL
	哥伦比亚河流域冰封区 [2]	TCRL	斯内克河上游区 [4]	TCRL
	斯内克河上游区 [4]	TCRL	北大西洋区 [42]	TCRL
	北大西洋区 [42]	TCRL	北大西洋 – 昂加瓦湾区 [48]*	TCRL
Ⅴ级	南哈得孙湾区 [53]	ARL	南哈得孙湾区 [53]	ARL
	东哈得孙湾区 [54]	ARL	东哈得孙湾区 [54]	ARL
	麦肯齐河下游区 [56]	ARL	麦肯齐河下游区 [56]	ARL
	麦肯齐河上游区 [57]*	ARL	北极东部区 [59]	ARL
	北极东部区 [59]	ARL	伊利湖区 [45]*	LTL
	欧扎克高地区 [29]	THL	安大略湖区 [46]*	LTL
	北大西洋 – 昂加瓦湾区 [48]*	TCRL	欧扎克高地区 [29]	THL

* 代表考虑威胁要素后优先等级发生变化的生态区。

（1）泰斯 – 老俄亥俄区 [34] 是Ⅰ级生态区中地理位置最北的生态区域，特别是南部未被冰川覆盖的边缘区域，拥有高丰富度物种和特有类群。通过恢复河道形态和拆除水坝、减少污染、河岸带重建，以及履行控制外来物种的政策等工作或许可以保护该区域的生物多样性。

（2）田纳西 – 坎伯兰区 [35]，可以说是世界上最多元化的温带源头水生态区，但面临各种形式的流水系统干扰。通过公众宣传以及对特定河段重点进行保护活动，生态区的恢复和保护取得了一定的成功。这也显示了民间组织和私营部门间的合作潜力。

（3）密西西比湾区 [25]，受到密西西比河下游来水影响，港口特有物种适应了大型河流浑浊的水环境。密西西比河的冲积平原和河岸带区域发生了极大变化，成为一条"化学品的通道"。该生态区可能是所有Ⅰ级生态区保护工作中具有最大挑战性的生态区。

（4）莱尔马河区 [69] 位于墨西哥中南部，是拥有全球显著性特有鱼种的内陆河流。周边的土地利用特别是工业用地的发展对淡水生境有着重大影响，因此需要立即对造成当地特有鱼群影响的区域的持续发展加以关注。

（5）孔乔斯河区 [17] 内拥有大格兰德河流域内唯一通畅的大河生境。这片区域的河流和泉水生境中仍然维持着相对完整的物种群落，极好地支撑了特有鱼类生存。该生态区虽然由于非点源污染、流量调控、外来物种入侵及过度放牧的影响正在退化，但是仍然有恢复当地消失物种的潜力。

（6）圣胡安河区 [23] 是格兰德河 / 布拉沃河下游的支流流域，其内栖息着地方特有的鱼类和小龙虾物种。该生态区属于干旱生态区，对水域的过度开发利用、农业和工业活动造成的盐碱化、外来物种入侵，以及人口的增长均对该区造成影响。人们可以通过提高水的利用率和发布水质规范等手段恢复部分生态区原状。

（7）查帕拉区 [65] 与周边的生态区相比，拥有几乎完整的地方特有鱼类种群，并有两类特有的鱼属（驼谷鳉属和斯鳉属）。目前外来物种入侵是该区域的主要影响因素，且影响比较严重。

（8）莫比尔湾区 [36] 位于墨西哥湾东部，拥有最高水平的水生生物多样性，其中以螯虾和贻贝的特有种尤为特殊。农业和森林砍伐以及跨流域输水对该生态区有很严重的影响。通过对公众进行保护河岸带教育可能使该区域得到恢复和保护。

（9）南大西洋区 [40] 覆盖大西洋中部及东南部海岸线，覆盖范围广。它具有高物种丰富度和所有淡水类群的地域特性，但是目前对这类动物区系的研究较少。围水、污染、物质沉积、外来种入侵，以及人口增长为该生态区描绘了一幅严峻的图画，但是依然存在保护和恢复的可能。

（10）佛罗里达区 [39] 是以其多样的水生生境而著名的，包括泉水、淡水湿地和沼泽，以及相对完整的萨旺尼河。区域发展、跨流域输水、人口增长、农业和采矿污染，以及蓄水活动使得该生态区环境发生恶化。已经开始的恢复大沼泽地的大规模活动表明，公共教育及栖息地保护可能在生态恢复上起到更广泛的有利作用。

（11）沿着墨西哥东部海岸的塔毛利帕斯 – 韦拉克鲁斯区 [68] 与周边生态区及海湾共同拥有两种地方特有鱼属（盲鲴属和异谷鳉属），以及高地方特色的螯虾区系和大量两栖类物种。造成该生态区退化的主要因素包括人口增长及海洋鱼类入侵盐度更高的河流。大部分的原生生物多样性仍被保存了下来。

（12）科瓦特西尼加斯区 [22] 位于环境严峻的荒漠里，拥有世界公认的全球显著性泉水汇集的池塘和溪流。它小小的区域里涵盖了所有类群的特有特征。目前它面临的重大潜在威胁主要来自水域的过度开采和输送、附近石膏矿业开采，以及过度旅游。目前它尚能维持大部分本地物种，但是需要扩大保护区面积，这样威胁才能减轻。该区域需要立即得到关注（专栏 13）。

专栏 13

科阿韦拉州科瓦特西尼加斯山谷的生物群及其未来

Salvador Contreras-Balderas

科瓦特西尼加斯山谷得到人们广泛关注是因为虽然它面积小，但拥有丰富的地方特有生物区系。Minckley（1969）认为该地区的地方特有物种数量相当于美国三个州的数量。山谷位于近墨西哥东北部的科阿韦拉州中部，是一个呈 W 形的荒漠山谷，长 20～30 千米，具有半闭合水文学特征，排水流向布拉沃河流域萨拉多河上游。属于干旱气候，年均降雨量小于 200 毫米，温度范围在零度以下至 44℃（Garciá，1988）。

1938 年 E. P. Marsh 首次对山谷进行生物学调查。其后对其中某些新奇生物进行跟踪并发布调查报告，例如，半水生的沼泽箱龟（*Terrapene coahuila*）是陆生林地种群的成员（Schmidt and Owens，1944）。1959 年后包括整个 60 年代甚至进入 70 年代的这段时间里，学者们密集地发布了关于这个山谷的多篇学术论文。

尽管该区域降雨匮乏，但山谷有别于区域其他地方的特点就是其丰富的水量。山谷拥有众多大型且独立的泉、快速流动的小溪、沼泽、潟湖，以及水汽蒸腾区。山谷及山脉中有着多样的生境，包括罕见的石膏沙丘、盐湖平原、沼泽、草原、灌木、河岸带树林、多岩石的山坡和山脊，以及高山林地。

在鱼类（Minckley，1984）、腹足类（Taylor，1966；Hersheler，1985）、龟类和甲壳类（Cole，

1984）等水生和半水生种群，还有岩石陆地的仙人掌和菊科类（Pinkava，1984）、蝎子（Williams，1968）、无数昆虫类，以及近期发现的少量具有地方特征的鸟类和哺乳类（A. J. Contreras pers. comm.）中地方特有特征表现明显。在世界其他地方尚未发现其他拥有多样生物区系且高生物多样性的地方。大多数的地方特性与当地石膏岩沙丘或石膏岩水域、富水土壤或者岩石区域相关。Minckley（1969）、Minckley 和 Taylor（1969）、Contreras-Balderas（1978a）分别对该地区的生物多样性进行了总结概述。荒漠地区鱼类委员会（the Desert Fishes Council）在一次座谈会上发布了一份高水平的纲要文本（Marsh，1984）。

墨西哥科阿韦拉州科瓦特西尼加斯的两个淡水池塘。数不清的热水或冷水池塘通过地下溪水系统相连，点缀着奇瓦瓦大沙漠（上图，图片由 Colby Loucks 提供）。地下水及池塘使淡水珊瑚礁汇集在此，同时这里也是众多地方特有种的庇护地，如丽鱼科鱼（迈氏德州丽鱼）（右图，图片由 David Olson 提供）。

Minckley（1969）、Alcocer 和 Kato（1995）分别阐述了该地区地理及生态特征。每个泉的水化学成分均不相同（Minckley and Cole，1968）。放入泉水中的金属物体会加速腐蚀证明了泉水具有很强的侵蚀作用。水体或冷或热，或流动或静止，或清澈或呈罕见的浑浊状。

水域和生境在质上的不同以及流域碎片分区造成的生境隔离是山谷区系多样性发展的基础。Hershler 和 Minckley 在 1986 年曾经报道了小型淡水蜗牛（*Mexipyrgus*）的细微区域变化，不同泉水中该物种的数量均有不同。1993 年 Kornifield 和 Tayor 通过对丽鱼科鱼（迈氏德州丽鱼）的研究解释了营养多态现象的三种形态。鱼类进食形态可能由于相反的齿形造就两个不同的变种（pers. obs.）。

人们陆续报道了几类两栖类动物（Schmidt and Owens，1944），潮滩植物如海蓬子属（*Salicornia*）、碱蓬属（*Suaeda*）和蔓藻属（*Ruppia*），具有当地特色的游蛇属（*Natrix*）（Minckley，1969），以及盐湖平原附近的褐小灰蝶属（*Brephidium* sp.）的小型蓝蝶物种（Contreras-Balderas，1978 a）等分布不连续的现象。残遗种显然是由地理隔断造成的，并且已经形成密切的种对，像雨点卢氏鳉（*Lucania parva*）和科瓦特西尼加斯鳉（*L. intenoris*）（Hubbs and Miller，1965），或者不那么密切的种对如杂色鳉（*Cyprinodon variegatus*）和双带鳉（*C.bifasciatus*）（Miller，1968），后两个物种是滨海生态复合区域的一员。最初的同种异形的源头水物种双带鳉（*C.bifasciatus*）及与它相邻的潟湖物种灰鳉（*C.atrorus*），都位于爱克斯梅尔斯高原复合区域。是属于同一属中的两类最相异的物种，却意外产生杂交现象。这两物种间的接触可能是由于栖息地破坏造成的，而这通常是由人类引起的。

洞穴等足类动物和端足目的几个属（如 *Speocirolana*、*Sphaerolana* 和 *Mexistenasellus*）是与墨西哥湾及地中海区系相关的群组成员，古地中海生物区的海洋残存物种全部躲避到了富水的喀斯特岩石下面的泉水中生存。

Minckley 在 1994 年编译了一部关于科瓦特西尼加斯山谷的优秀自然科学著作。由于进化案例的多样性，该山谷长期以来一直是新莱昂州自治大学（Universidad Autónoma de Nuevo León）和亚利桑那州立大学（Arizona State University）关于进化论、生物地理学、野生生物学和自然资源保护研究的活体实验室（1965 年数据）。

针对于科瓦特西尼加斯山谷保护的行业及社会压力始于 1996 年，这时亚利桑那州立大学的 W. L. Minckley 和新莱昂州自治大学的 Salvador Contreras-Balderas 成了同事。政府官员意识到科瓦特西尼加斯山谷的生物多样性，并提议建立一个国家公园。但是政府不愿意，墨西哥的科学家们对此也不甚感兴趣。另外，当时的国家公园基本上很难给予科瓦特西尼加斯山谷真正的保护。其中，最大的问题就是住在山谷北部中心区域的科瓦特西尼加斯居民，他们不得不依靠他们生存的环境维持生计。

与当地居民的协商在很早就开始了，但是收获甚微，主要是因为他们认为一旦政府或科学家们对这个地区进行了管控，他们将会不再被允许进入这个区域。对于当地居民来说，了解到周边大部分水量丰沛区域及土地盐度过高对农作物和农用设施有害而不适于农业和工业发展，这需要时间。水处理的成本过高。当地居民需要另外寻找有力的替代谋生方式，这种方式必须是可持续的。

历史上，该山谷的农业用地以种植水果和酿酒为主。尽管农业在持续发展，收成却普遍下降。由于人工牧场灌溉的过度抽取，来自北方的优质水源正在减少。镇上的果园不得不将水优先让给市政用水。与此同时，山谷内也建起了一些企业，两家工厂从沙丘中开采初级石膏，还有一家生产盐。为了保护剩余的沙丘，石膏生产设施已关停，另外一家维持适度经营。盐厂效益也没有预期的好。Contreras-Balderas（1984）和 Minckley（1994b）记录下来了部分以上影响。

1988 年，联邦法律首次考虑对该地区实施多层级、多目标的保护，从而开启对科瓦特西尼加斯地区保护的可能。1994 年，为了保护当地的生物多样性，政府将山谷的部分区域划分为动植物保护区。1998 年 8 月成立了由该区域官方市政当局、非政府组织及知识分子组成的理事会，主要负责决策制定和综合治理，管理计划日趋成熟。同时鼓励当地社区参与。在保护区条款上规定，当地社区面临两种抉择，是作为个体申请成为现代农业或生态旅游的环保主义者，会有一些收入，还是在不破坏当地生态系统的前提下继续他们的低生产力水平的企业经营。

为了重要物种的保护和人类社会的正常运行必须维持生物保护和合理使用之间的平衡。要维持这个平衡主要取决于社会团体和公众的参与、当权政府的政治方向和协调、部分企业领导者的妥协，以及知识分子的投入。社会成员们一起工作，贡献并创新想法，再加上外界的支持，会使他们获益的。

希望一直都在。

在东南地区和墨西哥的Ⅰ级生态区的独特分布表明了主要生境类型间优先等级分布的不均衡性。主要生境类型确实存在着不同的模式（表 5.4）。

表 5.4　不同主要生境类型下的生态区优先等级情况

主要生境类型	基于保存现状概况评估					基于最终保存现状				
	Ⅰ级	Ⅱ级	Ⅲ级	Ⅳ级	Ⅴ级	Ⅰ级	Ⅱ级	Ⅲ级	Ⅳ级	Ⅴ级
北极地区河流／湖泊	0	0	0	38	63	0	0	0	50	50
大型温带湖泊	0	50	0	50	0	0	25	25	0	50
温带源头水／湖泊	20	10	20	40	10	20	20	10	40	10
大型温带河流	14	14	43	29	0	0	14	57	29	0
内陆河流／湖泊／泉	13	63	13	13	0	0	38	50	13	0
干旱地区河流／湖泊／泉	30	60	10	0	0	30	50	20	0	0
温带沿海地区河流／湖泊／泉	13	50	13	19	6	0	50	25	25	0
亚热带沿海地区河流／湖泊／泉	15	77	8	0	0	8	85	8	0	0
所有的主要生境类型	14	45	12	20	9	8	42	21	20	9

北极地区河流／湖泊（ARL）生态区具有生物少但相对未退化的特点。因此，北极圈所有生态区都处在Ⅳ级或Ⅴ级。在生物区或国家区域尺度上，这些生态区存在保存完整生物组成和进程的可能。然而，这项工作的紧迫性不亚于其他主要生境类型中的生态区。

大型温带湖泊生境类型（LTL）跟其他主要生境类型不同，它只包括 4 个生态区，覆盖整个五大湖区。由于这些生态区中没有全球显著生态区，故没有Ⅰ级生态区。目前这 4 个生态区被评估为处于濒危状态并且可能变为极危状态。关注五大湖地区的生态保护学家可以利用评估结果对这 4 个生态区进行优先级别设定，苏必利尔湖区 [43] 和密歇根 – 休伦湖区 [44] 可能是最好的目标，因为这两个生态区拥有较高的生物多样性。

温带源头水／湖泊生境类型（THL）生态区是分布最均匀的，40% 的生态区属于Ⅳ级，20% 的属于Ⅰ级。总体来说，这些生态区的退化并不严重。1997 年的评估结果中没有极危状态或者濒危状态的生态区。坐落在美国中西部至阿帕拉契山脉区域的某些生态区依然保有相对完整的生物多样性特征，这些是要重点保护的。

大型温带河流（LTR）生态区是温带源头水／湖泊生态区的下游区域，经历了几个世纪的密集发展，半数以上都是全球显著或者北美显著生态区。总的来说，这些生态区高度退化，如果没有大规模资金投入以及转变河流和冲积平原管理模式的话是很难恢复的。密西西比湾区 [25] 的概况评估结果为Ⅰ级，如果预测的威胁没有得到控制，该生态区将达到极危且不可逆状态。密西西比河和格兰德河上游居住着独特的大型适水物种，生态保护学家致力于保护这些物种，就需要立即采取行动来保护其仅存的栖息地。

作为干旱栖息地的一类特例，内陆河流／湖泊／泉生态区（ERLS）普遍面临退化并处于危险状态。自 1997 年起，所有生态区被评估为易危的或更糟，5/8 的生态区将面临高威胁。萨拉多平原区 [66]、莱尔马河区 [69]、拉洪坦区 [9]、古兹曼区 [16] 和马皮米区 [19] 中许多物种已经消失，若想保护这些全球和北美显著的生物多样性，就需要立刻关注这些生态区。首要的事情是保护那些过度开发利用和污染的水源（尤其是地下水），同时控制外来物种入侵。

干旱地区河流、湖泊和泉（XRLS）生态区面临着与内陆系统相似的威胁，行动的紧迫性是同样重要的。由于干旱生态区与其他系统存在关联关系，所以往往有高于内陆系统的生物多样性，因此优先保护等级普遍高于内陆系统。干旱生态区中有 5 个全球显著生态区，6 个北美显著生态区。其中独特的特有种使得这些生态区几乎是不可替代的，同时也意味着一旦种源库消失，就几乎没有恢复的可能。

温带沿海地区河流／湖泊／泉生境类型（TCRL）由 15 个生态区组成，且覆盖所有优先级别。其中莫比尔湾区 [36] 和南大西洋区 [40] 这两个全球显著生态区，若不立即进行恢复将会发展到极危状态。另有 5 个全球显著生态区同样处于高风险状态。8 个北美显著生态区中的几个生态区在历史上曾有大规模的鱼类洄游，现今在不同程度上仍然保持发展。只有通过在国家之间、州之间及当地制定严格的规章制度才能达到恢复和保护这些物种的目的。沿海城市化的影响的调节和控制是比较困难的，在某些情况下还可能是不可逆的。

亚热带沿海地区河流／湖泊／泉（SCRL）生态区不同于沿海及以北的生态区，主要表现在两方面。第一，一般而言，亚热带沿海地区没有温带沿海地区发达。第二，新的亚热带动物区系的加入使得南部地区物种丰富度更加丰富。亚热带沿海生态区均属于全球显著和北美显著生态区，90% 以上的生态区属于Ⅰ级、Ⅱ级优先保护等级，且均考虑了威胁影响。佛罗里达区 [39] 生态区是唯一一个考虑风险威胁后未来可能发展为极危状态的生态区；对沼泽地国家公园进行的大规模修复工作可能只是生态区生物多样性保护的第一步。

根据地理范围（全球范围、北美范围、生物区范围或国家范围），利用附录 F 的矩阵表格可以使生态保护学家了解那些需要立即关注的生态区。一些国际组织如世界自然基金会可以根据这些矩阵表格制定一个大范围的生物多样性保护策略，提出现阶段的约束条件。

在这些划分了优先保护等级的生态区中，可以识别值得特别注意的具体流域。例如，美国地质调查局近期雇佣了大自然保护协会利用其 G-rank 数据绘制下游 48 个州 2111 处水域中存在风险的淡水鱼类和贻贝物种地图（Master et al.，1998）。这些地图展示了具有优先级别的生态区内水域中濒危物种的最大数量。正如我们所预料的，物种往往分布于这些水域中极为有限的范围。这些数据地图为下一步优先等级设置，特别是全流域的长期保护工作提供了帮助，对保护工作具有至关重要的意义。

⑥ 建　　议

6.1　北美关于生物多样性保护的全球责任

本书研究有助于将北美淡水生态区的生物特异性延伸到全球背景下。在相同生境类型条件下，我们列出的 15 个全球显著的北美生态区的生物多样性特征水平等于或超过了其他大洲最具独特性的生态区。另外，将北美的生态区与世界上其他著名的淡水生境类型一起展示对比也是一种体现北美生态区的生物多样性价值的方式。通过绘制出的全球 200 个淡水生态区分布图，可以在某些情况下利用该地图进行全球尺度分析（Olson and Dinerstein；1998；图 6.1）。由图可知，在全球 200 个生态区中，北美的淡水生态区很好地代表了亚热带、温带和北极地区。

图 6.1　全球 200 个淡水生态区 ①

为了保护这些全球显著生态区，需赋予其全球责任。本书研究重点评估了 11 个使用概况评估方法得到的优先等级 I 级的生态区和 6 个利用最终保存现状评估的 I 级生态区。这些生态区如下所示，星号标注的是考虑未来风险威胁后的生态区：

● 孔乔斯河区 [17]

① 此图系翻印图，不代表中国政府立场。——编者注

- 科瓦特西尼加斯区 [22]*（考虑未来风险威胁之前是 II 级）

- 圣胡安河区 [23]*

- 密西西比湾区 [25]

- 泰斯 – 老俄亥俄区 [34]*

- 田纳西 – 坎伯兰区 [35]*

- 莫比尔湾区 [36]

- 佛罗里达区 [39]

- 南大西洋区 [40]

- 查帕拉区 [65]*

- 塔毛利帕斯 – 韦拉克鲁斯区 [68]*

- 莱尔马河区 [69]

如果不对生态区保持关注和保护，全球显著生态区的生物多样性就不能够保持稳定和安全。在这种情况下，北美淡水物种正面临着大多数物种处于重大风险中且将持续 20 年的严峻形势。若要使现有生物多样性得以保存或恢复，就必须立即采取行动。

从乐观的角度讲，许多北美显著和生物区显著生态区的生物多样性相对未受到干扰，未来面临的风险相对较低。这些生态区中人口数量和人类活动往往较少，但是若人们对于这里的物种置之不理的话也是非常愚蠢的行为。在区域发展和其他威胁根深蒂固之前，我们要把握机会保护好生物多样性。外来物种就是一个典型的例子，需要警惕外来物种入侵，一旦它们在当地生存下来想要再除掉它们往往是不可能的。

为了识别生态区生物多样性保护的全球性价值，世界自然基金会对 200 个生态区开展了评估，其中有 7 个淡水生态区分布在北美（见表 6.1；Olson et al.，1997）。由于全球 200 个生态区评价体系评估了地球上所有的淡水栖息地（与陆地、海洋生境一样），所以通常生态区的评估范围大于陆域（如北美洲、拉丁美洲）生态区评估的范围。例如，全球 200 个生态区评估中将奇瓦瓦沙漠水系视为一个具有全球显著性的独立生态区，而在本书中该地区由 12 个生态区组成。单独来看，这 12 个生态区都不是全球显著性生态区，但是当它们成为一个整体时，其在鱼类和其他区系方面表现出了极高的区域特有现象。同样的，太平洋沿岸有着非常壮观的鱼类洄游现象，但这种现象在每个生态区都存在，并不是全球罕见的，因此太平洋沿岸的淡水生态区中只有一个生态区在本书中被评价为全球显著生态区。但是当这些生态区域组合在一起时形成的溯河产卵鱼类的洄游现象却又是全球显著的，因此将太平洋西北沿岸河流纳入全球 200 个淡水生态区。

表 6.1　北美列入全球 200 个淡水生态区的名录（源自 Olson and Dinerstein，1998）

- 密西西比山麓河流和小溪
- 东南部河流和小溪
- 太平洋西北沿岸河流和小溪
- 阿拉斯加湾沿海河流和小溪
- 科罗拉多河
- 奇瓦瓦河流和泉水
- 墨西哥高原湖泊

6.2 亟须采取的紧急行动

作为本书研究的一个重要组成部分，专家评估研讨组确立了几项必须采取的重要措施，用于保护及恢复北美地区淡水生态系统生物多样性。这些措施很多都是需要在陆地上实施的，并且应该提出陆地生态系统保护建议（Ricketts et al.，1999 a）。这些建议的提出没有任何意外，但实施具有挑战性，需要当地社团、资源机构和环保组织的共同努力。措施的落实绝大多数依赖于政府和私营企业领导的政治意愿。按照国家/国际、区域、地方等分类分级实施，当然，级别之间存在重叠现象。这些措施包括以下几方面。

1）国家/国际

- 推动联邦立法将淡水生态系统本身确定为自然保护区域。
- 对公众及政策制定者加强关于淡水生态系统生物多样性和土地利用对下游水体的累积影响的教育宣传。
- 投入资金用于淡水物种的系统研究，其中许多物种可能在被熟识之前就面临灭绝的危险（专栏 14）。
- 建立国家之间的合作，促进迁徙物种的可持续繁衍。
- 加强立法以保护联邦政府列出的物种，严格遵守由联邦和州立土地、水资源管理机构提出的附属规定。
- 加大力度防止和惩处非法采集未列入立法保护名单的物种如珍贵的贻贝。

2）区 域

- 促进流域尺度上的保护，这需要不同司法管辖区内多机构的合作与交流。
- 通过限制放牧、促进缓冲带建设、限制河流和湖泊附近的经济开发，恢复和保护河岸栖息地。
- 通过使砍伐、道路建设和破坏农业活动降到最低来减少淤积。
- 通过实施农业可持续发展、限制不必要的水资源利用，减少干旱地区的用水量。
- 减少调水和使用，以保持水位。
- 通过公共教育和实施谨慎监控，防止外来物种引入并扩散到淡水系统，对已经存在的外来物种制订控制方案。

3）地 方

- 立即保护现存相对完整的溪流、泉水和湖泊，使之成为未来的恢复源池。
- 通过限制进入、控制地下水源的污染和取用，保护溶洞与其他地下淡水生境（专栏 15）。
- 减少敏感地区地下水抽取。
- 恢复渠化溪流的原始状态。
- 通过拆除不必要的构筑物、将水坝调整为类似于自然流动模式，建立自然流态的河流和溪流。
- 通过去除集水设施来重新连通河区水网，实现生物通道和有机质、营养盐输移路径的畅通。
- 消除堤坝等防洪结构，允许洪水泛滥。
- 湿地为淡水生态系统提供了污染物过滤、有机物生产的功能，要加强湿地恢复与保护。

- 通过教育、监督与地方执法等手段消除点源污染、减少非点源污染。

除了引人注目的蜗牛镖鲈以外，淡水生物多样性从未出现在北美保护议程的首位。栖息在北美河流、湖泊和泉水中的各种真正显著的生物也很少得到关注。可悲的是，这些物种及其生态进程同生态区一样正受到各种各样的威胁。

本书研究将北美淡水生物多样性置于全球范围内，并运用动物地理单元来描绘高差异性区域。通过利用淡水生态区，我们可以看到生态区内的热点地区，并判断哪些区域最需要开展生态区保护工作。由于所有的保护最终会落实在保护现场，结合淡水生态区与陆地生态区一起开展保护、干预行动，陆域和淡水系统均能得到益处。通过叠加独立评估得到的优先生态区，可以识别哪些特定场地的干预措施能够同时实现淡水和陆地生态保护的目标。

本书项目希望能提供一种科学可信的方法，为需要生态恢复的区域、需要加强保护的区域、需要以支持生物多样性保护为首要目的的区域提供政策改革等建议。北美淡水系统正陷入困境，但若我们立即采取战略性行动的话，仍有机会保护好现存的生境。

专栏 14　北美洲淡水无脊椎动物：优先研究对象

David L. Strayer

北美洲拥有超过一万种的淡水无脊椎动物，其中大多数物种未在世界其他地方发现，尚有更多物种有待被发现。昆虫（如苍蝇、甲虫、毛翅蝇、蜉蝣、石蝇）、甲壳类动物（如桡足类、飞毛腿、小龙虾、等足类）、软体动物（如蜗牛和蛤蚌）和螨虫类等物种种类丰富多样。无脊椎动物在淡水生态系统中扮演着非常重要的角色，比如鱼类的食物、藻类捕食者、寄生生物生命周期的链接、秋季落叶和地下水生物覆膜等材料的处理者，等等。

在所有栖息地中，北美洲溪流和地下水中含有比湖泊更多的罕见无脊椎动物。例如，东南部的古老河流和地下水支撑了丰富的生物群落演化，但同样古老的俄罗斯贝加尔湖和非洲坦葛尼喀湖里却没有当地湖栖物种的集聚。

尽管北美洲湖泊和溪流中已经发现了大部分的大型无脊椎动物，但仍然能经常发现昆虫、大型甲壳类动物和软体动物的新物种。小型无脊椎动物和地下水的常规调查也经常发现新物种，有时甚至成打出现。这些物种的属、科甚至经常集体出现，这些对于北美洲无脊椎动物界乃至科学界来说都是不熟悉的。显然，数以百计的未知的无脊椎动物物种仍然隐藏于美洲人的日常生活中。

关于淡水无脊椎动物生理、行为、生活史、作用和分布方面的大量研究工作还有待完成。目前在人们较熟知的无脊椎动物中陆续有令人瞩目的生物学发现出现。例如，一些使用珍珠蚌制成的用来吸引鱼类的鱼饵仅在过去的十年中才出现，尽管其第一次被发现是在150年前。

除了对软体动物、淡水龙虾和昆虫等物种有充分的相关研究之外，目前尚不清楚有多少无脊椎动物物种在减少、濒危或灭绝。分散分布的种群如小型甲壳类，因为受到人类活动的影响，已经濒临灭绝或已经灭绝。鉴于许多淡水无脊椎动物的分布和生态学认知的参差不齐，很难准确识别出其面临的主要威胁。因此，必须立即开展北美水生无脊椎动物分类学、生态学和空间分布调查。否则，我们将缺乏保护已知物种所需的信息，而其他无数的物种可能在它们被了解认知之前就走向灭绝。

水生喀斯特生物群保护：混乱水域揭秘

Stephen J. Walsh

专栏 15

喀斯特一词源于斯拉夫语，意思是岩石裸露的地方，在地质学上它指的是通过水流对可溶性岩石的溶蚀作用形成的岩石内部地下孔道（Gines and Gines，1992）。大多数喀斯特地貌由石灰石和白云石组成。水与二氧化碳结合形成碳酸，碳酸容易溶解钙（和镁）矿物质形成碳酸氢离子和钙（或镁）离子，从而形成大部分的洞穴体系（Barr，1961）。

全球大约有20%的陆地表面是喀斯特地貌，而在美国中西部和东部地区，40%的土地是由喀斯特地貌组成的（White et al.，1995）。由于水文特性，这些区域由地表水和地下水流共同溶蚀而成。通常情况下，喀斯特地貌环境的特点是落水洞、下沉流、泉水和洞穴。碳酸岩含水层的补给可以通过多孔岩石本身（自我补给）或获取水源点（外源补给）实现，比如落水洞和下沉流，其中水体是经过较高海拔地区的不溶性岩石之后汇集起来的。例如，在阿巴拉契亚高地、加拿大内地高原和欧扎克高地，外源补给是常见的补给形式，石灰岩露头狭窄，水流经过山坡或谷底溶蚀形成褶曲（White et al.，1995）。有时这两种类型的补给方式会发生在一个集水盆地里，比如佛罗里达州北部的树状浅层含水层，这里分布着大量的落水洞、地下洞穴，以及水流到尽头又回到地面的自流泉（Florida Geological Survey，1977）。在美国，已被探知的洞穴大约有40 000个（Holsinger，1988），长度范围为从仅有的数米到通道长度500千米以上的肯塔基州的巨大猛犸洞穴系统。然而，人类只勘探了有地面入口的洞穴，因此地下栖息地的范围远比目前已知的大得多。尽管美国东部岩溶地区已经勘探得相当不错，但这些地区的喀斯特地貌的分布规律、系统学、物种生态学等方面都没有得到充分的研究。

由于其复杂的地质历史、长期的隔离，以及相对稳定的物理化学环境，喀斯特地貌成为一种存在独特生物区系的生态系统。生存在洞穴和喀斯特生境中的动物区系始终为生物学家所着迷，因为它们是研究进化现象反演的理想对象（Poulson and White，1969；Culver，1982）。与普通环境条件相比，许多穴居动物都表现出相似的形态特征，包括没有眼睛、色素脱失，以及感官结构都是适于完全黑暗的生存环境（Holsinger，1988；Camacho et al.，1992；Jones et al.，1992）。此外，洞穴动物还表现出由于物理环境条件而进化形成的独特生理特征和生态特性。

人们用种种术语来描述和分类洞穴动物区系。穴居生物是指那些仅在山洞里被发现的生物，喜洞物种是指可以同时生活在洞穴和非洞穴环境的生物，偶洞是指部分生命周期在山洞里完成的物种。因此，穴居生物是终生穴居的，喜洞生物是兼有穴居和非穴居的，而偶洞生物都有可能（Culver，1986）。

在洞穴系统中陆生生物一般多于水生生物，而穴居动物中无脊椎动物数量远远超过脊椎动物。但是也存在某些由水生生境主宰的喀斯特地区，如佛罗里达州北部的岩溶地区，水生物种数量可能多于陆生物种（Franz et al.，1994）。除了动物区系与洞穴之间有相关性，很多地表以上的水生、半水生动物与泉水、落水洞生境也有着密切的联系，同样它们的保护工作也面临着挑战。

由于喀斯特地貌土地的高地理分散性，洞穴和泉水动物区系具有较高的差异性，单一物种往往拥有较小的地理分布。在动物地理学上，喀斯特动物区系有点类似于岛屿分布（Culver，1970）。

在喀斯特地区，水生动物普遍比陆地物种具有较大的活动范围（Culver，1986；Holsinger，1988），但对比其他地上物种仍然要小得多。地下栖息地的有机营养物质的输入主要源于异地迁移，少数栖息地由化能自养的初级生产者提供（White et al.，1995）。因此，洞穴动物群通常被认为是能量有限的。在相对稳定的物理条件和有限的食物资源情况下，选择洞穴环境生存通常会导致动物种群维持在较低水平。这些动物代谢速度慢、繁殖能力低、生长发育缓慢、成熟延迟、寿命增加。地理隔离、遗传漂变、选择，以及无数的随机事件，使得喀斯特地貌生境拥有许多独一无二的种群。

甲壳类动物、蜗牛、鱼类、蝾螈是美国主要种群，它们充分代表了水生喀斯特地貌物种。Holsinger 和 Culver（1988）提出了一个资源丰富的东部喀斯特地貌动物区系的案例，他们记录了生活在弗吉尼亚州和田纳西州东部 500 个洞穴中的 90 科 173 属共约 335 种无脊椎动物，其中 140 种属于穴居生物，42 种为水生穴居生物。

越来越多的喀斯特地貌生物区系遭受到人类的严重威胁。喀斯特生境较脆弱，很容易受到干扰。由于许多物种怀有孑遗或分布有限，数量少，它们的生态适应性导致其对干扰特别敏感，所以这些不显眼的生物特别脆弱。单一灾难性事件有可能严重改变或淘汰喀斯特生境的整个物种群落，包括一些被极为特有物种所占据着的单一洞穴或泉眼。Minckley 和 Unmack（专栏 7）曾经探讨了关于西部生态系统的干旱泉眼面临的生境问题，而生存在美国东部丰富的喀斯特地貌之下的水生生物正处于类似的危险境地。

生境的丧失与改造、水文改变、环境污染和过度开发是喀斯特地区面临的最严重的威胁（Culver，1986；Proudlove，1997b）。生境的改变源于许多人类活动如采矿、采石和森林砍伐的影响，而森林砍伐导致了淤积。水文改变包括河流系统拦蓄和水流移动或改道。在猛犸洞穴系统，格林河蓄水工程引起的淤积作用和有机营养物质的降低，可能对北部洞鲈属（*Amblyopsis spelaea*）造成负面影响（Poulson，1992）。从含水层和泉水系统取水用于人类消费、住宅开发和灌溉是一种普遍存在的威胁，并不只是局限于干旱地区。在阿拉巴马州亨茨维尔附近的地区，蓄水、渠道化和从泉水系统泵水，就导致了白线胎鳉科底鳉属白线底鳉的灭绝。

环境污染是潜伏且危险的，可能由富营养化、农业工业径流，以及化肥、农药、重金属和废水的渗漏引起。1966 年 Holsinger 研究了弗吉尼亚州洞穴的污染、化粪池溢出与水栖穴居动物多样性减少的相关关系。佛罗里达州含水层由于洪水泛滥造成部分地下水污染，导致包括淡水洞穴小龙虾（*Procambarus pallidus*）在内的水生生物群落的大规模死亡（Streever，1992）。喀斯特地貌河流排水情况特别容易受到某些土地利用方式引起的水体富营养化污染的影响。例如，最近在萨旺尼河流域中部地区硝酸盐和其他营养物质有所增加，这与农业、磷矿开采和城市化有关（Andrews，1994；Ham and Hatzel，1996）。因此，防止土地利用覆盖情况导致地下水污染，是保护喀斯特地区生物多样性需要重点关注的问题（Mattson et al.，1995）。

宠物交易或科学研究的过度开发导致人们狂热而肆无忌惮地搜集物种或标本，比如欧扎克洞鲈（*Amblyopsis rosae*）。洞穴学者及其他人的过度干扰，对喀斯特生境物种群落造成了直接的影响（Culver，1986；Tercafs，1992）。相当讽刺的是，在某些情况下，人们的爱好和关注可能对喀斯特居住生物类群产生不利影响。

喀斯特生物区系受到的威胁通常不被公众所熟悉，也被科学界很多人所忽视。由于大众缺乏对动物区系的认知，对不知名生物的关注有限，这些生物无法得到公众的支持与同情。然而这些非同寻常的生物值得关注，需要开展保存现状评估，并考虑到它们的脆弱性，但我们对这些生物的生物学知识知之甚少，必须解决管理问题，以保证它们能够在下一个千年生存得很好。一些组织如美国大自然保护协会和喀斯特水域研究所，已经逐渐认识到喀斯特生态系统所处的困境，但还需要做更多的工作，来积极保护这个神秘而模糊的全球生物多样性的组成部分。

⑦ 因地制宜的保护

通过洲一级尺度的分析，我们可以了解到最具生物特异性和遭受最严重威胁的淡水生态区，但是保护措施不仅仅只针对这些个别地方，还应放眼整个生态区制定综合保护措施。为此，我们需要了解生态区内的生物多样性是如何分布的以及如何将局地、生境和集合体纳入到一个更宏观的保护战略中。基于生态区的保护（ecoregion-based conservation，ERBC）也许是开展保护或恢复本书研究所强调的生态差异性的一种有效途径。

在一个生态区内，基于生态区的保护主要关注以下四类保护目标：①具有明显异质性的群落、生境及种群组合（如特有种和稀少的栖息地）；②大量完整性的生境和生物区系（如未蓄水的河流、顶级捕食者的存在）；③重要生态系统、栖息地和现象（如完整的冲积平原）；④特有的大尺度的生态现象（如溯河产卵鱼类的洄游）。针对这些目标，可以通过基于生态区的保护方法确定出一批优先保护地区和措施，从而使生态区的范围和生境的结构在整个景观上得以保护或恢复，并且这些保护活动和指导方针需要长期实施从而保护最丰富的生物多样性。如何统筹兼顾上下游、水陆域是基于生态区的保护战略的主要任务。

洲一级尺度的评估确定了或许应该首先启动基于生态区的保护程序的北美生态区，这些生态区具有全球显著性的生物多样性，并且目前正面临威胁。然而，所有的生态区都包括了重要生物多样性的特征，应该识别出保护措施介入后将大大有助于实现保护目标的地方，尤其是那些融入到更大规模保护计划的地方。

资源的可得性限制了可以实施综合项目的生态区的数量，认识到这一点，我们让分类学家和区域专家从北美初步筛选出可率先通过干预措施而实现上述一个或多个保护目标的地点，干预举措可以是拆除大坝，也可以是更多的其他保护手段。重要生物多样性保护目标的存在是地点选择的基础。例如，一些地点优先被选中是因为它们都是罕见的完好无损的栖息地或是可以恢复的重要物种组合。由此产生的地点列表并不全面，但是可以为在当地工作的保护组织和机构提供案例以指导他们的工作。被确定的136个地点见表7.1和图7.1。

表 7.1　北美洲淡水生物多样性保护的重要地点

生态区编号	地点编号	地点名称
42	1	Penobscot system, Maine
42	2	Connecticut River（below White River junction）, Vermont/New Hampshire
42	3	Neversink River, New York
41	4	Sideling Hill Creek, Pennsylvania/Maryland
34	5	French Creek, Pennsylvania/New York
34	6	Big Darby Creek, Ohio
34	7	Wabash River, Indiana
34	8	Licking River, Kentucky
34	9	South Fork Kentucky River, Kentucky
34	10	Barren River（lock and dam to Gasper River）, Kentucky
34	11	Green River, from Green River Lake Dam to Nolin River, Kentucky
35	12	Big South Fork Cumberland, Kentucky/Tennessee
35	13	Little South Fork Cumberland, Kentucky
35	14	Rockcastle River System, including Horse Lick Creek in Daniel Boone National Forest, Kentucky
34	15	Buck Creek, Kentucky
35	16	Bunches Creek and Criscillis Branch, Kentucky（Daniel Boone National Forest）
35	17	Sinking Creek, Addison Branch, Eagle Creek, and Cave Creek Cave in Daniel Boone National Forest, Kentucky
35	18	Powell River, Virginia/Tennessee
35	19	Clinch River, Virginia/Tennessee
35	20	North Fork River, Virginia
35	21	Holston River, Tennessee
35	22	Emory Creek, Tennessee
35	23	Tennessee River from Kentucky Dam to the Ohio River, Kentucky
35	24	Buffalo Creek, Tennessee
35	25	Shoal Creek, Tennessee/Alabama
35	26	Duck Creek, Tennessee
35	27	Tim's Ford Dam, Tennessee
35	28	Paint Rock, Tennessee/Alabama
35	29	Walden Ridge, Tennessee
35	30	Hiwassee River, Tennessee/Georgia
35	31	Little Tennessee, North Carolina
35	32	Marsh Creek, Kentucky/Tennessee（Daniel Boone National Forest）
40	33	Roanoke River in and above Roanoke, Virginia
40	34	Carolina Sandhills, North Carolina
40	35	Lake Waccamaw, North Carolina
40	36	Altamaha River basin, Georgia
39	37	Indian River Lagoon, Florida
39	38	Suwannee River-Okefenokee Swamp-St. Marys River, Georgia/Florida
37	39	Flint River tributaries, Georgia

生态区编号	地点编号	地点名称
37	40	Jim Woodruff Lock and Dam, Florida
37	41	Chipola River, Alabama/Florida
38	42	Choctawhatchee River, Alabama/Florida
38	43	Yellow River and feeder creeks on Eglin Air Force Base, Florida
38	44	Escambia/Conecuh River, Alabama/Florida
36	45	Cahaba River, Alabama
36	46	Coosa River basin, Georgia
36	47	Black Warrior tributaries, Alabama
36	48	Buttahatchie (Tombigbee tributary) , Alabama/Mississippi
36	49	Sipsey (Tombigbee tributary) , Alabama
36	50	Lower Alabama River, Alabama
25	51	Pascagoula/Leaf River, Mississippi
25	52	Pearl River, Mississippi
25	53	Big Sunflower River, Mississippi
25	54	Hatchie River, Tennessee/Mississippi
25	55	Cache River, southern Illinois
29	56	Upper Kings River, Carroll and Madison Counties, Arkansas
24	57	Fox River, Illinois
24	58	St. Croix River, Wisconsin/Minnesota
1	59	Mayer Lake on Queen Charlotte Island, British Columbia
1	60	Ecstall River Watershed, British Columbia
1	61	Great Bear Rainforest Watershed, British Columbia
1	62	Fraser Valley, British Columbia
1	63	Thanksgiving Cave, Vancouver Island
1	64	Cowichan Lake, Vancouver Island
1	65	Hourglass Cave, Vancouver Island
1	66	Elwha River, Washington
3	67	Sites within the Columbia Gorge and Lower Columbia River, Oregon/Washington
3	68	Lower Deschutes River, Oregon
4	69	Upper Snake River drainage, Idaho
3	70	Middle Snake River drainage, Idaho
5	71	Umpqua River, Oregon
5	72	Trinity River, California
5	73	Upper Klamath Basin, Oregon (including Klamath Lake)
10	74	Oregon Lakes, mostly Oregon
10	75	Goose Lake, Oregon/California
6	76	Mill, Deer, and Chico creeks (tributaries to Sacramento) , California
6	77	Cosumnes River, California
6	78	Clavey River (tributary to Tuolumne) , California
6	79	Upper Kings River—North and Middle Forks (above Pine Flat Reservoir) , California

生态区编号	地点编号	地点名称
6	80	Upper Kern River (above Isabella Reservoir) , California
9	81	Eagle Lake watershed, California
9	82	Soldier Meadows Valley, Nevada
9	83	Lake Tahoe-Truckee River-Pyramid Lake basin, Nevada/ California
9	84	Steptoe Valley, Nevada
11	85	Owens Valley, California
11	86	Owens River and Lake, California
11	87	Ash Meadows/Death Valley, Nevada
7	88	Upper San Gabriel River, California
8	89	Bear Lake, Utah/Idaho
13	90	Pluvial White River, Nevada
13	91	Virgin and Moapa Rivers, Arizona/Nevada/Utah
12	92	Upper Green/Yampa Rivers, Utah/Colorado
12	93	Colorado River Delta wetlands, Baja and Sonora, Mexico
12	94	San Juan River, Utah/New Mexico/Colorado
12	95	Little Colorado River headwaters, Arizona/New Mexico
14	96	Upper Verde River, Arizona (above Camp Verde)
14	97	Upper reaches of East Fork Gila River, Catron County, New Mexico
14	98	Gila River in Cliff-Gila Valley, Grant County, New Mexico
14	99	Cajon Bonito, Sonora, Mexico
14	100	Mimbres River, including Moreno Spring, New Mexico
14	101	Upper Gila River, Arizona (above Safford, Arizona)
14	102	San Pedro River and Aravaipa Creek, Arizona
14	103	Headwaters of Santa Cruz, Santa Cruz, Arizona through N.Sonora & back into Santa Cruz County
14	104	Wilcox/Upper Yaqui, southeast Arizona/northeast Sonora, Mexico
61	105	Quitobaquito/Rio Sonoyta, Sonora, Mexico
61	106	Rio Bavispe, from Morelos to headwaters (above La Angostura Reservoir) , Sonora, Mexico
61	107	Rio Sonora headwaters to south of Cananea, Sonora, Mexico
61	108	Rio Yaqui headwaters, Sonora, Mexico
61	109	Headwaters of Rios Papigochic/Aros/Sirupa, Mexico
61	110	Rio Casas Grandes, Chihuahua, Mexico
61	111	Laguna Guzman, northern Chihuahua, Mexico
61	112	Laguna Bavicora, Chihuahua, Mexico
61	113	Sauz Basin, Chihuahua, Mexico
15	114	Rio Grande, New Mexico
15	115	Willow Spring, central New Mexico
15	116	Tularosa Basin, south-central New Mexico
18	117	Pecos River, from Sumner Dam south, New Mexico/Texas
18	118	Leon Creek and Diamond Y Spring, Texas
20	119	Upper Conchos, west of Chihuahua City, Mexico

续表

生态区编号	地点编号	地点名称
20	120	Devils River, Texas, northwest of Del Rio (includes Dolan Creek)
21	121	Chorro, southeast Saltillo, Mexico
21	122	Zona Carbonifera from Del Rio/Eagle Pass to Muzquiz/Sabinas, Coahuila, Mexico
22	123	Cuatro Cienegas, Coahuila, Mexico
17	124	San Diego, near San Diego de Alcola, Chihuahua, Mexico
17	125	Bustillos, central Chihuahua, Mexico
17	126	Upper Rio Conchos, including headwaters, Chihuahua, Mexico
19	127	Rio Cadena, southeast from Chihuahua City, Chihuahua, Mexico
19	128	Upper Nazas, Durango, Mexico
19	129	Mayran-Nazas complex, Durango, Mexico
19	130	Santiaguillo, 40-80 km north of Durango City, Durango, Mexico
19	131	La Concha spring and canyon, near Penon Blanco, Durango, Mexico
19	132	Parras Basin, Coahuila, Mexico
19	133	Upper Aguanaval, north Zacatecas, Mexico
19	134	Potosí, Ejido Catarino Rodriguez, Zacatecas, Mexico
23	135	Parque Cumbres de Monterrey, Nuevo León, Mexico
66	136	Iturbide, 100 km south of Monterrey, Nuevo León, Mexico
66	137	Sandía, Llanos de Salas, San Luis Potosí, Mexico
66	138	Venado, north San Luis Potosí, Mexico
66	139	Extorax, east San Luis Potosí, Mexico
67	140	Media Luna/Rio Verde, East San Luis Potosí, Mexico
68	141	Panuco, Querataro/Hidalgo, Mexico
63	142	Mezquital, around Durango City, Durango, Mexico
65	143	Chapala wetlands, Jalisco, Mexico
69	144	Cuitzeo wetlands, Michoacán, Mexico
69	145	Lerma River swamps, Mexico state, Mexico
73	146	Grijalva/Usumacinta delta swamps, Tabasco, Mexico

7.1　大坝

　　大坝是对淡水生物多样性极其重要的威胁之一，因为它们改变水文的完整性和水的质量、造成栖息地破碎化，以及由于沉积物和其他参数在上游和下游的变化造成额外的栖息地丧失。大坝地点的特异性使得干预它们的保护成为可行的目标，尤其是当最初建造的大坝不再服务时，或者它们战略意义的退去将使附近重要淡水区大大受益。为此，专家很快建议这些不必要的和特别有害的大坝退役或者修缮，尤其是损害生物多样性重要元素的大坝（图 7.2）。每个这样的大坝都在下面列了出来，还附加了一个这种建议举措的简单描述。这些大坝被国际野生动物基金会美国分会列入其"献给地球的礼物"活动，在这个活动中世界自然基金会与政府和其他机构针对特定的保护举措作出了承诺。

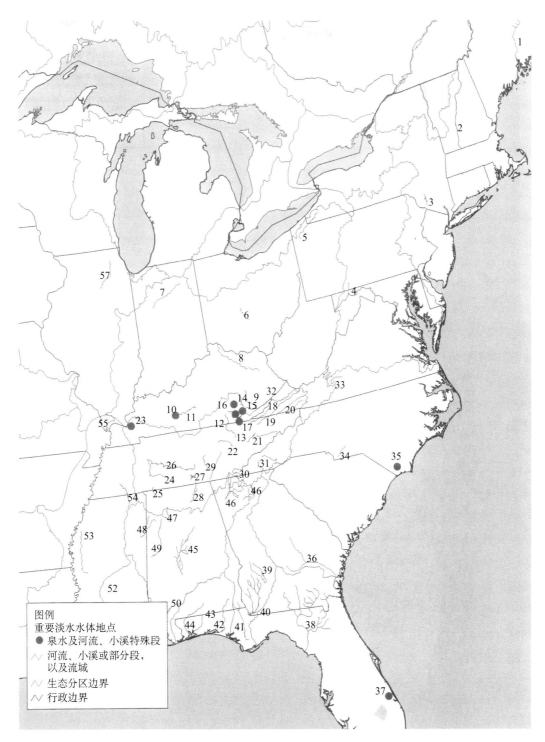

a. 北美——美国东部保护淡水生物多样性的重要地点

图 7.1 北美保护淡水生物多样性的重要地点

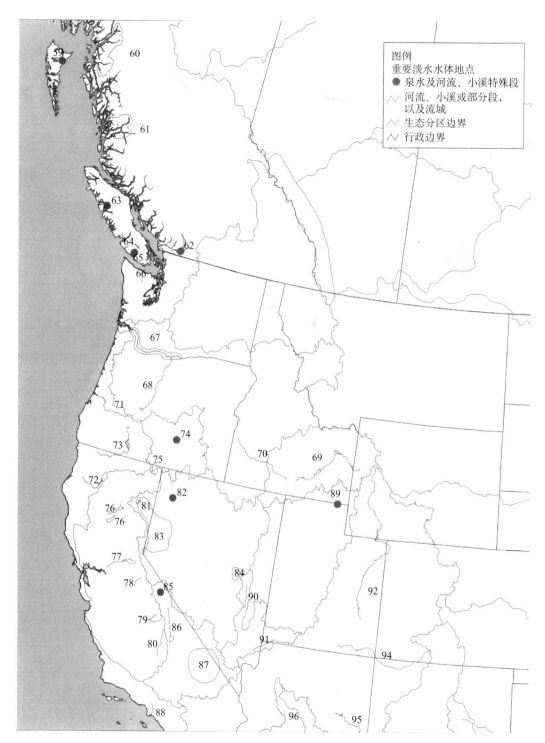

b. 北美——美国西部及加拿大保护淡水生物多样性的重要地点

图 7.1 北美保护淡水生物多样性的重要地点（续）

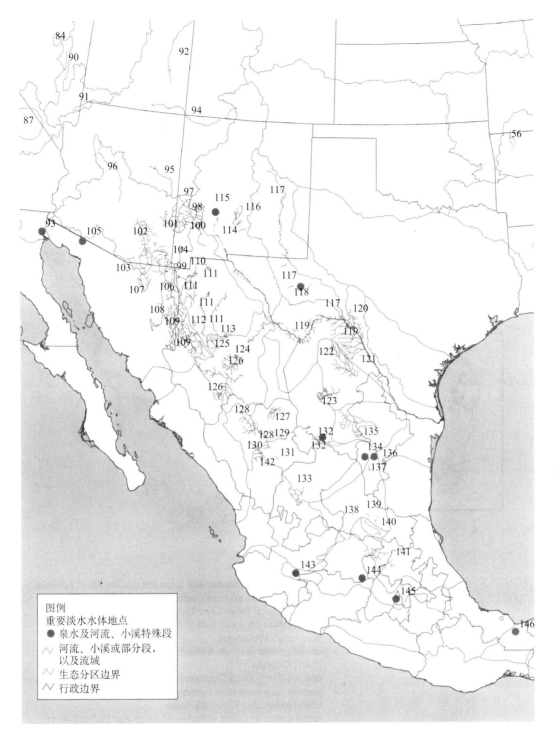

c. 北美——美国西南部及墨西哥保护淡水生物多样性的重要地点

图 7.1 北美保护淡水生物多样性的重要地点（续）

图 7.2　建议退役或进行修缮的大坝

- 拆除伊利诺伊州与奥罗拉间的福克斯河上的戴顿和约克维尔大坝，与伊利诺伊河相贯通。
- 拆除肯塔基州的格林河湖大坝。
- 拆除威斯康星州 / 明尼苏达州的圣·克罗伊河下半部的大坝。
- 在佐治亚州的埃托瓦河上的阿来图纳大坝安装空气喷射装置。
- 拆除田纳西州埃尔克河上的蒂姆斯福特大坝。
- 阻止阿拉巴马州查克托哈奇河的支流蓄水工程。
- 拆除加利福尼亚州圣盖博河上游叉状联合的大坝。
- 拆除阿肯色州建造的克罗利水库的大坝。
- 拆除加利福尼亚州的特里尼蒂大坝。
- 拆除加利福尼亚州的刘易斯顿大坝。
- 拆除俄勒冈州的托姆斯小溪的障碍物。

- 拆除加利福尼亚州科森尼斯河的分水坝（购买用水权）。
- 拆除佛罗里达州阿巴拉契科拉河上的大坝和吉姆伍德福闸。
- 拆除佛罗里达州俄克拉何马河上的罗德曼大坝。
- 拆除佛罗里达州俄克拉何马河上的杰克逊布鲁夫大坝。
- 拆除加利福尼亚州迪尔、米尔、派恩、戴伊和奇科河下游的分水坝。
- 拆除加利福尼亚州文图拉河上的马提力加大坝。
- 拆除华盛顿白鲑河上的康的特大坝。

拆除大坝不排除一些反对意见的存在，不过，最近为恢复或接近诸如格伦谷大坝下游的科罗拉多河和佛罗里达州的基西米河的河流自然流动系统而采取的大力行动仍然反映出了政府的决心。此外，联邦能源管理委员会（Federal Energy Regulatory Commission，FERC）已经开始严肃考虑淡水生物群的需要并再次申请授权拆除一些老的大坝（专栏16）。具有里程碑的行动发生在1997年的11月，联邦能源管理委员会命令拆除缅因州奥古斯塔的爱德华兹大坝，这个大坝在160年来，阻断了9种洄游鱼类的产卵栖息地。

专栏 16

水电大坝的退役和再次修缮：一个恢复河流生境的机会

Andrew Fahlund

河流已被人类开发利用好几个世纪。灌溉、航行、防洪、供水及发电支撑人类开辟了新的土地，刺激了经济，并保障了人们的生计和整个文明发展。直到最近二十几年来，水生生态学家和资源管理者认识到哪怕是小的大坝也会对鱼类和其他野生动物、水质和整个河流生态系统带来了重大的损害。

据美国陆军工程兵团所称，大约75 000座高于5英尺的大坝阻塞了美国的水道。这些大坝中只有2400座在发电；它们中的大部分都是由私人利益驱动的。由于它们的选址和经营方式，水电大坝对河流生态系统的水生生物多样性有着最有害的影响。全国长达3 500 000英里的河流，有600 000英里位于蓄水大坝之后，很多英里的下游资源遭受着不利的影响。

1. 水电大坝

大坝阻断了河流系统的自由流动，阻碍营养物和沉积物的流动，阻碍鱼类和其他野生动物的迁移。当水被转移到水电大坝去发电后，原本健康的河流生态系统往往是缺水的。大坝通过阻挡先蓄水然后在高峰时段泄水从而产生电力，这使得下游延伸河段产生了交替水流：使得无水期过后接踵而来的惊涛骇浪侵蚀土壤和植被，造成鱼类及滨水物种淹没或者搁浅。

停滞的蓄水池和改变了的流动时序，混淆了很多鱼类的繁殖路线，并且严重阻隔了上游和下游的连通。虽然下游持续续流，但是鱼类可能因发电设备致残或者致死。水库还淹没了宝贵的浅滩和流水栖息地，而这些栖息地对许多物种的生命循环周期是必要的。关系到物种生存的水温和含氧量，也被大坝改变了。尽管水力发电对河流和渔业有着有害的影响，但私人利益集团只为了他们自己的利益而长期开发利用国家的河流，却没有减轻这些影响或者提供补偿。

以上影响以及我国流域遭受的其他压力累积导致的结果就是：本土动植物群落的毁灭以及生物多样性的总体减少。然而，河流是有弹性的系统，如果在特定的基本条件下给其一个发挥作用的机会，它就能从重要的物理和化学变化中恢复。在短暂的拆坝过程中，不太可能使受到影响的河流恢复到没有建设大坝之前的情况。然而，可以采取措施来改变操作使水电站在目前基线条件下使河流得到近似恢复。在 1996 年因模拟洪水被广泛报道的科罗拉多河上的格兰峡谷大坝通过影响坝下的水文和地貌来恢复河流的自然功能。在格兰峡谷实验的前几年，资源管理者、水生态学家和环境保护主义者通过联邦能源管理委员会的再次授权许可，寻求类似的操作变化，并取得显著成功。

美国的河流和溪流的水电大坝由联邦能源管理委员会管辖，并且给予 30～50 年在公共水道上运营水电大坝一年的许可证。联邦能源管理委员会需要"平等考虑"提供这些项目的电力和非电力价值。这种公共利益的认定的目的是确保得到许可的大坝在一个安全的方式下运行，同时其对环境的影响降到最小，并且保障被改变用途的受到影响的河流是可以适应的。水力发电大坝的许可证过期后，大坝的拥有者必须通过一个复杂的管理过程来得到再次的授权。在制定现代环境法如《清洁水法案》和《濒危物种保护法》等之前，大多数的大坝都正在审查许可，这对于通过项目再修缮来恢复退化的淡水系统来说是一个千载难逢的机会。

2. 水力发电大坝的再修缮

过去几年的努力开始显示出大坝的再修缮可以使河流得到成功的恢复。在密歇根的几条河流上通过改变大坝的水流动态，从峰值的流量到更为自然的流动，可以改善水质和栖息地结构，资源管理者在这些大坝的下面已经看到自然鱼类的显著增加。沿着佛蒙特州和马萨诸塞州的迪尔菲尔德河，河流已经由以前的干涸的河床恢复到超过了 12 英里。由于大坝的所有者为运营大坝设施而通常经营管理大片的土地，所以再次授权也是为保护野生动物提供了机会，如联邦政府列出的印第安蝙蝠（*Myotis sodalist*）和秃鹰（*Haliaeetus leucocephalus*）。

然而，在某些情况下，拆坝是恢复生态系统的唯一选择。位于缅因州肯纳贝克河的爱德华兹大坝，于 1999 年实施拆除计划，从而打通了 20 英里的像大西洋鲑鱼（*Salmo salar*）和短吻鲟（*Acipenser brevirostrum*）以及其他一些栖息地遭受破坏、无法利用鱼梯的鱼类物种主要的产卵和生长栖息地。这些拆坝的先例在其他的流域产生了大量的争论，这需要一些时间使很多人明白，大坝不是它的结构不能或者不应该被改变的历史遗迹或永久性的地质特征。

3. 保护生物多样性的未来机遇

接下来的几年出现了通过给水力发电大坝再修缮来恢复河流的前所未有的机遇。1998～2010年，有超过 500 座大坝的许可证到期，这些大坝占据着接近一半的全国非联邦政府的水力发电量。这些项目中的绝大部分位于西海岸，在这里太平洋鲑鱼和鳟鱼（太平洋鲑属）继续减少着。再次授权的行为在东南部的数量也会有显著的增加，在这里可能隐匿着世界上最多种多样的温带组合的水生生物，而我们才刚刚开始了解这里生物多样性遭受威胁的情况。这些管理行动既为立即改善河流流动和鱼类通道提供了机会，又为场外关键栖息地的保护和减灾信托基金的设立提供了创造性的解决方案。但关键还是需要资源管理者、大坝拥有者和公众共同努力来找到恢复濒危河流系统的解决办法。1908 年总统西奥多·罗斯福强调了反映通行条件和优先级的公众多用途水道的重要性：

"公众必须保留对大型航道的控制。任何允许阻挡他们的原因和条件当时看是好的，当需要改变时就应该被修订，这一点是有必要的。每种权利应该有终止进一步立法、行政和司法的那一天。应该为授权或特权的终止规定一个明确的期限，以便给子孙后代一个更新或者延续特权的权力，从而顺应届时可能盛行的情况。"（H. R. Report No. 507, 99th Congress, 2nd Session. 1986. Legislative History of the Electric Consumers Protection Art of 1986.）

7.2 其他地点筛选的工具

除此之外的有关优先地点筛选的工作也是有价值的，其中合理的建议应该与本书研究提出的建议进行整合。墨西哥国家生物多样性知识及应用委员会是墨西哥生物多样性的相关机构，他们使用比本书研究范围更广的标准确定了墨西哥优先的水文流域（Arriaga et al., 1998）。例如，墨西哥国家生物多样性知识及应用委员会的分析包括和淡水系统相关的陆地生境，如河岸带和水生植物物种的分布。一共确定了110 个优先流域，其中 65 个是因为它们的生物多样性价值而显著的。虽然墨西哥国家生物多样性知识及应用委员会的结果无法及时编入优先地点列表或流域（表 7.1），但是它们为保护规划者提供了重要的附加信息。在美国，美国大自然保护协会已将 87 个小流域列入优先保护范围（Master et al., 1998）。

我们鼓励规划者使用全方位的可用信息确定优先保护区域。保护组织和机构继续分享他们的调查结果并携手开展合作。就此而论，我们希望这项研究方法和讨论对努力保护淡水生物多样性将是一个有益的贡献。

参 考 文 献

Abramovitz, J. N. 1996. *Imperiled waters, impoverished future: The decline of freshwater ecosystems.* Worldwatch Paper 128. Washington, DC: Worldwatch Institute.

Adler, K. 1996. The salamanders of Guerrero, Mexico, with descriptions of five new species of pseudoeurycea (Caudata: Plethodontidae). *Occasional Papers of the Natural History Museum, University of Kansas* 177: 1-28.

Alberta Environmental Protection. 1997. "Alberta's River Basins." Available at http://www.gov.ab.ca/env/water/basins.html; INTERNET.

Alberta Wilderness Association. 1998a. "Legal Action Over The Proposed Cheviot Mine." Available at http://www.web.net/～awa/cheviot/cheviot.htm; INTERNET.

——.1998b. "Public Notice: Cardinal River Coals Ltd. Water Resource Act Notice of Application." Available at http://www.web.net/～awa/cheviot/waterapp.htm; INTERNET.

Alcocer, J., and E. Kato. 1995. Cuerpos Acuaticos de Cuatro Ciénegas, Coahuila. In J. G. de la Lanza-E and J. L. Garcia-C (editors). *Lagos y Présas de México.* México,D. F.: De. Centro do Ecologia y Desarrollo.

Alexander, C. E., M. A. Boutman, and D. W. Field. 1986. *An inventory of coastal wetlands of the USA.* Washington, DC: U.S. Department of Commerce. USA. 25 pp.

Allan, J. D. and A. S. Flecker. 1993. Biodiversity conservation in running waters: Identifying the major factors that threaten destruction of riverine species and ecosystems. *BioScience* 43: 32-43.

American Rivers. 1996. "American Rivers' Most Endangered and Threatened Rivers of 1996." Available at http://www.amrivers.org/10-most96.html; INTERNET.

——.1997, "American Rivers' Most Endangered and Threatened Rivers of 1997." Available at http://www.amrivers.org/10-most97.html; INTERNET.

——.1998. "American Rivers' Most Endangered Rivers of 1998." Available at http://www.amrivers.org/98endangered.html; INTERNET.

——.1999. "American Rivers' Most Endangered Rivers of 1999." Available at http://www.amrivers.org/99endangered.html; INTERNET.

Andrews, W. J. 1994. *Nitrate in ground water and spring near four dairy farms in north Florida,* 1990-1993. Water-Resources Investigations Report 94-4162. Tallahassee, FL: U.S. Geological Survey.

Angermeier, P. L. 1995. Ecological attributes of extinction-prone species: Loss of freshwater fishes of Virginia. *Conservation Biology* 9: 143-158.

Angermeier, P. L. and I. J. Schlosser. 1995. Conserving aquatic diversity: Beyond species and populations.

American Fisheries Society Symposium 17: 402-414.

Anonymous. 1997. U.S. and Mexican communities share river, concerns. *Arizona Water Resource* 6(1): 1-2.

Arriaga, L., V. Aguilar, J. Alcocer, R. Jiménez, E. Muñoz, E. Vázquez, and C. Aguilar. 1998. *Programa de Cuencas Hidrológicas Prioritarias y Biodiversidad de México de la Comisión Nacional para el Conocimiento y Uso do la Biodiversidad.* Primer informe técnico. México, D. F.: CONABIO/USAID/FMCN/WWF.

Azas, J. M. A. 1991a. "Rare Jewels of the Tehuantepec Isthmus." Available at http:// www.badgerstate.com/JAWS/ faqs/tehuantepec.html; INTERNET.

——.1991b. "On the Balsas living diamond, *Cichlasoma istlanum,* Jordan and Snyder 1899." Available at http:// www.badgerstate.com/JAWS/faqs/cich-istlanum.html; INTERNET.

Bailey, R. G. 1976. Ecoregions of the United States. Map scale 1:7,500,000. Ogden, UT: USDA Forest Service, Intermountain Region.

——.1983. Delineation of ecosystem regions. *Environmental Management* 7: 365-373.

Barr, T. C. Jr. 1961. *Caves of Tennessee.* Bulletin 64. Nashville, TN: Tennessee Department of Conservation and Commerce, Division of Geology.

Barr, T. C., and J. R. Holsinger. 1985. Speciation in cave faunas. *Annual Review of Ecology and Systematics* 16: 313-337.

Bauer, B. H., D. A. Etnier, and N. M. Burkhead. 1995. *Etheostoma* (Ulocentra) *scotti* (Osteichthyes: Percidae), a new darter from the Etowah River system in Georgia. *Bulletin of the Alabama Museum of Natural History* 17:1-16

Bayley, P. B. 1995. Understanding large river-floodplain ecosystems: Significant economic advantages and increased biodiversity and stability would result from restoration of impaired systems. *BioScience* 45:153-158.

Behnke R. J. and D. E. Benson. 1983. *Endangered and threatened fishes of the Upper Colorado River Basin.* Washington. DC: U.S. Fish and Wildlife Service.

Berger, D. 1995. "Precious Resource: Water Issues in the Lower Rio Grande Basin." Available at http://www. Lxinfinet.com/mader/ccotravcl/bordcr/sabal.html；INTERNET.

Berkman, H. E., and C. F. Rabeni. 1987. Effect of siltation on stream fish communities. *Environmental Biology of Fishes* 18: 285-294.

Beschta, R. L. 1997. Restoration of riparian and aquatic systems for improved aquatic habitats in the Upper Columbia River Basin. Pages 475-491 in D. J. Stouder, P. A. Bisson, and R. J. Naiman (editors), *Pacific salmon and their ecosystems: Status and future options.* New York. Chapman and Hall.

Bibby, C. J. 1992. *Putting biodiversity on the map: Priority areas for global conservation.* Washington, DC: ICDP.

Blockstein, D. E. 1992. An aquatic perspective on U.S. biodiversity policy. *Fisheries* 17: 26-30.

Bogan, A. E., and P. W. Parmalee. 1983. *Tennessee's rare wildlife.* Vol. 2, *The mollusks.* Nashville, TN: Tennessee Wildlife Resources Agency.

Boschung, H. T., R. L. Mayden, and J. R. Tomelleri.1992. *Etheostoma chermocki,* a new species of darter (Teleostei: Percidae), from the Black Warrior River drainage of Alabama. *Bulletin Alabama Museum of Natural History* 13: 11-20.

Botosaneau, L., and J. Notenboom. 1986. *Isopoda: Cirolanidae, Stygofauna Mundi.* Edited by L. Botosaneanu.

Leiden, The Netherlands: E. J. Brill.

Bowles, D. E., and T. L. Arsuffi. 1993. Karst aquatic ecosystems of the Edwards Plateau region of central Texas, USA: A consideration of their importance, threats to their existence, and efforts for their conservation. *Aquatic Conservation: Marine and Freshwater Ecosystems* 3: 317-329.

Briggs, J. C. 1986. Introduction to the zoogeography of North American fishes. Pages 1-16 in C. H. Hocutt and E. O. Wiley (editors), *The zoogeography of North American freshwater fishes.* New York: John Wiley.

Brown, J. H., and A. C. Gibson. 1983. *Biogeography.* St. Louis, MO: C. V. Mosby.

Brune, G. 1975. Major and historical springs of Texas. *Texas Water Development Board Report* 189: 1-94.

——.1981. Springs of Texas. Forth Worth, TX: Branch-Smith.

Bryant, D., D. Nielsen, and L. Tangley. 1997. *The last frontier forests: Ecosystems and economies on the edge.* Washington, DC: World Resources Institute.

Bryce, S. A., and S. E. Clarke. 1996. Landscape-level ecological regions: Linking state-level ecoregion frameworks with stream habitat classifications. *Environmental Management* 20: 297-311.

Burch, J. B. 1973. *Freshwater unionacean clams (Mollusca: Pelecypoda) of North America.* Biota of Freshwater Ecosystems Identification Manual No. 11. Washington DC: U.S. Government Printing Office.

Burkhead, N. M., and R. E. Jenkins. 1991. Fishes. Pages 321-409 in K. Terwilliger (editor), *Virginia's endangered species. Proceedings of a symposium.* Blacksburg, VA: McDonald and Woodward.

Burkhcad, N. M., S. J. Walsh, B. J. Freeman, and J. D. Williams. 1997. Status and restoration of the Etowah River, an imperiled southern Appalachian ecosystem. Pages 375-444 in G. A. Benz and D. E. Collins (editors), *Aquatic fauna in peril: The southern perspective.* Special Publication 1，Southeast Aquatic Research Institute. Decatur, GA: Lenz Design and Communications.

Burr, B. M., and R. L. Mayden. 1992. Phylogenetics and North American freshwater fishes. Pages 18-75 in R. L Mayden (editor), *Systematics, historical ecology, and. North American freshwater fishes.* Stanford, CA: Stanford University Press.

Burr, B. M., and L. M. Page. 1986. Zoogeography of fishes of the lower Ohio-upper Mississippi Basin. Pages 287-324 in C. H. Hocutt and E. O. Wiley (editors), *The zoogeography of North American freshwater fishes.* New York: John Wiley.

Butler, M. J., and R. A. Stein. 1985. An analysis of the mechanisms governing species replacements in crayfish. *Oecologia* 66: 168-177.

Camacho, A. I., E. Bello, J. M. Becerra, and N. Vaticon. 1992. A natural history of the subterranean environment and its associated fauna. Pages 171-197 in A. I. Camacho (editor), *The natural history of biospeleology.* Madrid: Monagrafias Museo Nacional de Ciencias Naturales.

Cameco. 1999. "Fuel Services." Available at http://www.cameco.com/fuel/; INTERNET.

Campbell, J. A. and W. W. Lamar. 1989. *The venomous reptiles of Latin America.* Ithaca, NY: Comstock.

Capelli, G. M., and J. F. Capelli. 1980. Hybridization between crayfish of the genus *Orconectes:* morphological evidence (Decapoda, Cambaridae). *Crustaceana* 39: 121-132.

Capelli, G. M. and B. L. Munjal. 1982. Aggressive interactions and resource competition in relation to species displacement among crayfish of the genus *Orconectes. Journal of Crustacean Biology* 2: 486-492.

Carillo-Bravo, J. 1971. La plataforma Valles-San Luis Potosí. *Boletin de la Asociación Mexicana de Geólogos Petroleros* 23: 1-113.

Carl, G. C., G. C. Clifford, W. A. Clemens, and C. C. Lindsey. 1967. *The fresh-water fishes of British Columbia.* Vancouver, BC: A. Sutton.

Carpenter, S. R., S. G. Fisher, N. B. Grimm, and J. F. Kitchell. 1992. Global change and freshwater ecosystems. *Annual Review Ecology and Systematics* 23: 119-139.

Carr, M. H. (editor. 1994). *A naturalist in Florida: A celebration of Eden.* New Haven, CT: Yale University Press.

Carranza, J. 1954. Descripción del primer bagre anoftalmo y depigmentado encontrado en aguas Mexicanas. *Ciéncia*(México) 14(7-8): 129-136.

Ceas, P. A., and L. M. Page. 1997. Systematic studies of the *Etheostoma spectabile* complex (Percidae; subgenus *Oligocephalus*), with descriptions of four new species. *Copeia* 1997: 496-522.

Chabreck, R. A. 1988. *Coastal marshes: Ecology and wildlife management.* Minneapolis: University of Minnesota Press.

Clancy, P 1997. Feeling the pinch: The troubled plight of America's crayfish. *The Nature Conservancy Magazine,* May/June, pp. 12-15.

Clarke, A. H. 1981. *The freshwater molluscs of Canada.* Ottawa, Ontario: National Museum of Natural Science.

Cole, G. A. 1984. Crustacea of the Bolson of Cuatro Ciénegas, Coahuila, Mexico. *Journal Arizona-Nevada Academy Science* 19: 3-12.

Cole, G. E., and W. L. Minckley. 1972. Stenasellid Isopod Crustaceans in the Western Hemisphere—a New Genus and Species from Mexico—With a Review of Other North American Freshwater Isopod Genera. *Proceedings Biological Society Washington* 84: 313-326.

Collar, N. J., L. P. Gonzaga, N. Krabbe, A. Madrono Nieto, L. G. Naranjo, T. A. Parker III, and D. C.Wege. 1992. *Threatened birds of the Americas: The ICBP/IUCN Red Data Book,* 3rd ed. Cambridge, England: International Council for Bird Preservation.

Colorado Plateau Forum. 1998. "Colorado River Endangered Fish Recovery Program." Available at http://www.nbs.nau.edu/Forum/Sourcebooks/colriven. html; INTERNET.

Committee on Restoration of Aquatic Ecosystems. 1992. *Restoration of aquatic ecosystems: Science, technology and public policy.* Washington, DC: National Academy Press.

Committee on the Status of Endangered Wildlife in Canada (COSEWIC). 1998. Subcommittee for reptiles and amphibians. Available at http://www.mcgill.ca/redpath/ cosehome.htm; INTERNET.

CONABIO. 1994. *Norma Oficial Mexicana.* Diario Oficial de la Federación. NOM-059-ECOL-1994. 16 May 1994.

Conant, R. 1977. Semiaquatic reptiles and amphibians of the Chihuahuan Desert and their relationships to drainage patterns of the region. Pages 455-492 in R. H. Wauer and D. H. Riskind (editors), *Transactions of the symposium on the biological resources of the Chihuahuan Desert Region, United States and Mexico,* Sul Ross State University, 1974. National Park Service Transactions and Proceedings Series No. 3. Washington, DC: U.S. Government Printing Office.

Conant, R. and J. T. Collins. 1991. *A field guide to reptiles and amphibians: Eastern and central North America.*

Boston, MA: Houghton Mifflin.

Conner, J. V., and R. D. Suttkus. 1986. Zoogeography of freshwater fishes of the western Gulf Slope of North America. Pages 413-456 in C. H. Hocutt and E. O. Wiley (editors), *The zoogeography of North American freshwater fishes.* New York: John Wiley.

Constantz, G. 1994. *Hollows, peepers, and highlanders. An Appalachian Mountain ecology.* Missoula, MT: Mountain Press.

Contreras-Arquieta A., G. Guajardo-Martinez, and S. Contreras-Balderas. 1995. *Thiara* (Melanoides) *tuberculate* (Müller, 1774) (Gastropoda: Thiaridae), su probable impacto ecológico en Mexico. *Publ. Biol. FCBUANL, Mexico* 8: 17-24.

Contreras-Balderas, S. 1969. Perspectivas de la ictiofauna en las zonas aridas del Norte de Mexico. Mem. Primer Simp. Internacional de Aumento de Producción en Zonas Aridas, ICASALS, *Texas Tech. Publ.* 3:293-304.

——.1978a. Biota endemica de Cuatro Ciénegas, México. *Mem. Promer Cong. Nal. Zool.* 1: 106-113.

——.1978b. Speciation aspects and man-made community composition changes in Chihuahuan desert fishes. *Trans. Biol. Res. Chih. Desert Reg., U.S. Mex. U.S.D.I., N.P.S. Trans. Proc.* 3:1-658.

——.1984. Environmental impacts in Cuatro Ciénegas, Coahuila, México: A commentary. *Journal Arizona-Nevada Academy Sciences* 19: 85-88.

——.1991. Conservation of Mexican freshwater fishes: Some protected sites and species, and recent federal legislation. Pages 191-197 in W. L. Minckley and J. E. Deacon (editors), *Battle against extinction: Native fish management in the American West.* Tucson: University of Arizona Press.

Contreras-Balderas, S., and M. A. Escalante. 1984. Distribution and known impacts of exotic fishes in Mexico. Pages 102-130 in W. R. Courtenay Jr. and J. R. Stauffer Jr. (editors), *Distribution, biology, and management of exotic fishes.* Baltimore, MD: The Johns Hopkins University Press.

Contreras-Balderas, S., and M. D. L. Lozano-Vilano. 1994. Water, endangered fishes, and development perspectives in arid lands of Mexico. *Conservation Biology* 8: 379-387.

——.1996. Extinction of most Sandía and Potosí valleys (Nuevo León, México) endemic pupfishes, crayfishes and snails. *Ichthyol. Explor. Freshwater* 7: 33-40.

Cook, F. R. 1984. *Introduction to Canadian amphibians and reptiles.* Ottawa, Ontario: National Museum of Natural Sciences, National Museums of Canada.

Courtenay, W. R., and G. K. Meffe. 1989. Small fishes in strange places: A review of introduced poeciliids. Pages 319-332 in G. K. Meffe and F. F. Snelson Jr. (editors), *Ecology and evolution of livebearing fishes (Poeciliidae).* Englewood Cliffs, NJ: Prentice-Hall.

Courtenay, W. R., D. A. Hensley, J. N. Taylor, and J. A. McCann. 1984. Distribution of exotic fishes in the continental United States. Pages 41-77 in W. R. Courtenay and J. R. Stauffer Jr. (editors), *Distribution, biology, and management of exotic fishes.* Baltimore, MD: Johns Hopkins University Press.

Courtenay, W. R. Jr., D. A. Hensley, J. N. Taylor, and J. A. McCann. 1986. Distribution of exotic fishes in North America. Pages 675-698 in C. H. Hocutt, and E. O. Wiley, (editors), *The zoogeography of North American: freshwater fishes.* New York: John Wiley.

Conrtenay, W. R. Jr., J. E. Deacon, D. W. Sada, R. C. Allan and G. L. Vinyard. 1985. Comparative studies of fishes along the course of the pluvial White River, Nevada. *Southwest Nature* 30: 503-524.

Crandall, K. A. 1995. "Infraorder Astacidea." Available at http://www.utexas.edu/ depts/.www /crayfish/astacidea/ astacidea.html; INTERNET.

Crawford, A. B. and D. F. Peterson (editors). 1974. *Environmental management in the Colorado River Basin.* Logan, UT: State University Press.

Cross, F. B., R. L. Mayden, and J. D. Stewart. 1986. Fishes of the western Mississippi Basin (Missouri, Arkansas and Red rivers). Pages 363-412 in C.H. Hocutt and E. O. Wiley (editors), *The zoogeography of North American freshwater fishes.* New York: John Wiley.

Crossman, E. J., and D. E. McAllister. 1986. Zoogeography of freshwater fishes of the Hudson Bay drainage, Ungava Bay and the Arctic archipelago. Pages 53-104 in C. H. Hocutt and E. O. Wiley (editors), *The zoogeography of North American freshwater fishes.* New York: John Wiley.

Crowe, J. C., and Sharp, J. M. Jr. 1997. Hydrogeologic delineation of habitats for endangered species: The Comal Springs/River System. *Environmental Geology* 30: 17-28.

Culver, D. C. 1970. Analysis of simple cave communities. 1. Caves as islands. *Evolution* 24: 463-474.

——.1982. *Cave life evolution and ecology.* Cambridge, MA: Harvard University Press.

——.1986. Cave faunas. Pages 426-443 in M. E. Soulé (editor), *Conservation biology: The science of scarcity and diversity.* Sunderland, MA: Sinauer Associates.

Cushing, C. E. 1996. The ecology of cold desert springstreams. *Arch. Hydrobiol.* 135: 499-522.

De La Rosa, C. 1995. Middle American streams and rivers. Pages 189-217 in C. E. Cushing, K. W. Cummins, and G. W. Minshall (editors), *River and stream ecosystems.* Ecosystems of the World 22. Amsterdam: Elsevier.

Deacon, J. E., and C. D. Williams. 1991. Ash Meadows and the legacy of the Devils Hole pupfish. Pages 69-90 in W. L. Minckley and J. E. Deacon (editors). *Battle against extinction: Native fish management in the American West.* Tucson: University of Arizona Press.

Degenhardt, W. G., C. W. Painter, and A.H. Price. 1996. *Amphibians and reptiles of New Mexico.* Albuquerque: University of New Mexico Press.

Deyrup, M., and R. Franz (editors). 1994. *Rare and endangered biota of Florida.* Vol. 4, *Invertebrates.* Gainesville: University Press of Florida.

di Castri, F. 1989. History of biological invasions with special emphasis on the Old World. Pages 1-30 in J. A. Drake, H. A. Mooney, F. di Castri, R. H. Groves, F. J. Kruger, M. Rejmanek, and M. Williamson (editors), *Biological invasions: A global perspective.* New York: John Wiley.

Dinerstein, E., D. M. Olson, D. J. Graham, A. L. Webster, S. A. Primm, M. P. Bookbinder, and G. Ledec. 1995. *A conservation assessment of the terrestrial ecoregions of Latin America and the Caribbean.* Washington, DC: The World Bank.

Dinerstein, E., D. M. Olson J. Atchley, C. Loucks, S. Contreras-Balderas, R. Abell, E. Inigo, E. Enkerlin, C. E. Wiliams, and G. Castilleja (editors). 1998. *Ecoregion-based conservation in the Chihuahuan Desert: A biological assessment and biodiversity vision, Draft report.* A collaborative effort by World Wildlife Fund, Comisíon Nacíonal para el Conocimiento y Uso de la Biodiversidad (CONABIO), The Nature Conservancy, PRONATURA Noroeste, and the Instituto Technológico y de Estudios Superiores de Monterrey (ITESM).

Washington, DC: World Wildlife Fund-US.

Dobson, A. P., J. P. Rodriguez, W. M. Roberts, and D. S. Wilcove. 1997. Geographic distribution of endangered species in the United States. *Science* 275: 550-553.

Drake, J. A., H. A. Mooney, F. di Castri, R. H. Groves, F. J. Kruger, M. Rejmanek, and M. Williamson(editors). 1989. *Biological invasions: A global perspective.* New York: John Wiley.

Drengson, A. R., and D. M. Taylor. 1997. *Ecoforestry. The art and science of sustainable forest use.* Gabriola Island, BC: New Society Publishers.

Duellman, W. E. 1961. The amphibians and reptiles of Michoacán, México. *University of Kansas Publications, Museum of Natural History* 15: 1-148.

——.1963. A review of the Middle American tree frogs of the genus *Ptychohyla. University of Kansas Publications, Museum of Natural History* 15: 297-349.

——.1964. A review of the frogs of the Hyla bistinca group. *University of Kansas Publications, Museum of Natural History* 15: 469-491.

——.1965a. A biogeographic account of the herpetofauna of Michoacán, México. *University of Kansas Publications, Museum of Natural History* 15: 627-709.

——.1965b. Amphibians and reptiles from the Yucatán Peninsula, México. *University of Kansas Publications, Museum of Natural History* 15: 577-614.

——.1970. *The hylid frogs of Middle America.* Vols. 1 and 2. Monograph of the Museum of Natural History, No. 1. Lawrence: The University of Kansas.

——.1982. Amphibia. Pages 502-514 in S. H. Hurlbert and A. Villalobos-Figueroa (editors), *Aquatic biota of Mexico, Central America and the West Indies.* San Diego, CA: San Diego State University.

Dunn, E. R. 1926. *The salamanders of the Family Plethodontidae.* Northhampton, MA: Smith College.

Dynesius, M., and C. Nilsson. 1994. Fragmentation and flow regulation of river systems in the northern third of the world. *Science* 266: 753-762.

Eckhardt, G. A. 1998. "Glossary of Water Resource Terms." Available at http://www. edwardsaquifer.net/glossary. html; INTERNET.

Edwards, R. J., and S. Contreras-Balderas. 1991. Historical changes in the ichthyofauna of the lower Rio Grande (Río Bravo del Norte), Texas and Mexico. *Southwestern Naturalist* 36: 201-212.

Edwards, R. J., H. E. Beaty, G. Longley, D. H. Riskind, D. D. Tupa, and B. G. Whiteside. 1984. *The San Marcos recovery plan for San Marcos River endangered and threatened species.* Albuquerque, NM: US Fish and Wildlife Service.

Edwards, R. J., G. Longley, R. Moss, J. Ward, R. Matthews, and B. Stewart. 1989. A classification of Texas aquatic communities with special consideration toward the conservation of endangered and threatened taxa. *Texas Journal of Science* 41: 232-240.

Elton, C. S. 1958. *The ecology of invasions by animals.* New York: John Wiley.

Environment Canada. 1996. *Conserving Canada's natural legacy.* Minister of Public Works and Government Services Canada. Folio Infobase.

Ernst. C. H., and R. W. Barbour, 1989. *Turtles of the world.* Washington. DC: Smithsonian Institution Press.

Ernst. C. H., R. W. Barbour, and J. E. Lovich. 1994. *Turtles of the United States and Canada.* Washington, DC: Smithsonian Institution Press.

Eschmeyer, W. N. (editor). 1998. *Catalog of fishes.* San Francisco: California Academy of Sciences.

Espinosa-Pérez, H., P. Fuentes-Mata, M. T. Gaspar-Dillanes, and V. Arenas. 1993a. Notes on Mexican ichthyofauna. Pages 229-252 in T. P. Ramamoorthy, R. Bye, A. Lot, and J. Fa (editors), *Biological diversity in Mexico: Origins and distribution.* New York: Oxford University Press.

Espinosa-Pérez, H., M. T. Gaspar-Dillanes, and P. Fuentes-Mata. 1993b. *Listados faunisticos de Mexico 3. Los peces dulceacuicolas Mexicanos.* Mexico: Universidad Nacional Autonoma de Mexico.

Etnier, D. A., and W. C. Starnes. 1993. *The fishes of Tennessee.* Knoxville: University of Tennessee Press.

Eyton, J. R., and J. I. Parkhurst. 1975. *A re-evaluation of the extraterrestrial origin of the Carolina Bays.* Occasional publications of the Department of Geography No. 9. Urbana-Champaign: Geography Graduate Student Association, University of Illinois.

Federal Emergency Management Agency. 1996. "Water Control Infrastructure: National Inventory of Dams-Updated data: 1995-96." CD-Rom.

Federal Register. 1986. *Endangered and threatened wildlife and plants.* 50 CFR 17.11 and 17.12. Department of Interior, U.S. Fish and Wildlife Service. Washington, DC: U.S. Government Printing Office.

——.1995. *Endangered and threatened wildlife and plants.* 50 CFR 17.11 and 17.12. Department of Interior, U.S. Fish and Wildlife Service. Washington, DC: U.S. Government Printing Office.

Ferrington, L. C. Jr. 1995. Biodiversity of aquatic insects and other invertebrates in springs: Introduction. *Journal of the Kansas Entomological Society* 68: 1-3.

Ferrusquia-Villafranca, I. 1993. Geology of Mexico: A synopsis. Pages 3-107 in T. P. Ramamoorthy, R. Bye, A. Lot, and J. Fa (editors), *Biological diversity of Mexico: Origins and distribution.* New York: Oxford University Press.

Fiedler, P. L., and S. K. Jain (editors). 1992. *Conservation biology: The theory and practice of nature conservation, preservation, and management.* New York: Chapman and Hall.

Fish, J. E. 1977. "Karst hydrogeology and geomorphology of the Sierra de El Abra and the Valles-San Luis Potosí Region, México." Ph.D. thesis, McMaster University.

Flores-Villela, O. A. 1991. "Analysis de la distribucion de la herpetofauna de México." Doctoral thesis, Universidad Nacional Autonoma de México.

——.1993a. *Herpetofauna Mexicana: Annotated list of the species of amphibians and reptiles of Mexico, recent taxonomic changes, and new species.* Special Publication No. 17. Pittsburgh, PA: Carnegie Museum of Natural History.

——.1993b. Herpetofauna of Mexico: Distribution and endemism. Pages 253-280 in T. P. Ramamoorthy, R. Bye, A. Lot, and J. Fa (editors), *Biological diversity in Mexico: Origins and distribution.* New York: Oxford University Press.

Florida Geological Survey. 1977. *Springs of Florida,* rev. ed. Bulletin no. 31. Tallahassee, FL: Florida Geological Survey.

Ford, R. G. In prep. *A conservation assessment of the marine ecoregions of the United States.* Washington, DC:

World wildlife Fund.

Forest Guardians. 1998. "Water and the Rio Grande." Available at http://fguardians. org/riogrand.html; INTERNET.

Franz, R., J. Bauer, and T. Morris. 1994. Review of biologically significant caves and their faunas in Florida and south Georgia. *Brimleyana* 20: 1-109.

Fremling, C. R., J. L. Rasmussen, R. E. Sparks, S. P. Cobb, C. F. Bryan, and T. O. Claflin. 1989. Mississippi River fisheries: A case history. Can. Spec. Publ. Fish. Aquat. Sci. 106. Pages 309-351 in D. P. Dodge (editor), *Proceedings of the International Large River Symposium.*

Frest, T. J., and E. J. Johannes. 1995. *Interior Columbia Basin mollusk species of special concern.* Seattle, WA: Deixis.

Frissell, C. A., and D. Bayles. 1996. Ecosystem management and the conservation of aquatic biodiversity and ecological integrity. *Water Resources Bulletin* 32: 229-240.

Frost, S. L., and W. J. Mitsch. 1989. Resource development and conservation history along the Ohio River. *Ohio Journal Science* 89: 143-152.

García, E. (editor). 1988. *Modificaciones al sistema de clasificación climatica de Köppen (para adaptarlo a las condiciones de la Republica Mexicana.* Mexico: Enriqueta García.

García de León, F. J., D. A. Hendrickson, and D. M. Hillis. 1998. Phylogenetic relationships of Mexican blindcats (Prietella: Siluriformes: Ictaluridae). *Journal of Caves and Karst Studies* 59: 166.

Garvey, J. E., and R. A. Stein. 1993. Evaluating how chela size influences the invasion potential of an introduced crayfish (*Orconectes rusticus*). *American Midland Naturalist* 129: 172-181.

Gee, J. H. R. 1991. Speciation and biogeography. Pages 172-185 in R. S. K. Barnes and K. H. Mann (editors), *Fundamentals of aquatic ecology.* Oxford, England: Blackwell Scientific.

Geist, D. R. 1995. The Hanford Reach: What do we stand to lose? *Illahee* 11: 130-141.

Gilbert, C. R. (editor). 1992. *Rare and endangered biota of Florida.* Vol. 2, *Fishes.* Gainesville: University Press of Florida.

Gilpin, M. E., and M. E. Soulé. 1986. Minimum viable populations: Processes of species extinctions. Pages 19-34 in M. E. Soulé (editor), *Conservation biology: The science of scarcity and diversity.* Sunderland, MA: Sinauer Associates.

Gines, A., and J. Gines. 1992. Karst phenomena and biospeleological environments. Pages 27-56 in A. I. Camacho (editor), *The natural history of biospeleology.* Madrid: Monagrafias Museo Nacional de Ciencias Naturales.

Gloyd, H. K., and R. Conant. 1990. *Snakes of the Agkistrodon complex: A monographic review.* Contributions to Herpetology, No. 6. Society for the Study of Amphibians and Reptiles.

González, A., J. L. Camarillo, F. Mendoza, and M. Mancilla. 1995. Impact of expanding human populations on the herpetofauna of the Valley of Mexico. *Herpetological Review* 17: 30-31.

Government of Canada and U.S. Environmental Protection Agency. 1995. *The Great Lakes: An environmental atlas and resource book,* 3rd ed. Toronto, Ontario: Government of Canada; and Chicago, IL: U.S. Environmental Protection Agency.

Grand Canyon Trust. 1997. "Protecting the Magnificent Virgin River Watershed." Available at http://www. kaibab.

org/gct/html/virgin.htm; INTERNET.

Great Lakes Information Nework. 1999. "Lake Michigan Facts and Figures." Available at http://www.greatlakes. net/ refdesk/almanac/lakes/michfact.html; INTERNET.

Gregory, S. V., and P. A. Bisson. 1997. Degradation and loss of anadromous salmonid habitat in the Pacific Northwest. Pages 277-314 in D. J. Stouder, P. A. Bisson, and R.J. Naiman (editors), *Pacific salmon and their ecosystems: Status and future options.* New York: Chapman and Hall.

Groombridge, B. (editor). 1992. *Global biodiversity: Status of the earth's living resources.* London: Chapman and Hall.

Gutierrez R. 1997. "Environmental problems at Lake Chapala." Available at http:// www.igc.apc.org/elaw/update_ summer_97.html; INTERNET.

Hackney, C. T., S. M. Adams, and W. H. Martin (editors). 1992. *Biodiversity of the southeastern United States: Aquatic communities.* New York: John Wiley.

Ham, L. K. and H. H. Hatzell. 1996. *Analysis of nutrients in the surface waters of the Georgia-Florida Coastal Plain study unit, 1970-1991.* Water-Resources Investigations Report 96-4037. Tallahassee, FL: U.S. Geological Survey.

Hammond, H. 1991. *Seeing the forest among the trees.* Vancouver, BC: Polestar.

Hampson, P. S. 1995. *National Water-Quality Assessment Program: The Upper Tennessee River basin study unit.* FS-150-95. Knoxville, TN: U.S. Geological Survey.

Hamr, P. 1998. *Conservation status of Canadian freshwater crayfishes.* Toronto, Ontario: World Wildlife Fund Canada and the Canadian Nature Federation.

Hardy, L. M., and R. W. McDiarmid. 1969. The amphibians and reptiles of Sinaloa, México. *University of Kansas Publications, Museum of Natural History* 18: 39-252.

Harper, K. T., L. L. St. Clair, K. H. Thorne, and W. M. Hess (editors). 1994. *Natural history of the Colorado Plateau and Great Basin.* Niwot: University Press of Colorado.

Hart, J. 1996. *Storm over Momo: The Mono Lake battle and the California water future.* Berkeley: University of California Press.

Heard, W. H. 1970. Eastern freshwater mollusk (2): The South Atlantic and Gulf drainages. *Malacologia* 10: 3-31.

Hendricks, A. S, 1998. *The conservation and restoration of the robust redhorse* Moxostoma robustum. Vol. 1. Report prepared for Federal Energy Regulatory Commission. Smyrna, GA: Georgia Power.

Hendrickson, D, A, 1983. Distribution records of native and exotic fishes in Pacific drainages of Northern México. *Journal Arizona-Nevada Academy Sciences* 18: 33-38.

——.1998. "Desert Fishes Council Index to Fish Images, Maps, and Information." Available at http://www.utexas. edu/ftp/pub/tnhc/.www/fish/dfc/na/index.html; INTERNET.

——.1998. "TNHC North American Freshwater Fishes Index Images, Maps and Information." Available at http:// www.utexas.edu/depts/tnhc/.www/fish/tnhc/na/naindex. html; INTERNET.

Hendrickson, D. A., and J. K. Krejca. 1997. Notes on biogeography, ecology and behavior of Mexican blind catfish, Genus *Prietella* (Ictaluridae). *Journal of Caves and Karst Studies* 59: 166.

Hendrickson, D. A., W. L. Minckley, R. R. Miller, D. J. Siebert, and P. Haddock Minckley. 1980. Fishes of the Rio

Yaqui Basin, México and United States. *Journal Arizona-Nevada Academy Sciences* 15: 65-106.

Hershler, R. 1984. The hydrobiid snails (Gastropoda: Rissoacea) of the Cuatro Ciénegas Basin: Systematic relationships and ecology of a unique fauna. Pages 61-76 in P. C. Marsh (editor), *Biota of Cuatro Ciénegas, Coahuila, Mexico.* Transactions Arizona- Nevada Academy Sciences 19.

——.1985. Systematic revision of the Hydrobiidae (Gastropoda: Rissoacea) of the Cuatro Ciénegas Basin, Coahuila, Mexico. *Malacologia* 26: 31-123.

——.1998. A systematic review of the hydrobiid snails (Gastropoda: Rissoacea) of the Great Basin, western United States. Part 1, Genus *Pyrgulopsis. Veliger* 41: 1-132.

Hershler, R., and W. L. Minckley. 1986. Microgeographic variation in the banded spring snail (Hydrobiidae: Mexipyrgus) from the Cuatro Ciénegas Basin, Coahuila, Mexico. *Malacologia* 27(2): 357-374.

Hershler, R., and D. W. Sada. 1987. Spring snails (Gastropoda: Hydrobiidae) of Ash Meadows, Amargosa Basin, California-Nevada, USA. *Proceedings of the Biological Society of Washington* 100(4): 776-843.

Hobbs, H. H. Jr. 1988. Crayfish distribution, adaptive radiation, and evolution. Pages 52-82 in D. M. Holdich and R. S. Lowery (editors), *Freshwater crayfish biology, management, and exploitation.* London: Croom Helm.

Hobbs, H. H. III. 1992. Caves and springs. Pages 59-131 in C. T. Hackney, S. M. Adams, and W. H. Martin (editors), *Biodiversity of the southeastern United States: Aquatic communities.* New York: John Wiley.

Hocutt, C. H., and E. O. Wiley (editors). 1986. *The zoogeography of North American freshwater fishes.* New York: John Wiley.

Hocutt, C. H., R. E. Jenkins, and J. R. Stauffer Jr. 1986. Zoogeography of the fishes of the central Appalachians and central Atlantic coastal plain. Page 161-211 in C. H. Hocutt and E. O. Wiley (editors), *The zoogeography of North American freshwater fishes.* New York: John Wikey.

Holing, D. 1988. *California wild lands: A guide to the Nature Conservancy preserves.* San Francisco, CA: Chronicle Books.

Holland, R. F. 1978. *The geographic and edaphic distribution of vernal pools in the Great Central Valley, California.* Special Publication No.4 Sacramento: California Native Plant Society.

Holsinger, J. R. 1966. A preliminary study of the effects of organic pollution of Banners Corner Cave, Virginia. *International Journal of Speleology* 2: 75-79.

——.1972. *The freshwater amphipod crustaceans (Gammandae) of North America.* Biota of Freshwater Ecosystems Identification Manual No. 5, Washington, DC: U.S. Government Printing Office.

Holsinger, J, R. 1986. Zoogeographic patterns of North American subterranean amphipod crustaceans. Pages 85-106 in R.H. Gore and K. L. Heck (editors), *Crustacean biogeography in crustacean issues.* Rotterdam: Balkema.

——.1988. Troglobites: The evolution of cave-dwelling organisms. *American Scientist* 76(2): 147-153.

——.1990. *Tuluweckelia cernua,* a new genus and species of stygobiont amphipod crustacean (Hadziidae) from anchialine caves on the Yucatán Peninsula in Mexico. *Beaufortia* 41: 97-107.

——.1993. Biodiversity of subterranean amphipod crustaceans: Global patterns of zoogeographic implications. *Journal of Natural History* 27: 821-835.

Holsinger, J. R., and D. C. Culver. 1988. The invertebrate cave fauna of Virginia and a part of eastern Tennessee:

Zoogeography and ecology. *Brimleyana* 14: 1-162.

Hubbs, C. 1995. Springs and spring runs as unique aquatic systems. *Copeia* 1995: 989-991.

Hubbs, C., and W. F. Hettler. 1964. Observations on the toleration of high temperatures and low dissolved oxygen in natural waters by *Crenichthys baileyi. Southwestern Naturalist* 9: 279-326.

Hubbs, C. L., and R. R. Miller. 1965. Studies of Cyprinodont Fishes. XXII. Variation in *Lucania parva,* its establishment in western United States, and description of a new species from an interior basin in Coahuila, México. *Miscellaneous Publications of the Museum of zoology, University of Michigan* 659: 1-15.

Hubbs, C., R. C. Baird, and J. W. Gerald. 1967. Effects of dissolved oxygen concentration and light intensity on activity cycles of fishes inhabiting warm springs. *American Midland Naturalist* 77: 104-115.

Hubbs C. L., R. R. Miller, and L. C. Hubbs. 1974. *Hydrographic history and relict fishes of the North-Central Great Basin.* Memoirs of the California Academy of Sciences, vol. 7. San Francisco: California Academy of Sciences.

Hughes, R. M., and D. P. Larsen. 1988. Ecoregions: An approach to surface water protection. *Journal of the Water Pollution Control Federation* 60: 486-493.

Hughes, R. M., and J. M. Omernik. 1981. A proposed approach to determine regional patterns in aquatic ecosystems. Pages 92-102 in N.B. Armantrout (editor), *Acquisition and utilization of aquatic habitat inventory information.* Proceedings of a symposium held 28-30 October 1981. Bethesda, MD: American Fisheries Society.

Hughes, R. M., E. Rexstad, and C. E. Bond. 1987. The relationship of aquatic ecoregions, river basins and physiographic provinces to the ichthyogeographic regions of Oregon. *Copeia* 1087: 423-432.

Hughes, R. M., T. R. Whittier, C. M. Rohm, and D. P. Larsen. 1990. A regional framework for establishing recovery criteria. *Environmental Management* 14: 673-683.

Hughes, R. M., S. A. Heiskary, W. J. Matthews, and C. O. Yoder. 1994. Use of ecoregions in biological monitoring. Pages 125-151 in S. L. Loeb and A. Spacie (editors), *Biological monitoring of aquatic systems.* Boca Raton, FL: Lewis Publishers.

Hunt, C. B. 1974. *Natural regions of the United States and Canada.* San Francisco, CA: W.H. Freeman.

Ice Age Park and Trail Foundation. 1998. "Wisconsin's Glacial Landscape: How It All Happened." Available at http://www.iceagetrail.org/wgl.htm; INTERNET.

International Rivers Network. 1996. "Mexican Dam Worsens Water Woes Downstream. World Rivers Review. January 1996." Available at http://www.irn.org/pubs/wrr/9601/ mexico.html; INTERNET.

Isphording, W. C., and J. F. Fitzpatrick Jr. 1992. Geologic and evolutionary history of drainage systems in the southeastern United States. Pages 19-56 in C. T. Hackney, S. M. Adams, and W. H. Martin (editors), *Biodiversity of the southeastern United States: Aquatic communities.* New York: John Wiley.

IUCN. 1988. *IUCN red list of threatened animals.* Gland, Switzerland: IUCN.

——.1994. *IUCN red list categories.* Gland, Switzerland: IUCN.

Jagger, T. 1998. "El Camino Real: A Trail of Ideas." Available at http://www. alacranpress.com; INTERNET.

Jeffries, M. and D. Mills. 1990. *Freshwater ecology: Principles and applications.* London: Belhaven Press.

Jenkins, R. E., and N. M. Burkhead. 1994. *The freshwater fishes of Virginia.* Bethesda, MD: American Fisheries

Society.

Johnson, J. E. 1986. Inventory of Utah crayfish with notes on current distribution. *Great Basin Naturalist* 46: 625-631.

Johnson, R. I. 1978. Systematics and zoogeography of Plagiola (Dysnomia Epioblasma), an almost extinct genus of freshwater mussels (Bivalvia: Unionidae) from middle North America. *Bulletin of the Museum of Comparative Zoology* 148: 239-320.

Jones, R., D. C. Culver, and T. C. Kane. 1992. Are parallel morphologies of cave organisms the result of similar selection pressures? *Evolution* 46: 353-365.

Karr, J. R., L. A. Toth, and D. R. Dudley. 1985. Fish communities of midwestern rivers: A history of degradation. *BioScience* 35: 90-95.

Karr, J. R., K. D. Fausch, P. L. Angermeier, P. R. Yant, and I. J. Schlosser. 1986. *Assessing biological integrity in running waters: A method and its rationale.* Illinois Natural History Survey Special Publication 5. Champaign, IL: Illinois Natural History Survey.

Kemf, E., and C. Phillips. 1998. "Whales in the Wild." World Wildlife Fund. Available at http://www.wwfus.org/species/whales/index.html; INTERNET.

Kempka, R., and P. Kollash. 1990. Comparison of national wetland inventory and a winter satellite inventory for the California central valley. Pages 179-187 in *Yosemite Centennial Symposium Proceedings* (October 13-20, Yosemite, California). Denver, CO: National Park Service.

Kentucky State Nature Preserves Commission. 1996. *Recommendations for the protection of biological diversity on the Daniel Boone National Forest.* Comment submitted toward the Revised Forest Land and Resource Management Plan for Daniel Boone National Forest, Kentucky. Frankfort. KY: Kentucky State Nature Preserves Commission.

Keown, M. P, E. A. Dardeau Jr., and E. M. Causey. 1981. *Characterization of the suspended-sediment regime and bedload gradation of the Mississippi River Basin.* Report 1, vols. 1 and 2. St. Paul, MN: U.S. Army Corps of Engineers, Environmental Lab, St. Paul District.

Kornfield I. L., and J. N. Taylor. 1983. A new species of polymorphic fish, *Cichlasoma minckleyi,* from Cuatro Ciénegas, Mexico (Teleostei: Cichlidae). *Proceedings Biological Society Washington* 96(2):253-269.

Kostow, K. 1997. The status of steelhead in Oregon. Pages 145-178 in D. J. Stouder, P. A. Bisson, and R. J. Naiman (editors), *Pacific salmon and their ecosystems: Status and future options.* New York: Chapman Hall.

Krapu, G. L. 1974. Foods of breeding pintails in North Dakota. *Journal of Wildlife Management* 38:408-417.

Krever, V., E. Dinerstein, D, Olson, and L. Williams (editors). 1994. *Conserving Russia's biological diversity: An analytical framework and initial investment portfolio.* Washington, DC: World Wildlife Fund.

Langecker. T. G., and G. Longley. 1993. Morphological adaptations of the Texas blind catfishes *Trogloglanis pattersoni* and *Satan eurystomus* (Siluriformes: Ictaluridae) to their underground environment. *Copeia* 1993:976-986.

Langner L. L., and C. H, Flather, 1994. *Biological diversity: Status and trends in the United States.* USDA Forest Service General Technical Report RM-244. Fort Collins CO: Rocky Mountain Forest and Range Experiment Station.

Laws, Joel. 1998. "Ozark Caving: Cave Pod People." Available at http://www.umsl.edu/ ～ joellaws/ ozak_caving/mss/pod.htm; INTERNET.

Lee, D. S., C. R. Gilbert, C. H. Hocutt, R. E. Jenkins, D. E. McAllister, and J. R. Stauffer Jr. 1980. *Atlas of North American freshwater fishes.* North Carolina Biological Survey Publication No. 1980-12. Raleigh, NC: North Carolina State Museum of Natural History.

León, J. R. 1969. The systematic of the frogs of the *Hyla rubra* group in Middle America. *University of Kansas Publications. Museum of Natural History* 18: 505-545.

Levin, T, 1996. Restoration of Connecticut River shows potential of Clean Water Act. *Sierra* 81(2): 78-79.

Light. T., D. C. Erman, C. Myrick, and J. Clarke. 1995. Decline of the shasta crayfish (*Pacifastacus fortis Faxon*) of northeastern California. *Conservation Biology* 9: 1567-1577.

Lincoln, R. J., G. A. Boxshall, and P. F. Clark. 1982. *A dictionary of ecology, evolution and systematics.* London: Cambridge University Press.

Lindsey, C. C., and J. D. McPhail. 1986. Zoogeography of fishes of the Yukon and Mackenzie basins. Pages 639-674 in C. H. Hocutt and E. O. Wiley (editors), *The zoogeography of North American freshwater fishes.* New York: John Wiley.

Liner, E. A. 1994. *Scientific and common names for the amphibians and reptiles of Mexico in English and Spanish.* Herpetological Circular No. 23. Lawrence, KS: Society for the Study of Amphibians and Reptiles.

Linton, J. 1997. *Beneath the surface: The state of water in Canada.* Ottawa, Ontario: Canadian Wildlife Federation.

Livingston, R. J. 1992. Medium-sized rivers of the Gulf Coastal Plain. Pages 351-385 in C. T. Hackney, S. M. Adams, and W. H. Martin (editors), *Biodiversity of the southeastern United States: Aquatic communities.* New York: John Wiley.

Lodge, T. E. 1994. *The Everglades handbook: Understanding the ecosystem.* Delray Beach, FL: St. Lucie Press.

Loiselle, P. V. 1993. Endangered islands and ancient lakes: Achievable conservation goals for the twenty-first century. Pages 68-89 in *Proceedings of the 3rd International Aquarium Congress.* Boston, MA: New England Aquarium.

Longley, G. 1981. The Edwards Aquifer: Earth's most diverse groundwater ecosystem? *International Journal of Speleology* 11: 123-128.

——.1986. The biota of the Edwards Aquifer and the implications for paleozoogegraphy. Pages 51-54 in P. L. Abott and C. M. Woodruff Jr. (editors), *The Balcones Escarpment: Geology, hydrology, ecology, and social development in Central Texas.* San Antonio, TX: Geological Society of America.

Longley, G., and H. S. Karnei Jr. 1979a. Status of *Satan eurystomus* Hubbs and Bailey, the widemouth blindcat. *U.S. Fish and Wildlife Service Endangered Species Report* 5(2): 1-48.

Longley, G., and H. S. Karnei Jr. 1979b. Status of *Trogloglanis pattersoni* Eigenmann, the toothless blindcat. *U.S, Fish and Wildlife Service Endangered Species Report* 5(1): 1-54.

Lotspeich, F. B., and W. S. Platts. 1982. An integrated land-aquatic classification system. *North American Journal of Fisheries Management* 2: 138-149.

Lower Mississippi River Conservation Committee.1998 "Environmental Impacts of the 1997 Mississippi flood in

Louisiana." LMRCC Newsletter. Available at http://www. lmrcc.org/back_issues/flood.html; INTERNET.

Lozano-Vilano, M. D. L., and S. Contreras-Balderas. 1987. Lista zoogeografica y ecológica de la ictiofauna continental de Chiapas, México. *Southwestern Naturalist* 32: 223-236.

——.1993. Four new species of *Cyprinodon* from southern Nuevo León, Mexico, with a key to the C. *eximius* complex (Teleostei: Cyprinodontidae). *Ichthyological Explorations of Freshwater* 4: 295-308.

Lundberg, J. G. 1982. The comparative anatomy of the toothless blindcat, *Troglolanis pattersoni* Eigenmann, with a phylogenetic analysis of the ictalurid catfishes. *Miscellaneous Publications of the Museum of Zoology, University of Michigan* 163: 1-85.

——.1992. The phylogeny of ictalurid catfishes: A synthesis of recent work. Pages 392-420 in R. L. Mayden (editor), *Systematics, historical ecology, and North American freshwater fishes.* Stanford, CA: Stanford University Press.

Lydeard, C., and R. L. Mayden. 1995. A diverse and endangered aquatic ecosystem of the southeast United States. *Conservation Biology* 9: 800-805.

Lyons, J. 1989. Correspondence between the distribution of fish assemblages in Wisconsin streams and Omernik's ecoregions. *American Midland Naturalist* 122: 163-182.

MacIsaac, H. J. 1996. Potential abiotic and biotic impacts of zebra mussels on the inland waters of North America. *American Zoologist* 36: 287-299.

Maitland, P. S. 1985. Criteria for the selection of important sites for freshwater fish in the British Isles. *Biological Conservation* 31: 335-353.

Marsh, P. C. 1984. Biota of Cuatro Ciénegas, Coahuila, Mexico: Proceedings of a special symposium. Preface. *Journal of the Arizona-Nevada Academy of Science* 19(1): 1-2.

Martin, P. S. 1958. *A biogeography of reptiles and amphibians in the Gomez Farias region, Tamaulipas, Mexico.* Miscellaneous Publications No. 101. Museum of Zoology. Ann Arbor: University of Michigan.

Maser, C., and J. R. Sedell. 1994. *From the forest to the sea: The ecology of wood in streams, rivers, estuaries and oceans.* Delray Beach, FL: St. Lucie Press.

Master, L. 1991a. Aquatic animals: Endangerment alert. *Nature Conservancy,* March/ April, pp. 26-27.

——.1991b. Assessing threats and setting priorities for conservation. *Conservation Biology* 5: 559-563.

Master, L. E., S. R. Flack, and B. A. Stein (editors). 1998. *Rivers of life: Critical watersheds for protecting freshwater biodiversity.* Arlington, VA: The Nature Conservancy.

Master, L., G. Hammerson, M. Shwartz, D. Simberloff, and B. Stein. In prep. Chapter 6. Conservation status of U.S. species. In B. Stein, J. Adams, and L. Kutner (editors), *Precious heritage: Status of biodiversity in the United States.*

Matthews, W. J. 1998. *Patterns in freshwater fish ecology.* New York: Chapman Hall.

Mattson, R. A., J. H. Epler, and M. K. Hein. 1995. Description of benthic communities in karst, spring-fed streams of north central Florida. *Journal of the Kansas Entomological Society* 62(2): 18-41.

Maxwell, J. R., C. J. Edwards, M. E. Jensen, S. J. Paustian, H. Parrot, and D. M. Hill. 1995. *A hierarchical framework of aquatic ecological units in North America (Nearctic Zone).* General Technical Report NC-176. St. Paul, MN: USDA Forest Service, North Central Forest Experiment Station.

May, E. 1998. *At the cutting edge. The crisis in Canada's forests.* Toronto, Ontario: Key Porter Books.

Mayden, R. L. 1988. Vicariance biogeography, parsimony, and evolution in North American freshwater fishes. *Systematic Zoology* 37: 329-355.

Mayden, R. L., B. M. Burr, L. M. Page, and R. R. Miller. 1992. The native freshwater fishes of North America. Pages 827-890 in R. L. Mayden (editor), *Systematics, historical ecology, and North American freshwater fishes.* Stanford, CA: Stanford University Press.

McAllister, D.E. 1990. *A list of the fishes of Canada.* Ottawa, Ontario: National Museum of Natural Sciences.

McAllister, D. E., B. J. Parker, and P. M. McKee. 1985. *Rare, endangered, and extinct fishes in Canada.* Syllogeus No. 54. Ottawa, Ontario: National Museum of Natural Sciences, National Museums of Canada.

McAllister, D. E., S. P. Platania, F. W. Schueler, M. E. Baldwin, and D. S. Lee. 1986. Ichthyofaunal patterns on a geographic grid. Pages 17-51 in C. H. Hocutt and E. O. Wiley (editors), *The zoogeography of North American freshwater fishes.* New York: John Wiley.

McAllister, D. E., F. W. Schueler, C. M. Roberts, and J. P. Hawkins. 1994. Mapping and GIS analysis of the global distribution of coral reef fishes on an equal-area grid. Pages 155-176 in R. I. Miller (editor), *Mapping the diversity of nature.* London: Chapman and Hall.

McAllister, D. E., A. L. Hamilton, and B. Harvey. 1997. Global freshwater biodiversity: striving for the integrity of freshwater ecosystems. *Sea Wind* 11: 1-140.

McCoy, C. J. 1982. Reptilia. Pages 515-520 in S. H. Hurlbert and A. Villalobos-Figueroa (editors), *Aquatic biota of Mexico, Central America and the West Indies.* San Diego, CA: San Diego State University.

McDonald, Sam. 1996. "Crayfish." Available at http://www.aqualink.com/fresh/ z-crayfish1.html; INTERNET.

McIntyre, Peter B. 1997. "The Road to Rangeland Reform: A History, Review, and Prospectus." Available at http://fguardians.org/mcintyre/reform.htm; INTERNET.

McMahon, R. F. 1983. Ecology of an invasive pest bivalve, *Corbicula.* Pages 505-561 in W. D. Russel-Hunter (editor), *The mollusca.* Vol. 6, *Ecology.* New York: Academic Press.

McNab,W. H., and P. E. Avers (compilers). 1994. "Ecological Subregions of the United States." WO-WSA-5. U.S. Forest Service, ECOMAP Team. Available at http://www.fs. fed.us/land/pubs/ecoregions/index.html; INTERNET.

McPhail, J. D., and C. C. Lindsey. 1986. Zoogeography of the freshwater fishes of Cascadia (the Columbia system and rivers north to the Stikine). Pages 615-637 in C. H. Hocutt and E. O. Wiley (editors), *The zoogeography of North American freshwater fishes.* New York: John Wiley.

Meffe, G. K. 1989. Fish utilization of springs and cienegas in the arid southwest. Pages 475-485 in R. R. Shartiz and T W. Gibbons (editors), *Freshwater wetlands and Perspectives on natural, managed, and degraded ecosystems.* Department of Energy Symposium, Series 61. Oak Ridge, TN: Office of Science and Technology Information.

Mestre, J. E. 1997. "Integrated Approach to River Basin Management: Lerma-Chapala Case Study." Available at http://iwrn.ces.fau.edu/mestre.htm; INTERNET.

Miller, R. R., J. D. Williams, and J. E. Williams. 1989. Extinction of North American fishes during the past century. *Fisheries* 14(6): 22-38.

Miller, R. R. 1958. Origin and affinities of the freshwater fish fauna of western North America. Pages 187-222 in C. L. Hubbs (editor), *Zoogeography.* Publication No. 51. Washington, DC: American Association for the Advancement of Science.

——.1968. Two new fishes of the genus *Cyprinodon* from the Cuatro Ciénegas Basin, Coahuila, Mexico. *Occasional Papers of the Museum of Zoology, University of Michigan* 659:1-5.

——.1977. Composition and derivation of the native fish fauna of the Chihuahuan Desert region. Pages 365-382 in R. H. Wauer and D. H. Riskind (editors), *Transactions of the symposium on the biological resources of the Chihuahuan Desert Region, United States and Mexico,* Sul Ross State University, 1974. National Park Service Transactions and Proceedings Series No. 3. Washington, DC: U.S. Government Printing Office.

——.1982. Pisces. Pages 486-501 in S. H. Hurlbert and A. Villalobos-Figueroa (editors), *Aquatic biota of Mexico, Central America and the West Indies.* San Diego: San Diego State University.

Miller, R. R., and M. L. Smith. 1986. Origin and geography of the fishes of central Mexico. Pages 487-517 in C. H. Hocutt and E. O. Wiley (editors), *The zoogeography of North American freshwater fishes.* New York: John Wiley.

Miller, R. R., J. D. Williams, and J. E. Williams. 1989. Extinctions of North American fishes during the past century. *Fisheries* 14(6): 22-38.

Minckley, W. L. 1969. Environments of the Bolson of Cuatro Ciénegas, Coahuila, Mexico, with special reference to the aquatic biota. *University of Texas at El Paso, Sci. Ser.* 2: 1-65.

——.1973. *Fishes of Arizona.* Phoenix: Arizona Game and Fish Department.

——.1977. Endemic fishes of the Cuatro Ciénegas Basin, northern Coahuila, Mexico. Pages 383-404 in R. H. Wauer and D. H. Riskind (editors), *Transactions of the symposium on the biological resources of the Chihuahuan Desert Region, United States and Mexico,* Sul Ross State University, 1974. National Park Service Transactions and Proceedings Series No. 3, Washington, DC: U.S. Government Printing Office.

Minckley, W. L. 1984. Cuatro Ciénegas fishes: Research review and a local test of diversity versus habitat size. Pages 13- 21 in Paul C. Marsh (editor), *Biota of Cuatro Ciénegas, Coahuila, Mexico: Proceedings of a special symposium.* Fourteenth Annual Meeting, Desert Fishes Council, Tempe, Arizona, 18-20 November 1983. *Journal of the Arizona-Nevada Academy of Science* 19(1).

Minckley, W. L. 1994a. A bibliography for natural history of the Cuatro Ciénegas Basin and environs, Coahuila, Mexico. *Proceedings of the Desert Fishes Council* 25 (1993): 47-64.

Minckley, W. L. 1994b. Ecosystem conservation, with special reference to Bolsón de Cuatro Ciénegas, México. *Proceedings of the Desert Fishes Council* 25 (1993): 47 (abstract).

Minckley, W. L., and D. E. Brown. 1994. Wetlands. Pages 223-301 in D. E. Brown (editor), *Biotic communities: Southwestern United States and northwestern Mexico.* Salt Lake City: University of Utah Press.

Minckley, W. L., and G. A. Cole. 1968. Preliminary limnologic information on waters of the Cuatro Ciénegas basin, Coahuila, Mexico. *Southwestern Naturalist* 13(4): 421-431.

Minckley, W. L., and J. E. Deacon (editors). 1991. *Battle against extinction. Native fish management in the American West.* Tucson: University of Arizona Press.

Minckley, W. L., and D. W. Taylor. 1969. A new world for biologists. *Pacific Disc.* 19: 18-22.

Minckley, W. L., D. A. Hendrickson, and C. E. Bond. 1986. Geography of western North American freshwater fishes: Description and relationships to intracontinental tectonism. Pages 519-613 in C. H. Hocutt and E. O. Wiley (editors), *The zoogeography of North American freshwater fishes.* New York: John Wiley.

Minckley, W. L., G. K. Meffe, and D. L. Soltz. 1991. Conservation and management of short-lived fishes: The cyprinodonts. Pages 247-282 in W. L. Minckley and J. E. Deacon (editors), *Battle against extinction: Native fish management in the American West.* Tucson: University of Arizona Press.

Moler, P. E., editor. 1992. *Rare and endangered biota of Florida.* Vol. 3, *Amphibians and reptiles.* Gainesville: University Press of Florida.

Mooney, H. A., and J. A. Drake (editors). 1986. *Ecology of biological invasions of North America and Hawaii.* New York: Springer-Verlag.

Morris, T. H., and M. A. Stubben. 1984. Geologic contrasts of the Great Basin and Colorado Plateau. Pages 9-25 in K. T. Harper, L. L. St. Clair, K. H. Thornes, and W. M. Hess (editors), *Natural history of the Colorado Plateau and Great Basin.* Niwot: University of Colorado Press.

Mosquin, T., P. G. Whiting, and D. E. McAllister. 1995. *Canada's biodiversity: The variety of life, its status, economic benefits, conservation costs and unmet needs.* Ottawa, Ontario: Canadian Museum of Nature.

Moyle, P. B. 1976. *Inland fishes of California.* Berkeley: University of California Press.

——.1994. Biodiversity, biomonitoring, and the structure of stream fish communities. Pages 171-186 in S. L. Loeb and A. Spacie (editors), *Biological monitoring of aquatic systems.* Boca Raton, FL: Lewis Publishers.

Moyle, P. B., and R. A. Leidy. 1992. Loss of biodiversity in aquatic ecosystems: Evidence from fish faunas. Pages 127-169 in P. L. Fielder and S. K. Jain (editors), *Conservation biology: The theory and practice of nature, conservation, preservation, and management.* New York: Chapman and Hall.

Moyle,P. B., and J. E. Williams. 1990. Biodiversity loss in the temperate zone: Decline of the native fish fauna of California. *Conservation Biology* 4: 275-294.

Moyle, P. B., and R. M. Yoshiyama. 1992. *Fishes, aquatic diversity management areas, and endangered species: A plan to protect California's native aquatic biota.* The California Policy Seminar. Davis: University of California.

Mueller, L. 1993. *Winged maple leaf mussel and Higgins eye pearly mussel: Freshwater mussels threatened with extinction.* St. Paul: Minnesota Department of Agriculture.

Naiman, R. J., J. J. Magnuson, D. M. McKnight, and J. A. Stanford (editors). 1995a. *The freshwater imperative: A research agenda.* Washington, DC: Island Press.

Naiman, R. J., J. J. Magnuson, D. M. McKnight, J. A. Stanford, and J. R. Karr. 1995b. Freshwater ecosystems and their management: A national initiative. *Science* 270: 584-585.

National Audubon Society. 1992. *Saving wetlands: A citizen's guide for action in California.* New York: National Audubon Society.

Natural Heritage Central Databases, The Nature Conservancy, and the International Network of Natural Heritage Programs and Conservation Data Centers. November 1997. Available at http://www.consci.tnc.org/src/zoodata. htm; INTERNET.

Natural Resources Canada. 1998a. "Copper Redhorse (Moxostoma hubbsi)." Available at http://www.nais.ccrs.

nrcan.gc.ca/schoolnet/issues/risk/fish/efish/coprdhrse.html; INTERNET.

——.1998b. "Quebec Mining Facts." Available at http://www.nrcan.gc.ca/mms/efab/ mmsd/facts/pq.htm; INTERNET.

The Nature Conservancy. 1994. "The Conservation of Biological Diversity in the Great Lakes Ecosystem: Issues and Opportunities." The Nature Conservancy, Great Lakes Program. Available at http://epaserver.ciesin.org/ glreis/glnpo/docs/bio/divrpt.html; INTERNET.

——.1996a. *Troubled waters: Protecting our aquatic heritage.* Arlington, VA: Conservation Science.

——.1996b. "Preserve Profile: Understanding the Clinch Valley Bioreserve." Available at http://www. tnc.org; INTERNET.

——.1996c. *Priorities for conservation: 1996 annual report card for U.S. plant and animal species.* Arlington, VA: The Nature Conservancy.

——.1996d. *America's least wanted: Alien species invasions of U.S. ecosystems.* Arlington, VA: The Nature Conservancy.

——.1996e. "Cheyenne Bottoms Preserve." Available at http://www.tnc.org/Kansas/ bottoms.htm; INTERNET.

Nevada Division of Water Planning. 1998. "Water Words Dictionary." Available at http://www.state.nv.us/ cnrndwp/dict-1/waterwds.htm; INTERNET.

Neves, R. J. 1991. Mollusks. Pages 251-320 in K. Terwilliger (editor), *Virginia's endangered species. Proceedings of a symposium.* Blacksburg, VA: McDonald and Woodward.

——.1992. The status and conservation of freshwater mussels (Unionidae) in the United States. Paper presented at the annual meeting of the Society for Conservation Biology, Blacksburg, VA, 30 June 1992.

Neves, R. J., A. E. Bogan, J. D. Williams, S. A. Ahlstedt, and P. W. Hartfield. 1997. Status of aquatic mollusks in the southeastern United States: A downward spiral of diversity. Pages 43-86 in G. A. Benz and D. E. Collins (editors), *Aquatic fauna in peril: The southern perspective.* Special Publication 1. Southeast Aquatic Research Institute. Decatur, GA: Lenz Design and Communications.

New Mexico Department of Game and Fish. 1997. "New Mexico Species List." Biota Information System of New Mexico, version 9/97. Available at http://www.fw.vt.edu/ fishex/nmex_main/species; INTERNET.

New Mexico Ecological Services, U.S. Fish and Wildlife Service. 1997. "Rio Grande Silvery Minnow." Available at http://refuges.fws.gov/NWRSFiles/WildlifeMgmt/ SpeciesAccounts/Fish/Rio_Grande_Silvery_Minnow. html; INTERNET.

Northcote, T. G., and D. Y. Atagi. 1997. Pacific salmon abundance trends in the Fraser River watershed compared with other British Columbia systems. Pages 199-219 in D. J. Stouder, P. A. Bisson, and R. J. Naiman (editors), *Pacific salmon and their ecosystems: Status and future options.* New York: Chapman Hall.

Northern River Basins Study. 1996. *Final report to the ministers.* Edmonton: Alberta Environmental Protection.

Noss, R. 1991. *Protecting habitats and biological diversity.* Part 1, *Guidelines for regional reserve systems.* New York: National Audubon Society.

Noss, R. F., and A. Y. Cooperider. 1994. *Saving nature's legacy: Protecting and restoring biodiversity.* Washington, DC: Defenders of Wildlife and Island Press.

Noss, R. F., and R. L. Peters. 1995. Endangered ecosystems. *A status report on America's vanishing habitat and wildlife.* Washington, DC: Defenders of Wildlife.

Nueces River Authority. 1997. "Basin Highlights Report Nueces River Authority." Available at http://robin. tamucc.edu/～nra/nrbrpt.html; INTERNET.

Nyman, L. 1991. *Conservation of freshwater fish: Protection of biodiversity and genetic variability in aquatic ecosystems.* Göteborg, Sweden: SWEDMAR.

O'Keeffe, J. H., D. B. Danilewitz, and J. A. Bradshaw. 1987. An "expert system" approach to the assessment of the conservation status of rivers. *Biological Conservation* 40: 69-84.

Obregón-Barboza, H., S. Contreras-Balderas, and M. L. Lozano-Vilano. 1994. The fishes of northern and central Veracruz, Mexico. *Hydrobiologia* 286: 79-85.

Oesch, R. D. 1984. *Missouri naiades: A guide to the mussels of Missouri.* Jefferson City, MO: Missouri Department of Conservation.

Olson D M., and E. Dinerstein. 1998. The Global 200: A representation approach to conserving the Earth's most biologically valuable ecoregions. *Conservation Biology* 12: 502-515.

Olson D. M., E. Dinerstein, G. Cintrón, and P. Iolster (editors) 1996. *A conservation assessment of mangrove ecosystems of Latin America and the Caribbean. Report from a workshop.* Washington DC: World Wildlife Fund.

Olson, D. M. B. Chernoff, G Burgess, I. Davidson, P. Canevari, E. Dinerstein, G. Castro, V. Morisset, R. Abell, and E. Toledo (editors). 1997. *Freshwater biodiversity of Latin America and the Caribbean: A conservation assessment. Proceedings of a workshop.* Washington, DC: World Wildlife Fund.

Olson, D. M., Itoua, E. Underwood, and E. Dinerstein. In prep. *A conservation assessment of the biodiversity of Africa.* Conservation Science Program, Washington, DC: World Wildlife Fund-United States.

Omernik, J. M. 1987. Ecoregions of the conterminous United States. *Annals of the Association of American Geographers* 77:118-125.

Ono, R. D., J. D. Williams, and A. Wagner. 1983. *Vanishing fishes of North America.* Washington. DC: Stone Wall Press.

Page, L. M. 1983. *Handbook of darters.* Neptune City, NJ: Tropical Fish Hobbyist Publications.

——.1985. The crayfishes and shrimps(Decapoda) of Illinois. *Illinois Natural History Survey Bulletin* 33: 335-448.

Page, L. M., and B. M. Burr. 1991. *A field guide to freshwater fishes, North America north of Mexico.* Boston, MA: Houghton Mifflin Company.

Page, L. M., P. A. Ceas, D. L. Swofford, and D. G. Buth. 1992. Evolutionary relationships of the *Etheostoma squamiceps* complex (Percidae; subgenus Catonotus) with descriptions of five new species. *Copeia* 3: 615-646.

Parmalee, P. L., and M. H. Hughes. 1993. Freshwater mussels (Mollusca: Pelecypoda: Unionidae) of the Tellico Lake: Twelve years after impoundment of the Little Tennessee River. *Annals of Carnegie Museum* 62: 81-93.

Pearse, P. H., and F. Quinn. 1996. Recent developments in federal water policy, two steps back. *Canadian Water Resources Journal* 21 (4): 329-340.

Peck, S. 1998. *Planning for biodiversity: Issues and examples.* Washington, DC: Island Press.

Pinkava, D. J. 1984. Vegetation and flora of the Bolson of Cuatro Ciénegas Region, Coahuila, Mexico: 4.

Summary, endemism, and corrected catalogue. *Journal Arizona-Nevada Academy Sciences* 19: 23-47.

Pister, E. P. 1981. The conservation of desert fishes. Pages 411-445 in R. J. Naiman and D. L. Soltz (editors), *Fishes in North American deserts.* New York: John Wiley.

——.1990. Desert fishes: An interdisciplinary approach to endangered species conservation in North America. *Journal of Fish Biology* 37: 183-187.

——.1991. The Desert Fishes Council: Catalyst for change. Pages 55-68 in W. L. Minckley and J. E. Deacon (editors), *Battle against extinction: Native fish management in the American West.* Tucson: University of Arizona Press.

Poulson, T. L. 1992. The Mammoth Cave ecosystem Pages 569-611 in A. I. Camacho (editor), *The natural history of biospeleology.* Madrid: Monagrafías Museo Nacional de Ciencias Naturales.

Poulson, T. L., and E. B. White. 1969. The cave environment. *Science* 165: 971-981.

Propst, D. L., and K. R. Bestgen. 1991. Habitat and biology of the loach minnow, *Tiaroga cobitis,* in New Mexico. *Copeia* 1991: 29-38.

Propst, D. L., and J. A. Stefferud. 1994. Distribution and status of the Chihuahua chub (Teleostei: Cyprinidae: *Gila nigrescens*), with notes on its ecology and associated species. *The Southwestern Naturalist* 39(3): 224-234.

Propst, D. L., M. D. Hatch, and J. P. Hubbard. 1985. White Sands pupfish (*Cyprinodon tularosa*). *Handbook of species endangered in New Mexico.* FISH/CT/CY/TU: 1-2. Santa Fe: New Mexico Department of Game and Fish.

Propst, D. L., K. R. Bestgen, and C. W. Painter. 1986. *Distribution, status, biology, and conservation of the spikedace* (Meda fulgida) *in New Mexico.* Endangered Species Report No. 15. Albuquerque, NM: U.S. Fish and Wildlife Service, Region 2.

——.1988. *Distribution, status, biology, and conservation of the loach minnow* (Tiaroga cobitis) *in New Mexico.* Endangered Species Report No. 17. Albuquerque, NM: U.S. Fish and Wildlife Service, Region 2.

Propst, D. L., J. A. Stefferud, and P. R. Turner. 1992. Conservation and status of Gila trout (*Oncorhynchus gilae*). *The Southwestern Naturalist* 37: 117-125.

Proudlove, G. S. 1997a. A synopsis of the hypogean fishes of the world. In *Proceedings of the 12th International Congress of Speleology,* La Chaux-de-Fonds, Switzerland, 10-17 August 1997. Volume 3, Symposium 9: Biospeleology.

——.1997b. The conservation status of hypogean fishes. Pages 77-81 in I. D. Sasowsky, D. W. Fong, and E. L. White (editors), *Conservation and protection of the biota of karst.* Karst Waters Institute Special Publication 3. Charles Town, WV: Karst Waters Institute.

Quammen, D. 1996. *The song of the dodo: Island biogeography in an age of extinction.* New York: Touchstone.

Rabeni, C. F. 1996. Prairie legacies—fish and aquatic resources. Pages 111-124 in F. B Samson and F. L. Knopf (editors), *Prairie conservation: Preserving North America's most endangered ecosystem.* Washington, DC: Island Press.

Rabinowitz, D., S. Cairns, and T. Dillon. 1986. Seven forms of rarity and their frequency in the flora of the British Isles. Pages 182-204 in M. E. Soulé (editor), *Conservation biology: The science of scarcity and diversity.* Sunderland, MA: Sinauer Associates.

Reddell, J. R. 1982. A checklist of the cave fauna of México. *Association of Mexican Cave Studies Bulletin* 8: 249-284.

——.1994. The cave fauna of Texas with special reference to the western Edwards Plateau. Pages 31-49 in W. R. Elliot and G. Veni (editors), *The caves and karst of Texas.* Huntsville, AL: National Speleological Society.

Reisenbichler, R. R. 1997. Genetic factors contributing to declines of anadromous salmonids in the Pacific Northwest. Pages 223-244 in D. J. Stouder, P. A. Bisson, and R. J. Naiman (editors), *Pacific salmon and their ecosystems: Status and future options.* New York: Chapman and Hall.

Ricciardi, A., F. G. Whoriskey, and J. B. Rasmussen. 1995. Predicting the intensity and impact of *Dreissena* infestation on native unionid bivalves from *Dreissena* field density. *Canadian Journal of Fisheries and Aquatic Sciences* 52: 1449-1461.

Richter, B. D., D. P. Braun, M. A. Mendelson, and L. W. Master. 1997. Threats to imperiled freshwater fauna. *Conservation Biology* 11: 1081-1093.

Ricketts, T., E. Dinerstein, D. M. Olson, C. J, Loucks, W. M. Eichbaum, D. A. DellaSala, K. C. Kavanagh, P. Hedao, P. T. Hurley, K. M. Carney, R. A. Abell, and S. Walters. 1999a. *Terrestrial ecoregions of North America: A conservation assessment.* Washington, DC: Island Press.

Ricketts, T. H., E. Dinerstein, D. M. Olson, and C. Loucks. 1999b. Who' s where in North America? Patterns of species richness and the utility of indicator taxa for conservation. *BioScience* 49: 369-382.

Robins, C. R., R. M. Bailey, C. E. Bond, J. R. Brooker, E. A. Lachner, R. N. Lea, and W. B. Scott. 1991. *Common and scientific names of fishes from the United States and Canada.* Bethesda, MD: American Fisheries Society.

Robison, H. W. 1986. Zoogeographic implications of the Mississippi River Basin. Pages 267-285 in C. H. Hocutt and E. O. Wiley (editors), *The zoogeography of North American freshwater fishes.* New York: John Wiley.

Robison, H. W., and T. M. Buchanan. 1988. *Fishes of Arkansas.* Fayetteville: The University of Arkansas Press.

Rohde, F. C., R. G. Arndt, D. G. Lindquist, and J. F. Parnell. 1994. *Freshwater fishes of the Carolinas, Virginia, Maryland, and Delaware.* Chapel Hill: University of North Carolina Press.

Rossman, D. A., N. B. Ford, and R. A. Seigel. 1996. *The garter snakes: Evolution and ecology.* Norman: University of Oklahoma Press.

Ryon, M. G. 1986. The life history and ecology of *Etheostoma trisella* (Pisces: Percidae). *American Midland Naturalist* 115: 73-86.

Sada, D. W., H. B. Britten, and P. F. Brussard. 1995. Desert aquatic ecosystems and the genetic and morphological diversity of Death Valley System speckled dace. *American Fisheries Society Symposium* 17: 350-359.

Saskatchewan Wetland Conservation Corporation(SWCC). 1997. "Saskatchewan Wetland Policy." Available at http://www.wetland.sk.ca/swccpolicy/policy.htm; INTERNET.

Schindler, D. W. 1998. Sustaining aquatic ecosystems in boreal regions. *Conservation Ecology* [online] 2(2): 18. Available at http://www.consecol.org/vol2/iss2/art18/; INTERNET.

Shmidt, K. F., and D. W. Owens. 1944. Amphibians and reptiles of northern Coahuila, Mexico. *Zool. Ser., Field Museum Natural History* 29(6): 97-115.

Schmidt, R. E. 1986. Zoogeography of the northern Appalachians. Pages 137-159 in C. H. Hocutt and E. O. Wiley (editors), *The zoogeography of North American freshwater fishes.* New York: John Wiley.

Schmitz, D. A. 1994. The ecological impact of nonindigenous plants in Florida. Pages 10-28 in D. A. Schmitz and T. C. Brown (editors), *An assessment of invasive nonindigenous species in Florida's public lands.* Tallahassee: Florida Department of Environmental Protection.

Schoenherr, A. A. 1995. *A natural history of California.* Berkeley: University of California Press.

Scott, W, B., and E. J. Crossman, 1973. *Freshwater fishes of Canada.* Bulletin 184. Ottawa, Ontario: Fisheries Research Board of Canada.

Scudday, J. F. 1977, Some recent changes in the herpetofauna of the northern Chihuahuan Desert. Pages 513-522 in R. H. Wauer and D. H. Riskind (editors), *Transactions of the symposium on the biological resources of the Chihuahuan Desert Region, United States and Mexico,* Sul Ross State University, 1974. National Park Service Transactions and Proceedings Series No. 3. Washington, DC: U.S. Government Printing Office.

Scudder, G. G. E. 1996, *Terrestrial and freshwater invertebrates of British Columbia: Priorities for inventory and descriptive research.* British Columbia Working Paper 09/1996. Victoria, BC: Research Bureau, British Columbia Ministry of Forestry, and Wildlife Bureau, British Columbia Ministry of the Environment, Lands and Parks.

Sharp, J. M. Jr. 1990. Stratigraphic, geomorphic and structural controls of the Edwards aquifer, Texas, U.S.A. Pages 67-82 in E. S. Simpson and J. M. Sharp Jr. (editors), *Selected papers on hydrogeology.* Heise, Hannover, Germany: International Association of Hydrogeologists.

Sheehan, R. J. and J. L. Rasmussen. 1993. Large rivers. Pages 445-468 in C. C. Kohler and W. A. Hubert (editors), *Inland fisheries management in North America.* Bethesda, MD: American Fisheries Society.

Shepard, W. D. 1993. Desert springs both rare and endangered. *Aquatic Conservation: Marine and Freshwater Ecosystems* 3: 351-359.

Sierra Club. 1998. "DuPont's Proposed Strip Mine Threatens Okefenokee National Wildlife Refuge." Available at http://tamalpais.sierraclub.org/wetlands/dupont.html; INTERNET.

Sigler, J. W., and W. F. Sigler. 1994. Fishes of the Great Basin and the Colorado Plateau: Past and present forms. Pages 163-208 in K. T. Harper, L. L. St. Clair, K. H. Thornes, and W. M. Hess (editors), *Natural history of the Colorado Plateau and Great Basin.* Niwot: University of Colorado Press.

Silveira, J. G. 1998. Avian uses of vernal pools and implications for conservation practices. Pages 92-106 in C. W. Witham, E. T. Bauder, D. Belk, W. R. Ferren Jr., and R. Ornduff (editors), *Ecology, conservation, and management of vernal pool ecosystems— Proceedings from a 1996 conference.* Sacramento: California Native Plant Society.

Slattery, R. N., J. T. Patton, and D. S. Brown. 1997. "Recharge to and Discharge from the Edwards Aquifer in the San Antonio Area, Texas, 1997." Available at http://tx.usgs.gov/reports/district/98/01/; INTERNET.

Smith, A. R., and G. Veni. 1994. Karst regions of Texas. Pages 7-12 in W. R. Elliott and G. Veni (editors), *The caves and karst of Texas.* Huntsville, AL: National Speleological Society.

Smith, H. M., and E. H. Taylor. 1950. *An annotated checklist and key to the reptiles of Mexico exclusive of the snakes.* Smithsonian Institution, United States National Museum Bulletin 199. Washington, DC: United States Government Printing Office.

———.1966. *Herpetology of Mexico: Annotated checklist and keys to the amphibians and reptiles.* Ashton, MD.

Eric Lundberg.

Smith, M. L., and R. R. Miller. 1986. The evolution of the Rio Grande Basin as inferred from its fish fauna. Pages 457-485 in C. H. Hocutt and E. O. Wiley (editors), *The zoogeography of North American freshwater fishes.* New York: John Wiley.

SOE. 1996. *The state of Canada's environment.* Ottawa, Ontario: Government of Canada.

Soltz, D. L., and R. J. Naiman. 1978. *The natural history of native fishes in the Death Valley system. Sci. Set.* 30: 1-76.

Sonoran Arthropod Studies Institute (SASI). 1998. "Crustaceans." Available at http://www.azstanet.com/～sasi/ arthnatr/arthzoo/crusts.htm; INTERNET.

Southeastern Fishes Council. "1997 Report for Region I-Northeast." Available at http://www.flmnh.ufl.edu/fish/ organizations/SFC/regionalreports/RlNortheast97.htm; INTERNET.

Stager, J. C., and L. B. Cahoon. 1987. The age and trophic history of Lake Waccamaw, North Carolina. *The Journal of the Elisha Mitchell Scientific Society* 103: 1-13.

Stansbery, D. H. 1970. Eastern freshwater mollusks(1): The Mississippi and St. Lawrence River systems. *Malacologia* 10(1): 9-22.

Starnes, W. C., and D. A. Etnier. 1986. Drainage evolution and fish biogeography of the Tennessee and Cumberland rivers drainage realm. Pages 325-361 in C. H. Hocutt and E. O. Wiley (editors), *The zoogeography of North American freshwater fishes.* New York: John Wiley.

State Goals and Indicators Project. 1998. "Tennessee State of the Environment: Wildlife". U.S. Environmental Protection Agency and the Florida Center for Public Management. Available at http://www.fsu.edu/～cpm/ segip/states/TN94/wild.html; INTERNET.

Stebbins, R. C. 1985. *A field guide to western reptiles and amphibians.* Boston, MA: Houghton Mifflin.

Stein, B. A., L. L. Master, L. E. Morse, L. S. Kutner, and M. Morrison. 1995. Status of U.S. species: Setting conservation priorities. Pages 399-401 in E. T. LaRoe, G. S. Farris, C. E. Puckett, P. D. Doran, and M. J. Mac (editors), *Our living resources: A report to the nation on the distribution, abundance, and health of U.S. plants, animals, and ecosystems.* Washington, DC: U.S. Department of the Interior, National Biological Service.

Steinhart, P. 1990. *California's wild heritage: Threatened and endangered animals in the Golden State.* Sacramento, CA: Sierra Club Books.

Stolzenburg, W. 1997. "Sweet Home Alabama." *The Nature Conservancy Magazine,* September/October. Available at http://www.tnc.org/news/magazine/septoct97/interior/ eco.html; INTERNET.

Strain, P., and F. Engle. 1993. *Looking at Earth.* Atlanta GA: Turner Publishing.

Stranahan, S. Q. 1995. *Susquehanna: River of dreams.* Baltimore, MD: Johns Hopkins University Press.

Streever, W. J. 1992. Report of a cave fauna kill at Peacock Springs cave system, Suwannee County, Florida. *Florida Scientist* 55(2): 125-128.

Sumner, F. B., and M. C. Sargent. 1940. Some observations on the physiology of warm spring fishes. *Ecology* 21: 45-51.

Suttkus, R. D., and D. A. Etnier. 1991. *Etheostoma tallapossae* and *E. brevirostrum,* two new darters, subgenus *Ulocentra,* from the Alabama River drainage. *Tulane Studies in Zoology and Botany* 28: 1-24.

Suttkus, R. D., B. A. Thompson, and H. L. Bart Jr. 1994. Two new darters, *Percina* (Cottogaster), from the southeastern United States, with a review of the subgenus. *Occasional Papers Tulane University Museum of Natural History* 4: 1-46.

Swanson, G. A., M. I. Meyer, and J. R. Serie. 1974. Feeding ecology of breeding blue-winged teals. *Journal of Wildlife Management* 38: 396-407.

Swift, C. C., C. R. Gilbert, S. A. Bortone, G. H. Burgess, and R. W. Yerger. 1986. Zoogeography of the freshwater fishes of the southeastern United States: Savannah River to Lake Pontchartrain. Pages 213-265 in C. H. Hocutt and E. O. Wiley (editors), *The zoogeography of North American freshwater fishes.* New York: John Wiley.

Tagami, T. 1998. "A Lake Lands in Limbo." *Lexington Herald.* Available at http://www.kentuckyconnect.com/ heraldleader/news/011998/fnllake.html; INTERNET.

Tansley, A. G. 1935. The use and abuse of vegetational concepts and terms. *Ecology* 16: 284-307.

Taylor, C. A. 1997. Distributional data for North American crayfish, supplied under contract.

Taylor, C. A., and M. Redmer. 1996. Dispersal of the crayfish *Orconectes rusticus* in Illinois, with notes on species displacement and habitat preference. *Journal of Crustacean Biology* 16(3): 547-551.

Taylor, C. A., M. L. Warren, Jr., J. F. Fitzpatrick Jr., H. H. Hobbs III, R. F. Jezerinac, W. L. Pflieger, and H. W. Robison. 1996. Conservation status of crayfishes of the United States and Canada. *Fisheries* 21(4): 25-38.

Taylor, D. W. 1966. A remarkable snail fauna from Coahuila, Mexico. *Zool. Ser., Field Museum Natural History* 29(6): 97-115.

Tercafs, R. 1992. The protection of the subterranean environment: Conservation principles and management tools. Pages 481-524 in A. I. Camacho (editor), *The natural history of biospeleology.* Madrid: Monagrafias Museo Nacional de Ciencias Naturals.

Texas Natural Resource Conservation Commission. 1997a. "Summary of Water Quality in Texas by River Basin." Available at http://www.tnrcc.state.tx.us/admin/topdoc/sfr/ 046/summary_wq.html; INTERNET.

——.1997b. "1996 Identified Water Quality Issues of the San Antonio-Nueces Coastal Basin." Available at http:// www.tnrcc.state.tx.us/water/quality/data/wmt/sannue_assmt. html; INTERNET.

——.1997c. "Identified Water Quality Issues of the San Antonio Lower Nueces-Frio River Subwatershed." Available at http://www.tnrcc.state.tx.us/water/quality/data/wmt/ nra_assmt.html; INTERNET.

Thompson, B. A. 1995. Percina austroperca: *A new species of logperch (Percidae, subgenus Percina) from the Choctawhatchee and Escambia rivers in Alabama and Florida.* Occasional Papers of the Museum of Natural Science No. 69. Baton Rouge: Louisiana State University.

Underhill, J. C. 1986. The fish fauna of the Laurentian Great Lakes, the St. Lawrence lowlands, Newfoundland and Labrador. Pages 105-136 in C. H. Hocutt and E. O. Wiley (editors), *The zoogeography of American freshwater fishes.* New York: John Wiley.

University of Michigan. 1982. *Freshwater snails (Mollusca: Gastropoda) of North America.* Cincinnati, OH: Environmental Monitoring and Support Laboratory.

——.1995. "An Electronic Distributional Atlas of Mexican Fishes." Web-based data from University of Michigan Fish Collection. Available at http://muse.bio.cornell.edu/ mexico/; INTERNET.

U.S. Army Corps of Engineers. 1998. "Zebra mussel information." Ohio River Regional Headquarters. Available at http://www.ord-wc.usace.army.mil/zebra.html; INTERNET.

U.S. Congress, Office of Technology Assessment. 1993. *Harmful non-indigenous species in the United States.* Washington, DC: U.S. Government Printing Office.

U.S. Department of Agriculture. 1995. "National Resources Inventory Glossary." Available at http://www.ftc.nrcs. usda.gov/doc/nri/all_toc.html; INTERNET.

U.S. Environmental Protection Agency. 1997. *Index of watershed indicators.* Draft. Washington, DC: United States Environmental Protection Agency.

——.1998. "Lakewide Management Plan for Lake Ontario." U.S. EPA Region 2 and GLIN. Available at http://www.epa.gov/glnpo/lakeont/; INTERNET.

——.1995. *A Phase I Inventory of Current EPA Efforts to Protect Ecosystems.* EPA841-S-95-001. Washington, DC: Office of Water (4503F), United States Environmental Protection Agency.

——.1999. "Great Lakes Areas of Concern." Available at http://www.epa.gov/glnpo/aoc/; INTERNET.

U.S. Fish and Wildlife Service. 1986. *Chihuahua chub recovery plan.* Albuquerque, NM: U.S. Fish and Wildlife Service, Region 2.

——.1990. *Endangered and Threatened Species of the Southeastern United States (the red book).* Atlanta GA: U.S. Fish and Wildlife Service, Region 4.

——, Division of Endangered Species. 1993. Endangered and threatened wildlife and plants: Endangered status for eight freshwater mussels and threatened status for three freshwater mussels in the Mobile River drainage. FR Doc. 93-6162. *Federal Register,* March 17, 1993. Available at http://www.fws.gov/r9endspp/r/fr93495.html; INTERNET.

——.1994. "Lake Erie water snake." Available at http://eelink.net/EndSpp/lake.html; INTERNET.

——.1995. *Strategic plan for conservation of Fish and Wildlife Service trust resources in the Ohio River Valley ecosystem.* Cookville, TN: Cookville Ecological Services Field Office, USFWS Regions 5, 4, and 3, Ohio River Valley Ecosystem Team.

——.1998. Endangered and threatened wildlife and Plants: 90 day finding for a petition to list the robust blind salamander, widemouth blindcat, and toothless blindcat. *Federal Register* 63: 48166-48167.

——, Division of Endangered Species. 1998. "Species accounts: Slackwater Darter." Available at http://www.fws. gov/r9endspp/i/e/saela.html; INTERNET.

U.S. Geological Survey. 1996. "First Detailed 'Report Card' on Mississippi River Shows Movement of Contaminants." Available at http://www.usgs.gov/public/press/ public_affairs/press_releases/pr106m.html; INTERNET.

U.S. Geological Survey. 1999. *Ecological status and trends of the Upper Mississippi River System 1998: A report of the Long Term Resource Monitoring Program.* LaCrosse, WI: LTRMP 99-T001.U.S. Geological Survey, Upper Midwest Environmental Sciences Center.

Vázquez Gutiérrez, F. 1997. Desarrollo urbano industrial de las cuencas en México. Pages 34-39 in lecture notes for "Curso de Limnologia Aplicada." Mexico City: Instituto de Ciencias Marinas del Mar y Limnologia, Universidad Autónoma Nacional de México (UNAM).

Veni, G. 1994. Hydrogeology and evolution of caves and karst in the southwestern Edwards Plateau, Texas.

Pages 13-30 in W. R. Elliott and G. Veni (editors). *The caves and karst of Texas.* Huntsville, AL: National Speleological Society.

Vinyard, G. L. 1996. Distribution of a thermal endemic minnow, the desert dace (*Ermichthys acros*), and observations of impacts of water diversion on its population. *Great Basin Naturalist* 56(4): 360-368.

Vitousek, P. M., L. L. Loope, and C. P. Stone. 1987. Introduced species in Hawaii: Biological effects and opportunities for ecological research. *Trends in Ecology and Evolution* 2: 224-227.

Wake, D. B., and J. F. Lynch. 1976. The distribution, ecology, and evolutionary history of Plethodontid salamanders in tropical America. *Natural History Museum of Los Angeles County Science Bulletin* 25. Los Angeles, CA: Natural History Museum of Los Anglees County.

Wallace, J. B., J. R. Webster, and R. L. Lowe. 1992. High-gradient streams of the Appalachians. Pages 133-191 in C. T. Hackney, S. M. Adams, and W. H. Martin (editors). *Biodiversity of the southeastern United States: Aquatic communities.* New York: John Wiley.

Walsh, S. J., and Gilbert, C. R. 1995. New species of troglobitic catfish of the genus *Prietella* (Siluriformes: Ictalluridae) from northeastern Mexico. *Copeia* 1995: 850-860.

Walsh, S. J., N. M. Burkhead, and J. D. Williams. 1995. Conservation status of southeastern freshwater fishes. Pages 144-147 in E. T. LaRoe (editor), *Our living resources 1995: A report to the nation on the distribution, abundance, and, health of U. S. plants, animals, and ecosystems.* Washington, DC: U.S. Department of Interior, National Biological Service.

Warren, M. L. Jr. and B. M. Burr. 1994. Status of freshwater fishes of the United States: overview of an imperiled fauna. *Fisheries* 19: 6-18.

Warren, M. L. Jr., P. L. Angermeier, B. M. Burr, and W.R. Haag. 1997. Decline of a diverse fish fauna: Patterns of imperilment and protection in the southeastern United States. Pages 105-164 in G. Benz and D. E. Collins (editors), *Aquatic fauna in peril: The southern perspective.* Special Publication 1. Southeast Aquatic Research Institute. Decatur, GA: Lenz Design and Communications.

White, W. B., D. C. Culver, J. S. Herman, T. C. Kane and J. E. Mylroie. 1995. Karst lands. *American Scientist* 83(5): 450-459.

Wikramanayake, E., E. Dinerstein, P. Hedao, D. M. Olson, L. Horowitz, and P. Hurley. In press. *A conservation assessment of the terrestrial ecoregions of the Indo-Pacific region.* Washington, DC: World Wildlife Fund.

Wilcove, D. S., M. J. Bean, R. Bonnie, and M. McMillan. 1996. *Rebuilding the ark: Toward a more effective Endangered Species Act for private land.* Washington, DC: Environmental Defense Fund.

The Wilderness Society. 1998. "DuPont Mine Endangers Okefenokee." Available at http://www.wilderness.org/standbylands/refuges/dupont.htm; INTERNET.

The Wilderness Society. 1999. *15 most endangered wild lands 1999.* Washington, DC: The Wilderness Society.

Williams, J. D., and G. H. Clemmer. 1991. *Scaphirhynchus suttkusi*, a new sturgeon (Pisces: Acipenseridae) from the Mobile Basin of Alabama and Mississippi. *Bulletin Alabama Museum of Natural History* 10: 17-31.

Williams, J. D., S. L. H. Fuller, and R. Grace. 1992. Effects of impoundments on freshwater mussels (Mollusca: Bivalvia: Unionidae) in the main channel of the Black Warrior and Tombigbee rivers in western Alabama. *Bulletin of the Alabama Museum of Natural History* 13: 1-10.

Williams, J. D., M. L. Warren Jr., K.S. Cummings, J. L. Harris, and R. J. Neves. 1993. Conservation status of freshwater mussels of the United States and Canada. *Fisheries* 18(9): 6-22.

Williams, J. E. 1995a. Threatened fishes of the world: *Catostomus warnerensis* Snyder, 1908 (Catostomidae). *Environmental Biology of Fishes* 44 (4): 346.

——.1995b. Threatened fishes of the world: *Gila boraxobius* Williams and Bond, 1980 (Cyprinidae). *Environmental Biology of Fishes* 43(3): 294.

Williams, J. E., D. B. Bowman, J. E. Brooks. A. A. Echelle, R. J. Edwards, D. A. Hendrickson, and J. J. Landye. 1985. Endangered aquatic ecosystems in North American deserts with a list of vanishing fishes of the region. *Journal of Arizona-Nevada Academy of Sciences* 20: 1-62.

Williams, J. E., J. E. Johnson, D. A. Hendrickson, S. Contreras-Balderas, J. D. Williams, M. Navarro-Mendoza, D. E. McAllister, and J. E. Deacon. 1989. Fishes of North America endangered, threatened, or of special concern: 1989. *Fisheries* 14(6):2-20.

Williams, S. C. 1968. Scorpions from northern Mexico: Five species of *Vejovis* from Coahuila, Mexico. *Occasional Papers of the California Academy of Sciences* 68: 1-24.

Wilson, E. O. 1992. *The diversity of life.* Cambridge, MA: Harvard University Press, Belknap Press (editor). 1988. Biodiversity. Washington, DC: National Academy Press.

Wood, R. M., and R. L. Mayden. 1993. Systematics of the *Etheostoma jordani* species group (Teleostei: Percidae), with descriptions of three new species. *Bulletin Alabama Museum of Natural History* 16: 31-46.

World Wildlife Fund and National Audubon Society. 1996. *Restoring the river of grass.* Washington, DC, and Miami, FL: World Wildlife Fund and National Audubon Society.

Wydoski, R. S. 1980. Potential impacts of alterations in streamflow and water quality on fish and macroinvertebrates in the Upper Colorado River basin. Pages 77-147 in W. O. Spofford Jr., A. L. Parker, and A. V. Kneese (editors), *Energy development in the Southeast: Problems of water, fish and wildlife in the Upper Colorado River Basin.* Vol. 2, *Research paper* R-18. Resources for the Future, Washington, DC: Resources for the Future.

Wynne-Edwards, V. C. 1952. *Freshwater vertebrates of the Arctic and Subarctic.* Bulletin No. 94. Ottawa, Ontario: Fisheries Research Board of Canada.

Zhao, E. M., and K. Adler. 1993. *Herpetology of China.* Contributions to Herpetology No. 10. Oxford, OH: Society for the Study of Amphibians and Reptiles.

附录A　评估淡水生态区生物特异性的方法

　　生物特异性指数是指用来在生物地理尺度上反映生态区的生物多样性差异程度的客观方法。我们使用四个主要标准来评价生物特异性：①物种的丰富度；②地域分布性；③稀有的生态和进化现象；④生境种类的全球稀有度。

　　我们用每个生态区的生物特异性得分来概括和表征这些标准。根据得分情况，这些生态区被分为四个等级，反映了生态区的生物多样性在不同生物地理尺度上的差异性，包括全球显著、北美显著（如在一个生物地理区域内或地域性的）、生物区显著（如太平洋沿岸）和国家重点。

　　关于四个标准的总体阐释和原理见第 2 章。图 A.1 概述了该指数的设计，以下我们将详细介绍该评估方法。表 A.1 中列出了用于评价生物特异性的信息来源。

1. 物种存在/缺失和地域分布数据

　　我们收集了发表和未发表的关于北美物种五个分类群的范围和分布数据，总共超过 2200 个物种。这些不仅包括依赖于水生生境的鱼、螯虾、蚌贝类和两栖动物等，也包括水生和半水生的爬行类。本书中将栖居于特定区域的所有两栖类和爬行类物种总称为爬行类生物（它们的分布不用来帮助界定淡水生态区边界）。只有在生命阶段需要淡水环境的两栖类可归为水生或半水生爬行动物。大量的水生植物和其他无脊椎动物的生物地理学数据由于难以定位或质量差而未加以分析利用。

　　对于鱼和爬行动物，数据则是以分布范围图的形式给出的。我们比较了每个物种的分布区图和生态区图，记录了物种在每个生态区的存在与缺失，以及该物种是否属于特有种（见下文的特有种判定原则）。分布范围图是由物种存在数据所组成的，如果物种数据出现在生态区范围内，就将该物种计作存在于这个生态区。如果分布范围图是由区域而不是由点数据组成，则可以用分布范围图与生态区图的重叠来表示该物种存在于生态区内。如果某特定物种有多个范围内的分布图，则将分布范围图进行比较，以达到最佳的准确度。若关于物种存在的描述在某些情况下是唯一可用的数据源，亦同样使用。

这种方法在针对墨西哥物种的研究中遇到了一些挑战，因为目前可用于整个国家的数据源是不全面的。鱼类分布采用博物馆收藏的数据结合某些流域公开的物种名录来确定。幸运的是，在墨西哥，由于内部（内陆）集水区的普遍性，可以明确界定出流域范围。对于爬行动物，最好的数据来源是 Flores-Villela（1991）的博士学位论文。然而，这份文献的分布范围图只局限于墨西哥的两栖动物和爬行动物。其他来源的物种分布数据大多是描述性的。

表A.1　生物特异性指标的数据源

指标	数据源/类型		
	加拿大	美国	墨西哥
物种的丰富度和特有性			
鱼类	1～5	1, 6～21	1, 11, 14, 19, 20, 22～29, 30
珠蚌	31, 32	31	无数据
螯虾	33	33	30, 33
两栖动物	34～35	34～36	34～35, 37～50
水生爬行动物	34～35, 51～54	34～36, 51～54	34～35, 37～39, 42～43, 45～50, 52～54
稀有的生态或进化现象	专家评估	专家评估	专家评估
更高水平的分类多样性	依据丰富度/特异性	依据丰富度/特异性	依据丰富度/特异性
稀有生境类型	专家评估, 55	专家评估, 55	专家评估, 55

1) Page and Burr, 1991
2) Scott and Crossman, 1973
3) Underhill, 1986
4) Crossman and McAllister, 1986
5) Lindsey and McPhail, 1986
6) Burr and Page, 1986
7) Conner and Suttkus, 1986
8) Cross et al., 1986
9) Hocutt et al., 1986
10) McPhail and Lindsey, 1986
11) Minckley et al., 1986
12) Robison, 1986
13) Schmidt, 1986
14) Smith and Miller, 1986
15) Starnes and Etnier, 1986
16) Swift et al., 1986
17) Underhill, 1986
18) Mayden et al., 1992
19) Minckley and Brown, 1994

20) Miller, 1977
21) Burr, pers. comm.
22) Contreras-Balderas, 1969
23) Espinosa-Pérez et al., 1993b
24) Hendrickson, 1983
25) Lozano-Vilano and Contreras-Balderas, 1987
26) Miller and Smith, 1986
27) Minckley, 1977
28) Obregón-Barboza et al., 1994
29) The University of Michigan, 1995
30) Contreras Balderas, pers. comm.
31) The Nature Conservancy, 1997
32) Clarke, 1981
33) Taylor, 1997
34) Conant and Collins, 1991
35) Stebbins, 1985
36) Dengenhart et al., 1996
37) Dunn, 1926
38) Conant, 1977

39) Duellman, 1961
40) Duellman, 1963
41) Duellman, 1964
42) Duellman, 1965a
43) Duellman, 1965b
44) Duellman, 1970
45) Flores-Villela, 1991
46) Flores-Villela, 1993a
47) Hardy and McDiarmid, 1969
48) Martin, 1958
49) Smith and Taylor, 1966
50) Scudday, 1977
51) Ernst and Barbour, 1989
52) Ernst et al., 1994
53) Gloyd and Conant, 1990
54) Rossman et al., 1996
55) Olson et al., 1997

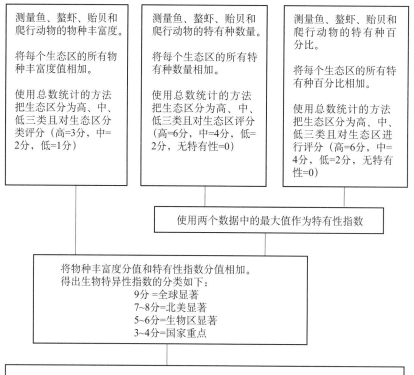

图A.1 评估生态区生物特异性的步骤

如果一个物种在生态功能分区中的存在具有不确定性，则它被计作存在。本书研究通过假设某些物种的超量计算来部分弥补大量尚未描述或无记录的物种。

对淡水生物的识别现状是，许多物种尚需通过正式的描述才能作为公认的物种，而新物种仍旧不断被"发现"。由于在加拿大和美国进行的调查相比在墨西哥的要更加科学，因此有理由相信墨西哥的鱼、小龙虾、贻贝、两栖动物和爬行动物中存在的尚未确认的物种要更多。物种名单通常包括那些尚未正式命名但其分布却是众所周知的类群。这些物种不包括在我们的生物多样性评估里面，因为它们大多出现在美国和加拿大，但未命名和未发现的物种比率在墨西哥更高。此外，尽管许多亚种被认为处于危险之中，但是本书研究只对完整物种（相对于亚种）进行评估计数，此举是为了规范评估方法。如果专家们在审查指标分数时认为，由于未命名的物种或亚种被排除在外从而使得某一生态区的生物特异性指数偏低，这种情况要被记录在案。

本书研究对每个生态区的物种分存在物种、特有物种和消失物种三类做了记录。对于原生小龙虾和蚌来说，由于没有这类的数据发表，所以无法引用。小龙虾的数据是由伊利诺伊州的克里斯托弗·泰勒发布的自然历史调查提供的。James D. Williams 和美国大自然保护协会共同编制了贻贝的资料（除分布在墨西哥和加拿大的贻贝外）。加拿大的贻贝数据均来自 Clark（1981）出版的分布图。由于墨西哥贻贝数据的缺乏，贻贝被排除在内陆、旱生和亚热带沿海主要生境类型的物种丰富度和特有性分析之外。

当一个物种被认为是一个生态区域特有的物种时，从严格意义上来说，意味着在地球上的其他地方都没有。我们放宽了对于特有种的定义，并以两种方式实现保护目标。首先，我们将近似的特有种作为当地特有物种，这样通过保护该生态区的这一物种即能实现对其最大限度的保护。因此，如果全球范围内某物种的大多数（≥75%）仅在一个生态区被发现，那么它被认为是该生态区的独有物种。其次，某些具有严格有限范围的物种，在分布上偶尔会跨越生态区的边界，且没有一个单一的生态区包含≥75%的分布范围。为了降低有限范围内栖息地丧失导致物种消失的风险，我们将这类物种计作所有包含它的生态区的特有物种（有限区域面积需小于 50 000 平方千米）。基于这些修改，特有种的确定是按照以下原则来进行的。

特有种确定规则

（1）总物种分布范围 >50 000 平方千米：

a. 一个单一的生态区包含某物种 75%～100% 的分布范围：则认为此物种为该生态区的特有种，其他包含此物种的生态区记为存在此物种。

b. 如果没有一个单一的生态区包含 >75% 的某物种的总分布范围：则此物种在它出现过的所有生态区被记为存在此物种。

（2）物种分布范围 <50 000 平方千米：

a. 物种出现在五个或更少的生态区：则此物种在它出现过的所有生态区被记为特有种。

b. 物种出现在五个以上的生态区（许多小的、间断的区域）：则此物种在它出现的所有生态区被记为存在此物种。

根据国际鸟盟对特有物种的分类法，我们将特有种的狭小范围选择 50 000 平方千米作为阈值（Bibby，1992）。75% 的阈值比例在单一生态区范围内是相对任意的，但也代表了绝大部分的分布范围。这里的重点是为了突出保护生存于特定生态区的一些物种的唯一可行性。一个包含超过 75% 的物种分布范围的生态区相比于包含低于 25% 的物种分布范围的生态区而言，要更加符合特有性物种的定义。在北美，符合特有种标准但其分布区还存于北美范围之外的物种不计作特有物种。例如，在欧亚大陆的北极地区和北美地区的生态区都发现的物种就不是北美的特有物种。对那些洄游物种来说，只考虑在淡水栖息地进行洄游的物种。那些经常在沿海河流和溪流中发现的海洋生物也被包含在研究中，但不算作任何淡水生态区的特有种。

2.丰富度

我们通过将生态区内四个类群的物种数相加，其总值用以代表整个生物群丰富度的值，比较了相同主要生境类型下不同生态区的物种丰富度。尽管鱼类物种丰富度几乎比小龙虾、贻贝或在某些生态区的两栖爬行动物的丰富度高出一个数量级，但丰富度值之间的差距并没有大到导致保护目标发生变化。这种方法给予所有物种同等价值；换句话说，即认为保护一只小龙虾和保护一条鱼一样重要。评价丰富度的替代方法如依据物种数量确定生态区排名是不宜作为评价方法的，因为这种方法倾向于掩盖生态区之间的巨大差异。

当对每个区系种群丰富度的值进行了加和计算后，该总值将被用来区分生物多样性的丰富度类别：高、中、低。并且各个主要生境类型都有单独的级别划分阈值。每个主要生境类型的丰富度总值分别绘制在逐渐递增的曲线上，并且阈值设置在斜率急剧增加的两点之间（图 A.2）。在极少数没有这样的增长点的情况下，我们使用了四分位法来设置阈值。在每个生态区被赋予了丰富度等级后，我们给每个级别赋值: 高 = 3 分, 中 = 2 分, 低 = 1 分。

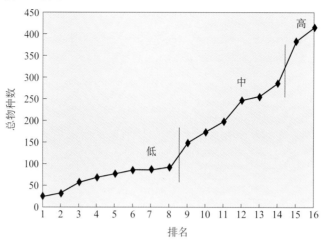

图A.2 在温带沿海地区河流/湖泊/泉主要生境类型确定物种丰富度阈值的示例

3. 特有种

我们以同物种丰富度一样的方式和来源收集了特有种数据。具有绝对最高等级特有种的保护区是最好不过了, 但相较于不多的物种数, 许多物种贫乏的生态区也有很多特有物种。为了采集绝对和相对特有种数据, 我们采取两步措施。第一步先简单地计算选定的四个动物群组的特有物种的总和。第二步用公式计算物种在生态区的占有比例, 即生态区的特有物种与生态区物种总数的比值:

$$特有种比例(E, \%) = \frac{类群里特有物种的数量}{类群物种的总量} \times 100\%$$

基于特有种与特有种比例, 我们也采取和物种丰富度同样的方法: 依据生境类型对生态区进行分类, 然后加和求出所有区系类群的数量, 选择阈值以及确定高、中、低的级别。接下来, 对于每个生态区我们比较特有种数和特有种比例的级别并以较高者作为最终值。我们认为特有种是决定生态区独特的生物多样性价值非常显著的因素, 因此相对应的它的等级赋值是丰富度等级赋值的两倍。给每个级别的赋值如下: 高 = 6 分, 中 = 4 分, 低 = 2 分, 无特有性现象或特有种 = 0。

4. 罕见的生态现象或进化现象

生态现象和进化现象同样有助于认识一个生态区生物多样性的特异性。这些衡量标准在本书研究中用以反映重要生物多样性, 但却难以用定量的方法来测量。独特的进化现象, 包括全球显著性的辐射进化、更高级别的分类学多样性和独特的物种组合。罕见的生态现象的例子是鱼的大规模洄游和野生动物的特别的季节性群居。我们还注意到, 高的 β - 多样性可以反映出不同寻常的生态和进化现象(例如, 高的 β - 多样性往往与当地的特有种显著相关)。

在专家研讨会上, 区域工作小组被要求按其专业领域列出区域内发生的任何合理的生态现象, 并描述每个现象的罕见水平, 重点强调全球范围或北美范围显著的生态现象。我们综述了由全部专家描述的现象并比较了收集到的世界各地的类似现象(Olson and Dinerstein, 1998)。然后, 我们把生态区内发生的生态现象为三类: 全球显著、北美显著或不适用。

包含全球显著性的生态现象或进化现象的生态区, 其生物特异性指数被自动归类为全球显著。因此, 即使某些生态区没有特别高的丰富度和特有种, 但含有全球重要的和罕见的生态现象, 仍然可以被归类为全球显著。包含北美范围罕见的生态现象或进化现象的生态区, 其生物特异性指数被自动归类为北美显著。各生态区罕见的生态现象和进化现象见表 3.3。

5. 罕见的生境类型

本书对生境类型的全球稀有性进行评估，以为更多的生境类型提供保护机会。这个标准包括生态现象和进化现象，但是从整个生态系统和生物群的层面来分析这些特征，也要考虑生态系统和生境的结构特点。

根据专家评估和最近完成的全球分析对生态区的生境类型的总体稀有程度进行评估（Olson and Dinerstein，1998）。生态区的主要生境类型主要分为三种类别——全球罕见、北美罕见或不适用的，它们是基于以下的原则来划分的：

（1）在全球范围内少于八个生态区所含有的生境类型：全球罕见。

（2）在北美范围内少于三个生态区所含有的生境类型：北美罕见。

（3）然则：不适用。

基于罕见的生态现象和进化现象的判别标准，一个生态区如果包含全球罕见或北美罕见的生境类型，则其生物特异性指数将自动归类为全球或北美显著。没有生境类型被评估为全球罕见；北美罕见的生境类型及其相应的生态区列于表 3.3。

6. 生物特异性的最终分类

生物特异性指数总的评分是以四个标准产生的评分相加的总和。根据这些总值可将生态区分为四类：

全球显著：9 分或者更高

北美显著：7 分或 8 分

生物区显著：5 分或 6 分

国家重点：4 分或者更少

附录B　评估淡水生态区保存现状的方法

作为反映生态系统完整性的指标，保存现状指数（CSI）用来衡量不同程度的生境变化和景观尺度上现存的自然栖息地的空间格局。该指数反映了随着栖息地的丧失、退化和破碎化，自然生态过程如何停止运作，或者是生物多样性的主要组成部分如何被不断削弱。在这里，我们评估了生态区中列入《世界自然保护联盟红皮书》里的受威胁和濒危物种（极危、濒危和易危）的保护状况，除此之外，我们还评估了整个生物群、生态过程和生态系统的状态。我们将保存现状分类如下：极危、濒危、易危、相对稳定和相对完整。

尽管有充足的数据可以记录淡水系统的退化程度，但没有可以轻易获得的涵盖整个北美的、有较高光谱分辨率且包含所有保存现状指标的数据集。于是，我们采用专家的知识和经验来进行评估而不是仅仅依赖于数据集。这种方法已被用于陆地和淡水生态系统的保护性评估（O'Keeffe et al.，1987；Dinerstein et al.，1995；Olson and Dinerstein，1998），并已被证明是一种有效的可减少信息需求的量化工具。根据淡水研讨会专家的权威意见，我们评估了保存现状指数的标准，以用可得的数据集来获取更多信息。在研究保存状态指数的时候，我们努力保持评估过程的客观和透明，以有利于结果的复审，并分析变量之间的关系（图 B .1）。

下面列出的这些标准用来评价每个生态区保存现状的概括。概况评价用以表征与生物多样性丧失相关的当前格局（如 1997 年）。然后用威胁分析对结果进行修正，如果必要的话，可以形成生态区的最终保存现状。下面描述的保存现状指数指标被应用于所有生态区，但是评估权重是依据主要生境类型决定的（图 2.4）。对主要生境类型进行加权是因为它们各有不同的弹性和对干扰的响应，以及所具备的生态过程的类型。例如，水质退化可能导致湖泊所受的生物影响比大型河流严重得多。笔者推导出的标准和权重是根据专家的建议修改得到的。

每个指标的赋值从 0（最少量退化）到 4（最多退化）。将这些分数进行加权，进而将每个生态区的总分数转换为其与给定的主要生境类型的最高可能分值的百分比。所有转换的百分比可以依据主要生境类型进行横向比较，以评估不同生态区之间已经被干扰和退化的程度，以及对生物多样性的威胁程度。详述指标见下文。

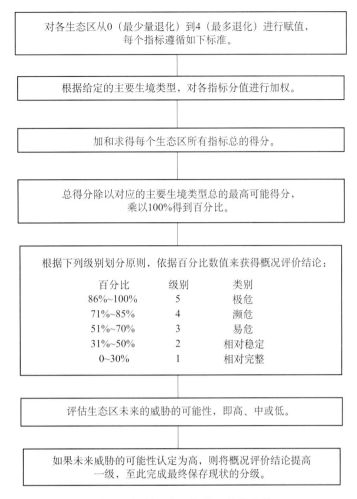

图B.1 评估生态区保护现状的步骤

1.土地覆被（流域）变化程度

这个指标评估了与殖民前相比，整个生态区的流域内土地覆被已被改变的程度。

改变的生态区面积百分比	赋值
90%～100%	4
50%～89%	3
25%～49%	2
10%～24%	1
0～9%	0

2.水质退化

水质退化包括一系列参数的变化，包括但不限于pH、浑浊度、溶解氧、营养物、农药、重金属、悬浮物、碳氢化合物和温度等参数。赋值取决于如下条件。

地表水退化的百分比	赋值
90%～100%	4
50%～89%	3
25%～49%	2
10%～24%	1
0～9%	0

3.水文完整性的变化

该指标包括由蓄水、渠道化、地下水或地表水抽取或改道，或者其他改造所导致的流态和水位变化。

地表水改变的百分比	赋值
90%～100%	4
50%～89%	3
25%～49%	2
10%～24%	1
0～9%	0

4.生境破碎化程度

生境破碎化程度在这里是指由于人类在生境中的生产活动对水生生物体迁移造成障碍的程度（如水坝、渠道化、淤塞或疏浚河床，以及水质较差的地区）。

原生境破碎化的百分比	赋值
很高：核心栖息地受严重影响；对于大多数类群扩散构成障碍	4
高：核心栖息地受显著影响；对于一些物种的短和/或长距离扩散构成障碍	3
中：核心栖息地受中度影响；一些类群的长距离扩散构成障碍	2
低：相对连续的，更高的连通性；仍可以长距离扩散	1
无：没有栖息地碎片化	0

5.原始完整生境的额外损失

这个指标是为了解释不能被其他指标衡量的生境损失。完整生境代表相对未受干扰的地区，这些地区有以下特征：大多数原生生态过程得以维持，并且有本土物种大多种数原始状态得以保留的群落。

由其他原因导致的原始生境损失的百分比	赋值
90%～100%	4
50%～89%	3
25%～49%	2
10%～24%	1
0～9%	0

6.外来物种的影响

这个指标需要考虑到成功的物种引进的规模以及这些物种对本地生物群的影响。

外来物种的影响	赋值
很高：物种丰富度或原生群落组成发生重大变化（包括区域性灭绝或消亡）	4
高：物种丰富度或原生群落组成显著变化（可能包括区域性灭绝）	3
中：物种丰富度中度变化；群落组成预期有变化	2
低：物种丰富度预期有变化	1
无：没有外来物种	0

7.物种直接开发利用

该指标是评估过度捕捞、河蚌采集，或对目标物种和其他生物有开发利用影响的指标。

开发利用的影响	积分
很高：物种丰富度或原生群落组成发生重大变化（包括区域性灭绝或消亡）	4
高：物种丰富度和原生群落结构出现明显变化	3
中：物种丰富度中度改变；群落组成预期有变化	2
低：物种丰富度预期有变化	1
无：无物种开发利用的影响	0

8.综合的概况评估

为了将所有主要生境类型间的总分值标准化，需要将生态区总分值除以最大可能的分值得到百分比数值。这个总数值没有考虑未来即将发生的威胁。

9.保存现状等级

生态区保存现状分级如下所示。

百分比	级别	类别
86%～100%	5	极危
71%～85%	4	濒危
51%～70%	3	易危
31%～50%	2	相对稳定
0～30%	1	相对完整

10.未来威胁的可能性

一些淡水系统可能会面临即将到来的威胁（未来 20 年之内），如果它们发生，将引发一个生态区的保存现状排序的变化。

威胁可能包括相邻的密集采伐和相关的公路建设、农业扩张、土地清除、密集的放牧、采矿、大坝建设和渠道化、污染、引入物种、过度休闲的影响，以及过度捕捞或不可持续的河蚌开采。

在所有其他统计之前，威胁被专家分为高、中或低。

11.通过未来威胁调整的预计（最终）保存现状

最终保存现状评估是在概况评估的基础上发展形成的，是基于生态区所面临的威胁而做的修改调整。高威胁生态区的保存现状级别将提升一级。同概况评估一样，最终保存现状也从1到5分为5个级别。

附录C 生物特异性数据和评分

生态区	主要生境类型	物种丰富度					
		原生鱼类数量	原生贻贝数量	原生螯虾数量	原生两栖及爬行动物数量	物种总数*	丰富度分值（依据主要生境类型）
南哈得孙湾区[53]	ARL	43	3	2	7	55	3
东哈得孙湾区[54]	ARL	32	2	2	7	43	2
育空区[55]	ARL	39	1	0	0	40	2
麦肯齐河下游区[56]	ARL	41	2	0	3	46	2
麦肯齐河上游区[57]	ARL	41	3	0	8	52	3
北极北部区[58]	ARL	22	0	0	0	22	1
北极东部区[59]	ARL	18	0	0	0	18	1
北极群岛区[60]	ARL	9	0	0	0	9	1
苏必利尔湖区[43]	LTL	60	7	3	21	91	1
密歇根–休伦湖区[44]	LTL	123	35	10	29	197	3
伊利湖区[45]	LTL	120	42	13	32	207	3
安大略湖区[46]	LTL	109	33	8	26	176	2
中部大草原区[28]	THL	143	60	26	45	274	2
欧扎克高地区[29]	THL	157	48	21	44	270	2
沃希托高地区[30]	THL	145	53	34	51	283	2
南部平原区[31]	THL	83	20	10	44	157	1
泰斯–老俄亥俄区[34]	THL	206	122	49	60	437	3
田纳西–坎伯兰区[35]	THL	231	125	65	55	476	3
加拿大洛基山脉区[49]	THL	23	1	0	5	29	1
萨斯克彻温河上游区[50]	THL	41	4	1	10	56	1
萨斯克彻温河下游区[51]	THL	38	4	1	5	48	1
英格兰–温尼伯湖区[52]	THL	79	13	2	20	114	1
科罗拉多河区[12]	LTR	26	3	0	26	55	1
格兰德河上游区[15]	LTR	28	2	1	24	55	1
格兰德河下游区[20]	LTR	84	13	2	60	159	2
密西西比河区[24]	LTR	164	53	13	54	284	3
密西西比湾区[25]	LTR	206	63	57	68	394	3

续表

生态区	主要生境类型	物种丰富度					丰富度分值（依据主要生境类型）
		原生鱼类数量	原生贻贝数量	原生鳌虾数量	原生两栖及爬行动物数量	物种总数*	
密苏里河上游区[26]	LTR	50	5	3	19	77	1
密苏里河中游区[27]	LTR	98	40	8	36	182	2
邦纳维尔区[8]	ERLS	21	2	1	10	34	1
拉洪坦区[9]	ERLS	16	2	0	12	30	1
俄勒冈湖泊区[10]	ERLS	8	0	1	6	15	1
死亡谷区[11]	ERLS	9	0	0	11	20	1
古兹曼区[16]	ERLS	16	1	1	52	70	2
马皮米区[19]	ERLS	26	—	1	57	84	3
萨拉多平原区[66]	ERLS	9+	—	3	46	58	2
莱尔马河区[69]	ERLS	48	—	2+	62	112	3
南太平洋沿海区[7]	XRLS	26	0	0	58	84	3
维加斯–圣母河区[13]	XRLS	11	1	0	8	20	1
希拉河区[14]	XRLS	19	1	0	27	47	1
孔乔斯河区[17]	XRLS	47+	—	0	46	93	3
佩科斯河区[18]	XRLS	54	6	0	24	84	3
萨拉多河区[21]	XRLS	41+	(3)	1	38	80	3
科瓦特西尼加斯区[22]	XRLS	19+	—	0	35	54	2
圣胡安河区[23]	XRLS	44+	(4)	1	57	102	3
查帕拉区[65]	XRLS	28	—	2	28	58	2
贝尔德河源头区[67]	XRLS	11	—	1	25	37	1
索诺兰沙漠区[61]	XRLS	13+	—	0	53	66	2
北太平洋沿海区[1]	TCRL	58	4	4	19	85	1
哥伦比亚河流域冰封区[2]	TCRL	34	5	4	13	56	1
哥伦比亚河流域未冰封区[3]	TCRL	35	6	5	21	67	1
斯内克河上游区[4]	TCRL	14	4	5	9	32	1
太平洋中部沿海区[5]	TCRL	55	4	4	27	90	1
太平洋中央山谷区[6]	TCRL	49	5	4	27	85	1
东得克萨斯湾区[32]	TCRL	115	46	29	78	268	2
莫比尔湾区[36]	TCRL	187	65	60	77	389	3
阿巴拉契科拉区[37]	TCRL	104	38	28	71	241	2
佛罗里达湾区[38]	TCRL	106	30	23	70	229	2
南大西洋区[40]	TCRL	177	59	56	82	374	3
切萨皮克湾区[41]	TCRL	95	22	14	53	184	2
北大西洋区[42]	TCRL	98	12	9	40	159	2
圣劳伦斯河下游区[47]	TCRL	93	20	6	28	147	2
北大西洋–昂加瓦湾区[48]	TCRL	20	1	0	4	25	1
西得克萨斯湾区[33]	SCRL	73	15	9	28	125	2
佛罗里达区[39]	SCRL	110	26	36	65	237	3
锡那罗亚沿海区[62]	SCLR	18	—	2	81	102	1

续表

续表

生态区	主要生境类型	物种丰富度					丰富度分值（依据主要生境类型）
		原生鱼类数量	原生贻贝数量	原生螯虾数量	原生两栖及爬行动物数量	物种总数*	
圣地亚哥区[63]	SCRL	45	—	3	84	132	2
马南特兰–阿梅卡区[64]	SCRL	25+	—	1	54	80	1
塔毛利帕斯–韦拉克鲁斯区[68]	SCRL	94+	—	20	108	222	3
巴尔萨斯河区[70]	SCRL	15+	—	5	97	117	2
帕帕洛阿潘河区[71]	SCRL	70+	—	6	104	177	2
卡特马科区[72]	SCRL	10+	—	0	48	58	1
夸察夸尔科斯区[73]	SCRL	58+	—	2	71	131	2
特万特佩克区[74]	SCRL	29+	—	0	125	154	2
格里哈尔瓦–乌苏马辛塔区[75]	SCRL	70+	—	1	82	153	2
尤卡坦区[76]	SCRL	49+	—	1	44	94	1

*贻贝的数据不包括干旱地区、内陆和亚热带主要生境类型。+数据由 Dr.Salvador Contretas-Balderas 修改。

生态区	主要生境类型	特有物种数量					特有性分值（依据主要生境类型）
		特有鱼类数量	特有贻贝数量	特有螯虾数量	特有两栖及爬行动物数量	特有物种总数*	
南哈得孙湾区[53]	ARL	0	0	0	0	0	0
东哈得孙湾区[54]	ARL	0	0	0	0	0	0
育空区[55]	ARL	4	1	0	0	5	4
麦肯齐河下游区[56]	ARL	0	0	0	0	0	0
麦肯齐河上游区[57]	ARL	0	0	0	0	0	0
北极北部区[58]	ARL	0	0	0	0	0	0
北极东部区[59]	ARL	0	0	0	0	0	0
北极群岛区[60]	ARL	0	0	0	0	0	0
苏必利尔湖区[43]	LTL	0	0	0	0	0	0
密歇根–休伦湖区[44]	LTL	1	0	0	0	1	2
伊利湖区[45]	LTL	0	0	0	0	0	0
安大略湖区[46]	LTL	0	0	0	0	0	0
中部大草原区[28]	THL	8	1	13	1	23	4
欧扎克高地区[29]	THL	10	3	15	0	28	4
沃希托高地区[30]	THL	9	3	21	1	34	4
南部平原区[31]	THL	3	0	2	0	5	2
泰斯–老俄亥俄区[34]	THL	24	17	23	3	67	6
田纳西–坎伯兰区[35]	THL	67	20	40	8	135	6
加拿大洛基山脉区[49]	THL	0	0	0	0	0	0
萨斯克彻温河上游区[50]	THL	0	0	0	0	0	0
萨斯克彻温河下游区[51]	THL	0	0	0	0	0	0
英格兰–温尼伯湖区[52]	THL	0	0	0	0	0	0

续表

生态区	主要生境类型	特有物种数量					特有性分值（依据主要生境类型）
		特有鱼类数量	特有贻贝数量	特有螯虾数量	特有两栖及爬行动物数量	特有物种总数*	
科罗拉多河区[12]	LTR	7	0	0	1	8	4
格兰德河上游区[15]	LTR	1	0	0	1	2	2
格兰德河下游区[20]	LTR	16	1	1	0	18	4
密西西比河区[24]	LTR	1	1	1	0	3	2
密西西比湾区[25]	LTR	11	2	33	2	48	6
密苏里河上游区[26]	LTR	0	0	0	0	0	0
密苏里河中游区[27]	LTR	0	0	0	0	0	0
邦纳维尔区[8]	ERLS	7	0	0	0	7	4
拉洪坦区[9]	ERLS	7	0	0	1	8	4
俄勒冈湖泊区[10]	ERLS	3	0	0	0	3	2
死亡谷区[11]	ERLS	6	0	0	4	10	4
古兹曼区[16]	ERLS	9+	0	1	0	10	4
马皮米区[19]	ERLS	13	—	1	1	15	4
萨拉多平原区[66]	ERLS	8+	—	1	0	9	4
莱尔马河区[69]	ERLS	30	—	2+	14	46	6
南太平洋沿海区[7]	XRLS	5	0	0	1	6	2
维加斯–圣母河区[13]	XRLS	6	0	0	1	7	4
希拉河区[14]	XRLS	7	0	0	1	8	4
孔乔斯河区[17]	XRLS	12+	—	0	0	12	6
佩科斯区[18]	XRLS	7	0	0	0	7	4
萨拉多河区[21]	XRLS	6+	—	0	0	6	2
科瓦特西尼加斯区[22]	XRLS	8+	—	0	1	9	4
圣胡安河区[23]	XRLS	6+	—	1	1	8	4
查帕拉区[65]	XRLS	26+	—	2	0	28	6
贝尔德河源头区[67]	XRLS	9+	—	0	0	9	4
索诺兰沙漠区[61]	XRLS	8	—	0	0	8	4
北太平洋沿海区[1]	TCRL	2	0	0	1	3	2
哥伦比亚河流域冰封区[2]	TCRL	0	0	1	0	0	0
哥伦比亚河流域未冰封区[3]	TCRL	4	0	0	0	5	2
斯内克河上游区[4]	TCRL	1	0	0	0	1	2
太平洋中部沿海区[5]	TCRL	16	0	1	2	18	4
太平洋中央山谷区[6]	TCRL	14	1	12	5	21	4
东得克萨斯湾区[32]	TCRL	6	5	29	13	36	4
莫比尔湾区[36]	TCRL	47	17	39	4	107	6
阿巴拉契科拉区[37]	TCRL	8	7	17	3	35	4
佛罗里达湾区[38]	TCRL	6	7	13	4	30	4
南大西洋区[40]	TCRL	48	19	39	6	112	6
切萨皮克湾区[41]	TCRL	7	4	0	0	11	2
北大西洋区[42]	TCRL	2	0	0	1	3	2

续表

续表

生态区	主要生境类型	特有物种数量					特有性分值（依据主要生境类型）
		特有鱼类数量	特有贻贝数量	特有螯虾数量	特有两栖及爬行动物数量	特有物种总数*	
圣劳伦斯河下游区[47]	TCRL	2	0	0	0	2	2
北大西洋-昂加瓦湾区[48]	TCRL	0	0	0	0	0	0
西得克萨斯湾区[33]	SCRL	8	0	5	0	13	4
佛罗里达区[39]	SCRL	9	（8）	29	3	49	6
锡那罗亚沿海区[62]	SCLR	2	—	1	0	3	2
圣地亚哥区[63]	SCRL	5	—	1	1	7	2
马南特兰-阿梅卡区[64]	SCRL	14	—	0	1	15	4
塔毛利帕斯-韦拉克鲁斯区[68]	SCRL	29+	—	17	16	62	6
巴尔萨斯河区[70]	SCRL	7+	—	3	16	26	4
帕帕洛阿潘河区[71]	SCRL	12	—	2	27	41	6
卡特马科区[72]	SCRL	8+	—	0	1	9	2
夸察夸尔科斯区[73]	SCRL	18+	—	0	2	20	4
特万特佩克区[74]	SCRL	6	—	0	42	48	6
格里哈尔瓦-乌苏马辛塔区[75]	SCRL	29+	—	0	12	41	6
尤卡坦区[76]	SCRL	12+	—	0	3	15	4

* 贻贝的数据不包括干旱地区、内陆和亚热带主要生境类型。+ 数据由 Dr.Salvador Contretas-Balderas 修改。

生态区	主要生境类型	特有物种百分比/%					特有性分值（依据主要生境类型）
		特有鱼类百分比	特有贻贝百分比	特有螯虾百分比	特有两栖及爬行动物百分比	特有种百分比总数*	
南哈得孙湾区[53]	ARL	0	0	0	0	0	0
东哈得孙湾区[54]	ARL	0	0	0	0	0	0
育空区[55]	ARL	10	100	0	0	110	0
麦肯齐河下游区[56]	ARL	0	0	0	0	0	0
麦肯齐河上游区[57]	ARL	0	0	0	0	0	0
北极北部区[58]	ARL	0	0	0	0	0	0
北极东部区[59]	ARL	0	0	0	0	0	0
北极群岛区[60]	ARL	0	0	0	0	0	0
苏必利尔湖区[43]	LTL	0	0	0	0	0	0
密歇根-休伦湖区[44]	LTL	1	0	0	0	1	2
伊利湖区[45]	LTL	0	0	0	0	0	0
安大略湖区[46]	LTL	0	0	0	0	0	0
中部大草原区[28]	THL	6	2	50	2	59	4
欧扎克高地区[29]	THL	6	6	71	0	84	4
沃希托高地区[30]	THL	6	6	62	2	75	4
南部平原区[31]	THL	2	0	20	0	22	2
泰斯-老俄亥俄区[34]	THL	12	14	47	5	78	4
田纳西-坎伯兰区[35]	THL	29	16	62	15	121	6
加拿大洛基山脉区[49]	THL	0	0	0	0	0	0
萨斯克彻温河上游区[50]	THL	0	0	0	0	0	0
萨斯克彻温河下游区[51]	THL	0	0	0	0	0	0
英格兰-温尼伯湖区[52]	THL	0	0	0	0	0	0

续表

续表

生态区	主要生境类型	特有物种百分比/%					特有性分值（依据主要生境类型）
		特有鱼类百分比	特有贻贝百分比	特有螯虾百分比	特有两栖及爬行动物百分比	特有种百分比总数*	
科罗拉多河区[12]	LTR	27	0	0	4	31	4
格兰德河上游区[15]	LTR	4	0	0	4	8	2
格兰德河下游区[20]	LTR	19	8	50	0	77	6
密西西比河区[24]	LTR	1	2	8	0	10	2
密西西比湾区[25]	LTR	5	3	58	3	69	6
密苏里河上游区[26]	LTR	0	0	0	0	0	0
密苏里河中游区[27]	LTR	0	0	0	0	0	0
邦纳维尔区[8]	ERLS	33	0	0	0	33	2
拉洪坦区[9]	ERLS	44	0	0	8	52	4
俄勒冈湖泊区[10]	ERLS	38	0	0	0	38	2
死亡谷区[11]	ERLS	67	0	0	36	103	6
古兹曼区[16]	ERLS	50	0	100	0	150	6
马皮米区[19]	ERLS	50	—	100	2	152	6
萨拉多平原区[66]	ERLS	89	—	33	0	122	6
莱尔马河区[69]	ERLS	63	—	100	23	185	6
南太平洋沿海区[7]	XRLS	19	0	0	2	21	2
维加斯–圣母河区[13]	XRLS	55	0	0	13	67	4
希拉河区[14]	XRLS	37	0	0	4	41	4
孔乔斯河区[17]	XRLS	25	—	0	0	25	2
佩科斯河区[18]	XRLS	13	0	0	0	13	2
萨拉多河区[21]	XRLS	15	—	0	0	15	2
科瓦特西尼加斯区[22]	XRLS	42	—	0	3	45	4
圣胡安河区[23]	XRLS	14	—	100	2	116	6
查帕拉区[65]	XRLS	93	—	100	0	193	6
贝尔德河源头区[67]	XRLS	82	—	0	0	82	4
索诺兰沙漠区[61]	XRLS	62	—	0	0	62	4
北太平洋沿海区[1]	TCRL	3	0	0	5	9	2
哥伦比亚河流域冰封区[2]	TCRL	0	0	0	0	0	0
哥伦比亚河流域未冰封区[3]	TCRL	11	0	20	0	31	4
斯内克河上游区[4]	TCRL	7	0	0	0	7	2
太平洋中部沿海区[5]	TCRL	29	0	0	7	36	4
太平洋中央山谷区[6]	TCRL	29	20	25	19	93	6
东得克萨斯湾区[32]	TCRL	5	11	41	17	74	6
莫比尔湾区[36]	TCRL	25	26	65	5	121	6
阿巴拉契科拉区[37]	TCRL	8	18	61	4	91	6
佛罗里达湾区[38]	TCRL	6	23	57	6	91	6
南大西洋区[40]	TCRL	27	32	70	7	136	6
切萨皮克湾区[41]	TCRL	7	18	0	0	25	4
北大西洋区[42]	TCRL	2	0	0	3	5	2
圣劳伦斯河下游区[47]	TCRL	2	0	0	0	2	2

续表

续表

生态区	主要生境类型	特有物种百分比/%					特有性分值（依据主要生境类型）
		特有鱼类百分比	特有贻贝百分比	特有螯虾百分比	特有两栖及爬行动物百分比	特有种百分比总数*	
北大西洋–昂加瓦湾区[48]	TCRL	0	0	0	0	0	0
西得克萨斯湾区[33]	SCRL	11	0	56	0	67	4
佛罗里达区[39]	SCRL	8	31	81	5	124	6
锡那罗亚沿海区[62]	SCLR	11	—	50	0	61	4
圣地亚哥区[63]	SCRL	11	—	33	1	46	4
马南特兰–阿梅卡区[64]	SCRL	56	—	0	2	58	4
塔毛利帕斯–韦拉克鲁斯区[68]	SCRL	31	—	85	15	131	6
巴尔萨斯河区[70]	SCRL	47	—	60	16	123	6
帕帕洛阿潘河区[71]	SCRL	17	—	33	26	75	4
卡特马科区[72]	SCRL	80	—	0	2	82	4
夸察夸尔科斯区[73]	SCRL	31	—	0	3	34	2
特万特佩克区[74]	SCRL	21	—	0	34	54	4
格里哈尔瓦–乌苏马辛塔区[75]	SCRL	41	—	0	15	56	4
尤卡坦区[76]	SCRL	24	—	0	5	31	2

*贻贝的数据不包括干旱地区、内陆和亚热带主要生境类型。

生态区	主要生境类型	生物特异性排序					最终生物特异性分类
		丰富度分值	特有性分值	丰富度和特有性总分值	生物特异性分类	特有现象分类	
南哈得孙湾区[53]	ARL	3	0	3	国家重点	—	国家重点
东哈得孙湾区[54]	ARL	2	0	2	国家重点	—	国家重点
育空区[55]	ARL	2	6	8	北美显著	—	北美显著
麦肯齐河下游区[56]	ARL	2	0	2	国家重点	—	国家重点
麦肯齐河上游区[57]	ARL	3	0	3	国家重点	—	国家重点
北极北部区[58]	ARL	1	0	1	国家重点	北美显著	北美显著
北极东部区[59]	ARL	1	0	1	国家重点	—	国家重点
北极群岛区[60]	ARL	1	0	1	国家重点	北美显著	北美显著
苏必利尔湖区[43]	LTL	1	0	1	国家重点	北美显著	北美显著
密歇根–休伦湖区[44]	LTL	3	2	5	生物区显著	北美显著	北美显著
伊利湖区[45]	LTL	3	0	3	国家重点	—	国家重点
安大略湖区[46]	LTL	2	0	2	国家重点	—	国家重点
中部大草原区[28]	THL	2	4	6	生物区显著	—	生物区显著
欧扎克高地区[29]	THL	2	4	6	生物区显著	—	生物区显著
沃希托高地区[30]	THL	2	4	6	生物区显著	—	生物区显著
南部平原区[31]	THL	1	2	3	国家重点	—	国家重点

生态区	主要生境类型	生物特异性排序				特有现象分类	最终生物特异性分类
		丰富度分值	特有性分值	丰富度和特有性总分值	生物特异性分类		
泰斯–老俄亥俄区[34]	THL	3	6	9	全球显著	—	全球显著
田纳西–坎伯兰区[35]	THL	3	6	9	全球显著	—	全球显著
加拿大洛基山脉区[49]	THL	1	0	1	国家重点	北美显著	北美显著
萨斯克彻温河上游区[50]	THL	1	0	1	国家重点	—	国家重点
萨斯克彻温河下游区[51]	THL	1	0	1	国家重点	北美显著	北美显著
英格兰–温尼伯湖区[52]	THL	1	0	1	国家重点	北美显著	北美显著
科罗拉多河区[12]	LTR	1	4	5	生物区显著	北美显著	北美显著
格兰德河上游区[15]	LTR	1	2	3	国家重点	北美显著	北美显著
格兰德河下游区[20]	LTR	2	6	8	北美显著	北美显著	北美显著
密西西比河区[24]	LTR	3	2	5	生物区显著	—	生物区显著
密西西比湾区[25]	LTR	3	6	9	全球显著	北美显著	全球显著
密苏里河上游区[26]	LTR	1	0	1	国家重点	—	国家重点
密苏里河中游区[27]	LTR	2	0	2	国家重点	—	国家重点
邦纳维尔区[8]	ERLS	1	4	5	生物区显著	北美显著	北美显著
拉洪坦区[9]	ERLS	1	4	5	生物区显著	北美显著	北美显著
俄勒冈湖泊区[10]	ERLS	1	2	3	国家重点	—	国家重点
死亡谷区[11]	ERLS	1	6	7	北美显著	北美显著	北美显著
古兹曼区[16]	ERLS	2	6	8	北美显著	北美显著	北美显著
马皮米区[19]	ERLS	2	6	8	北美显著	北美显著	北美显著
萨拉多平原区[66]	ERLS	2	6	8	北美显著	北美显著	北美显著
莱尔马河区[69]	ERLS	3	6	9	全球显著	全球显著	全球显著
南太平洋沿海区[7]	XRLS	3	2	5	生物区显著	北美显著	北美显著
维加斯–圣母河区[13]	XRLS	1	4	5	生物区显著	北美显著	北美显著
希拉河区[14]	XRLS	1	4	5	生物区显著	北美显著	北美显著
孔乔斯河区[17]	XRLS	3	6	9	全球显著	北美显著	全球显著
佩科斯河区[18]	XRLS	3	4	7	北美显著	北美显著	北美显著
萨拉多河区[21]	XRLS	3	2	5	生物区显著	北美显著	北美显著
科瓦特西尼加斯区[22]	XRLS	2	4	6	生物区显著	全球显著	全球显著
圣胡安区[23]	XRLS	3	6	9	全球显著	北美显著	全球显著
查帕拉区[65]	XRLS	2	6	8	北美显著	全球显著	全球显著
贝尔德河源头区[67]	XRLS	1	4	5	生物区显著	全球显著	全球显著

续表

生态区	主要生境类型	生物特异性排序				特有现象分类	最终生物特异性分类
		丰富度分值	特有性分值	丰富度和特有性总分值	生物特异性分类		
索诺兰沙漠区[61]	XRLS	2	4	6	生物区显著	北美显著	北美显著
北太平洋沿海区[1]	TCRL	1	2	3	国家重点	北美显著	北美显著
哥伦比亚河流域冰封区[2]	TCRL	1	0	1	国家重点	—	国家重点
哥伦比亚河流域未冰封区[3]	TCRL	1	4	5	生物区显著	北美显著	北美显著
斯内克河上游区[4]	TCRL	1	2	3	国家重点	—	国家重点
太平洋中部沿海区[5]	TCRL	1	4	5	生物区显著	北美显著	北美显著
太平洋中央山谷区[6]	TCRL	1	6	7	北美显著	全球显著	全球显著
东得克萨斯湾区[32]	TCRL	2	6	8	北美显著	北美显著	北美显著
莫比尔湾区[36]	TCRL	3	6	9	全球显著	—	全球显著
阿巴拉契科拉区[37]	TCRL	2	6	8	北美显著	—	北美显著
佛罗里达湾区[38]	TCRL	2	6	8	北美显著	—	北美显著
南大西洋区[40]	TCRL	3	6	9	全球显著	北美显著	全球显著
切萨皮克湾区[41]	TCRL	2	4	6	生物区显著	北美显著	北美显著
北大西洋区[42]	TCRL	2	2	4	国家重点	—	国家重点
圣劳伦斯河下游区[47]	TCRL	2	2	4	国家重点	北美显著	北美显著
北大西洋-昂加瓦湾区[48]	TCRL	1	0	1	国家重点	—	国家重点
西得克萨斯湾区[33]	SCRL	1	4	5	生物区显著	北美显著	北美显著
佛罗里达区[39]	SCRL	3	6	9	全球显著	全球显著	全球显著
锡那罗亚沿海区[62]	SCRL	1	4	5	生物区显著	—	北美显著
圣地亚哥区[63]	SCRL	1	4	5	生物区显著	北美显著	北美显著
马南特兰-阿梅卡区[64]	SCRL	1	4	5	生物区显著	全球显著	全球显著
塔毛利帕斯-韦拉克鲁斯区[68]	SCRL	3	6	9	全球显著	全球显著	全球显著
巴尔萨斯河区[70]	SCRL	1	6	7	北美显著	北美显著	北美显著
帕帕洛阿潘河区[71]	SCRL	2	6	8	北美显著	北美显著	北美显著
卡特马科区[72]	SCRL	1	4	5	生物区显著	全球显著	全球显著
夸察夸尔科斯区[73]	SCRL	2	4	6	生物区显著	北美显著	北美显著
特万特佩克区[74]	SCRL	2	6	8	北美显著	—	北美显著
格里哈尔瓦-乌苏马辛塔区[75]	SCRL	2	6	8	北美显著	北美显著	北美显著
尤卡坦区[76]	SCRL	1	4	5	生物区显著	北美显著	北美显著

附录D 保存现状评估和评分

生态区	主要生境类型	土地覆盖（流域）变化程度（0～4）	水质退化（0～4）	水文完整性变化（0～4）	生境破碎化程度（0～4）	原始完整生境的额外损失（0～4）	外来物种的影响（0～4）	物种直接开发利用（0～4）
南哈得孙湾区[53]	ARL	2	1	1.5	2	1	0	1
东哈得孙湾区[54]	ARL	3	1	4	3.5	1	0	1
育空区[55]	ARL	2	2	1	1	2	0	1.5
麦肯齐河下游区[56]	ARL	1	1	0	0	1	0	2
麦肯齐河上游区[57]	ARL	2.5	2	0	2.5	2	1	2
北极北部区[58]	ARL	1	1	0	0	1	0	2
北极东部区[59]	ARL	1	1	0	0	1	0	1
北极群岛区[60]	ARL	1	1	0	0	1	0	1
苏必利尔湖区[43]	LTL	3	1	2	2	1	4	2
密歇根–休伦湖区[44]	LTL	3	4	2	3	2	4	3
伊利湖区[45]	LTL	4	4	2	3	1	4	3.5
安大略湖区[46]	LTL	4	4	2	3	2.5	4	3
中部大草原区[28]	THL	2.5	2	2	1	0	1	0
欧扎克高地区[29]	THL	1.5	1	2	1	0	1	0
沃希托高地区[30]	THL	2	1	3	3	0	1	0
南部平原区[31]	THL	4	4	4	4	0	1	0
泰斯–老俄亥俄区[34]	THL	2.5	2.5	3	2	1	2	1.5
田纳西–坎伯兰区[35]	THL	2.5	2	3.5	2.5	2	1.5	1.5
加拿大洛基山脉区[49]	THL	3	1	2	2	1	1.5	2
萨斯克彻温河上游区[50]	THL	3	2.5	3.5	3.5	2	1.5	2
萨斯克彻温河下游区[51]	THL	3	2.5	2.5	2.5	1	0	2
英格兰–温尼伯湖区[52]	THL	3	3	2.5	3	1	1.5	3
科罗拉多河区[12]	LTR	3	4	4	4	4	4	1
格兰德河上游区[15]	LTR	4	2	4	4	4	3	1
格兰德河下游区[20]	LTR	4	4	4	3	4	4	1
密西西比河区[24]	LTR	4	3	3.5	3.5	0	2	2
密西西比湾区[25]	LTR	3	3	4	4	3	1	2

生态区	主要生境类型	土地覆盖（流域）变化程度（0～4）	水质退化（0～4）	水文完整性变化（0～4）	生境破碎化程度（0～4）	原始完整生境的额外损失（0～4）	外来物种的影响（0～4）	物种直接开发利用（0～4）
密苏里河上游区[26]	LTR	4	3	4	4	0	0	0
密苏里河中游区[27]	LTR	4	4	3	3	0	1	0
邦纳维尔区[8]	ERLS	2	3	4	3	3	3	1
拉洪坦区[9]	ERLS	3	3	4	3	4	4	1
俄勒冈湖泊区[10]	ERLS	2	3	3	2	4	4	0
死亡谷区[11]	ERLS	3	2	3	2	3	3	0
古兹曼区[16]	ERLS	3	3	4	4	4	3	1
马皮米区[19]	ERLS	3	3	3	4	4	3	1
萨拉多平原区[66]	ERLS	4	4	4	4	0	4	4
莱尔马河区[69]	ERLS	4	4	3	3	4	3	1
南太平洋沿海区[7]	XRLS	4	4	4	4	3	4	1
维加斯-圣母河区[13]	XRLS	3	4	2	2	3	4	0
希拉河区[14]	XRLS	4	4	4	3	4	4	1
孔乔斯河区[17]	XRLS	3	2	4	4	4	3	1
佩科斯河区[18]	XRLS	2	3	3	3	4	3	1
萨拉多河区[21]	XRLS	3	2	4	2	2	2	0
科瓦特西尼加斯区[22]	XRLS	2	1	1	1	2	4	0
圣胡安河区[23]	XRLS	4	4	4	2	4	2	0
查帕拉区[65]	XRLS	3	4	4	2	0	2	1
贝尔德河源头区[67]	XRLS	4	4	1	1	0	4	3
索诺兰沙漠区[61]	XRLS	1	1	1	1	0	3	3
北太平洋沿海区[1]	TCRL	2.5	1.5	2.5	2.5	1.5	1	3
哥伦比亚河流域冰封区[2]	TCRL	3	3	4	3	3	2	3
哥伦比亚河流域未冰封区[3]	TCRL	3	3	4	3	3	2	3
斯内克河上游区[4]	TCRL	3	3	4	3	3	3	2
太平洋中部沿海区[5]	TCRL	4	2	2	3	3	3	3
太平洋中央山谷区[6]	TCRL	4	3	4	4	4	4	3
东得克萨斯湾区[32]	TCRL	3	1	4	4	0	1	1
莫比尔湾区[36]	TCRL	4	3	4	4	3	1	1
阿巴拉契科拉区[37]	TCRL	4	4	4	4	3	2	1
佛罗里达湾区[38]	TCRL	4	3	4	1	2	1	1
南大西洋区[40]	TCRL	4	3	4	4	2	2	1
切萨皮克湾区[41]	TCRL	3	3	3	3	2	1	1
北大西洋区[42]	TCRL	3	2.5	3	3	2	1	1
圣劳伦斯河下游区[47]	TCRL	3	4	1	3	2.5	3	2.5
北大西洋-昂加瓦湾区[48]	TCRL	2	2	3	2	0	1	2
西得克萨斯湾区[33]	SCRL	3.5	1	4	4	0	1	1
佛罗里达区[39]	SCRL	4	3	4	4	4	2.5	1
锡那罗亚沿海区[62]	SCRL	3	4	3	2	0	2	1
圣地亚哥区[63]*	SCRL	—	—	—	—	—	—	—
马南特兰-阿梅卡区[64]	SCRL	2	2	2	1	3	1	1
塔毛利帕斯-韦拉克鲁斯区[68]	SCRL	3	2	2	2	2	2	2
巴尔萨斯河区[70]	SCRL	3	3	3	3	2	4	1
帕帕洛阿潘河区[71]	SCRL	2	3	3	2	2	2	2
卡特马科区[72]	SCRL	1	2	1	1	1	2	3
夸察夸尔科斯区[73]	SCRL	3	3	3	2	3	2	2

生态区	主要生境类型	土地覆盖（流域）变化程度（0~4）	水质退化（0~4）	水文完整性变化（0~4）	生境破碎化程度（0~4）	原始完整生境的额外损失	外来物种的影响（0~4）	物种直接开发利用（0~4）
特万特佩克区[74]	SCRL	2	2	2	2	3	2	2
格里哈尔瓦-乌苏马辛塔区[75]	SCRL	3	3	2	2	2	3	2
尤卡坦区[76]	SCRL	3	2	2	1	3	1	1

＊表示无可用的保存现状数据；等级源自 Olson 等（1997）。

生态区	主要生境类型	土地覆盖（流域）变化程度（加权）	水质退化（加权）	水文完整性变化（加权）	生境破碎化程度（加权）	原始完整生境的额外损失（加权）	外来物种的影响（加权）	物种直接开发利用（加权）
南哈得孙湾区[53]	ARL	2	1	1.5	2	1	0	1
东哈得孙湾区[54]	ARL	3	1	4	3.5	1	0	1
育空区[55]	ARL	2	2	1	1	2	0	1.5
麦肯齐河下游区[56]	ARL	1	1	0	0	1	0	2
麦肯齐河上游区[57]	ARL	2.5	2	0	2.5	2	1	2
北极北部区[58]	ARL	1	1	0	0	1	0	2
北极东部区[59]	ARL	1	1	0	0	1	0	1
北极群岛区[60]	ARL	1	1	0	0	1	0	1
苏必利尔湖区[43]	LTL	3	2	2	2	1	8	2
密歇根-休伦湖区[44]	LTL	3	8	2	3	2	8	3
伊利湖区[45]	LTL	4	8	2	3	1	8	3.5
安大略湖区[46]	LTL	4	8	2	3	2.5	8	3
中部大草原区[28]	THL	5	2	4	2	0	2	0
欧扎克高地区[29]	THL	3	1	4	2	0	2	0
沃希托高地区[30]	THL	4	1	6	6	0	2	0
南部平原区[31]	THL	8	4	8	8	0	2	0
泰斯-老俄亥俄区[34]	THL	5	2.5	6	4	1	4	1.5
田纳西-坎伯兰区[35]	THL	5	2	7	5	2	3	1.5
加拿大洛基山脉区[49]	THL	6	1	4	4	1	3	2
萨斯克彻温河上游区[50]	THL	6	2.5	7	7	2	3	2
萨斯克彻温河下游区[51]	THL	6	2.5	5	5	1	0	2
英格兰-温尼伯湖区[52]	THL	6	3	5	6	1	3	3
科罗拉多河区[12]	LTR	6	4	8	8	4	4	1
格兰德河上游区[15]	LTR	8	2	8	8	4	3	1
格兰德河下游区[20]	LTR	8	4	8	6	4	4	1
密西西比河区[24]	LTR	8	3	7	7	0	2	2
密西西比湾区[25]	LTR	6	3	8	8	3	1	2
密苏里河上游区[26]	LTR	8	3	8	8	0	0	0
密苏里河中游区[27]	LTR	8	4	6	6	0	1	0
邦纳维尔区[8]	ERLS	4	6	12	6	6	6	2
拉洪坦区[9]	ERLS	6	6	12	6	8	8	2
俄勒冈湖泊区[10]	ERLS	4	6	9	4	8	8	0
死亡谷区[11]	ERLS	6	4	9	4	6	6	2
古兹曼区[16]	ERLS	6	6	12	8	8	6	2
马皮米区[19]	ERLS	6	6	9	8	8	6	2

生态区	主要生境类型	土地覆盖（流域）变化程度（加权）	水质退化（加权）	水文完整性变化（加权）	生境破碎化程度（加权）	原始完整生境的额外损失（加权）	外来物种的影响（加权）	物种直接开发利用（加权）
萨拉多平原区[66]	ERLS	8	8	12	8	0	8	8
莱尔马河区[69]	ERLS	8	8	9	6	4	6	2
南太平洋沿海区[7]	XRLS	8	12	12	8	6	6	2
维加斯–圣母河区[13]	XRLS	6	12	6	4	6	8	0
希拉河区[14]	XRLS	8	12	12	6	8	8	2
孔乔斯河区[17]	XRLS	6	6	12	8	8	6	2
佩科斯河区[18]	XRLS	4	9	9	6	8	6	2
萨拉多河区[21]	XRLS	6	6	12	4	4	4	0
科瓦特西尼加斯区[22]	XRLS	4	3	3	2	4	8	0
圣胡安河区[23]	XRLS	8	12	12	4	8	4	0
查帕拉区[65]	XRLS	6	12	12	4	0	4	2
贝尔德河源头区[67]	XRLS	8	12	3	2	0	8	6
索诺兰沙漠区[61]	XRLS	2	3	3	2	0	6	6
北太平洋沿海区[1]	TCRL	5	1.5	5	5	1.5	1	6
哥伦比亚河流域冰封区[2]	TCRL	6	3	8	6	3	2	6
哥伦比亚河流域未冰封区[3]	TCRL	6	3	8	6	3	2	6
斯内克河上游区[4]	TCRL	6	3	8	6	3	3	4
太平洋中部沿海区[5]	TCRL	8	2	4	6	3	3	6
太平洋中央山谷区[6]	TCRL	8	3	8	8	4	4	6
东得克萨斯湾区[32]	TCRL	6	1	8	8	0	1	2
莫比尔湾区[36]	TCRL	8	3	8	8	3	1	2
阿巴拉契科拉区[37]	TCRL	8	4	8	8	3	2	2
佛罗里达湾区[38]	TCRL	8	3	4	2	2	1	2
南大西洋区[40]	TCRL	8	3	8	8	2	2	2
切萨皮克湾区[41]	TCRL	6	3	6	6	2	1	2
北大西洋区[42]	TCRL	6	2.5	6	6	2	1	2
圣劳伦斯河下游区[47]	TCRL	6	4	2	6	2.5	3	5
北大西洋–昂加瓦湾区[48]	TCRL	4	2	6	4	0	1	4
西得克萨斯湾区[33]	SCRL	7	1	8	8	0	1	2
佛罗里达区[39]	SCRL	8	3	8	8	4	2.5	2
锡那罗亚沿海区[62]	SCRL	6	4	6	4	0	2	2
圣地亚哥区[63]*	SCRL	—	—	—	—	—	—	—
马南特兰–阿梅卡区[64]	SCRL	4	2	4	2	3	1	2
塔毛利帕斯–韦拉克鲁斯区[68]	SCRL	6	2	4	4	2	2	4
巴尔萨斯河区[70]	SCRL	6	3	6	6	2	4	2
帕帕洛阿潘河区[71]	SCRL	4	3	6	4	2	2	4
卡特马科区[72]	SCRL	2	2	2	2	1	2	6
夸察夸尔科斯区[73]	SCRL	6	3	6	4	3	2	4
特万特佩克区[74]	SCRL	4	2	4	4	3	2	4
格里哈尔瓦–乌苏马辛塔区[75]	SCRL	6	3	4	4	2	3	4
尤卡坦区[76]	SCRL	6	2	4	2	3	1	2

* 表示无可用的保存现状数据；等级源自 Olson 等（1997）。

生态区	主要生境类型	保存现状指标加权值总和	概况评估值/%**	保存现状等级（1～5）	未来威胁的可能性（高-中-低）	经未来威胁调整的最终保存现状（1～5）	最终保存现状分类
南哈得孙湾区[53]	ARL	8.5	26.6	1	中	1	相对完整
东哈得孙湾区[54]	ARL	13.5	42.2	2	中	2	相对稳定
育空区[55]	ARL	9.5	29.7	1	中	1	相对完整
麦肯齐河下游区[56]	ARL	5	15.6	1	低	1	相对完整
麦肯齐河上游区[57]	ARL	12	37.5	2	高	3	易危
北极北部区[58]	ARL	5	15.6	1	低	1	相对完整
北极东部区[59]	ARL	4	12.5	1	低	1	相对完整
北极群岛区[60]	ARL	4	12.5	1	低	1	相对完整
苏必利尔湖区[43]	LTL	20	55.6	3	中	3	易危
密歇根–休伦湖区[44]	LTL	29	80.6	4	高	5	极危
伊利湖区[45]	LTL	29.5	81.9	4	高	5	极危
安大略湖区[46]	LTL	30.5	84.7	4	高	5	极危
中部大草原区[28]	THL	15	34.1	2	中	2	相对稳定
欧扎克高地区[29]	THL	12	27.3	1	低	1	相对完整
沃希托高地区[30]	THL	19	43.2	2	中	2	相对稳定
南部平原区[31]	THL	30	68.2	3	低	3	易危
泰斯–老俄亥俄区[34]	THL	24	54.5	3	低	3	易危
田纳西–坎伯兰区[35]	THL	25.5	58	3	高	4	濒危
加拿大洛基山脉区[49]	THL	21	47.7	2	高	3	易危
萨斯克彻温河上游区[50]	THL	29.5	67	3	高	4	濒危
萨斯克彻温河下游区[51]	THL	21.5	48.9	2	低	2	相对稳定
英格兰–温尼伯湖区[52]	THL	27	61.4	3	中	3	易危
科罗拉多河区[12]	LTR	35	87.5	5	高	5	极危
格兰德河上游区[15]	LTR	34	85	4	高	5	极危
格兰德河下游区[20]	LTR	35	87.5	5	高	5	极危
密西西比河区[24]	LTR	29	72.5	4	中	4	濒危
密西西比湾区[25]	LTR	31	77.5	4	高	5	极危
密苏里河上游区[26]	LTR	27	67.5	3	低	3	易危
密苏里河中游区[27]	LTR	25	62.5	3	低	3	易危
邦纳维尔区[8]	ERLS	42	70	3	高	4	濒危
拉洪坦区[9]	ERLS	48	80	4	高	5	极危
俄勒冈湖泊区[10]	ERLS	39	65	3	中	3	易危
死亡谷区[11]	ERLS	35	58.3	3	中	3	易危
古兹曼区[16]	ERLS	48	80	4	高	5	极危
马皮米区[19]	ERLS	45	75	4	高	5	极危
萨拉多平原区[66]	ERLS	52	86.7	5	高	5	极危
莱尔马河区[69]	ERLS	43	71.7	4	高	5	极危
南太平洋沿海区[7]	XRLS	54	84.4	4	高	5	极危
维加斯–圣母河区[13]	XRLS	42	65.6	3	高	4	濒危
希拉河区[14]	XRLS	56	87.5	5	高	5	极危
孔乔斯河区[17]	XRLS	48	75	4	高	5	极危
佩科斯河区[18]	XRLS	44	68.8	3	高	4	濒危
萨拉多河区[21]	XRLS	36	56.3	3	高	4	濒危
科瓦特西尼加斯区[22]	XRLS	24	37.5	2	高	3	易危
圣胡安河区[23]	XRLS	48	75	4	中	4	濒危
查帕拉区[65]	XRLS	40	62.5	3	高	4	濒危

生态区	主要生境类型	保存现状指标加权值总和	概况评估值/%**	保存现状等级（1～5）	未来威胁的可能性（高–中–低）	经未来威胁调整的最终保存现状（1～5）	最终保存现状分类
贝尔德河源头区[67]	XRLS	39	60.9	3	高	4	濒危
索诺兰沙漠区[61]	XRLS	22	34.4	2	中	2	相对稳定
北太平洋沿海区[1]	TCRL	25	56.8	3	高	4	濒危
哥伦比亚河流域冰封区[2]	TCRL	34	77.3	4	中	4	濒危
哥伦比亚河流域未冰封区[3]	TCRL	34	77.3	4	中	4	濒危
斯内克河上游区[4]	TCRL	33	75	4	中	4	濒危
太平洋中部沿海区[5]	TCRL	32	72.7	4	高	5	极危
太平洋中央山谷区[6]	TCRL	41	93.2	5	高	5	极危
东得克萨斯湾区[32]	TCRL	26	59.1	3	中	3	易危
莫比尔湾区[36]	TCRL	33	75	4	高	5	极危
阿巴拉契科拉区[37]	TCRL	35	79.5	4	高	5	极危
佛罗里达湾区[38]	TCRL	22	50	2	中	2	相对稳定
南大西洋区[40]	TCRL	33	75	4	高	5	极危
切萨皮克湾区[41]	TCRL	26	59.1	3	高	4	濒危
北大西洋区[42]	TCRL	25.5	58	3	高	4	濒危
圣劳伦斯河下游区[47]	TCRL	28.5	64.8	3	高	4	濒危
北大西洋–昂加瓦湾区[48]	TCRL	21	47.7	2	高	3	易危
西得克萨斯湾区[33]	SCRL	27	61.4	3	中	3	易危
佛罗里达区[39]	SCRL	35.5	80.7	4	高	5	极危
锡那罗亚沿海区[62]	SCRL	24	54.5	3	高	4	濒危
圣地亚哥区[63]*	SCRL			3	高	4	濒危
马南特兰–阿梅卡区[64]	SCRL	18	40.9	2	中	2	相对稳定
塔毛利帕斯–韦拉克鲁斯区[68]	SCRL	24	54.5	3	高	4	濒危
巴尔萨斯河区[70]	SCRL	29	65.9	3	高	4	濒危
帕帕洛阿潘河区[71]	SCRL	25	56.8	3	高	4	濒危
卡特马科区[72]	SCRL	17	38.6	2	低	2	相对稳定
夸察夸尔科斯区[73]	SCRL	28	63.6	3	高	4	濒危
特万特佩克区[74]	SCRL	23	52.3	3	中	3	易危
格里哈尔瓦–乌苏马辛塔区[75]	SCRL	26	59.1	3	中	3	易危
尤卡坦区[76]	SCRL	20	45.5	2	中	2	相对稳定

* 表示无可用的保存现状数据；等级源自 Olson 等（1997）。** 表示与相对应主要生境类型总的最高可能得分的百分比值。

附录E　生物特异性与保存现状数据的统计分析

一、基于主要生境类型的生物多样性格局

为确定不同的主要生境类型是否表现出不同的物种丰富度和特有性模式，我们将主要生境类型作为分类因素，对鱼、螯虾和爬行动物的丰富度、特有物种数量和特有物种百分比数据进行了单向（固定效应）方差分析。对于鱼类的丰富度和特有物种百分比而言，两者在不同主要生境类型间存在显著差异（两者 $p < 0.000\ 05$）；当 $\alpha = 0.05$（$p = 0.2441$）时，鱼类特有物种数量无显著性差异。在不同主要生境类型中有显著差异的是螯虾丰富度（$p = 0.0115$）、蚌类丰富度（$p = 0.0100$）和爬行动物丰富度（$p < 0.000\ 05$），以及爬行动物特有物种数量（$p = 0.0055$）和爬行动物特有物种百分比（$p = 0.0321$），但螯虾特有物种数量（$p = 0.0950$）、螯虾特有物种百分比（$p = 0.1753$）、蚌类特有物种数量（$p = 0.2796$）或蚌类特有物种百分比（$p = 0.6183$）无显著性差异。

这些结果证实，生物特异性指数分析是对各生态区的一个直接比较，因不考虑主要生境类型，有可能低估了某些生境类型内大部分甚至是全部的生态区（如旱生和北极生境类型），因为这些生态区物种数量很少。同样，生物特异性指数分析还表明，特有物种百分比统计（特有种的数量除以总物种数量）往往与单纯的特有物种数量所反映的信息不同。这可以通过鱼类的丰富度、特有鱼类数量和特有鱼类百分比之间的相关性得到证实。鱼类的丰富度和特有鱼类数量两者有一定正相关（$r = 0.4988$，$p < 0.0005$），但鱼类丰富度和特有鱼类百分比之间存在显著的负相关（$r = -0.3463$，$p = 0.002$）。对于特有鱼类百分比来说，往往是土著鱼类数量越多的地方鱼类丰富度越低。该发现肯定了使用特有物种的百分比作为生物特异性指数的指标的正确性，否则那些物种贫乏的生态区的高特有性将会丢失。

同样的情形在螯虾、蚌类或者爬行动物中未被发现；但是，对于螯虾而言，其物种的丰富度和特有种百分比之间的相关性是显著和正相关的（不是负相关的，如鱼类），大体上其物种的丰富度和特有物种数量二者相关性较弱（$r = 0.9656$，$p < 0.0005$）。类似的，对于爬行类动物而言，它们物种丰富度和特有物种数量（$r = 0.6613$，$p < 0.0005$）以及特有种百分比（$r = 0.4565$，$p < 0.0005$）之间的相关性也是显著正相

关的。对于蚌类，它们物种的丰富度和特有物种数量之间呈显著正相关（$r=0.7861$，$p<0.0005$），但是其物种丰富度和特有种百分比之间相关性并不显著（$p=0.129$）。

为了进一步探讨各主要生境类型的差异，还采用了均值成对比较的方法。采用保守的 Tukey-HSD 检验，在显著性水平为 0.05 时，发现任意两个主要生境类型之间的显著差异仅存在于鱼类丰富度、鱼类特有种比例、河蚌丰富度、爬行类生物丰富度和爬行类动物特有物种数量。对于鱼类物种丰富度来说，内陆河流/湖泊/泉（低丰富度）物种丰富度明显比温带沿海地区河流/湖泊/泉及大型温带河流低。此外，温带源头水/湖泊/泉的物种明显比干旱地区河流/湖泊/泉要多；同样也要比北极地区河流/湖泊及亚热带沿海地区河流/湖泊/泉的物种多。对于鱼类特有物种比例，内陆和高均值的干旱地区主要生境类型显著不同于所有其他主要生境类型（除亚热带沿海水系和干旱地区生态区），并且亚热带沿海主要生境类型比北极和温带源头水/湖泊主要生境类型的值明显更高。

就蚌类丰富度来说，温带源头水/湖泊的物种丰富度显著高于北极地区河流/湖泊（内陆和干旱地区主要生境类型由于没有数据，因此不包括在统计分析之内）。

对于爬行类生物丰富度来说，亚热带沿海地区河流/湖泊/泉物种丰富度显著高于其他的主要生境类型，而北极地区生态区物种丰富度平均比大型河流和温带沿海主要生境类型要低。对于爬行类动物特有物种数量而言，亚热带沿海地区河流/湖泊/泉特有物种数量比北极、干旱地区、大型河流、温带沿海和源头水地区都多。

这种两两比较的研究有助于突出各主要生境类型中最显著的差异。这些数据表明，内陆和干旱地区河流系统的鱼类丰富度平均上是远不如其他多数主要生境类型的，但这些生境具有高度的特有物种比率。螯虾的生物多样性似乎在主要生境类型间更均匀分布。符合预期的是，爬行类动物的丰富度和特有性在亚热带生态区最高，其主要是取决于蛙类多样化的组合。尽管似乎显而易见的是，温带源头水/湖泊极大地支持了贻贝类的多样性，但由于墨西哥数据缺乏，贻贝类的格局不易辨别。

对每个主要生境类型生物特异性指数指标均值的直接检验再次表明，生物多样性的定量方法并不适用于全部的主要生境类型。主要生境类型的等级根据物种丰富度、特有物种数量，以及鱼类、螯虾和爬行类生物的特有物种比例指标而显著变化（表 3.1）。例如，大型温带湖泊鱼类物种数量很多，但在主要生境类型里的排序比大多数生境低。相比之下，内陆河流/湖泊/泉物种数量很少，但由于鱼类和爬行动物特有物种比例的原因而等级较高。从排序结果还可见，就物种的绝对数量而言，温带源头水/湖泊在大多数类别中生物多样性最高，而北极地区河流/湖泊生物多样性最低。

二、区系群组之间的多样性关系

由于对群组分布了解不足且数据缺乏，因此需要进行研究，该研究以鱼、螯虾、贻贝和选取的两栖动物和爬行类物种的生物多样性指数数据作为基础。我们假设这些群组可以作为其他类群分布的合理代表，特别是那些具有整个水生生活史的类群。虽然我们无法直接检验这个假设（因为我们没有其他类群的分布数据）的有效性，但我们能够检验这四个群体分布的对应关系。

皮尔森相关关系分析表明：鱼和虾丰富度（$r=0.8835$，$p<0.0005$）、鱼和贻贝丰富度（$r=0.9330$，$p<0.0005$）、贻贝和螯虾丰富度（$r=0.8873$，$p<0.0005$）、贻贝和爬行动物丰富度（$r=0.6291$，$p<0.0005$），以及鱼和螯虾的特有物种数量（$r=0.6925$，$p<0.0005$）、鱼和贻贝的特有物种数量（$r=0.8778$，$p<0.0005$）、贻贝和螯虾的特有物种数量（$r=0.8758$，$p<0.0005$）、贻贝和爬行动物的特有物种数量

（$r=0.6319$，$p<0.0005$）有强关联性。爬行类生物丰富度与鱼和螯虾丰富度均呈较弱相关（$r=0.2893$，$p<0.0005$；$r=0.4087$，$p<0.0005$），而爬行动物特有物种数量与鱼和螯虾特有物种数量相关性甚至更弱（$r=0.2893$，$p=0.011$；$r=0.4087$，$p=0.200$）。结果表明，通常有利于鱼类和螯虾保持较高的生物多样性的生境状况，同样有利于两栖动物和爬行动物，但是不同的机制可能导致水生爬行动物物种形成的局限性。

三、生态区的面积与生物多样性指标得分的关系

在划分生态区边界的时候没有考虑到生态区的大小范围，从而导致生态区的面积幅度很大（表E.1）。生态区面积范围最小的为 192 平方千米，最大的为 1 567 884 平方千米，平均面积为 278 584 平方千米。因为，在其他条件相同的情况下，我们可能会认为一个面积较大的生态区应该包含更多的物种，我们检验了这个假设，发现生态区的范围大小与物种数量并没有显著关系。

生态区面积和鱼、螯虾及爬行动物丰富度、特有物种数量和特有物种百分比之间的所有皮尔森相关性都是负相关（因为墨西哥数据的缺乏，贻贝类不在此研究中）。换言之，当生态区面积增加时，所有这些测度却减少了。然而，与鱼类丰富度、螯虾丰富度、螯虾特有物种数量和爬行动物特有物种数量的相关性均不显著。生态区面积与爬行动物物种丰富度呈中等程度的负相关（$r=0.4416$，$p<0.000\,05$），该现象的第一个解释是北极生态区的面积显著大于其他主要生境类型（平均面积大小为 908 005 平方千米），第二个解释是在这些生态区里爬行动物最少。生态区面积与鱼类特有物种数量（$r=-0.2899$，$p=0.011$）、鱼类特有物种百分比（$r=-0.4399$，$p<0.0005$）、螯虾特有物种百分比（$r=-0.3001$，$p=0.008$）和爬行动物特有物种百分比（$r=-0.2323$，$p=0.043$）之间均具有显著相关性，这些可以通过非常小生态区的划定来解释，因为这些小生态区的物种表现出高度本地化的分布特点。我们通过这些检验得出结论，即我们的假设是有效的，生态区的面积大小并没有对生物多样性的分析造成偏差。在每个主要生境类型内部也有着类似的相关性。与生态区面积唯一显著相关的是螯虾在亚热带生态区的数据（丰富度：$r=0.5611$，$p=0.046$；特有物种数量：$r=00.5763$，$p=0.039$；特有物种百分比：$r=0.6272$，$p=0.022$）。

表E.1　生态区的面积和纬度

生态区	面积/千米²	纬度/（°）	生态区	面积/千米²	纬度/（°）
育空区[55]	1 567 884	65	萨斯克彻温河下游区[51]	523 809	55
北极群岛区[60]	1 407 571	83	科罗拉多河区[12]	507 245	37
麦肯齐河下游区[56]	1 209 314	63	密西西比河区[24]	478 549	43
北太平洋沿海区[1]	928 013	61	南部平原区[31]	417 780	36
圣劳伦斯河下游区[47]	855 097	49	东得克萨斯湾区[32]	408 405	32
萨斯克彻温河上游区[50]	702 806	58	泰斯-老俄亥俄区[34]	373 887	39
密苏里河上游区[26]	678 741	46	北大西洋区[42]	335 412	48
英格兰-温尼伯湖区[52]	639 319	50	哥伦比亚河流域未冰封区[3]	322 518	45
北大西洋-昂加瓦湾区[48]	626 555	56	萨斯克彻温河上游区[50]	304 749	52
北极东部区[59]	624 339	64	南大西洋区[40]	295 608	35
南哈得孙湾区[53]	601 216	52	密西西比湾区[25]	258 675	33
北极北部区[58]	598 863	67	哥伦比亚河流域冰封区[2]	257 332	49
密苏里河中游区[27]	594,095	42	密歇根-休伦湖区[44]	250 901	46
东哈得孙湾区[54]	552 051	63	拉洪坦区[9]	213 556	40

续表

生态区	面积/千米²	纬度/(°)	生态区	面积/千米²	纬度/(°)
索诺兰沙漠区[61]	203 936	30	斯内克河上游地区[4]	92 848	43
马皮米区[19]	187 773	25	欧扎克高地区[29]	85 600	36
太平洋中央山谷区[6]	184 129	38	死亡谷区[11]	80 707	36
切萨皮克湾区[41]	179 243	40	尤卡坦区[76]	79 602	20
南太平洋沿海区[7]	170 320	29	伊利湖区[45]	79 527	43
格兰德河下游区[20]	162 576	30	西得克萨斯湾区[33]	75 596	28
佛罗里达区[39]	161 393	29	孔乔斯河区[17]	74 885	28
希拉河区[14]	159 875	33	莱尔马河区[69]	69 780	20
中部大草原区[28]	158 635	38	安大略湖区[46]	67 573	44
格兰德河上游区[15]	156 769	34	帕帕洛阿潘河区[71]	55 870	18
邦纳维尔区[8]	155 863	40	萨拉多平原区[66]	55 330	23
田纳西–坎伯兰区[35]	152 292	36	阿巴拉契科拉区[37]	54 403	32
格里哈尔瓦–乌苏马辛塔区[75]	136 290	18	马南特兰–阿梅卡区[64]	49 563	20
塔毛利帕斯–韦拉克鲁斯区[68]	132 524	22	萨拉多河区[21]	48 675	28
苏必利尔湖区[43]	128 464	50	俄勒冈州湖泊区[10]	47 925	43
锡那罗亚沿海区[62]	126 886	25	圣胡安河区[23]	46 677	26
莫比尔湾区[36]	115 514	33	加拿大洛基山脉区[49]	36 928	51
沃希托高地区[30]	115 370	34	佛罗里达湾区[38]	35 513	31
佩科斯河区[18]	114 782	33	维加斯–圣母河区[13]	34 565	37
巴尔萨斯河区[70]	114 547	19	夸察夸尔科斯区[73]	29 294	17
太平洋中部沿海区[5]	108 888	42	查帕拉区[65]	7 486	20
圣地亚哥区[63]	106 988	22	贝尔德河源头区[67]	4 859	22
古兹曼区[16]	97 442	30	科瓦特西尼加斯区[22]	492	27
特万特佩克区[74]	93 703	17	卡特马科区[72]	192	18

四、物种丰富度与纬度的关系

我们调查的是生态区纬度和物种丰富度之间的关系，众所周知，纬度越低，类群物种丰富度越高（见第 2 章）。利用地理信息系统，我们确定了每个生态区矩心的纬度。由于生态区是由复杂的多边形所组成的（如北极群岛），因此取所有多边形矩心的平均值。各生态区的中心纬度列于表 E.1。

为了研究纬度这个作为生态区内决定物种丰富度的潜在的强有力因素，我们通过皮尔森相关性检验生态区纬度与鱼、螯虾和爬行动物丰富度之间的相关性（因为墨西哥数据的缺乏，贻贝丰富度并不在研究中）。结果表明，纬度和鱼类螯虾丰富度相关性不显著，且呈负相关。然而，爬行类动物物种丰富度和纬度之间有很强的负相关关系（$r=-0.7400$，$p<0.0005$）；鉴于在墨西哥南部和中部两栖动物具有特别的多样性，所以这并不奇怪。虽然爬行类动物数据占生物多样性指数组成的 1/4，但该发现证明了亚热带与温带沿海水系是分离的。

由于爬行动物的丰富度与生态区的面积和纬度之间有着密切的关系，所以用多元线性回归分析法来进一步探讨这些关系。这些变量一起构成了一个 R^2 值等于 0.590 的模型（$p<0.0005$），用单独的纬度做一元线性回归分析则得到 R^2 值为 0.548 的模型（$p<0.0005$）。此外，爬行类动物相比北美的鱼类和螯虾类，更遵循既有的生物地理趋势，再次说明爬行类动物分布成形的过程可能跟其他动物区系有显著不同。鱼类和螯虾类多样性的差异不能类似地用纬度和面积来预测，这对该研究以及其他研究中生态区方法的使用有借鉴作用。

在主要生境类型内部中，与全部生态区的整体分析不同，一些区域物种丰富度和纬度之间呈显著负相关（北极生态区：鱼类和贻贝丰富度；源头水生态区：鱼、贻贝、螯虾、爬行动物丰富度；内陆生态区：爬行动物丰富度；干旱地区生态区：螯虾丰富度；沿海生态区：贻贝、螯虾、爬行类动物丰富度；亚热带生态区：贻贝丰富度）。这些结果并不意外，因为淡水系统的温度和物种分布之间存在密切关系。因为丰富度仅仅是我们分析中的一部分，而且我们的目标之一是识别出维持高物种多样性的生态区，所以我们并不认为这些例外情况会使我们的方法无效。Ricketts 等（1999b）开展了关于纬度的影响和我们方法学意义的详细探讨。

五、在区系群组和主要生境类型之间的物种威胁关系

鱼类和爬行动物这两个群体的物种分布数据可得（而螯虾和贻贝数据则是汇总类的数据），因此可以画出这两个群体受威胁物种在各生态区的分布，并分析其特点。在生态区内，这些处于危险的（濒危的和受威胁的）鱼类和爬行动物之间的比例存在显著正相关关系（$r=0.451\,52$，$p<0.0005$）。结果表明，在一定程度上，威胁鱼类的因素也可能同样危及水生爬行动物和两栖动物。然而，通过危害方式和生态区保存现状指标之间的关系分析，并没有提供有力的证据来证明研讨会专家所评估的同样威胁会类似地作用于这些动物群体。

在主要生境类型之间物种威胁程度很不均衡。通过鱼类的 Tukey-HSD 检验发现，在干旱地区和内陆河流／湖泊／泉，以及除了大型河流的所有其他主要生境类型之间的濒危和受威胁物种的百分比存在显著差异。对爬行类动物而言，除了干旱地区和亚热带沿海地区生态区，它们在内陆生态区的受威胁程度要比其他主要生境类型更大；并且在干旱地区和亚热带沿海地区生态区的威胁高于温带沿海地区河流／湖泊／泉、大型温带湖泊和北极生态区。在各主要生境类型中，爬行动物的受威胁特有物种比例没有明显差异。鱼类在干旱地区和大型河流等主要生境类型受到的威胁显著高于亚热带沿海地区生态区。

六、以美国生态区为例，论述美国联邦环保署国际流域倡议组织的数据和保存现状评估得分的关系

全国流域特征数据（U.S. Environmental Protection Agency, 1997）是对美国流域的水质和脆弱性进行的描述，在此被汇总用来比较生态区间的保存现状得分。对于许多被美国地质调查局定义为水文单元的流域来说，往往没有可得的数据，而在某些情况下，这样的流域又是其所属生态区的大部分。对于某一生态区来说，如果 50% 或以上的面积区域缺少全国流域特征数据，则整个生态区将被标注为"无法提供充分的数据"。若生态区中少于 50% 的区域没有数据，则将缺乏数据的流域剔除，计算生态区的区域面积加权平均得分。

通过对美国联邦环保署得分和保存现状得分之间的相关性分析来评估专家评价的价值。美国联邦环

保署水质评分和专家评估的水质指标得分之间有显著相关性（r=0.3146，p=0.040）。美国联邦环保署水质评分也与专家评估的原始完整生境的额外损失（r=0.3588，p=0.018）和外来物种的影响（r=0.3910，p=0.010）评分有显著相关性。换句话说，好的水质往往会伴随较少的生境损失和较少的外来物种影响。这些结果并不意味着因果关系，只是表明水质差的区域会面临更多威胁。另外，水质较差的区域所受的威胁可能与外来物种在当地的立足和扩散分布有关。

　　更重要的是，美国联邦环保署水质数据与本书研究中的保存现状概况评估总分显著相关（r=0.4261，p=0.004）。从某种程度上来说，似乎由许多威胁引起的退化的生态区都面临着较差的水质。美国联邦环保署水质评分和美国联邦环保署脆弱性评分（r=0.6341，p=0.000）之间的强相关性也印证了这一点。美国联邦环保署脆弱性评分和本书研究中保存现状概况评估总分之间并无显著相关性。

附录F　八大主要生境类型的综合矩阵

综合矩阵：北极地区河流/湖泊

最终保存现状（考虑威胁因素前）					
生物特异性	极危	濒危	易危	相对稳定	相对完整
全球显著					
北美显著					育空区[55] 北极北部区[58] 北极群岛区[60]
生物区显著					
国家重点				东哈得孙湾区[54] 麦肯齐河上游区[57]*	南哈得孙湾区[53] 麦肯齐河下游区[56] 北极东部区[59]

最终保存现状（考虑威胁因素后）					
生物特异性	极危	濒危	易危	相对稳定	相对完整
全球显著					
北美显著					育空区[55] 北极北部区[58] 北极群岛区[60]
生物区显著					
国家重点			麦肯齐河上游区[57]*	东哈得孙湾区[54]	南哈得孙湾区[53] 麦肯齐河下游区[56] 北极东部区[59]

综合矩阵：大型温带湖泊

最终保存现状（考虑威胁因素前）

生物特异性	极危	濒危	易危	相对稳定	相对完整
全球显著					
北美显著		密歇根–休伦湖区[44]*	苏必利尔湖区[43]		
生物区显著					
国家重点		伊利湖区[45]* 安大略湖区[46]*			

最终保存现状（考虑威胁因素后）

生物特异性	极危	濒危	易危	相对稳定	相对完整
全球显著					
北美显著	密歇根–休伦湖区[44]*		苏必利尔湖区[43]		
生物区显著					
国家重点	伊利湖区[45]* 安大略湖区[46]*				

综合矩阵：温带源头水/湖泊

最终保存现状（考虑威胁因素前）

生物特异性	极危	濒危	易危	相对稳定	相对完整
全球显著			泰斯–老俄亥俄区[34] 田纳西–坎伯兰区[35]*		
北美显著			英格兰–温尼伯湖区[52]	加拿大洛基山脉区[49]* 萨斯克彻温河下游区[51]	
生物区显著				中部大草原区[28] 沃希托高地区[30]	欧扎克高地区[29]
国家重点			南部平原区[31] 萨斯克彻温河上游区[50]*		

最终保存现状（考虑威胁因素后）

生物特异性	极危	濒危	易危	相对稳定	相对完整
全球显著		田纳西–坎伯兰区[35]*	泰斯–老俄亥俄区[34]		
北美显著			加拿大洛基山脉区[49]* 英格兰温尼伯湖区[52]	萨斯克彻温河下游区[51]	
生物区显著				中部大草原区[28] 沃希托高地区[30]	欧扎克高地区[29]
国家重点		萨斯克彻温河上游区[50]*	南部平原区[31]		

综合矩阵：大型温带河流

最终保存现状（考虑威胁因素前）

生物特异性	极危	濒危	易危	相对稳定	相对完整
全球显著		密西西比湾区[25]*			
北美显著	科罗拉多河区[12] 格兰德河下游区[20]	格兰德河上游区[15]*			
生物区显著		密西西比河区[24]			
国家重点			密苏里河上游区[26] 密苏里河中游区[27]		

最终保存现状（考虑威胁因素后）

生物特异性	极危	濒危	易危	相对稳定	相对完整
全球显著	密西西比湾区[25]*				
北美显著	科罗拉多河区[12] 格兰德河上游区[15]* 格兰德河下游区[20]				
生物区显著		密西西比河区[24]			
国家重点			密苏里河上游区[26] 密苏里河中游区[27]		

综合矩阵：内陆河流/湖泊/泉

最终保存现状（考虑威胁因素前）

生物特异性	极危	濒危	易危	相对稳定	相对完整
全球显著		莱尔马河区[69]*			
北美显著	萨拉多平原区[66]	拉洪坦区[9]* 古兹曼区[16]* 马皮米区[19]*	邦纳维尔区[8]* 死亡谷区[11]		
生物区显著					
国家重点			俄勒冈湖泊区[10]		

最终保存现状（考虑威胁因素后）

生物特异性	极危	濒危	易危	相对稳定	相对完整
全球显著	莱尔马河区[69]*				
北美显著	拉洪坦区[9] 古斯曼区[16]* 马皮米区[19]* 萨拉多平原区[66]	邦纳维尔区[8]*	死亡谷区[11]		
生物区显著					
国家重点			俄勒冈湖泊区[10]		

综合矩阵：干旱地区河流/湖泊/泉

最终保存现状（考虑威胁因素前）

生物特异性	极危	濒危	易危	相对稳定	相对完整
全球显著		孔乔斯河区[17]* 圣胡安河区[23]	查帕拉区[65]*	科瓦特西尼加斯区[22]* 贝尔德河源头区[67]	
北美显著	希拉河区[14]	南太平洋沿海区[7]*	维加斯–圣母河区[13]* 佩科斯河区[18]* 萨拉多河区[21]* 索诺兰沙漠区[61]*		
生物区显著					
国家重点					

最终保存现状（考虑威胁因素后）

生物特异性	极危	濒危	易危	相对稳定	相对完整
全球显著	孔乔斯河区[17]*	圣胡安河区[23] 查帕拉区[65]*	科瓦特西尼加斯区[22]*	贝尔德河源头区[67]	
北美显著	南太平洋沿海区[7]* 希拉河区[14]	维加斯–圣母河区[13]* 佩科斯河区[18]* 萨拉多河区[21]* 索诺兰沙漠区[61]*			
生物区显著					
国家重点					

综合矩阵：温带沿海地区河流/湖泊/泉

最终保存现状（考虑威胁因素前）

生物特异性	极危	濒危	易危	相对稳定	相对完整
全球显著	太平洋中央山谷区[6]	莫比尔湾区[36]* 南大西洋区[40]*			
北美显著		哥伦比亚河流域未冰封区[3] 太平洋中部沿海区[5]* 阿巴拉契科拉区[37]*	北太平洋沿海区[1] 东得克萨斯区[32] 切萨皮克湾区[41] 圣劳伦斯河下游区[47]*	佛罗里达湾区[38]	
生物区显著					
国家重点		哥伦比亚河流域冰封区[2] 斯内克河上游区[4]	北大西洋区[42]*	北大西洋–昂加瓦湾区[48]*	

最终保存现状（考虑威胁因素后）

生物特异性	极危	濒危	易危	相对稳定	相对完整
全球显著	太平洋中央山谷区[6] 莫比尔湾区[36]* 南大西洋区[40]*				
北美显著	太平洋中部沿海区[5]* 阿巴拉契科拉区[37]*	哥伦比亚河流域未冰封区[3] 切萨皮克湾区[41] 圣劳伦斯河下游区[47]*	北太平洋沿海区[1] 东得克萨斯区湾[32]	佛罗里达湾区[38]	
生物区显著					
国家重点		哥伦比亚河流域冰封区[2] 斯内克河上游区[4] 北大西洋区[42]*	北大西洋–昂加瓦湾区[48]*		

综合矩阵：亚热带沿海地区河流/湖泊/泉

最终保存现状（考虑威胁因素前）

生物特异性	极危	濒危	易危	相对稳定	相对完整
全球显著		佛罗里达区[39]*	塔毛利帕斯–韦拉克鲁斯区[68]*	马南特兰–阿梅卡区[64] 卡特马科区[72]	
北美显著			西得克萨斯湾区[33] 锡那罗亚沿海区[62]]* 圣地亚哥区[63]* 巴尔萨斯河区[70]* 帕帕洛阿潘河区[71]* 夸察夸尔科斯区[73]* 特万特佩克区[74] 格里哈尔瓦–乌苏马辛塔区[75]	尤卡坦区[76]	
生物区显著					
国家重点					

最终保存现状（考虑威胁因素后）

生物特异性	极危	濒危	易危	相对稳定	相对完整
全球显著	佛罗里达区[39]*	塔毛利帕斯–韦拉克鲁区斯[68]*		马南特兰–阿梅卡区[64] 卡特马科区[72]	
北美显著		锡那罗亚沿海区[62]* 圣地亚哥区[63]* 巴尔萨斯河区[70]* 帕帕洛阿潘河区[71]* 夸察夸尔科斯区[73]*	西得克萨斯湾区[33] 特万特佩克区[74] 格里哈尔瓦–乌苏马辛塔区[75]	尤卡坦区[76]	
生物区显著					
国家重点					

* 表示因威胁因素而调整过的生态区

附录G　生态区简介

生态区编号：1

　　生态区名称：北太平洋沿海区

　　主要生境类型：温带沿海地区河流 / 湖泊 / 泉

　　面积：928 013 平方千米

　　生物特异性：北美显著

　　保存现状：现状概况——易危

　　　　　　　最终状态——濒危

简介

　　该生态区起自阿拉斯加东南部，经加拿大育空地区的西南部和不列颠哥伦比亚省的中西部延伸到美国华盛顿州西北部。夏洛特皇后群岛、温哥华岛，以及阿拉斯加通加斯国家森林公园内的岛屿均属于此生态区。主要河流包括阿拉斯加科珀河、不列颠哥伦比亚省的弗雷泽河和华盛顿州的斯卡吉特河。此区域气候凉爽、降水量大，早期被沿海的雨林和内陆的山林以及草地所覆盖。

生物特异性

　　该生态区有 58 种土著淡水鱼。其中加拿大区域曾广泛分布着 5 种溯河性鲑鱼，以及割喉鳟、虹鳟鱼。不列颠哥伦比亚省的3处地点发现特有棘鱼［伊诺思棘、克萨达棘、大棘鱼，三刺鱼属（*Gasterosteus* spp.）］，华盛顿州分布有新荫鱼（*Novumbra hubbsi*），皮吉特海峡流域也存在两种特有鱼种。吻鲹（*Rhinichthys cataractae* ssp.）分布于不列颠哥伦比亚省南部和华盛顿州西部的小溪中，而胭脂鱼（*Catostomus* sp.）也有偶见。此外，温哥华岛上确认了一种盲洞型的片脚甲壳动物（*Stygobromus* sp.）。

　　由于华盛顿州和不列颠哥伦比亚省部分地区在第四纪冰期躲过冰川作用，因此进一步的研究可能将确认其他特有物种的存在。例如，在温泉和洞穴（尤其在温哥华岛），可能存在许多未确认的濒危无脊椎动物，包括螨类、软体动物类、端足类动物和等足类动物（Scudder, 1996）。

保存现状

　　该生态区动植物面临的威胁包括农业扩张及其水质影响，采砂业的发展，湖泊钓鱼比赛造成的污染，水利工程中的拦河筑坝，管道建设，皆伐、采矿、过度捕鱼，孵化场鱼的基因稀释，泛滥平原和河岸带生境的减少，河流下游地区的城市化和工业化，以及汇水区域的改变（McAllister et al., 1985; Mosquin et al., 1995; Environment Canada, 1996; Gregory and Bisson, 1997; Northcote and Atagi, 1997; Reisenbichler, 1997）。淡水软体动物的生存环境已遭到严重破坏，正面临着疏浚、转换为污水通道、被农业活动严重污染等问题（Scudder, 1996）。部分稀有的淡水物种显然已受到较好的保护，如不列颠哥伦比亚省政府建立了自然历史保护区以保护仅在夏洛特皇后群岛迈耶湖生存的大棘鱼（*Gasterosteus* sp.）（McAllister et al., 1985）。总体来说，尽管该生态区大部分淡水物种及其生境处于高度濒危状态，但破坏性的采伐活动才是该区域的最大威胁。

生物多样性保护的优先举措

- 以可持续的林业生产取代皆伐，重点保护河岸带地区。
- 寻求建坝活动的替代方案。
- 重点针对特有鱼类和洄游性鱼类建立保护区，重建因采伐或其他活动而退化的重要生境。
- 确保相关国际条约对土著鱼类资源的保护做出相应规定。
- 在洄游性鱼类迁移的河流中保障季节性的丰沛流量，以营造重要的产卵和孵育生境（American Rivers, 1999）。
- 在科珀河三角洲地区寻求采伐及其筑路工程的替代方案（The Wilderness Society, 1999）。
- 限制西雅图城区的扩张，实施城市水资源保护计划（American Rivers, 1999）。
- 防止铜矿和金矿的建设和重启，清理持续产生酸液并污染河流的老旧和废弃矿山。

合作保护伙伴

联系信息详见附录 H

- American Rivers
- British Columbia Ministry of Environment, Lands, and Parks
- Environment Canada
- Friends of the Earth
- The Nature Conservancy（Alaska and Washington Field Offices）
- The Nature Conservancy of Canada（British Columbia Office）
- The Sierra Club, Cascade Chapter
- Southeast Alaska Conservation Council
- The Wilderness Society
- World Wildlife Fund Canada

生态区编号：2

生态区名称：哥伦比亚河流域冰封区

主要生境类型：温带沿海地区河流 / 湖泊 / 泉

面积：257 332 平方千米

生物特异性：国家重点

保存现状：现状概况——濒危

　　　　　最终状态——濒危

简介

该生态区涵盖哥伦比亚河流域冰封区（超过流域的 1/3）（McPhail and Lindsey, 1986），包括华盛顿州东部、爱达荷州北部、蒙大拿州西北角和不列颠哥伦比亚省的东南部。哥伦比亚河的支流有雅其玛河、奥克那根河、斯波坎河和库特奈河。该生态区多山且森林覆盖面积广，在不列颠哥伦比亚省分布有水温低、坡度高的急流和一些湖泊（McPhail and Lindsey, 1986）。

生物特异性

由于第四纪冰期冰川作用，该生态区淡水物种相对缺乏。由 34 种本土物种组成的鱼类多样性，主要由哥伦比亚河流域未冰封区 [3] 和东部生态区衍生而来，因此，该生态区没有真正意义上的本土鱼种。由于水温低，该生态区发现了哥伦比亚河流域未冰封区 [3] 未有的一些东方鱼类，其种类包括小柱白鲑（*Prosopium coulteri*）、铅鱼（*Couesius plumbeus*）、真亚口鱼（*Catostomus catostomus*）、淡水鳕（*Lota lota*）和杜父鱼（*Cottus cognatus*），这些都广泛分布于其他生态区。该区历史上存在大量红大马哈鱼（*Oncorhynchus nerka*）、大鳞大马哈鱼（*O.tshawytscha*）、大马哈鱼（*O. clarki*）和虹鳟鱼（*O.mykiss*）（McPhail and Lindsey, 1986）。

保存现状

该生态区的保护倾向于关注溯河性鱼类种群的减少。筑坝和过度捕捞是种群减少的主要原因，但农业的发展和灌溉、矿业、畜牧业、采伐及城镇化无疑也是其中个因（McPhail and Lindsey, 1986）。曾经清澈的溪流现在已变浑浊，河岸带的减少被认为是鲑鱼消失的重要原因，覆盖面积的减少引起温度升高、有机质输入量减少、溪流生境营养物质流失、河岸侵蚀加剧、河道形态和水文特性改变（Beschta, 1997）。由于和孵化场鱼类的杂交，鲑鱼种群可能也将消失。

生物多样性保护的优先举措

- 调整已有水坝和建坝工程，释放水流以模拟自然条件下水的涌动，允许鱼类通过水坝。
- 调整周围土地利用，恢复河岸带，使农业、放牧业、伐木业的影响最小化。
- 发展并推广替代能源、损害性较低的农、林措施。
- 保护汉福德河段，该河段是在筑坝和灌溉已成为普遍现象的今天，美国哥伦比亚河干流中唯一能自由流动的河段。应当保有周围土地的联邦政府所有权，支持公共事业与河流水文之间利益平衡的协议（Geist, 1995）。国家公园管理局提出在河段周边建立 102 000 英亩的国家野生生物保护区，将其命名为"自然与风景河流"，这有助于保护该河段免受农业扩张等的危害（American Rivers, 1997, 1998）。

合作保护伙伴

联系信息详见附录 H

- American Rivers
- Columbia River Inter-Tribal Fish Commission
- Confederated Tribes of the Umatilla Indian Reservation
- National Audubon Society

- The Nature Conservancy（Idaho, Montana, and Washington Field Offices）
- The Nature Conservancy of Canada（British Columbia Office）
- Northwest Power Planning Council
- Washington Environmental Council
- World Wildlife Fund Canada

生态区编号：3

生态区名称：哥伦比亚河流域未冰封区

主要生境类型：温带沿海地区河流/湖泊/泉

面积：322 518 平方千米

生物特异性：北美显著

保存现状：现状概况——濒危

最终状况——濒危

简介

哥伦比亚河是美国第二大河，哥伦比亚河流域未冰封区 [3] 和斯内克河上游区 [4] 涵盖了哥伦比亚河流域未冰冻的部分。该生态区包含俄勒冈州东部和北部，与华盛顿州南部毗邻，延伸至爱达荷州的中部和东南部，包含南内华达州和西蒙大拿州的一小部分。区域主要河流是哥伦比亚河，起始于华盛顿 – 俄勒冈边界，流向太平洋。其他重要河流有斯内克河中下游及其支流爱达荷州的萨蒙河，以及俄勒冈州的约翰迪河、德舒特河。

该生态区气候多变，峡谷大坝为哥伦比亚河下游和中游的分界点。大坝以上气候干燥，夏季温度高，伴有周期性干旱；大坝以下气候湿润，水量充沛。

生物特异性

该生态区是 35 种土著鱼类的栖息地，其中 12 种在哥伦比亚河中下游均有发现。沙鲑鲈（*Percopsis transmontana*）、短头杜父鱼（*Cottus confusus*）、饰边杜父鱼（*C. marginatus*）和克氏伸口鲹（*Oregonichthys crameri*）四类鱼为其特有种。在临近太平洋中部沿海区 [5] 的乌姆普夸河水道中也发现有克氏伸口鲹。同时，该区域有 7 种鲑科鱼类（*Oncorhynchus* spp.），历史上它们的迁徙使哥伦比亚河成为北美最大的鲑鱼产地之一（McPhail and Lindsey, 1986）。

该生态区内特有软体动物局部分布较多。在哥伦比亚河下游、德舒特河道下游、哥伦比亚峡谷、大蓝山脉、鲑鱼河下游、斯内克河中游、清水河河道和地狱谷发现有分散的软体动物特有区。Frest 和 Johannes（1995）列出了 63 种需格外关注的淡水螺和蚌的种和亚种，其中有 25 种似乎仅在唯一的某个区域分布。

保存现状

近年来，由于流域土著鲑鱼迁徙的明显减少，整个哥伦比亚流域淡水栖息地和物种的减少备受关注。流域内，200 多个鲑鱼洄游的现象已经消失，美国河流中有 76 条甚至更多面临着鲑鱼洄游消失的风险。其原因有多重：无节制的放牧和采伐，造成河岸带的减少，进而毁坏溪流栖息地、影响水质；溪流渠道化；与孵化场鱼类杂交造成的基因流失；农业灌溉分流造成溪流水位下降；农业非点源污染；改变河水流动的水电站大坝阻碍了鱼类洄游（McPhail and Lindsey, 1986; American Rivers, 1996; Kostow, 1997;

Reisenbichler, 1997）。其中，水电站大坝的作用尤为明显。在哥伦比亚河和斯内克河流域（生态区 [2]、[3]、[4]）有政府的 19 个水利大坝阻碍了河水涌动，导致鲑鱼幼种难以洄游至海洋（American Rivers, 1996）。现在，斯内克河所有鲑鱼的洄游均受《濒危物种保护法》的保护（American Rivers，1996）。

生物多样性保护的优先举措

- 更好地管理水坝以模拟自然河流流动，允许鱼类通过水坝。
- 管制畜牧业和采伐业，重建和保护河岸带。
- 减少易导致水位下降的灌溉分流，如俄勒冈的约翰迪河。
- 将水生态保护的需求融入地方土地管理方案，保护河流流域。
- 拆除白鲑鱼河上的康迪特大坝。白鲑鱼河曾有较丰富的鲑鱼、虹鳟鱼，现在面临着灭绝的风险，春季奇努克鲑鱼已经灭绝（American Rivers, 1996）。目前，这座大坝需要获得联邦能源管理委员会的重新审核。
- 拆除斯内克河下游阻断鲑鱼洄游通道的四座大坝（American Rivers, 1996）。

合作保护伙伴

联系信息详见附录 H

- American Rivers
- Central Cascades Alliance
- Friends of the White Salmon
- Idaho Rivers United
- The Nature Conservancy（Idaho, Montana, Nevada, Oregon, and Washington Field Offices）
- Oregon Natural Desert Association
- Oregon Natural Resources Council
- Pacific Rivers Council
- Save Our Wild Salmon

生态区编号：4

生态区名称：斯内克河上游区

主要生境类型：温带沿海地区河流 / 湖泊 / 泉

面积：92 848 平方千米

生物特异性：国家重点

保存现状：现状概况——濒危

最终状态——濒危

简介

该生态区因位于 3 万～6 万年之久的肖肖尼瀑布以上的斯内克河而得名，斯内克河完全阻断了鱼类洄游（McPhail and Lindsey, 1986）。区域边界位于瀑布下游约 50 千米处，包括斯内克河的支流伍德河。斯内克河上游 35% 的鱼类种群，以及伍德河 40% 的鱼类种群与斯内克河下游所共有（McPhail and Lindsey, 1986）。该生态区主要包括爱达荷州东南部，延伸至怀俄明州东部、内华达州东北部，以及犹他州西北角。区内主要淡水生境还包括杰克逊湖以及大提顿国家公园的湖泊。

生物特异性

该生态区有 14 种鱼类，与临近的邦纳维尔区 [8] 所共有，但其中的一些在哥伦比亚河流域已不曾发现。从怀俄明州流出杰克逊湖的斯内克河采集的标本中识别出斯内克胭脂鱼（*Chasmistes murieti*），目前已经灭绝（McPhail and Lindsey，1986）。伍德河有滑盖杜父鱼（*Cottus leiopomus*），介于伍德河和肖肖尼瀑布之间的斯内克河生存有格式杜父鱼（*C.greenei*）（McPhail and Lindsey，1986）。另外，该区域淡水无脊椎动物较为普遍；Frest 和 Johannes（1995）列出了 21 种需格外关注的淡水螺和蚌的种和亚种，其中 15 种集中分布于单一的聚集区。

保存现状

斯内克河上游区 [4] 面临的威胁与哥伦比亚河流域其他生态区类似，筑坝和分流改变了斯内克河流向和水位，一些支流甚至干涸。广泛的放牧业和采伐业，以及扩张的农业损害了水生生境。农业、渔业和生活污染使得水质常常不达标。由于垂钓的盛行，斯内克河上游外来鱼种要多于土著鱼种，然而它们对土著鱼种的影响还有待确定。斯内克河所有鲑鱼的洄游和 5 种无脊椎动物均受政府《濒危物种保护法》的保护（American Rivers，1997）。

生物多样性保护的优先举措

- 减少灌溉分流、重新筑坝，恢复斯内克河自然流动状态。
- 如果电力公司不采取减轻水电站大坝对水质影响的措施，则通过重新申请联邦能源管理委员会许可的程序，要求其拆除水坝。
- 制定并实施新的水质标准。
- 阻止奥格瀑布水电工程的实施（American Rivers，1997）。

合作保护伙伴

联系信息详见附录 H

- American Rivers
- Idaho Rivers United
- The Nature Conservancy（Idaho, Nevada, and Wyoming Field Offices）
- Pacific Rivers Council

生态区编号：5

生态区名称：太平洋中部沿海区

主要生境类型：温带沿海地区湖泊 / 河流 / 泉

面积：108 888 平方千米

生物特异性：北美显著

保存现状：现状概况——濒危

最终状态——极危

简介

该生态区从俄勒冈州太平洋沿岸延伸至旧金山湾的北部沿海地带，包括位于圣克鲁兹南面的旧金山半岛西部。在南俄勒冈和北加利福尼亚，该生态区延伸至更远的内陆，环绕克拉马斯和锡斯基尤山脉西部。重要河流有安普夸河、马德河和克拉马斯河，区域内有多个湖泊，包括南俄勒冈上游的克拉马斯湖上游。

生物特异性

该生态区位于四大山脉（喀斯喀特山脉、海岸山脉、克拉马斯山脉和锡斯基尤山脉）山腰，雨量充沛。温和多雨的气候使其成为陆地和水生生物的优良栖息地。临近流域源头水的汇集，对该生态区丰富的生物多样性也有贡献。该区域发现的很多物种最初是在内陆水体中发现的。

太平洋中部沿海区 [5] 是太平洋海岸溯河性鱼类如银大马哈鱼（*Oncorhynchus kisutch*）、克拉克大马哈鱼（*O. clarki*）最南端的栖息地。虽然该区域没有土著贻贝和虾类，但是 55 种鱼类中的 16 种是其本土特有的，包括安普夸的叶唇鱼（*Ptychocheilus umpquae*）、克拉马斯小鳞亚口鱼（*Catostomus rimiculus*）和大型亚口鱼（*C. snyderi*）。

该区拥有一定数量的淡水无脊椎动物和甲壳类动物，包括旋节螺类（*Helisoma newberryi newberryi*）（Frest and Johannes, 1995）和土著虾类（*Syncaris* spp.）。

保存现状

西部地区，大范围自然植被由于工业采伐恶化或消失。地表植被的消失导致水土流失现象频发，沙土沉积于河流中。河岸植被的消失或较窄的河岸缓冲带都会加剧沉降，造成温度升高、溶解氧降低、洪涝的严重性和频率增加。修路、伐木都会加剧淤积。

农业、放牧业、采矿业和城镇化也会影响该区域的水生生物多样性。非点源工业污染破坏了流域的生态平衡与现存物种的生物多样性。

该生态区有大量人工鲑鱼孵化场，孵化场废弃物使溪流营养负荷增加，造成溪流的富营养化，以及土著鲑鱼物种的基因流失。

生物多样性保护的优先举措

● 对于生物物种丰富且敏感的溪流，尤其是源头水区域，禁止采伐。实施采伐的区域应确保溪流缓冲带足够宽以减少淤泥沉积和水土流失。

● 引入正确的流域管理，保护陆生和水生生境（减少伐木，保护河岸带）。

● 严格监管水产养殖业，避免物种流失和水域污染。

● 严防外来物种侵入。

● 保护野生动物的生存范围。

合作保护伙伴

联系信息详见附录 H

● American Rivers

● The California Native Plant Society

● Headwaters Environmental Center

● Humboldt State University

● Klamath Forest Alliance

● The Nature Conservancy（California and Oregon Field Offices）

- Northcoast Environmental Center
- Siskiyou Regional Education Project The Wildlands Project

生态区编号：6

生态区名称：太平洋中央山谷区

主要生境类型：温带沿海地区河流 / 湖泊 / 泉

面积：184 129 平方千米

生物特异性：全球显著

保存现状：现状概况——极危

最终状态——极危

简介

该生态区几乎全部位于加利福尼亚州，环绕中央山谷，包含内华达山脉西部流域，也包括内华达州东北角的一小部分。该区域内主要淡水水系有萨克拉门托－圣华金河、匹特河、克利尔湖、帕雅罗－萨利纳斯水系和克恩河上游。

生物特异性

四五百万年前，现在的内华达州及其沿海海岸被侵蚀，来自古哥伦比亚水系的鱼类入侵圣华金河流域。尔后崛起的山脉将这些鱼类隔离，圣华金河成为中央大山谷发源地的中心（Moyle，1976）。而今，太平洋中央山谷区 [6] 是洛基山脉以西北美鱼类种群极其丰富的生态区之一。

总体而言，该生态区内有 49 种土著淡水鱼类，包括 10 种溯河性鱼。10 种溯河性鱼包括 2 种七鳃类、2 种鲟类、1 种胡瓜鱼类、5 种鲑科鱼类。代表性鱼类包括七鳃鱼、鲟鱼、胡瓜鱼、鲑鱼、鲤鱼和亚口鱼；除此之外，还有三刺鱼（*Gasterosteus aculeatus*）、断线日鲈（*Archoplites interruptus*）、特拉氏妊海鲫（*Hysterocarpus traski*）和纽氏圆虾虎（*Eucyclogobius newberryi*）。断线日鲈是洛基山脉以西唯一的太阳鱼科，特拉氏妊海鲫则属海鲫科（Embiotocidae）中唯一的淡水鱼类。

有 14 种鱼类为该生态区所特有，且分布较分散。历来就小范围存在的物种包括已灭绝的克利尔湖裂尾鱼（*Pogonichthys ciscoides*）、莫多克亚口鱼（*Catostomus microps*）、糙皮杜父鱼（*Cottus asperrimus*），以及后来来自匹特河的两种鱼类。最初，断线日鲈在圣华金河流域广泛分布，但现在由于引入了其他太阳鱼种，其栖息生境大幅减少（Moyle, 1976）。

保存现状

因淘金热，中央山谷水域被肆意开挖导致水位下降或河流改道，土著淡水生物受到严重影响。Moyle（1976）描述了该问题的严重性：

如今，加利福尼亚州内陆水道与最初发现时大相径庭，圣华金河谷现在变成了大农场。萨克拉门托－圣华金三角洲地区，曾是一块被蜿蜒河道分割的巨大的沼泽地，如今却变成了被笔直的河流堤坝保护起来的农场。为控制水流所有的溪流均被堤坝拦截过。因此，生境的改变成为加利福尼亚鱼类种群改变的主要原因也就不足为奇了。

上述改变造成了克利尔湖裂尾鱼和厚尾骨尾鱼（*Gila crassicauda*）等土著物种的灭绝，还有其他 8 种鱼类被列为州或国家濒危物种。其余濒危物种包括加利福尼亚淡水虾（*Syncaris pacifica*）、巨带蛇

（*Thamnophis couchii gigas*）、石灰石蝾螈（*Hydromantes brunus*）和沙士达山螯虾（*Pacifastacus fortis*）（Steinhart, 1990）。

该生态区内几乎每个淡水栖息地都面临着溪流改道、筑坝、修建水库、水位下降、水体污染等问题（Moyle, 1976）。淡水环境的改变引入了更适宜生存的外来物种。生态区内至少有 36 种非土著鱼类，它们的数量要远远高于土著鱼类，而大多数是作为垂钓鱼引自北美东部地区。在来自匹特河的两种螯虾的入侵下，沙士达山螯虾濒临危险境遇（Steinhart, 1990）。

生物多样性保护的优先举措

- 提出完整的流域陆生和水生生境的保护与修复方案。
- 继续寻求联邦能源管理委员会的许可，考虑移除堤坝，恢复水体的自然流动。
- 严格监管、控制城市和农业污染源。
- 制订土地利用和水体保护计划以应对社会经济快速增长与发展。

合作保护伙伴

联系信息详见附录 H

- California Department of Fish and Game
- California Native Grass Association
- California Native Plant Society
- National Audubon Society
- The Mature Conservancy（California Field Office）
- Sacramento River Preservation Trust
- Sierra Club
- U.S. Bureau of Land Management

生态区编号：7

生态区名称：南太平洋沿海区

主要生境类型：干旱地区河流 / 湖泊 / 泉

面积：170 320 平方千米

生物特异性：北美显著

保存现状：现状概况——濒危

最终状态——极危

简介

该生态区自蒙特雷市以南开始，环绕加利福尼亚州西南部和墨西哥的整个巴扎半岛。库亚马河是区内为数不多的河流。

生物特异性

南太平洋沿海区 [7] 与索诺兰沙漠区 [61] 以极度干旱著称，墨西哥下加利福尼亚半岛几乎没有永久的河道，该区大多数特有生物位于加利福尼亚州的洛杉矶流域。目前已发现 5 种土著鱼类、1 种土著蛇（*Thamnopis hammondii*），并未发现螯虾类。洛杉矶流域发现的土著鱼类包括圣安娜亚口鱼（*Catostomus santaanae*）、圣安娜斑点鲦鱼（*Rhinichthys osculus* ssp.）、纽氏圆虾虎鱼（*Eucyclogobius newberryi*）和北美底鳉（*Fundulus parvipinnis*）。奥氏骨尾鱼（*Gila orcutti*）原产于马布里河和圣玛格丽塔河水道（Page and Burr, 1991）。

该生态区是一些溯河性鱼类如北美鳟鱼（*Oncorhynchus mykiss*）和太平洋七鳃鳗（*Lampetra tridentata*）最南端的栖息地。

保存现状

该区域生态环境面临着多重压力，由于水资源严重匮乏，为了满足洛杉矶、圣地亚哥、提华纳、恩塞纳达港等城市的用水需求，被迫将天然河道进行供水化改造，极大地危害了区域水生态环境。过度放牧、天然河岸植被的消失，以及污染造成的生境丧失也是该区域生态环境面临的现实问题。

生物多样性保护的优先举措

- 提出洛杉矶流域淡水生境的保护方案，包括保护水质和天然水体流动的条件。
- 提出海岸潟湖、鲦鱼和虾虎鱼生境的保护方案。
- 控制流域内放牧业。
- 从流域层面保护该生态区。

合作保护伙伴

联系信息详见附录 H

- Centro de Investigaciones Biológicas del Noreste, S.C.（CIBNOR）
- Desert Fishes Council
- Friends of the Los Angeles River
- The Nature Conservancy（Headquarters and California Field Office）
- Universidad Autónoma de Baja California（UABC）
- Universidad Autónoma de Baja California Sur（UABCS）
- Universidad Nacional Autónoma de México（UNAM）
- World Wildlife Fund México

生态区编号：8

生态区名称：邦纳维尔区

主要生境类型：内陆河流 / 湖泊 / 泉

面积：155 863 平方千米

生物特异性：北美显著

保存现状：现状概况——易危

最终状态——濒危

简介

邦纳维尔区是大盆地（Great Basin）内唯一最大的内陆排水通道（Minckley et al., 1986）。区域包括犹他州西部大部分，并延伸至内华达州东部，含爱达荷州东南部、怀俄明州西南部一小部分。

该生态区西起内华达州布特山和皮阔普山，东临犹他州瓦萨奇高原和迪克西国家森林保护区。塞维尔河和贝尔河是区域内两大河流，主要湖泊有大盐湖、贝尔湖、犹他湖、塞维尔湖，但是大盐湖的高盐度使之不能被称为真正意义上的淡水栖息地。

生物特异性

该生态区独特的生物多样性得益于区内的众多湖泊。贝尔湖，位于临近犹他州、爱达荷州和怀俄明州边界的高山之上，有四种特有鱼类，均是更新世时期保留下来的物种类群，即贝尔湖杜父鱼（*Cottus extensus*）、贝尔湖白鱼（*Prosopium abyssicola*）、邦纳维尔白鱼（*P.spilonotus*）和邦纳维尔白鲑（*P.gemmiferum*）。位于大盐湖东南方向的犹他湖，被认为是密西西比河以西最大的淡水湖，曾有两种特有鱼类，也是邦纳维尔湖的保留物种，即在湖泊支流发现的裂鳍亚口鱼（*Chasmistes liorus*）以及现在已经灭绝的犹他湖杜父鱼（*Cottus echinatus*）。邦纳维尔流域和斯内克河上游区 [4] 均有科氏骨尾鱼（*Gila copei*）和犹他亚口鱼（*Catostomus ardens*），且为这两个生态区所特有。该生态区是其特有阴河鱼（*Iotichthys phlegethontis*）的栖息地，其最初发现于大盐湖沼泽、沿瓦萨奇高原的溪流，以及大盐湖沙漠的泉水中。同时，区域也是两种斑点鲦鱼（*Rhinichthys osculus adobe* 和 *R.o.carringtoni*）亚种的栖息地（Minckley et al., 1986; Sigler and Sigler, 1994）。仅有两种土著贻贝类和一种土著淡水虾——螯虾（*Pacifastacus gambelii*）属于区域特有物种（Johnson, 1986）。

保存现状

与大盆地其他内陆生态区一样，区域淡水物种受到生境恶化和引入外来种的影响。阴河鱼在流域内仅有两处分布，这是外来鱼种、牛蛙和鸟类入侵，以及生境破坏的结果，分布于犹他州的阴河鱼目前已受到保护。据报道，19 世纪 30 年代，犹他湖生境遭受干旱和农业活动破坏，裂鳍亚口鱼已经灭绝，但现在在犹他湖发现有犹他亚口鱼（*Catostomus ardens*）和裂鳍亚口鱼（*C. liorus liorus*）的杂交种，并被列为濒危物种。而贝尔湖的鱼类物种目前暂未受到威胁。

区域淡水生境和生物面临的最大威胁是水流改道和地下水抽提。根据美国河流协会统计，大盐湖地区城市用水消耗将是该地区面临的最大威胁，尤其对贝尔湖的影响巨大。

生物多样性保护的优先举措

- 可能的情况下购买水权。
- 减少地下水开采。
- 减少农业耗水量。
- 保护本土生物免受新的外来种入侵。

合作保护伙伴

联系信息详见附录 H

- American Rivers
- Desert Fishes Council
- The Nature Conservancy（Idaho, Nevada, and Utah Field Offices）
- Sierra Club
- Southern Utah Wilderness Alliance
- Utah Rivers Council

生态区编号：9

生态区名称：拉洪坦区

主要生境类型：内陆河流 / 湖泊 / 泉

面积：213 566 平方千米

生物特异性：北美显著

保存现状：现状概况——濒危

最终状态——极危

简介

该生态区包括几乎整个内华达州、内华达山脉以东加利福尼亚州东部部分地区，以及俄勒冈州东南的两个小面积的间断分布区。主要水体包括洪堡河、沃克河、卡森河和特拉基河，这些河流流向为自西向东，且均是高海拔、高坡度溪流。生态区内的一些大的湖泊有内华达州 – 加利福尼亚州边界的塔霍湖、加利福尼亚州约塞米蒂公园以东的莫诺湖、拉逊国家森林以东的伊格湖、内华达州西部印第安人保留地的皮拉米德湖、内华达州西部印第安人保留地沃克河以南的沃克湖。皮拉米德湖和沃克湖都是拉洪坦湖的遗迹，拉洪坦湖是更新世后期几乎和伊利湖一样大小的湖泊。和其他沙漠湖泊相反，大片的针叶林围绕着塔霍湖和伊格湖（Mincklev et al., 1986）。塔霍湖也是世界上最高海拔的湖泊之一，湖泊面积 304 平方千米，湖最深处达 501 米，海平面以上 1899 米（Moyle, 1976）。分区内还有数不清的干盐湖、温泉和冷泉。该生态区以极度干旱著称，有少数淡水动物区系（Hubbs et al., 1974）。

生态区著名的内流盆地是位于内华达州中部，大约有 9233 平方千米的特拉华山谷。山谷内，一些冷泉和热泉释放出大量的水，有时会产生汇集小溪的较大的泉（Williams et al., 1985）。

莫诺湖，位于死亡谷区 [11] 的边界，代表了一种罕见的生境类型。其盐度过高，没有鱼类生存，却有大量的裂口水蝇和地方性丰年虾，可为多种候鸟提供食物（Moyle, 1976）。

生物特异性

该生态区内环境恶劣，为数不多的多年生植物淡水生境在罕见的暴雨冲击下成为激流，仅有适应性、耐受性较强的鱼类生存。生态区内生境不同，物种差异也比较大。例如，生态区内有 6 种双色骨尾鱼（*Gila bicolor*）和 5 种斑点鲦鱼（*Rhinichthys osculus*）（Hubbs et al., 1974; Williams et al., 1985; Sigler and Sigler, 1994）。其他鱼类有秀丽红胁鲅（*Richardsonius egregius*）、盔尾鱼（*Chasmistes cujus*）、漠鱼（*Erimichthys acros*）、塔霍湖亚口鱼（*Catostomus tahoensis*）（Moyle, 1976; Page and Burr, 1991; Sigler and Sigler, 1994）。历史上，是在皮拉米德湖和温尼马卡湖中发现盔尾鱼的，现在温尼马卡湖已经干涸（Page and Burr, 1991）。漠鱼，仅在内华达州名为战士草甸的温泉中发现的，比其他鲦鱼耐高温性更强。战士草甸也是至少 4 种水甲科螺类、1 种特有植物（多年生草本季陵菜属植物）的所在地（Vinyard, 1996）。

特拉华山谷动物类群地方性极强，拥有的 5 种双色骨尾鱼（*Gila bicolor* ssp.）、纵纹泉鳉（*Crenichthys nevadae*）和至少 5 种水甲科螺类，在其他地方均未发现。5 种双色骨尾鱼属于不同生境（凯特泉、巴特菲尔德泉、蓝鹰泉、布尔溪、格林泉、死溪），生境之间没有明显重叠。在另外两个临近的山谷中发现有第六种双色骨尾鱼（Williams et al., 1985）。

保存现状

拉洪坦区内淡水生物保存状态与北美其他内陆荒漠生态区类似：河流改道、过度放牧、外来物种侵袭致使许多土著生物灭绝，并对保留下来的物种产生很大的威胁。一些地方性较强的物种，没有躲过外来物种的侵袭，当他们的生境干涸时，没有可供选择的生境。为满足洛杉矶居民用水改道湖水，致使莫诺湖水位下降而危及其为数不多的生境。五十年前，湖水支流改道，再加上没有新的淡水源，水分蒸发造成湖水水位每年下降 1 英尺。水位下降，盐浓度升高，导致生境不适合历史上曾迁徙至该生态区的候鸟的生存（Hart, 1996）。

仅在皮拉米德湖发现有盔尾鱼，国家已将其列为濒危物种。1905 年以前，盔尾鱼洄游至特拉基河产卵，但是 1905 年在湖上游 38.5 英里处建立德比大坝，将大部分水分流至卡森河流域。枯水期时，皮拉米德湖的水位过低，鱼类不能穿过枯水期形成的三角洲，到 1938 年，该种群灭绝（Sigler and Sigler, 1994; Page and Burr, 1991）。从皮拉米德湖引水的温尼马卡湖，也在 1938 年（皮拉米德湖水位低于温尼马卡入湖口水位）干涸。同样的，沃克湖水位也因湖水改道下降（Minckley et al., 1986）。水位下降均导致盐度升高。

漠鱼，被列为濒危物种，它的减少是因为生境破坏（河岸放牧牛、马、驴等，供观赏用草地，引水灌溉和蓄水）和外来鱼类的入侵（Sigler and Sigler, 1994; Vinyard, 1996）。同样的，地方鲦鱼和斑点鲦鱼也受到外来种和生境改变的威胁（Sigler and Sigler, 1994）。

根据调查（Williams et al., 1985），大多数特拉华特有淡水鱼类很少见、易危，它们的保存状态还不确定。几种鲦鱼很明显都受到外来金鱼（*Carassius auratus*）、鲤鱼（*Cyprinus carpio*）、斑点叉尾鮰（*Ictalurus punctatus*）、虹鳉（*Poecilia reticulata*）、河岸过度放牧、河水改道、地下水抽提，以及斑点叉尾鮰水产养殖建筑工程等的威胁。潜在的威胁还包括石油开采和农业扩张（Williams et al., 1985）。

生物多样性保护的优先举措

● 保护特拉华山谷泉、相关水塘和小溪免受进一步整治和周围土地利用的影响，禁止向泉中引入更多的外来物种。

● 为保护漠鱼，需禁止过度放牧和引入外来种，保护战士草甸的小溪和流水。向自然溪流中补水以改善生境。

● 可能的情况下，购买水权。

● 限制地下水开采。

● 规范河岸区放牧业。

● 和利益相关者一起，发展水质模型，制定、实施水质标准。

合作保护伙伴

联系信息详见附录 H

● Desert Fishes Council

● Mono Lake Committee

● The Nature Conservancy（California and Nevada Field Offices）

● Pyramid Lake Paiute Tribe

● Sierra Club

● The Wilderness Society

生态区编号：10

生态区名称：俄勒冈湖泊区

主要生境类型：内陆河流 / 湖泊 / 泉

面积：47 925 平方千米

生物特异性：国家重点

保存现状：现状概况——易危

最终状态——易危

简介

该生态区包括俄勒冈州中南的内陆盆地、加利福尼亚州东北部的一小部分，以及内华达州西北部一部分。盆地内湖泊大多是碱性湖泊。比较大的湖泊有横跨加利福尼亚州、俄勒冈州边界的雁西湖，以及俄勒冈州的阿贝特湖、夏湖和哈尼湖。分区内分布有大量对分区内生物特异性至关重要的小湖泊。

生物特异性

和其他沙漠地区一样，该生态区内有极少量但地方性极强的淡水生物。生态区内的八种土著鱼类，有三种是生态区特有的。其中，阿沃尔骨尾鱼（*Gila alvordensis*）仅分布在俄勒冈州阿沃尔盆地温度较高的水体中；博兰骨尾鱼（*G. boraxobius*）分布在硼砂湖、硼砂湖下游，以及相关的水塘、沼泽等大约 260 公顷[①]的水域中；瓦伦亚口鱼（*Catostomus warnerensis*）分布在一些季节性湖泊、泥沼、低梯度溪流，以及俄勒冈州、内华达州的华纳盆地的三个永久湖泊中（Sigler and Sigler, 1994; Williams, 1995a, 1995b）。另外还有一种土著虹鳟鱼（*Oncorhynchus mykiss* ssp.）分布在该区。

该大盆地生态区也局部分布有一定数量的淡水软体动物，如依赖于贫营养泉水生存的卵石头螺（*Fluminicola turbiniformis*）。区内还有生活在碱性湖泊里的特有螺类（Frest and Johannes, 1995）。也很有可能还有其他软体动物存在。

保存现状

水体改道、土地滥用和外来物种入侵等危及其他大盆地分区生态的因素在该生态区内同样存在。曾经大量且广泛分布的华纳亚口鱼如今被政府列为濒危物种。物种产卵迁移已被华纳湖流域大量农用水道切断，流域内云斑鲴（*Ameiurus nebulosis*）、刺日鱼（*Pomoxis* spp.）等外来物种大量存在（Williams, 1995a）。自 20 世纪 80 年代以来的干旱也危及剩余鱼类。为恢复物种多样性，在二十英里湾的分水坝上建立鱼道，筑栏保护河岸植被，营造了季节性湖泊生境（Williams, 1995a）。大量的成鱼也已被转移至附近的夏湖野生动物管理区。

博兰骨尾鱼被政府列为濒危物种，这是硼砂湖附近地热能源开发造成的。过度放牧、越野车辆占用影响原本就很脆弱的湖泊生境，这也对博兰骨尾鱼造成一定的威胁，湖泊温度的自然波动已超出物种的热耐受性（Williams, 1995b）。如今，大自然保护协会保护硼砂湖而实施的土地租赁也给予物种部分保护。大自然保护协会认为特有的阿沃尔骨尾鱼受到威胁，因为其生境已退化和丧失（Sigler and Sigler, 1994; Natural Heritage Center Databases, 1997）。

生物多样性保护的优先举措

● 永久获得和保护 260 公顷的土地，将其作为博兰骨尾鱼的关键栖息地，严禁车辆通行、畜牧业、采矿业和能源开发活动（Williams, 1995b）。

● 重建硼砂湖下游及其附近沼泽（Williams, 1995b）。

● 修建鱼道，允许鱼类通过水坝（Williams, 1995a）。

---

① 1 公顷 =0.01 平方千米。——编者注

- 识别并拆除不断恶化的水坝（Williams, 1995a）。
- 重建自然河道（Williams, 1995a）。

合作保护伙伴

联系信息详见附录 H

- The Nature Conservancy（Oregon Field Office）
- Oregon Lakes Association
- Oregon Trout

生态区编号：11

生态区名称：死亡谷区

主要生境类型：内陆河流 / 湖泊 / 泉

面积：80 707 平方千米

生物特异性：北美显著

保存现状：现状概况——易危

　　　　　最终状态——易危

简介

死亡谷区 [11] 主要位于大盆地的西南角一带，是一个由欧文斯河、阿马戈萨河及莫哈维河流域组成的内陆盆地（Sada et al., 1995）。该区主要占据了加利福尼亚州中南部，并延伸至内华达州西南，包括南内华达山脉的东部山坡以及南加利福尼亚州一系列山系的东北斜坡。区内几乎没有较大的湖泊或永久河流、溪流，但沿断层分布有的大量泉水，为淡水生物提供栖息地。泉水源于内华达南部和东部，涌动8000 ~ 12 000 年之久（Minckley et al., 1986）。生态区内包含淡水生物生存的极端条件，且已有大量相关生物区系的研究。

覆盖面积大约有 756 平方千米的阿什梅多斯，因其三十多个大、小泉在沙漠中心涌动形成绿洲，成为一个特别的景点（Williams et al., 1985）。魔鬼洞海拔 732 米，是泉水海拔最高的地方。随着海拔的增加，泉水彼此分流的时间越久，相隔仅 1 千米的泉，可能早在数千年以前就已分隔开来（Williams et al., 1985）。在这个干旱的生态区，地下水补给量很低，以致供给魔鬼洞等泉水的含水层包含矿物水（Pister, 1990）。

生物特异性

正如北美其他干旱生态区，死亡谷区 [11] 生物多样性很低，但特有性极高。功能区内有 22 种软体动物（均是螺类），6 种特有昆虫，6 种特有鱼类。一些作者认为以特定、永久水体相关的物种类型考虑物种分化程度更为恰当，这样算来，有 19 种特有鱼类亚种（Minckley et al., 1986; Sada et al., 1995）。不考虑欧文斯河和莫哈维河流域的鱼类，区内所有的特有淡水物种均与泉水相关。区内淡水供给量少，生物多样性令人印象深刻。有 4 科鱼类，其中有鲦鱼的 2 个亚种——小点吻鲦（*Rhinichthys osculus*）和双色骨尾鱼（*Gila bicolor*），1 种亚口鱼——烟腹亚口鱼（*Catostomus fumeiventris*），2 种温泉鱼——已灭绝的默式裸腹鳉（*Empetrichthys merriami*）和偏嘴裸腹鳉（*E. latos*），以及 4 种鲤齿鳉鱼——欧文鳉（*Cyprinodon radiosus*）、魔鳉（*C. diabolis*）、内华达鳉（*C. nevadensis*）和盐鳉（*C. salinus*）。其中，已识别出内华达鳉的 4 个亚种，以及盐鳉的 2 个亚种、斑点鲦鱼的 3 个亚种（Sada et al., 1995）。魔鳉（*C. diabolis*）是脊椎动物中生境范围最小的，仅在阿什梅多斯泉水涌动的洞穴中有 23 平方码①范围（Williams et al., 1985; Sada et al., 1995）。该物种极小，体长很少超过 20 毫米，种群规模的季节变动在 150～400 个个体（Williams et al., 1985）。盐鳉（*C. salinus*）生活在海平面以下温度可达 130°F 的 180～240 英尺处（Sigler and Sigler, 1994）。

保存现状

美国鱼类与野生动物局将生态区内的鱼类的 9 个亚种列为濒危物种，美国渔业协会列出 10 种（Sigler and Sigler, 1994）。这些物种栖息地较少且生境脆弱。

在阿什梅多斯，水体改道、分渠、蓄水、水量减少、沿岸生境消失、泉水疏浚工程破坏了许多淡水生境。土著物种也受到外来物种茉莉花鳉（*Poecilia latipinna*）、食蚊鱼（*Gambusia affinis*）、牛蛙（*Rana catesbeiana*）和克氏原螯虾（*Procambarus clarkii*）之间的竞争或捕食。瘤拟黑螺（*Melanoides tuberculatus*）也危及土著螺类（Williams et al., 1985）。

地下水开采，以及引起的地下水位下降危及阿什梅多斯唯一的物种——欧文鳉。根据 1976 年美国最高法院决议，为保护鲤齿鳉鱼，需保持地下水位不下降，魔鬼洞现在是阿什梅多斯野生动物保护区的一部分。将该物种迁移至另两个生境，以免灾难性事件造成物种丧失，但其中的一个迁移种群已发生形态学改变（Williams et al., 1985; Pister, 1990）。相似的，将大约 400 尾欧文鳉（*C. radiosus*）拯救出即将干涸的池塘，先将其迁移至暂时的残遗种保护区，随后将其引入欧文斯流域土著鱼类保护区（Pister, 1990）。

在生态区内 5 个分隔的泉水中发现默式裸鳆鳉（*E. merriami*），由于其与引入种的相互作用而走向灭绝。在内华达奈郡帕伦普谷的泉水中曾经发现偏嘴裸腹鳉（*E. latos*）的 3 个亚种，地下水开采破坏了其中两个亚种的生境，第三种在控蚊措施损坏其生境以前将其转移至其自然分布范围以外的泉水中（Sigler and Sigler, 1994）。重建自然生境以失败告终，但和 1990 年迁出欧文鳉一样，迁移物种稳定生存下来（Pister, 1990）。作为其属的仅有物种代表，偏嘴裸鳆鱼成为重点保护对象。

生物多样性保护的优先举措

- 保护土著鱼类、软体动物和昆虫生境免受干旱、污染，以及其他干扰。
- 敏感区域严禁开采地下水。
- 严禁引入外来种，并控制已有外来物种种群。
- 对于生境单一物种，进行非原位育种。对无脊椎动物进行生态和分类学研究（Williams et al., 1985）。修复被毁坏的泉、沼泽（Williams et al., 1985）。
- 限制住宅或商业开发。
- 可能的情况下，购买水权。

合作保护伙伴

联系信息详见附录 H

- Desert Fishes Council
- The Nature Conservancy（California and Nevada Field Offices）
- The Wilderness Society

---

① 1 码 =0.9144 米。——编者注

生态区编号：12

生态区名称：科罗拉多河区

主要生境类型：大型温带河流

面积：507 245 平方千米

生物特异性：北美显著

保存现状：现状概况——极危

　　　　　最终状态——极危

科罗拉多河可能是世界上开发、调控、争议最多的河流，流经 7 个州，流域内景色壮观，占美国广袤大地的 7%。从早期定居者开始到现在，科罗拉多河已成为干旱地区发展的关键。

——Crawford 和 Peterson（1974）

简介

科罗拉多河区起始于美国怀俄明州西北部，延伸至墨西哥下加利福尼亚州东北端，包括内华达州东南的一部分、东亚利桑那州和北亚利桑那州的一部分、新墨西哥西北角、东犹他州的大部分，以及科罗拉多州西部地区。该区主要位于科罗拉多盆地，也包括怀俄明盆地和索诺兰沙漠，是北美最干旱的生态区之一（Minckley et al., 1986）。科罗拉多河流经 2282 千米，其流域可分为上游流域和下游流域。科罗拉多河上游流域主要支流有绿河、甘尼森河、多洛雷斯河及圣胡安河，下游流域河流包括小科罗拉多河、圣母河、比尔威廉斯河及希拉河（Williams et al., 1985）。希拉河流域有一个生物群截然不同的生态区 [14]，怀特河流经的圣母河生态区也是如此。

历史上，该生态区的主要淡水生境是温带、泥沙淤积的奔腾大河，这些大河的补给来源于冷且清澈的山涧小溪和泉水。山间湖泊也支撑了冷水栖息地。相反的，科罗拉多河三角洲地区栖息地的潮汐、温度、盐分和淤泥负荷极高且变化较大（Minckley et al., 1986）。

生物特异性

由于其与附近河流水系的长期隔离，科罗拉多区淡水物种并不丰富，生态区内共有 26 种鱼类（Behnke and Benson, 1983）。不过生态区内特有鱼类形态各异，容易识别。科罗拉多河及其主要支流（如希拉河）发现的大型河流鱼类相似性很高。隆背骨尾鱼（*Gila cypha*）、骨尾白蛙（*G. elegans*）、尖头叶唇鱼（*Ptychocheilus lucius*）、粗壮骨尾鱼（*G. robusta*）和锐项亚口鱼（*Xyrauchen texanus*）在混乱、水流湍急的生境中均表现出形态适应性。尖头叶唇鱼作为顶端食肉动物和北美最大的鲤科鱼类最受关注。其他一些大河特有或称得上特有的鱼类包括偏翼亚口鱼（*Catostomus latipinnis*）、小科罗拉多河亚口鱼（*C. sp.*）、显亚口鱼（*C. insignis*），以及亚利桑那州的一种土著鱼（*C. clarki*），还有割喉鳟的两个亚种绿背割喉鳟（*Oncorhynchus clarki stomias*）和科罗拉多割喉鳟（*O. c. pleuriticus*），以及绿头亚口鱼（*C. discobolus yarrowi*）（Page and Burr, 1991；Sigler and Sigler, 1994）。

生态内溪流为一些特有鱼类和其他生物提供较小的淡水生境，而不是体型较大的鲦鱼和亚口鱼。亚利桑那大马哈鱼（*Oncorhynchus apache*）最初是在索尔特河下游以及小科罗拉多河流域冷且清澈的源头水、湖泊中发现的（Page and Burr, 1991）。斑鳉（*Cyprinodon macularius*）仅在科罗拉多河下游流域的泉水、沼泽、缓流的小溪，以及大河的回水处发现（Williams et al., 1985）。刺鳉（*Lepidomeda vittata*）仅在亚利桑那州东部的一些较小的溪流中发现，与附近维加斯－圣母河区 [13] 的另两个物种同属于一个属（Page and Burr, 1991）。现已灭绝的迪氏吻鳉（*Rhinichthys deaconi*），最初是在拉斯维加斯小溪（科罗拉多河在内华达州的一个小分支）的泉水中发现的。在那里的泉水、沼泽和小溪中也曾发现现已灭绝的拉斯维加斯豹纹蛙（*Rana fisheri*）（Williams et al., 1985; Sigler and Sigler, 1994）。生态区内的泉水中也有螺类，譬如在迷德湖附近的几个泉中发现的奥弗顿拟沼螺（*Assiminea* sp.）和大瓦士螺（*Fontelicella* sp.）（Williams et al., 1985）。和生态区内大河流生境一样，这些小的泉水和淡水生境中也有一些特有亚种，如仅在格林河的一个小支流中发现的热带小点吻鲅（*Rhinichthys osculus thermalis*）（Williams et al., 1985）。

在科罗拉多三角洲及其上游地区已发现有 40 种海洋鱼类，另外历史资料中报道有额外的 30 种鱼（Minckley et al., 1986）。

保存现状

栖息地的变化，以及外来物种的引入（Pister, 1990）破坏了科罗拉多流域生物类群。昔日水流湍急、泥沙量较多的温带河流，如今在水体的 20 个大的冷水库上遍布水坝和水道，水库中已引入 50 多种外来物种（Pister, 1981）。科罗拉多河水流随季节和降水而有季节性变动，现在由于河水改道和筑坝工程，水流稳定，季节性变化较小（Williams et al., 1985）。大多数情况下，蓄水工程中的河水改道使科罗拉多河水流出完全停止，只有在极其多雨的年份，水库蓄满水时，水流才会到达加利福尼亚海湾。深层水库流出的水大多来自深水层（水温低），引起下游水温降低，适宜外来冷水种的生存（Williams et al., 1985）。水库也会阻滞本该随自然水流到达科罗拉多三角洲的沉积物和溶解性营养物质，三角洲的河岸森林和灌木丛林已变成贫瘠的高盐平原（Minckley et al., 1986）。流域内采金业以及煤和天然气的发展带来的污染也是一大威胁。

事实上，科罗拉多河区 [12] 的每一个特有物种都是濒危的。被政府列为濒危物种的剃刀背胭脂鱼，曾经在流域的上游和下游均有发现，现在只在没有水坝影响的河流段发现。与引入种的杂交以及幼体被外来种捕食等严重威胁到剃刀背胭脂鱼的生存（Williams et al., 1985; Pister, 1990）。筑坝工程、外来物种入侵、河水改道、水体污染，以及与其他骨尾鱼的杂交严重影响濒危物种骨尾白蛙和隆背骨尾鱼（Williams et al., 1985）。在新墨西哥的德克斯特国家鱼类孵卵处均保留有少量的骨尾白蛙和隆背骨尾鱼（Pister, 1990）。在科罗拉多河以及上下游流域支流发现的濒危物种尖头叶唇鱼，如今的生境范围特别小，其原因主要有筑坝工程引起了生境缺失、水坝阻隔了产卵和迁徙路径、蓄水工程引起了水温降低，以及外来物种入侵（Behnke and Benson, 1983; Williams et al., 1985）。濒危物种斑鳟现已减少到仅剩亚利桑那州斑鳟与引入物种的杂交种，以及墨西哥圣克拉拉沼泽的唯一一个土著种群，原始种群因生境破坏和外来种入侵而减少（例如 1985 年，发现外来的罗非鱼正取代部分本土的墨西哥种群）。迪氏吻鲅和拉斯维加斯豹纹蛙在 20 世纪 50 年代也因水资源的过度利用和拉斯维加斯中心城市的发展走向灭绝（Williams et al., 1985）。

这种严峻形势的影响似乎是不可逆转的。外来物种一旦入侵，很难从真正意义上将其驱逐，杂交的影响基本上也都是永久性的。大规模的蓄水工程，譬如胡佛水坝和格兰峡谷水坝是不可能将其迁移走的。

基于上述原因，科罗拉多河区保护状态形势严峻。但是，积极采取措施并认真实施，比如重修水坝模拟自然水位变化，可能会缓和各种因素对生态区内生物区系的严重干扰。

生物多样性保护的优先举措

- 保护剩余的自然流动水体，重修已有水坝，使其水流模拟自然变动。
- 积极控制已有外来物种，尤其是要控制外来物种与土著鳟鱼和鲹鱼的杂交，禁止引入新的外来种。
- 禁止阿尼马斯－拉普拉塔工程建设，这将会阻断阿尼马斯河（圣胡安河的一条支流）的自然流动，使河岸湿地干涸，并很可能会因农田灌溉增加淡水生境的硒负荷（American Rivers, 1997）。

● 清除污染科罗拉多河流域的采金点，譬如位于鹰河（科罗拉多河上游）流域鹰河镇附近、乌雷南部圣胡安山的安肯帕格里河及圣米格尔河（多洛雷斯河的支流）上的采金点（Colorado Plateau Forum, 1998）。

● 终止从科罗拉多河下游引水灌溉和中心城市用水的政府补贴（American Rivers, 1997）。

合作保护伙伴

联系信息详见附录 H

- American Rivers
- Colorado Rivers Alliance
- Defenders of Wildlife
- Desert Fishes Council
- Environmental Defense Fund
- Friends of the Animas River
- Grand Canyon Trust
- The Nature Conservancy（Headquarters, and Arizona, California, Colorado, New Mexico, Utah, and Wyoming Field Offices）
- Sierra Club, Rocky Mountain Chapter
- Southwest Center for Biological Diversity
- World Wildlife Fund Mexico

生态区编号：13

生态区名称：维加斯 – 圣母河区

主要生境类型：干旱地区河流 / 湖泊 / 泉

面积：34 565 平方千米

生物特异性：北美显著

保存现状：现状概况——易危

最终状态——濒危

简介

该生态区主要分布在内华达州东南部，也包括亚利桑那州西北端和犹他州西南角。尽管该生态区坐落于大盆地生态区之间，但因生态区内水体均流向科罗拉多河，便成为科罗拉多复合体的一部分。主要水域有怀特河、莫阿帕河、梅多瓦利河和圣母河流域。多雨时期，怀特河是科罗拉多河的一个支流，如今大多数河段已经干涸。以前流向科罗拉多河的圣母河如今流向迷德湖，莫阿帕河也是一样（Williams et al., 1985）。很多溪流都是季节性的，比较长久的栖息地都和泉水相关。生态区内 3 个以泉水为水源的栖息地以它们的生物特异性和环境多样性著称。怀特河上游流域大部分已经干涸，仅有一小段河道以理化性质、温度不尽相同的一些泉水、涌出的小溪为水源。位于断断续续的怀特河以南帕拉纳加特谷，谷内水体有海口泉、水晶泉和灰泉，以及其涌出的小溪。河段长达 40 千米的莫阿帕河源自 20 多个温带泉水，流经黑灌木地区，为重要河岸生物区系提供水源（Williams et al., 1985）。

生物特异性

正如围绕该生态区的大盆地区域，维加斯–圣母河生态区淡水物种贫乏，但特有性较强，特别是在亚种水平上。生态区内淡水生境中曾发现的特有鱼类有怀特河上游发现的白河刺鳊（*Lepidomeda albivallis*），圣母河发现的软刺鳊（*L. mollispinis mollispinis*），梅多瓦利河的泉水中发现的大泉刺鳊（*L. mollispinis pratensis*），莫阿帕河源头水中发现的莫阿帕斑点鲦鱼（*Moapa coriacea*），圣母河和希拉河流域发现的伤鳍鱼（*Plagopterus argentissimus*），泉水和拉斯维加斯小溪涌出的水中发现的迪氏吻鳊（*Rhinichthys deaconi*），怀特河和莫阿帕河流域的温泉中发现的嗜热性贝氏泉鳉（*Crenichthys baileyi thermophilus*），还有普勒斯顿泉鳉（*C. b. albivallis*）、怀特泉鳉（*C. b. baileyi*）、海口泉鳉（*C. b. grandis*）和莫阿帕泉鳉（*C. b. moapae*）。其中 11 种土著物种中的 6 种是地方特有的。维加斯–圣母河区也有发现粗壮骨尾鱼（*Gila robusta seminuda*）、小点吻鳊（*Rhinichthys osculus velifer*）和克氏亚口鱼地方性亚种鱼（*Catostomus clarki intermedins*）（Williams, et al., 1985; Page and Burr, 1991; Sigler and Sigler, 1994）。

生态区内也有一些无脊椎动物，有腹足类动物和未知名的螺类，这些生物仅在生态区的溪流中有发现（Williams et al., 1985）。

保存现状

生态区内几乎所有的淡水物种都是特有性的，并且很多仅在某一地点发现，较为罕见，受到生态区内多重威胁。迄今最大的扰动就是科罗拉多河胡佛水坝上迷德湖的产生。由于湖泊一直延伸到圣母河上游 35 千米处，它已经毁坏了先前的河水生境并阻断了莫阿帕河、圣母河和科罗拉多河之间的流通。大半个圣母河流经的犹他州华盛顿县，是美国发展极其快的城市之一，对河水水资源和河岸生境造成了极大的压力（Grand Canyon Trust, 1997）。其他一些潜在的干扰也已威胁到生态区的物种和生境。

在帕拉纳加特谷，由于河水改道、分渠，以及外来物种特别是鲤鱼（*Cyprinus carpio*）、短鳍花鳉（*Poecilia mexicana*）、食蚊鱼（*Gambusia affinis*）、九间始丽鱼（*Cichlasoma nigrofasciatum*）和瘤拟黑螺（*Melanoides tuberculatus*）的作用，濒危物种乔氏粗壮骨尾鱼（*Gila robusta jordani*）原有的三个生境也减少为一个。高膜刺鳊（*Lepidomeda altivelis*）的灭绝很显然是由于鲤鱼和食蚊鱼的引入。同样的，外来种引入导致 3 种土著鱼类近乎灭绝。螺类的引入给帕拉纳加特谷和怀特河的无脊椎动物带来风险。

在莫阿帕河流域，莫阿帕鲦鱼被列为濒危物种，仅在温带泉水中发现一小部分，其原因有景观、娱乐及旅游用泉水的发展，居民用和农用水体改道，外来物种的侵入。其他莫阿帕河流域特有种也面临相同的威胁。莫阿帕河土著物种的减少主要是因为河水分渠改道、泥沙淤积、河岸植被迁移、生境污染、外来种，以及迷德湖造成的河下游洪水泛滥（Williams et al., 1985）。

在怀特河上游地区，白河刺鳊的濒危原因是泉源下安装灌溉管道引起的主要生境丧失和改变、除草剂的使用，以及外来物种的侵入。怀特河泉鳉同样也因外来物种侵入受到威胁（Williams et al., 1985）。

生物多样性保护的优先举措

- 尽力阻止圣母河上水库的建立，因为这将使濒危物种最后一个生存河段干涸（American Rivers, 1997）。
- 参照莫阿帕鲦鱼保护区的案例，建立其他濒危物种的保护区（Williams et al., 1985）。
- 调研无脊椎动物区系以保护地方特有种（Williams et al., 1985）。
- 禁止引入新的外来物种。
- 保护伦德镇泉，这是怀特河上游仅有的相对保持原貌的泉水（Williams et al., 1985）。

- 可能的话，恢复已发生改变的泉水生境。
- 考虑建立单一生境物种的"圈养种群"。

合作保护伙伴

联系信息详见附录 H

- American Rivers
- Desert Fishes Council
- Grand Canyon Trust
- The Nature Conservancy（Nevada and Utah Field Offices）
- Southern Utah Wilderness Alliance

生态区编号：14

生态区名称：希拉河区

主要生境类型：干旱地区河流 / 湖泊 / 泉

面积：159 875 平方千米

生物特异性：北美显著

保存现状：现状概况——极危

　　　　　最终状态——极危

简介

该生态区包括亚利桑那州南部大部分地区和新墨西哥西南部分地区，一直延伸到墨西哥索诺拉的北部。生态区内的主要水体就是希拉河，是科罗拉多河下游的一条分支。其他重要河流有圣佩德罗河、圣克鲁兹河、索尔特河，它们都是希拉河的支流。

生物特异性

有人可能会认为，该生态区会和科罗拉多生态区共有多种淡水物种，特别是希拉河和科罗拉多河可能会有很多特异的大型河流物种。然而，科罗拉多河除圣母河以外的其他主要支流中均没有希拉河特有物种。希拉河生态区内发现有多达 7 种科罗拉多生态区没有的鱼类，希拉河流域共发现有 19 种本土物种，这样看来，希拉河生态区生物特异性较高。

历史上，在水温、浊度有季节性变化的希拉河流域和维加斯 – 圣母河区发现有伤鳍鱼（*Plagopterus argentissimus*），如今它仅在圣母河水系存在（Minckley, et al., 1986; Sigler and Sigler, 1994）。和伤鳍鱼有关的光鳋（*Meda fulgida*），仅在希拉河流域的一小段温水河段发现。仅在希拉河及其一个支流圣弗朗西斯科河的温水河段发现有花鳅（*Tiaroga cobitis*），尽管最初发现花鳅时，其在希拉河流域分布非常广泛（Page and Burr, 1991; Propst and Bestgen, 1991）。伤鳍鱼和花鳅作为它们各自属的代表非常重要——尽管大多数鱼类学家将花鳅归为吻鳋属（Robins et al., 1991）。最初仅在希拉河国家森林中的希拉河和圣弗朗西斯科河中发现的希拉河鳟（*Salmo gilae*）如今已被转移至生态区内的其他地方（Page and Burr, 1991; Propst et al., 1992）。长鳍鳋（*Agosia chrysogaster*）和西域若花鳉（*Poeciliopsis occidentalis*）都是该生态区特有种——尽管它们的生境范围向南延伸至索诺兰生态区（Minckley et al., 1986; Page and Burr, 1991）。分类尚不明确的中间骨尾鱼（*Gila intermedia*）仍生存在生态区内某一生境中。科罗拉多流域特有种尖头叶唇鱼（*Ptychocheilus lucius*）和锐项亚口鱼（*Xyrauchen texanus*）曾在希拉河流域发现，粗壮骨尾鱼（*Gila robusta*）仍存在于希拉河的三个不同河段。

保存现状

希拉河很独特的地方就是没有控制水流的大坝，流域内水体均是自然流动的。希拉河生态区内土著淡水鱼类是相对比较完整的，然而，土地征用、引水工程及外来物种对大多数本土种产生很大威胁。新墨西哥的希拉河上游流域也为国家濒危物种光鲹和花鳅提供了重要生境，这两个物种已被从流域内原有生境中驱逐（Minckley, 1973; Propst et al., 1986; Propst et al., 1988）。河道疏浚、筑坝工程、河岸植被流失、水体改道造成的河水干涸等引起的生境改变和外来物种是其主要威胁。非土著鳟鱼（虹鳟和褐鳟）对国家濒危物种希拉河鳟鱼的威胁最大，主要通过竞争、捕食和杂交的方式（Propst et al., 1992）。多亏力度较大的生境恢复措施，该物种现在仍栖息于 12 个栖息地内，但也受到放牧、非法垂钓和意外自然事故的威胁。光鲹和花鳅从其生境消失与黑鮰（*Ameiurus melas*）、小口黑鲈（*Micropterus dolomieu*）和其他的一些外来种引入有关。粗壮骨尾鱼被新墨西哥列为濒危物种，外来物种的入侵已造成其生境丧失。新墨西哥内西域若花鳅已经灭绝，中间骨尾鱼可能仍存在于一个生境范围。过去 50～75 年内，希拉河流域内多数土著鱼类的减少已被记载。

生态区内的其他地方，旅游业、农田里农药径流，以及河岸地区放牧业威胁生态区淡水物种和生境。过去，铁路事故的发生曾将硫酸渗漏到圣塔鲁斯河，这种事故未来也有可能发生。

生物多样性保护的优先举措

● 恢复并管理濒危物种存在的多支流河道，特别是山涧溪流，通常这里会有诸如火灾、干旱和洪涝等自然灾害威胁到某个种群的情况发生（Propst et al., 1992）。

● 获取土地或者建立保护区保护重要水生及河岸生境。这样的区域包括鹰峰路附近的图拉罗萨河、格伦伍德市附近的圣弗朗西斯科河，以及新墨西哥州克里夫附近的东叉希拉河上游地区。

● 疏导希拉河位于克里夫 - 希拉河谷的河段。

● 与土地管理局合作，在他们的管理下，有效地调节可能会损害土地的有害行为。

● 停止林野灭火，这将造成比自然火灾周期下更为严重的林野火灾（1989 年林野火灾及其相关影响使得希拉河鳟鱼从其典型生境灭绝）。

● 阻止希拉河流域控流的筑坝工程。

合作保护伙伴

联系信息详见附录 H

● Desert Fishes Council

● The Nature Conservancy（Headquarters, and Arizona and New Mexico Field Offices）

● New Mexico Department of Game and Fish

● Sonoran Institute

● The Southwest Center for Biodiversity

● Universidad de Sonora（UNISON）

● World Wildlife Fund Mexico

生态区编号：15

生态区名称：格兰德河上游区

主要生境类型：大型温带河流

面积：156 769 平方千米

生物特异性：北美显著

保存现状：现状概况——濒危

最终状态——极危

简介

这个狭长的生态区起始于科罗拉多河中部，穿越新墨西哥州中西部，延伸至得克萨斯州西部。从格兰德河流域的源头到墨西哥的孔乔斯河河口形成了该生态系统的边界。该流域的东部地区部分由桑格利克里斯托山区确定，而西部地区由构成大陆分水岭的一系列山脉所组成。格兰德河流经新墨西哥的主要城市，超过80%的新墨西哥人口居住在沿岸（Forest Guardians, 1998）。在墨西哥，该河流被称作北布拉沃河。

格兰德河的源头在科罗拉多南部的圣胡安山脉，流经圣路易斯山谷南部和格兰德河洼地。当河水流过得克萨斯州厄尔巴索的盆地时，河流的特性发生了明显变化，并且这个变化标志着格兰德河上游与下游内在联系的打破。流域的上游逐渐形成可预测的流动变化规律，包含相当多样的生境类型。顺流而下，更广泛地分布着支流且流量不稳定，在得克萨斯州厄尔巴索和孔乔斯河之间的河段有时几乎会发生干涸的现象（Smith and Miller, 1986）。

上游的主要支流有查马河普埃科河、帕拉赫河、阿拉莫萨河。修建水坝形成的主要大型水库有象丘水库、奇蒂水库、阿比基水库、安吉斯图水库、伊斯莱塔水库、圣阿卡西亚水库和厄尔瓦多水库。

生物特异性

格兰德河上游区 [15] 仅有28种土著鱼类，相比于格兰德河下游区 [20]、佩科斯河区 [18] 和孔乔斯河区 [17]，该区域将发生严重的生态萎缩。该生态区域是唯一一种当地鱼类——白沙滩鳉（*Cyprinodon tularosa*）的栖息地；这是在图拉罗萨盆地限航区中发现的唯一淡水鱼类（Propst et al.,1985; Miller and Smith, 1986）。曾经在格兰德河的上游区 [15] 和下游区 [20] 和佩克斯河区 [18] 发现过沟渠突颌鱼（*Hybognathus amarus*），但如今它仅限于在奇蒂水坝和象丘水库之间的格兰德河河段，这里位于新墨西哥州中部。历史上，格兰德河上游区 [15] 和格兰德河下游区 [20] 都出现过鲸美洲鳋（*Notropis orca*）和钝吻美洲鳋（*N. simus simus*），但现在都已灭绝了。尽管该生态系统中存在许多土著的无脊椎动物，但未发现土著珠蚌和螯虾的踪迹。在新墨西哥州，索科罗县的泉水中有索克罗螺（*Fontelicella neomexicana*）、大瓦士螺（*Fontelicella* sp.）、阿拉莫斯螺（*Tryonia* sp.）、波克拉斯等足虫（*Thermosphaeroma subequalum*）和索克罗等足虫（*T. thermophilum*）。在这些泉水中还发现了土著的两栖动物——萨克拉门托山脉火蜥蜴（*Aneides hardii*）。

保存现状

格兰德河上游，作为新墨西哥州大多数人口的主要水源，已经受到一系列严重的影响，其中有许多或许是不可逆的。20世纪为农业供水，在格兰德河沿岸建造的主要分水坝，如今使得下游干涸、上游洪水成灾，并且改变了水质和水流变化规律。为加快农业供水，干流和支流被过度渠道化。在枯水年，几乎所有的河水都被改道，用于冲洗来自农业、放牧、城市径流、工业用水、伐木的污染物，另外资源的开采又是一项重大威胁（Forest Guardians, 1998）。那些引进的外来物种，改变栖息地后生长旺盛，进一步影响着当地物种种群。这些威胁已经导致了该生态系统中鲸美洲鲥和钝吻美洲鲥的灭绝，也威胁着数量正在减少的本地物种。大河中的鱼更是饱受痛苦，例如，蓝色吸盘鱼和铲鲟鱼两种本土物种，很有可能已经从格兰德河上游消失（New Mexico Department of Game and Fish, 1997）。适宜无脊椎动物生长的泉水很容易受到污染和地下水位降低的影响。

本地物种白沙滩鳉和沟渠突领鱼濒临灭绝，受到高度关注。目前，白沙滩鳉不与其他任何鱼类物种共享栖息地。在白沙导弹试验场和霍罗曼空军基地的水池里出现外来的食蚊鱼（*Gambusia affinis*）、金鱼（*Carassius auratus*）和大嘴鲈鱼（*Micropterus salmoides*）。在图拉罗萨盆地引入其他物种很有可能导致白沙滩鳉的消失。凶猛的野马破坏了生长有白沙滩鳉的水坑的堤坝，造成水的流失。还存在其他一些潜在的威胁白沙滩鳉生存的因素，包括：农药、除草剂、有毒的导弹残留物、化学溢出物、野马和羚羊的排泄物；由于车辆、牲畜、导弹破坏造成的物理性毁坏；通过抽取地下水和改道进行排水；由于非本地植物（怪柳）总量的扩大引起的地下水位下降（New Mexico Department of Game and Fish, 1997）。沟渠突领鱼由于直接与农耕竞争稀缺的水资源而一直处于争论的焦点。州、国家和国际组织的用水权法律存在争议，所以即使在《濒危物种保护法》的条款中将沟渠突领鱼列为濒临灭绝物种，也不能保证沟渠突领鱼的生存。

1997 年，新墨西哥环保组织和政府达成协议，或许可以解决污染物造成水质下降的问题。协议表明，政府将会按照严格时间表清理指定的流域。在该生态系统中，指定清理的流域有格兰德河中游和普埃科河（Forest Guardians, 1998）。

生物多样性保护的优先举措

- 全力保护在《新墨西哥州众议院 1298 号法案》（1997 年）中指定的特别水域，格兰德河上游生态系统中指定的水域包括：
  - 从特苏基溪湾源头到圣达菲国家森林边界；
  - 从圣达菲河源头到麦克卢尔水库；
  - 从菜豆河的源头到其与格兰德河交汇处；
  - 从赫梅斯河东叉口的圣达菲国家森林边界处顺流而下到与赫梅斯河交汇处；
  - 从科罗拉多河 / 新墨西哥州界线顺流而下到阿锐巴河 / 淘斯县边界；
  - 从普韦布洛城边界顺流而下大约 4.5 英里至河流进入私有土地的地方；
  - 从拉斯维加斯尔塔斯溪源头至西波拉国家森林边界。
- 维持受污染地表水的清理工作，尤其是格兰德河。管制点源和非点源污染物的排放。
- 尽量限制放牧，恢复河岸植被。
- 合理运转格兰德河沿岸的水坝，形成类似自然环境下的水流状态，从而利于土著鱼类的生存。
- 禁止使用非本地的小鱼作为鱼饵，防备任何外来物种入侵。

合作保护伙伴

联系信息详见附录 H

- American Rivers
- Desert Fishes Council
- The Nature Conservancy（Colorado, New Mexico, and Texas Field Offices）
- Rio Grande Alliance

● Southwest Center for Biodiversity

生态区编号：16

生态区名称：古兹曼区

主要生境类型：内陆河流 / 湖泊 / 泉

面积：97 442 平方千米

生物特异性：北美显著

保存现状：现状概况——濒危

最终状态——极危

简介

该生态区是格兰德河流域的一部分，覆盖墨西哥奇瓦瓦州的大部分，延伸至新墨西哥州西南部。其中有一小部分分布在索洛拉省东北部和亚利桑那州东南部。以马德雷山脉为西南边界。此外，有一小部分分布在洛基山脉以西。流域包括圣佩德罗河、卡萨格兰德斯河、圣玛丽亚河，以及明布雷斯河。该生态区的部分区域被称为麦当诺斯·沙马拉尤卡（Médanos Samalayuca），这曾经是一个古老的湖床，如今演变为一个炎热的沙丘（Jagger，1998）。

生物特异性

以有大量内流生境为特点的古兹曼区 [16] 具有丰富的土著物种，其中有 56% 的特有鱼种。这些土著鱼种至少包括鲹鱼（*Notropis* sp.）、白鲑（*Gila* sp.）、吸盘鱼（*Catostomos* sp.）和鳉鱼（*Cyprinodon* sp.）（Arriaga et al.，1998）。此外，美丽真小鲤（*Cyprinella formosa*）是土著物种，但很多已经从原来的生境消失了。明布雷斯河是该生态区重要的淡水生物多样性保护地。

明布雷斯河鱼群仅由三种已被证实的鱼类组成：奇瓦瓦鲹鱼（*Gila nigrescens*）、美丽真小鲤（*Cyprinella formosa*）和格兰德河吸盘鱼（*Catostomus plebeius*）。20 世纪 50 年代，美丽真小鲤从明布雷斯河消失（最后的标本采集于该时期）。1975 年，奇瓦瓦鲹鱼消失，当时只在明布雷斯河流域的泉水中发现有少量。此后，证实奇瓦瓦鲹鱼的生境位于艾莉峡谷和新墨西哥州渔业之间约 15 千米的范围内（为这些动物购买栖息地）。奇瓦瓦鲹鱼作为濒危物种受到联邦和国家政府的保护。格兰德河吸盘鱼常见于溪流的暖水域。麦克莱特溪湾（明布雷斯河支流）中存在一种外来物种——希拉鳟鱼。生长有奇瓦瓦鲹鱼的部分河段存在一些非本地的虹鳟鱼（*Oncorhynchus mykiss*）、斑点鲹鱼（*Rhinichthys osculus*）、长鳍鳜（*Agosia chrysogaster*），所有这些鱼类，尤其是虹鳟鱼和长鳍鳜会同奇瓦瓦鲹鱼竞争栖息地。

保存现状

古兹曼区 [16] 最严峻的问题是那些与用水需求有关的问题。这是一个非常干燥的区域，即使是在最好的情形下，水的供给也是有限的。因此，含水层水位降低成了地下淡水生物多样性保护最关心的问题。森林砍伐和外来物种如奥利亚罗非鱼（*Oreochromis aureas*）的引进，也是存在问题的（Arriaga et al.，1998）。

即使没有水坝控制水流，明布雷斯河大部分河段的流量也在大幅度削减，在灌溉季（3 月至 10 月），由于大量的小规模的改道，一些河段甚至出现断流。由于采砾场的运作、渠道化、河岸植被的移除、中耕作物（在河岸耕作）、污水（明布雷斯山谷中的化粪池产生），栖息地受到更加严重的破坏。火山灰流引起的森林火灾在很大程度上降低了鱼类的丰富度，并且到 1995 年，几乎使奇瓦瓦鲹鱼从该流域中消失（除莫雷诺泉外）。如果将外来的虹鳟鱼引入到看似合适的水塘栖息地，也会使奇瓦瓦鲹鱼几乎消失。

生物多样性保护的优先举措

1985 年，新墨西哥渔业部门获得包括 1.2 千米的奇瓦瓦鲢鱼栖息地的管理权，并将该区域作为该物种的野生保护地（禁止可能造成栖息地退化和干扰奇瓦瓦鲢鱼生长的一切活动）。最近，美国大自然保护协会购买了三项所有权（包含明布雷斯保护区），在某种程度上保护了奇瓦瓦鲢鱼的栖息地。

● 几乎所有明布雷斯河流域上的已有的或潜在的栖息地都属于私有土地，因此需要额外的土地收购或地役权保护来保护美国物种。

● 严格执行《清洁水法案》404 条款。该流域的高地存在严重的过度放牧，导致洪涝灾害。虽然美国林业局已尝试改善高地的放牧条件，但仍需更大的努力。

合作保护伙伴

联系信息详见附录 H

● Desert Fishes Council

● The Nature Conservancy（Colorado，New Mexico，and Texas Field Offices）

● New Mexico Department of Garzie and Fish

● World Wildlife Fund Mexico

生态区编号：17

生态区名称：孔乔斯河区

主要生境类型：干旱地区河流 / 湖泊 / 泉

面积：74 885 平方千米

生物特异性：全球显著

保存现状：现状概况——濒危

最终状态——极危

简介

该生态区是格兰德河流域的一部分，覆盖奇瓦瓦州的中南部地区，延伸至杜兰戈州北部。这个干旱生态区的主要河流有圣佩德罗河和孔乔斯河，分别流入马德罗水坝和博圭罗水坝。

生物特异性

孔乔斯河区 [17] 拥有显著的特有鱼种，47 种土著鱼类中有 12 种特有种。这些特有物种包括奇瓦瓦美洲鲅（*Notropis Chihuahua*）、圣罗萨利亚鱼（*N. santarosaliae*）、真小鲤属鱼种、饰妆羚鲃（*Codoma ornata*）、圆吻鲅属鱼种、斑食蚊鱼（*Gambusia senilis*）、赫氏食蚊鱼（*G. hurtadoi*）、阿氏食蚊鱼（*G. alvarezi*）、超鳉（*Cyprinodon eximius*）、厚头鳉（*C. pachycephalus*），以及大鳞鳉（*C. macrolepis*）。该生态区的爬行类也有很多地方特有种，46 种土著种中有 12 种特有种。

孔乔斯河区 [17] 是格兰德河流域唯一自由流动的大型河流。因为这个生态区没有受到河道变动的影响，所以仍然聚集着一些独特的物种。这个生态区非常重要，它不仅供给着地表水生物群，也为其提供专门的溪流和洞穴栖息地。这些溪流生境为区域特有种的生存做出了很大贡献。

保存现状

该区域受到很多人为因素的影响。其水质也因污水（主要来自边境社区），农业废水中的营养盐、农药、肥料，以及工业废物如化学品和热污染而遭到破坏。贫瘠的土地和不合理的用水管理也对区域物种造成伤害，比如皆伐（孔乔斯河上游）、地下水资源的无效利用。溪流与地下水位密切相关，所以溪流生物群对地下水开采尤其敏感（Rio Grande River Keeper, 1994,1995, 转引自 Berger, 1995）。

生物多样性保护的优先举措

- 实施有效的土地利用和管理措施，比如修梯田、滴灌。
- 控制孔乔斯河上游的过度砍伐。
- 严格限制使用地下水。
- 研究地下生态系统，确定其环境敏感性。

合作保护伙伴

联系信息详见附录 H

- Bioconservación, A.C.
- La Comisión Nacional para el Conocimiento y uso de la Biodiversida（CONABIO）
- The Nature Conservancy
- Universidad Autónoma de Chihuahua（UACH）
- Universidad Autónoma de Nuevo León（UANL）
- World Wildlife Fund Mexico

生态区编号：18

生态区名称：佩科斯河区

主要生境类型：干旱地区河流 / 湖泊 / 泉

面积：114 782 平方千米

生物特异性：北美显著

保存现状：现状概况——易危

最终状态——濒危

简介

该生态区是格兰德河流域的一部分，从新墨西哥州中东部及东南部延伸至得克萨斯州西部。该生态区的主要河流是佩科斯河，其流域面积覆盖整个生态区。佩科斯河从新墨西哥州中北部的桑格里克利斯托山区至得克萨斯州西南部，与格兰德河交汇，全长 920 千米（Williams et al., 1985；Minckley et al., 1986）。该河包含多种生境，包括高坡度岩石地、平缓软基底的河曲，以及岩石浅滩。佩科斯河的主要支流几乎都在山区，包括北七河、圣皮纳斯可河、费利克斯河、翁多河，以及翁多河的支流博尼托河、马霍河和阿拉莫萨溪。佩科斯河上建造有五大水库：洛杉矶三角湾水库、夏季湖水库、麦克米兰湖水库、新墨西哥阿瓦隆水库和得克萨斯州红崖湖水库。建在格兰德河上的艾米斯塔水库淹没了佩科斯河与格兰德河交汇处附近 10～20 千米的流域范围（Williams et al., 1985）。

生物特异性

相比于格兰德河上游区 [15] 和其他格兰德河支流，佩科斯河区 [18] 具有较丰富的物种，尤其是鱼类。有 54 种土著种，其中 7 种（13%）特有种。分别是：仅于佩科斯河下游及格兰德河下游区 [20] 几个局部小生境发现的冥真小鲤（*Cyprinella proserpina*）；博文鳉（*Cyprinodon bovinus*），仅发现于得克萨斯州佩科斯县莱昂溪及其支流钻石泉（Williams et al.，1985；Page and Burr，1991）；长鳉（*C. elegans*），最初只生存于得克萨斯州西南部的两个孤立的溪流系统中；得克萨斯鳉（*C. pecosensis*），是佩科斯河及其相关溪流、落水洞的土著物种；珍食蚊鱼（*Gambusia nobilis*），其栖息地由 4 条溪流组成，其中 2 条在新墨西哥州、2 条在得克萨斯州；丽镖鲈（*Etheostoma lepidum*），发现于佩克斯河生态系统和得克萨斯州爱德华兹高原（在 [31] 和 [32] 号生态区）；蓝斑丽体鱼（*Cichlasoma cyanoguttatum*），生活在佩科斯河生态系统和格兰德河生态系统。此外，佩科斯河是佩克斯钝吻美洲鳉（*Notropis simus pecosensis*）的栖息地，是钝吻美洲鳉（*N. simus*）的唯一现生种。

从物种层次来看，该生态区没有贻贝、螯虾、两栖类、水生爬行类的土著种，但在溪流系统中有很多水生腹足类和端足目类物种。其中一些现存较少的物种受到人们的关注：生长于钻石泉的佩克斯山椒螺（*Assiminea* sp.）、鬼泉弹簧螺（*Cochliopa texana*）、罗斯维尔钉螺（*Fontelicella* sp.）、蓝泉钉螺（*Fontelicella* sp.）、鬼湖截螺（*Tryonia cheatumi*）、罗斯维尔截螺（*Tryonia* sp.）、钻石泉螺（*Tryonia* sp.）、鬼泉等足虫（*Gammarus hyalelloides*）、佩克斯等足虫（*G. pecos*）、圣所罗门等足虫（*G.* sp.）以及佩科斯沿岸泉中特有的诺尔等足虫（*G. desperatus*）。

保存现状

佩科斯河区 [18] 处于沙漠西南部，由于人类与其他生物共同竞争稀缺的水资源，佩科斯生态区面临威胁。因为受干扰程度明显，3 种土著鱼类和佩克斯钝吻美洲鳉被联邦政府列为濒危物种。

佩科斯干流上修筑的蓄水建筑使河流上游栖息地被淹没，下游干旱。例如，艾米斯塔水库淹没了冥真小鲤和格氏镖鲈大范围的栖息地，并且由于水库建设，受到威胁的佩科斯钝吻美洲鳉的活动范围也大幅度缩小（Williams et al.，1985）。整个生态区内大范围的灌溉改道，尤其是新墨西哥州阿蒂西亚 – 卡尔斯巴德地区，已严重影响了濒危物种科曼奇泉鳉、鬼泉弹簧螺、鬼泉等足虫、圣所罗门等足虫的生存。过度开采地下水使得一些物种受到牵连而逐渐减少，如长鳉、得克萨斯鳉、佩科斯食蚊鱼、佩科斯蜗牛、罗斯维尔钉螺、钻石泉椎实螺、罗斯维尔截螺、钻石泉截螺、鬼泉弹簧螺和端足类物种，以及圣所罗门等足虫。溪流栖息地对点源污染尤其敏感，例如，炼油厂的污染物可能导致濒临灭绝的博文鳉数量衰减（Williams et al., 1985）。

另外，佩科斯区 [18] 鱼群也受到外来物种的威胁。佩科斯河曾是濒临灭绝的沟渠突领鱼（*Hybognathus amarus*）的栖息地，但是 10 年来，沟渠突领鱼在与引进的素色突颌鱼（*H. placitus*）的竞争和杂交过程中逐渐灭绝了，而素色突颌鱼在栖息地中拥有更好的适应性（1997 年新墨西哥州生态服务）。亲近的外来种对博文鳉、长鳉、佩科斯食蚊鱼也有影响（Williams et al.，1985）。

生物多样性保护的优先举措

● 溪流流量的维持对该区域的很多特有种至关重要，这就需要减少地下水的开采，或者购买地下水位敏感的区域。

● 防备新的外来物种的侵入。

● 如果可能，清除灌溉引水渠，恢复水流。

● 实施严格的防污染措施，监控潜在的点污染源。

合作保护伙伴

联系信息详见附录 H

- Canyon Preservation Trust
- Forest Guardians
- The Nature Conservancy（New Mexico and Texas Field Offices）
- Rio Grande Alliance
- Southwest Center for Biodiversity

生态区编号：19

生态区名称：马皮米区

主要生境类型：内陆河流 / 湖泊 / 泉

面积：187 773 平方千米

生物特异性：北美显著

保存现状：现状概况——濒危

最终状态——极危

简介

该大型生态区在格兰德河流域范围内，始于奇瓦瓦州东南部，经杜兰戈州东部和科阿韦拉州西南部，延伸至圣路易斯波托西北部和新莱昂州南部。奥罗河、纳萨斯河、阿瓜纳瓦尔河的分水岭是该生态区的边界。另外，洛基山脉分水岭是它的西南边界。

生物特异性

马皮米区 [19] 是一个广阔的内流盆地，位于墨西哥中北部。它具有内流盆地所特有的淡水生物多样性，物种数相对较少，但特有种丰富。该区域 26 种鱼类中有 13 种是特有种。有一类螯虾特有种和水生爬行动物特有种（蝾螈，*Pseudoeurycea galeanae*）也在该区域出现。

该区域以封闭水环境为特点，特有种独特性高。独特而孤立的环境促进了特有生物群和物种的进化过程，填补了生态位。马皮米区 [19] 的物种可能起源于格兰德河流域。该地区的鱼类与格兰德河相似，但已适应了内陆河系统的生态压力。在这个过程中，墨西哥残齿鲤（*Stypodon signifer*）和侧条鳉（*Cyprinodon latifasciatus*）已经灭绝（Williams et al.，1985），而黑骨尾鱼（*Gila nigrescens*）的体型发生了局部的变化。所有物种仅存在于独立的帕拉斯溪流系统中。

保存现状

农业和城市的过度用水、水资源短缺是马皮米区 [19] 面临的最严重的问题之一。由于从含水层抽水和河水改道灌溉农田，导致帕拉斯地区的溪流水位降低。过度抽水导致大量土著鱼类的灭绝。现存的为数不多的本地鱼类受生境面积的限制而濒临灭绝（Williams et al.，1985）。该地区其他孤立的生境也存在相同的问题，如贝壳湾（一个大型的温泉），以及纳萨斯河的集水区。

由于过度放牧、杀虫剂及其他农药的过度使用、动物及人类排泄物，整个地区的水质都发生了退化。皆伐和不受控制的森林火灾也导致了马皮米区 [19] 的河沙沉积。

生物多样性保护的优先举措

- 鼓励合理的耕作方式，如梯田、滴灌，以控制水质的退化，将土壤和地下水的退化程度降到最低。

- 有效使用市政用水，比如使用流量控制装置。
- 禁止在纳萨斯河上游地区皆伐。
- 进行森林管理，建立宽阔的河岸带，减轻受纳水体的淤积。

合作保护伙伴

联系信息详见附录 H

- Centro Interdisciplinario de Investigación para el Desarrollo Integral Regional（CIIDIR）
- La Comisión Nacional para el Conocimiento y uso de la Biodiversidad（CONABIO）
- Fondo Mexicano para la Conservacion de la Naturaleza（FMCN）
- Institito Nacional de Ecología
- The Nature Conservancy
- Universidad Autonoma de Nuevo León（UANL）
- World Wildlife Fund México

生态区编号：20

生态区名称：格兰德河下游区

主要生境类型：大型温带河流

面积：162 576 平方千米

生物特异性：北美显著

保存现状：现状概况——极危

　　　　　最终状态——极危

简介

该生态区主要以格兰德河为边界，从格兰德河与孔乔斯河交汇处延伸至墨西哥湾，包括除佩科斯河区 [18]、萨拉多河区 [21]、圣胡安河区 [23] 之外的格兰德河下游流域，而这 3 个生态区都生存着不同的淡水动物群。该生态区还包括位于格兰德河南部的圣费尔南多河，它流入墨西哥湾；魔鬼河，格兰德河的支流，位于佩科斯河东部。该生态区覆盖得克萨斯州西南部的小部分地区，以及墨西哥的奇瓦瓦州东部、科阿韦拉州北部、新莱昂州北部、塔毛利帕斯州北部。

生物特异性

84 种鱼类源自格兰德河，其中 16 种土著种，如沟渠突领鱼（*Hybognathus amarus*）、鲸美洲鲹（*Notropis orca*）、钝吻美洲鲹（*N.simus*）和德维尔斯圆吻鲹（*Dionda diaboli*）。该生态区还存在一种土著贻贝和一种土著螯虾物种。

格兰德河下游生态区有一处具有显著特点的区域，被称为卡沃尼费拉区。这是一处拥有泉水和洞穴分支系统的地下含水土层，生存着一类特殊的洞穴动物群，而地下水的过度使用正威胁着它们的生存。

保存现状

格兰德河下游正面临着重大的、直接的生态问题。由于格兰德河流经干旱地区，在得克萨斯州和墨西哥居住的居民用水需求量大。市政和灌溉用水的过度使用使得河水水位降低，甚至出现整个河道干涸的现象。当阿姆斯达水库建成时，土著物种得克萨斯食蚊鱼（*Gambusia amistadensis*）已经灭绝了（Smith and Miller，1986）。

不受限制的城市污水排放、农药、营养负荷、牧场径流（粪便大肠菌群）、危险废物堆放场和工业污染等各种类型的污染使得格兰德河受到了严重影响。高盐度是格兰德河长期的水质问题，在某些情况下，使用格兰德河水之前必须先进行脱盐。

外来物种入侵也是该生态区面临的一个严重问题。引进的这些贪婪的外来物种，如鲤鱼、鲈鱼、罗非鱼，会与本地物种竞争。该区域也引入了外来植被和贝类，如亚洲蛤、河蚬（*Corbicula fluminea*）。

该地区的地下水也处于危险之中。在卡沃尼费拉地区，由于抽水用水缺乏监管，水资源存储量已非常紧张。

生物多样性保护的优先举措

- 控制市政和灌溉用水量。
- 采用高效的用水方法，如使用流量调节器、滴灌。
- 实施可靠的农业操作规范使营养负荷和淤积降到最低，如梯田。
- 采用更好的市政和工业废水处理方法。
- 编制一个详细的格兰德河流域水生生物目录，包括外来物种。
- 为移栖种建立避难区。
- 调节卡沃尼费拉区水的使用与排放。
- 在可能的地区恢复河岸植被和河道的渠道化。

合作保护伙伴

联系信息详见附录 H

- Bioconservación, A.C.
- La Comisión Nacional para el Conocimiento y uso de la Biodiversidad（CONABIO）
- Instituto Tecnologico y de Estudios Superiores de Monterrey（ITESM）
- National Audubon Society
- The Nature Conservancy（Headquarters and Texas Field Office）
- Universidad Autónoma de Nuevo León（UANL）
- World Wildlife Fund México

生态区编号：21

生态区名称：萨拉多河区

主要生境类型：干旱地区河流 / 湖泊 / 泉

面积：48 675 平方千米

生物特异性：北美显著

保存现状：现状概况——易危

　　　　　最终状态——濒危

简介

该生态区大小由萨拜娜河和萨拉多河流域确定，覆盖科阿韦拉州中东部、新莱昂州北部，以及塔毛利帕斯州的一小部分。利瓦特西尼加斯区 [22] 中的溪流向东流向萨拉多河源头。

生物特异性

萨拉多河区 [21] 有 41 种土著种，其中 6 种特有种，分别是萨拉美洲鲹（*Notropis saladonis*）、真小鲤（*Cyprinella*）、圆吻鲹（*Dionda*）、镖鲈（*Etheostoma* sp.）、马氏食蚊鱼（*Gambusia marshi*）、迈耶剑尾鱼（*Xiphophorus meyeri*）。该生态区域没有知名的贻贝、螯虾、水生爬行动物的特有种。

保存现状

由于迫在眉睫的人口压力和水资源的相对稀缺匮乏，萨拉多河区 [21] 的动物群濒临灭绝。农业、工业的发展造成的点源和非点源污染也威胁着萨拉多河。人口的扩张也增加了区域水资源的压力。固体废弃物、残余径流等形式的城市污染危害着该区域高度特有的动物群。清水指示种如真小鲤属某物种、勃氏美洲鲹（*Notropis braytoni*）、萨拉美洲鲹（*N. saladonis*）已经从萨拉多河消失。流域范围内的人口扩张意味着取水量的增加，可预测这种情况引起的后果是缺水和盐碱化。

引进外来物种同样是一个严峻的问题。该流域被引进的外来物种至少有 6 种：奥利亚口孵非鲫（*Oreochromis aureus*）、大口突鳃太阳鱼（*Chaenobryttus gulosus*）、鲤鱼（*Cyprinus carpio*）、佩坦真鲥（*Dorosoma petenense*）、克氏原螯虾（*Procambarus clarkii*）、水葫芦（*Eichornia* sp.）。这些物种通过竞争、捕食、生境改变，存在替代土著物种的威胁。

生物多样性保护的优先举措

- 控制萨拉多河流域的水资源利用，包括从井中抽水，以防干旱和盐碱化。
- 控制农业、工业、城市发展而带来的土地开发。
- 制作一个完整的淡水生物群目录，包括本地和外来物种。
- 监控淡水生境的物理化学变化造成的影响。

合作保护伙伴

联系信息详见附录 H

- Bioconservación, A.C.
- La Comisión Nacional para el Conocimiento y uso de la Biodiversidad（CONABIO）
- PROFAUNA
- The Nature Conservancy
- Universidad Autónoma de Nuevo León（UANL）
- Universidad Autónoma Agraria Antonio Narro（UAAAN）
- World Wildlife Fund Mexico

生态区编号：22

生态区名称：科瓦特西尼加斯区

主要生境类型：干旱地区河流 / 湖泊 / 泉

面积：492 平方千米

生物特异性：全球显著

保存现状：现状概况——相对稳定

　　　　　　最终状态——易危

注：更多详情见专栏 13。

简介

该生态区西班牙文名称的含义是"四个沼泽"，是一个面积较小的生态系统，全部位于科阿韦拉州内马德雷山脉东部边缘，拥有一连串的盆地，盆地中有淡水溪流补给。气候极其干燥，年降水量不足 200 毫米。山间溪谷拥有多种生境，包括泉水、沼泽、河流、湖泊、盐湖及运河（Marsh，1984）。

生物特异性

科瓦特西尼加斯区 [22] 内生存着令人惊奇的物种集群，以其丰富性和全球显著特有性为特点。值得一提的是，区中有 66 种两栖动物和爬行动物，包括一种特有的淡水箱龟——沼泽箱龟（*Terrapene coahuila*），其属于爬行动物特有种。12 种甲壳纲物种中有 6 种特有种，34 种软体动物中有 23 种特有种，12 种螺类物种里有 9 种特有种。

土著鱼类有 8 种特有种。其中，明氏丽体鱼（*Cichlasoma minckleyi*）尤其有趣，它可呈现出两种明显不同的体形。其他的鱼类特有种还有中间卢氏鳉（*Lucania interioris*）、戈登剑尾鱼（*Xiphophorus gordoni*）、长刺食蚊鱼（*Gambusia longispinis*）。

保存现状

1994 年，墨西哥政府将科瓦特西尼加斯溪谷 150 000 公顷的土地规定为受保护土地。然而，该流域的大部分土地依然属于私有。土地所有者可以不受任何限制，开采利用其资源。发展所带来的问题是该地区的最大问题。水资源改道用于苜蓿耕种和灌溉。游客在池塘里洗浴和游泳也会对脆弱的生态系统造成影响。

该区域人口增长及相应需水量的增加会对该孤立的溪流生境数百万年来形成的微妙的生态平衡产生威胁。由于泉水生境的生物群高度专一化，水位的变化会严重影响某种或多种物种。事实上，该流域的生境已经发生了很大的变化。在引水调水之前，该地区有着大型的湖沼系统，而如今，大部分湖沼已经逐渐干涸。附近沙丘上植被覆盖率稀少，采矿造成了许多池塘的污染。

外来物种也威胁着科瓦特西尼加斯区的土著生物区系。侵略性强的外来种，如睡莲（*Thiara tuberculata*）、克氏原螯虾（*Procambarus clarkii*）、点纹半丽鱼（*Hemichromis guttatus*），迫使土著种从原栖息地上逐渐消失。除此之外，该区域内还存在非法狩猎和捕鱼、过度开采等威胁。

生物多样性保护的优先举措

- 管理该区域的石料开采，并将其降到最低限度。
- 增加受保护土地的面积。
- 封堵闲置的人工河道。
- 控制水资源提取，考虑湿地修复。
- 控制游客量，使污染减到最小。
- 控制农药使用量，防止其污染泉水。
- 进行溪流生物群的调查和地下生物群的预测。
- 限制该区域的移民和农业扩张。
- 在科瓦特西尼加斯受保护区域实施狩猎和捕鱼管理条例。
- 控制已存在的外来种总数，禁止新的外来种的引入。

合作保护伙伴

联系信息详见附录 H

- La Comisión Nacional para el Conocimiento y uso de la Biodiversidad（CONABIO）
- Desert Fishes Council
- Instituto Nacional de Ecología
- PROFAUNA
- The Nature Conservancy
- Universidad Autónoma de Nuevo León（UANL）
- World Wildlife Fund Mexico

生态区编号：23

生态区名称：圣胡安河区

主要生境类型：干旱地区河流 / 湖泊 / 泉

面积：46 677 平方千米

生物特异性：全球显著

保存现状：现状概况——濒危

最终状态——濒危

简介

该生态区是格兰德河流域的一部分，从科阿韦拉州东南部，经过新莱昂州中部、塔毛利帕斯州西北部，延伸至格兰德河。该区域主要由圣胡安河流域及其支流皮隆河界定。圣胡安河起源于东马德雷山脉和墨西哥高原，向东流向墨西哥东部的海岸平原，在美国－墨西哥边界处与格兰德河汇合。

生物特异性

与其他干旱区域相似，该生态区也呈现出丰富的特有淡水生物群。具有 44 种土著鱼类，其中 6 种是该区特有的。鱼类特有种有：黑眼圆吻鲹（*Dionda melanops*）、静骨尾鱼（*Gila modesta*）、红真小鲤（*Cyprinella rutila*）、库舍剑尾鱼（*Xiphophorus couchianus*）、格氏镖鲈（*Etheostoma grahami*）。其他的特有种包括某种螯虾（*Procambarus regiomontanus*）、两种等足类动物（*Sphaerolana* spp.）。

保存现状

该区域的生态景观发生了很大变化，表现在修建了大量的水坝和运河。厄尔库契约水库明显降低了水库下游的水位，引起了墨西哥两州间用水权问题的法律纠纷，并且很有可能对 45 英里范围内的鱼类产生消极影响（International Rivers Network，1996）。人口增加、农业扩张和工业污染导致水质降低。该地区的水资源被过度开发以用于城市、工业、农业，导致水资源短缺和地下水盐碱化。不受控制的渔业活动也是一个持久的问题。炸药在捕鱼活动中被广泛应用。

另外一个紧迫的生态问题是外来物种的引入，如软水草（*Hydrilla*）、水葫芦（*Eichornia crassipes*）、拟甘藻（*Zosterella dubia*）。许多外来水生动物也进入了该区域，有奥利亚口孵非鲫（*Oreochromis aurea*）、莫桑比克口孵非鲫（*O. mossambicus*）、小口黑鲈（*Micropterus dolomieu*）、金眼狼鲈（*Morone chrysops*）、鲤鱼（*Cyprinus carpio*）、佩坦真鰶（*Dorosoma petenense*）、美洲真鰶（*Dorosoma cepedianum*），以及包

括美洲原银汉鱼（*Menidia beryllina*）、卡颏银汉鱼（*Chirostoma* spp.）等多种银汉科鱼、大口突鳃太阳鱼（*Chaenobryttus gulosus*）、克氏原螯虾（*Procambarus clarkii*）、某种淡水沟贝（*Lampsilis* sp.）及河蚬（*Corbicula fluminea*）。

生物多样性保护的优先举措

- 控制城市、工业、农业径流和污水排放。
- 建立更多先进的水处理厂。
- 控制地表及地下水的开采。
- 编制一个完整的该流域的物种目录，按本地物种和外来物种编目。
- 改善该区域的现状，使其可为移栖种提供生境。

合作保护伙伴

- La Comisión Nacional para el Conocimiento y uso de la Biodiversidad（CONABIO）
- Instituto Tecnologico y de Estudios Superiores de Monterrey（ITESM）
- The Nature Conservancy
- Universidad Autónoma de Nuevo León（UANL）
- World Wildlife Fund México

生态区编号：24

生态区名称：密西西比河区

主要生境类型：大型温带河流

面积：478 549 平方千米

生物特异性：生物区显著

保存现状：现状概况——濒危

　　　　　最终状态——濒危

注：关于密西西比河流域详细的描述见专栏 2。

简介

该生态区是密西西比河流域的一部分，包括明尼苏达州大部分、威斯康星州西部大部分、南达科他州东北部分、艾奥瓦华州大部分、密苏里州东北部和西南部部分地区、伊利诺伊州大部分，以及印第安纳州西北小部分。生态区由从密西西比河源头到其与俄亥俄河交汇处之间的流域区域界定，包括沿线支流，密苏里河除外。支流包括威斯康星州的齐佩瓦和威斯康星河、明尼苏达州的明尼苏达河、艾奥瓦得梅因河和艾奥瓦河，以及伊利诺伊州的伊利诺伊、沃巴什、怀特河。该生态区拥有大量河流，最近1000～15 000 年来被大陆冰川所覆盖，汇集着近一半的储水量。该生态区也包含无冰碛区，位于伊利诺伊州西北角、威斯康星州南部、艾奥瓦州东部。该地区曾经完全被冻土区所环绕，但本身从未发生冰冻。

生物特异性

该生态区的特有种只有一种鱼类——密西西比小鲈（*Percina aurora*）、一种螯虾，以及一种珠蚌，其在更大程度上是以存在几种有名的物种为特点，并且这些物种也分布在其他生态区。该区域内的珍稀鱼类和近特有鱼种包括瓦氏吸口鱼（*Moxostoma valenciennesi*）、银色鱼吸鳗（*Ichthyomyzon unicuspis*）、无颏美洲鳉（*Notropis anogenus*）（The Nature Conservancy，1994）。该区域是雀鳝类、纺锤骨雀鳝（*Atractosteus spathula*）、匙吻鲟（*Polyodon spathula*）位于最北部的最大型的栖息地。该水域内常见的物种还有掠食性鱼类，如白斑狗鱼（*Esox lucius*）、北美狗鱼（*Esox masquinongy*）。

一些栖息于密西西比河南部干流的爬行动物，很有可能从残遗种保护区向北发展并侵占栖息地。蝾螈目动物如小鳗螈（*Siren intermedia*）已经沿密西西比河延伸至田纳西北部。

该生态区（以及编号为 [26]、[27]、[51] 的生态区）常见现象是，在被称作草原凹坑（详见专栏 9）的孤立湿地中栖息着多种水生动物。这些湿地中存在着丰富的物种，至今还没有建立完整的物种目录。

保存现状

该淡水生态区长期面临的最重大问题可能是由于放牧和耕种造成的整个土地景观的改变（详见专栏 2）。人类活动带来的动物粪便、农药、除草剂、化肥及其他农用化学品，造成水体污染。该生态区的淤积量也是最大的（Burr and Taylor pers. comm.）。在密西西比河上游的一些地方，沉积物中含有大量高浓度的吸附铅，沉积物中每克铅中浓度达到每克 40 微克为中度污染，达到每克 60 微克为高度污染。河岸缓冲区植被的减少加重了农牧的生态影响。由于开采砂砾、渠道化、蓄水造成的生境改变也普遍存在。边渠和死水区造成的生境损失是人们关心的主要问题，因为其对动植物的生存起着危害作用，包括重要的经济鱼类。此外，火灾扑救和农业种植已经侵占了大部分的河滩草原，而河滩草原曾是该地区广泛存在的特色景观（U.S. Geological Survey，1999）。附近城区的无计划扩张和随之而来的污染威胁着流域。

外来物种已经造成该地区的重大改变。例如，引入这一区域的中国鲤鱼（*Cyprinus carpio*），目前约占密西西比河主要栖息地生物量的 90%（Burr and Taylor pers. comm.）。叉肢螯虾（*Orconectes rusticus*）是另一具有侵略性的外来物种。此外，无处不在的斑马贻贝（*Dreissena polymorpha*）对该生态系统造成了重大损害，威胁着当地河蚌的生存（U.S. Geological Survey，1999）。

淡水蚌类尤其是小粒珍珠产业所需的珍珠蚌的过度捕捞日益受到重视。尽管问题的严重程度尚不完全清楚，但贻贝生物学家认为目前的开采水平不能再继续下去，并且正在努力停止开采。据估计，1989 和 1990 年，伊利诺伊州和密西西比河收获了超过 1500 万磅的贝壳。为了收藏和生计而非法捕捞濒临灭绝的蚌类是又一潜在的威胁（Mueller，1993）。

生物多样性保护的优先举措

- 推广有效的农业操作规范，如梯田，使径流和淤积降到最低。
- 维修河岸带，使径流中的污染物最小化。
- 控制溪流中砂石的迁移。
- 有效保护濒临灭绝和珍稀蚌类的种群及其栖息地。
- 制定和实施针对外来物种的管理规章。
- 建立私有土地所有者与公共机构的合作关系。
- 在通航开发过程中，努力保障更自然的流水状态。
- 实现土地利用总体规划"智能增长"，并努力减少城市地区雨水和其他非点源径流的排放（American Rivers，1999）。

合作保护伙伴

联系信息详见附录 H

- Columbia Environmental Research Center

- Illinois Department of Natural Resources
- Indiana Department of Natural Resources
- Minnesota Department of Natural Resources
- Missouri Department of Conservation
- MoRAP
- The Nature Conservancy（Illinois，Indiana，Minnesota，Missouri, and Wisconsin Field Offices）
- Wisconsin Department of Natural Resources

聚焦东南部

当第一批定居者来到美国东南部时，他们惊喜地发现这里遍布河流和小溪，水质也好。因为资源如此丰富，它们被当作理所当然的。当美国西南部为水权和水分配而苦恼时，东南部的水资源却已被当成免费的商品。正是资源的丰富，一定程度上造成了人们对许多生物资源充足的河流和小溪的滥用和破坏，改变了它们原有的美好状态。许多地方现在甚至已经不能再称为河流了。所以一点也不奇怪的是，河流中原本常见的许多鱼类、蚌类、螺类现已被列入濒危或受威胁物种名录。——Ono et al.1983

生态区编号：25

生态区名称：密西西比湾区

主要生境类型：大型温带河流

面积：258 675 平方千米

生物特异性：全球显著

保存现状：现状概况——濒危

　　　　　最终状态——极危

简介

密西西比湾区 [25] 主要是密西西比河与俄亥俄河交汇处以下的干流流域，不包括红河上游和沃希托河上游。它还包括阿肯色河和怀特河最末端的河段。整个生态区位于海岸平原低地内，瀑布线形成了北部边界线（Robison，1986）。在结构上，该区大致位于阿巴拉契亚山脉东部和欧扎克山、沃希托山西部之间，加之密西西比河复杂的生物特异性，形成了阻断山地两侧鱼类交流的屏障（Robison，1986）。

该生态区包括肯塔基州西南部、密苏里州东南部、田纳西州西部、阿肯色州东部的部分地区、密西西比州的大部、路易斯安那州东部的一半地区。其他主要河流包括阿肯色河下游、怀特河、大黑河及腾萨斯河。密西西比冲积平原原始的范围是从生态区的北部延伸到其与墨西哥湾的交汇处，约 1120 千米（U.S. Environmental Protection Agency，1998）。湿地，沼泽及其他湿地区域，包括滩林，曾经是整个生态区的主要特征。虽然这些在许多地方都有分布，但存在时间短（U.S.Geological Survey，1996）。

生物特异性

密西西比湾区 [25] 以其非凡的物种丰富度为特点，尤其是鱼类。整个密西西比湾是鱼类分布的中心，是冰期残余种保护区，也是许多生存在支流的鱼类的起源地（详见专栏 2）。该生态区共有 206 种鱼类（泰斯－老俄亥俄区 [34] 物种数与其等同），这使得它成为北美第二物种丰富的生态区，位于田纳西－坎伯兰区 [35] 之后。但只有 11 种（5%）是特有种，并存在于支流中。这些物种分别是 2 种米诺鱼（*Notropis rafinesquei*、*N. roseipinnis*）、1 种鲶鱼（*Noturus hildebrandi*）、1 种洞鲈鱼（*Forbesicichthys agassizi*）、2 种淡水鳉鱼（*Fundulus euryzonus*、*F. notti*）、5 种黑镖鲈（*Etheostoma chienense*、*E. Pyrrhogaster*、*E. raneyi*，*E. rubrum*、*E. scotti*）。该区更以聚集着大量河鱼而闻名，包括 5 种八目鳗、4 种鲟鱼、唯一的北美匙吻鲟、4 种雀鳝，以及弓鳍鱼。此外，据记载，密西西比河下游常有大量的海洋物种出现。

相比于田纳西 – 坎伯兰区 [35]、泰斯 – 老俄亥俄区 [34] 以北，该生态区栖息着适当数量的珠蚌和螯虾物种（分别为 63 种和 57 种），值得一提的是，其中有 58% 的螯虾物种为特有种。这里气候温暖湿润，也是包括美国短吻鳄在内的 68 种两栖动物和水生爬行动物的家园。其中两种爬行动物是特有种，它们是仅生存在珠江的眼斑地图龟，以及仅生存在帕斯卡古拉河的黄斑地图龟（Conant and Collins，1991）。

保存现状

历史上，这一区域森林繁茂，但如今大部分面积已转变为农业用地，造成严重的生态失衡（USGS，1996）。主要河流河漫滩上的滩地森林都已消失，尤其是在密西西比河。另外，还存在农业非点源污染，杀虫剂沉积造成水生生境的污染（Ricketts et al.，1999）。水质也受到城市地区（包括孟菲斯市、维克斯堡、杰克逊市、巴吞鲁日等大型城市）污水排放的影响。目前，正在调查评估螯虾和鲶鱼养殖对水质的影响（U.S.Geological Survey，1996）。

同样严重的是，大量的水文改变破坏了土著鱼类和其他物种的生境，包括土著贻贝（U.S. Environmental Protection Agency，1998）。美国陆军工程兵团力图控制密西西比河泛滥的洪水，并继续寻求新的防洪工程。最近，为了保护位于河漫滩的农场，兵团提出亚祖河的回水泵站工程、大向日葵河的渠道化工程。该项目除了会破坏富饶的贻贝河床，还会破坏至少 350 英亩的剩余低地森林和 1000 英亩的湿地。美国河流协会发起一项运动，鼓励采用新的、生态破坏小的替代工程，包括但不限于在易洪泛的地区把土地征收起来（American Rivers，1997）。

研究显示，上游的筑坝和防堤工程会增加更远的下游地区的洪水位，最近 1993 和 1997 年的两次洪灾中所体现的问题证实了这一结论（Bayley，1995; Lower Mississippi River Conversation Committee，1998）。重要的是，这些用于减少洪水脉冲现象的人工建筑与大型温带河流密切相关。洪水脉冲促进了物种从干流向以前难以达到的生境的迁移，有助于维持生物多样性。洪水脉冲现象的减弱或消失，加上河漫滩森林和其他湿地的破坏，威胁着依赖该现象而获得新栖息地的水生物种的生存。此外，这种现象的消失降低了生物生产力，进而影响物种总数，包括重要的商用物种（Bayley，1995）。

尽管问题的严重程度尚不完全清楚，但淡水蚌类，尤其是珍珠蚌的过度捕捞可能是该生态区的一个问题。美国收获的蚌类主要用于日本珍珠产业的种子，目前的开采水平可能需要调整。收藏家和为了生计的渔民对濒临灭绝的蚌类的开采，也是一个规模相对小些的威胁（Mueller，1993）。

生物多样性保护的优先举措

- 保护剩余的森林和湿地，确定需要修复的战略地区。
- 移除阻碍鱼类迁移的物理障碍，如水坝。
- 在洪水易发区，建立土地征用策略，而不再是采用陈旧的渠道化和筑坝措施。
- 城市发展要远离河边地带，尤其是河漫滩和其他生态重要的地区。
- 继续监督和评估蚌类过度捕捞的问题，以及其他潜在的过度捕捞问题。提供调查所需的后续资金（Williams et al.，1993）。

合作保护伙伴

联系信息详见附录 H

- Alabama Natural Heritage Program
- American Rivers
- Arkansas Natural Heritage Commission
- Illinois Natural Heritage Division
- Kentucky Natural Heritage Program
- Louisiana Natural Heritage Program
- Lower Mississippi River Conservation Committee
- Mississippi Natural Heritage Program
- Mississippi Wildlife Federation
- Missouri Natural Heritage Database
- MoRAP
- National Wildlife Federation
- The Nature Conservancy（Alabama，Arkansas，Illinois Kentucky, Louisiana，Mississippi，Missouri，and Tennessee Field Offices，and Southeast Regional Office）
- Tennessee Division of Natural Heritage

生态区编号：26

生态区名称：密苏里河上游区

主要生境类型：大型温带河流

面积：678 741 平方千米

生物特异性：国家重点

保存现状：现状概况——易危

最终状态——易危

简介

这个大型生态区包括蒙大拿州在洛基山脉分水岭以东的全部地区、怀俄明州北方大部、内布拉斯加州西北角、南达科他州西部、北达科他州西南部、亚伯达省最西南角的部分地区、萨斯克彻温省南部。该生态区主要指密西西比河上游区域。其他主要河流包括蒙大拿州的黄石河，怀俄明州的大角河，该区四个州的小密苏里河、格兰德河、莫罗河，以及南达科他州的夏延河。

该生态区是密西西比流域最主要的水域，同时也是北美洲最大的流域。其水源地位于洛基山脉干旱的东坡。山地逐渐向东倾斜，水流由山涧小溪慢慢流向平原上更大的河流。

生物特异性

10 000～15 000 年以前，密苏里河上游北部地区曾受到严重的冰川作用。因此，该处的自然景观比南部地区年轻。由于这次冰冻，导致在密苏里上游没有知名的鱼类、蚌类、螯虾和水生爬行动物的特有种。然而，该区是重要的河鱼栖息地，支撑着像浅色鲟鱼这样著名的物种的生存。这种大型、古老的鱼类仅仅生存于从蒙大拿州到路易斯安那州的密西西比河和密苏里河干流。与众不同的是，它需要大型河流中浑浊的、充满沉淀物的水域作为栖息地。同样生存在此的还有铲鲟鱼，它是较小的浅色鲟鱼的近亲。

该生态区的最南部地区有着与北方类似的鱼类，包括溪刺鱼、淡水鳕、里氏杜父鱼。区别该区的一个明显特征是存在着被称作草原凹坑的孤立湿地（详见专栏 9）。这些湿地高度濒危，可能在此还栖息着水生无脊椎动物和植物的特有种。

保存现状

该生态区人烟稀少，但容易受到粗放的农业和牧场的影响而发生生态退化。农用化学品、沉积物和动物粪便很容易进入水体。其中一个更加繁重的问题是农药造成的地下水污染，如在怀俄明州中部的斯阔溪 / 鲍德温溪流域（U.S. Environmental Protection Agency，1995）。

另外一个问题是水资源的过度使用。位于洛基山脉东侧的密苏里河上游地区是干旱到半干旱的状态。在水资源有限的区域，会出现干旱的河段，有的河段水温高、溶解氧低（U.S. Environmental Protection Agency，1995）。

讽刺的是，在这样的干旱地区，河岸地带土地所有者关心的问题是洪水和侵蚀，此外，在某种程度上，稳固河堤的行为会严重影响到河水栖息地。过多的岩石堤岸和防洪堤，增加了河水流速，破坏了位于死水区的栖息地，降低了自然浊度，减少了河漫滩上的冲积物，也使得黄石河受到广泛关注（American Rivers，1999; The Wilderness Society，1999）。这些人类活动降低了鳟鱼和其他珍稀鱼类的生产力，如加拿大梭鲈、浅色鲟鱼。该流域日益增加的对国家森林中的砍伐和道路建设也让黄石河处于更加危险的境地。

生物多样性保护的优先举措

- 暂停下放新的用水权。
- 实施有效的农业操作规范，如梯田，使淤积和污染最小化。
- 严格限制农用化学品的使用，使污染地下水的风险降到最低。
- 禁止排水填充草原凹坑。
- 推延非紧急的稳固河岸的工程（American Rivers，1999）。
- 限制在联邦土地上的砍伐和道路建设活动（The Wilderness Society，1999）。

合作保护伙伴

联系信息详见附录 H

- Alberta Wilderness Association
- Canadian Nature Federation
- Canadian Parks and Wilderness Society
- Ducks Unlimited Canada
- Federation of Alberta Naturalists
- Greater Yellowstone Coalition
- Missouri River Coalition
- The Nature Conservancy（Montana，North Dakota，South Dakota，and Wyoming Field Offices）
- Natural Resources Conservation Service
- Prairie Conservation Forum
- Society of Grassland Naturalists
- World Wildlife Fund Canada

生态区编号：27

生态区名称：密苏里河中游区

主要生境类型：大型温带河流

面积：594 095 平方千米

生物特异性：国家重点

保存现状：现状概况——易危

最终状态——易危

简介

该生态区从北达科他州中部延伸至科罗拉多州西北部，包括南达科他州东部、明尼苏达州西北小部分、艾奥瓦州西部、密苏里州西北部、内布拉斯加州全部、堪萨斯州北半部、怀俄明州西南部。该生态区主要由密苏里河中游流域组成。其他的河流包括詹姆斯河、普拉特河、奈厄布拉勒河、堪萨斯河、里帕布利克河。

生物特异性

在 1000～15 000 年前，密苏里河中游区 [27] 北部曾受到冰川作用。洛基山脉以东，除草原凹坑外，气候干旱少雨，淡水资源有限。该生态区没有知名的鱼类、蚌类、螯虾，以及水生爬行动物的特有种，但在草原凹坑可能存在未知的无脊椎动物和植物特有种。部分区域是秃鹰的冬季栖息地，也是 100 多种候鸟的重要集结地（American Rivers，1998）。

在该生态区的上游发现有几种能够适应大型河流环境的鱼类，包括浅色鲟鱼、铲鲟。该生态区是至少一种大型鱼类分布区域的最北和最南边界，如短吻雀鳝。

保存现状

如今该区生态脆弱。虽然这里人烟稀少，但在历史上一直面临许多问题，在不久的将来也许会日益受到危害。整个生态区广泛地存在着防洪堤、水坝、河岸防护带、渠道、围堰。由于这些工程，从水池浅滩到暗礁丛林，自然栖息地都已消失。农耕也是一个问题。该区气候干旱，但农用土地生产力极高。灌溉用水和农用化学品的过度使用威胁着生物栖息地和水生生物。资源开采也是主要威胁之一。在没有道路地区进行的砍伐作业会威胁国家森林地区的水质，如怀俄明 - 科罗拉多州边界沿线区域。在河流中开采金矿会加剧河床侵蚀和河岸不稳定，这种活动甚至会使堪萨斯河形成区分明显的自然与人工河段（American Rivers，1998）。

生物多样性保护的优先举措

- 强制执行农用化学品的使用程序。
- 限制地下水和地表水的抽取。
- 采取有效的农业操作规范，如梯田，使沉积和径流最小化。
- 禁止排水填充草原凹坑。
- 从土地所有者那收回洪水易发区的土地，恢复河岸和山地植被（American Rivers，1998）。
- 重新运行水坝，使水流趋近自然状态。

合作保护伙伴

联系信息详见附录 H

- Kansas Natural Heritage Inventory
- MoRAP
- The Nature Conservancy（Colorado，Iowa，Kansas，Missouri, Nebraska，and Wyoming Field Offices）
- Nebraska Natural Heritage Program
- Sierra Club
- West Central Research and Extension Station, University of Nebraska

生态区编号：28

生态区名称：中部大草原区

主要生境类型：温带源头水 / 湖泊

面积：158 635 平方千米

生物特异性：生物区显著

保存现状：现状概况——相对稳定

最终状态——相对稳定

简介

该生态区包括密苏里中部和西南部、堪萨斯东南部、俄克拉荷马州西北部，以及阿肯色州西北一小部分。该区主要包括阿肯色河中游及其支流尼欧肖河、密苏里河下游及其支流奥萨格河。

生物特异性

该区以相对较少的水生动物特有种数为特点。共有 8 个鱼类特有种，包括尼氏镖鲈（*Etheostoma niangue*）、蓝纹小鲈（*Percina cymatotaenia*）、密苏里镖鲈（*Etheostoma tetrazonum*），都是欧塞奇和加斯科内德流域的土著种。也包括阿肯色河中游的柔石鮰（*Noturus placidus*）、橙胸镖鲈（*Etheostoma spectabile squamosum*）（Hocutt and Wiley，1986）。该生态区还有 1 种蚌类、1 种水生爬行动物（蝾螈），以及 13 种螯虾特有种，包括生存在草原上远离地表水的环境中的草原螯虾（*Procambarus gracilis*）（McDonald，1996）。

一种商业性物种——欧扎克穴鱼（*Amblyopsis rosae*）濒临灭绝。它局限于阿肯色河与俄克拉荷马河交汇处很小的范围内。它更喜欢栖息于洞穴，如栖息在濒临灭绝的鼠耳蝠（*Myotis grisescens*）的洞泉洞（The Nature Conservancy，1996a）。

保存现状

尽管中部大草原生态区存在粗放农业和牧业，但其生态环境相对稳定。很多栖息地仍保持完整，但是已经出现了土著物种降低和生态破坏的现象。

三大著名区域为尼氏河上游、梅勒梅克河、曲溪。尼氏河上游是尼氏鲈镖的起源地，受养分负荷和粪便大肠菌群污染的地下水和地表水，威胁着尼氏鲈镖的生存。污染应归咎于靠近河道的农耕与放牧（U.S. Environmental Protection Agency，1995）。梅勒梅克河位于密苏里和伊利诺伊州边界，生态现状濒危。湿地丧失和渠道修正（包括疏浚作业、堤防工程）破坏了大量生境。农业径流中的粪便大肠菌和营养盐造成严重的河水污染（U.S. Environmental Protection Agency，1995）。曲溪是怀特河的支流，是超过 40 种鱼类的起源地，开采金矿造成水质的降低和栖息地的减少（American Rivers，1998）。

生物多样性保护的优先举措

- 禁止在指定的河岸地带放牧。
- 采取有效的农业操作规范，如梯田，使养分负荷最小化。
- 停止疏浚作业和堤防工程，恢复自然的水流状态。
- 进行严格的水质监管。

合作保护伙伴

联系信息详见附录 H

- American Rivers
- Columbia Environmental Research Center
- Kansas Natural Heritage Inventory
- Missouri Department of Conservation
- MoRAP
- The Nature Conservancy（Arkansas, Kansas, Missouri, and Oklahoma Field Offices）
- U.S. Fish and Wildlife Service

生态区编号：29

生态区名称：欧扎克高地区

主要生境类型：温带源头水 / 湖泊

面积：85 600 平方千米

生物特异性：生物区显著

保存现状：现状概况——相对完整

最终状态——相对完整

简介

欧扎克高地区从密苏里南部延伸至阿肯色北部。它主要包括阿肯色河中部流域和怀特河及其支流黑河的流域。该生态区包含许多泉，是大型、自由流动的溪流的源头。

生物特异性

该生态区是密西西比流域西部的一部分，但因其相对孤立的地理位置而与众不同。该区溪流梯度大，四周被河岸平原和牧场包围。该区及其毗邻的沃希托高地区 [30]，具有丰富的水生动物特有种，尤其是螯虾。欧扎克高地包括 10 种鱼类特有种，3 种蛙类特有种，15 种螯虾特有种。

该区以其庞大的水生爬行动物总数而著名，其中有很多动物仅限生存于欧扎克高地及其毗邻的沃希托高地区 [30]。该区的蝾螈、青蛙和水蛇总共有 44 种。虽然没有一种物种仅仅存在于高地，但有一些是近似土著种，比如斯特雷克合唱蛙（*Pseudacris streckeri*）和环绞蝾螈（*Ambystoma annulatun*）。

欧扎克高地区 [29] 和沃希托高地区 [30] 都以其丰富的螯虾数而著名。尤其与众不同的是，在洞穴中存在大量的地下螯虾，如塞伦洞螯虾（*Cambarus hubrichti*）和好斗洞穴螯虾（*Cambarus setosus*）。这两种动物比生长在地上的螯虾更瘦小，几乎完全缺乏色素（Laws，1998）。

保存现状

该生态区相对完整。这里人烟稀少，没有像美国东部地区那样严重的典型环境问题。然而，在不久的将来，许多威胁可能会危及这片相对原始区域的生物多样性。

最紧迫的问题是人口增长。与殖民随之而来的是工业污染和外来物种入侵问题，殖民会带动住宅与商业的发展，但也会造成河流的点源与非点源污染。

矿产公司对该高地的矿藏很感兴趣，但还没能够进行大范围的开采。担心大规模的重金属污染和淤积会造成生态破坏，如令人困扰的阿巴拉契亚山脉地区。

生物多样性保护的优先举措

- 建立公有的河岸带作为污染缓冲带，禁止砍伐与开发。
- 严格限制与管理目前的采矿作业。
- 禁止进一步的工业发展，尤其是矿业。
- 管理目前已入侵的外来物种，禁止其他物种的引入。

合作保护伙伴

联系信息详见附录 H

- American Rivers
- Arkansas Natural Heritage Commission
- Missouri Department of Conservation
- MoRAP
- The Nature Conservancy（Arkansas and Missouri Field Offices）
- The Ozark Society

生态区编号：30

生态区名称：沃希托高地区

主要生境类型：温带源头水 / 湖泊

面积：115 370 平方千米

生物特异性：生物区显著

保存现状：现状概况——相对稳定

最终状态——相对稳定

简介

该生态区覆盖俄克拉荷马州东南部、得克萨斯州东北部、阿肯色州南部、路易斯安那州西北部。该区主要由沃希托高地的河流流域构成，包括生态区西南部的红河的中游、东北部的沃希托河。小岩城下方的阿肯色河的一小部分也在该生态区内。

阿肯色河将欧扎克高地区 [29] 与沃希托高地区 [30] 分隔开来。与欧扎克高地区 [29] 相类似，该区以其相对孤立的地理位置为特点。它是几条大型河流的源头，河流梯度大，可以将其视为被大平原、河岸平原和大草原包围的孤岛。

生物特异性

该区有 9 种鱼类特有种、3 种蚌类特有种和 1 种水生爬行动物特有种。最值得注意的是，34 种土著螯虾中有 21 种是特有种。源头泉水中也生长有高度专一化的螯虾和鱼群。

相对未受影响的凯厄米希河是沃希托威氏蚌（*Arkansia wheeleri*）这一该区唯一知名蚌类的唯一栖息地。凯厄米希河也是其他 28 种蚌类和 100 多种土著鱼类的起源地。由于当地土地所有者对河岸带和河水栖息地的大力保护，这条河流才得以保持相对完整（Master et al.，1998）。

保存现状

该区的生态状况相当不错，但外来物种的引进已经危及了土著鱼类总数。这些非本土物种主要源自阿肯色河的水产养殖业。从水产养殖圈逃脱，而成为野生繁殖种的现象非常常见。

农业对生物多样性也有负面影响。沉积物和农用化学品（杀虫剂、除草剂、农药）最终积累在溪流中，危害特有种群。其他污染主要源自工业，如制造业和矿业。

生物多样性保护的优先举措

- 建立公有的河岸带作为污染缓冲带，禁止砍伐与开发。
- 对水产养殖进行严格的管理，包括集中的育种作业可能带来的污染。
- 严格管制工业发展，尤其是矿业。

合作保护伙伴

联系信息详见附录 H

- Arkansas Natural Heritage Commission
- Louisiana Natural Heritage Association
- The Nature Conservancy（Arkansas，Louisiana，Oklahoma and Texas Field offices）
- Oklahoma Natural Heritage Inventory
- Texas Conservation Data Center

生态区编号：31

水生态区名称：南部平原区

主要生境类型：温带源头水／湖泊

面积：417 780 平方千米

生物特异性：国家重点

保存现状：现状概况——易危

最终状态——易危

简介

该生态区覆盖科罗拉多东南部、新墨西哥东北部、堪萨斯州南方大部、俄克拉荷马州西部、得克萨斯州的狭长地带。该区主要包括 3 条河流的流域：阿肯色河上游、加拿大河南部、红河上游。

生物特异性

该区不以大量的特有种为特点，只有 2 种螯虾特有种和 3 种鱼类特有种。这 3 种鱼类分别是阿肯色河闪光鱼（*Notropis girardi*）、红河闪光鱼（*Notropis bairdi*）、阿肯色镖鲈（*Etheostoma cragini*）。此外，有一些鱼类和爬行动物的近似特有种，如钝面闪光鱼（*Cyprinella camura*）、托皮卡闪光鱼（*Notropis tristis*）、鳌虾蛙（*Rana areolata*），仅生存在其他的一两个区域。

这个半干旱地区的一个突出特点是水源地的过度开发，如奥加拉拉含水层、阿巴克 – 辛普森含水层。相对来说，后者未被过度开发，但抽水威胁着地下泉水生态系统。俄克拉荷马等足虫是该区的土著种。这种稀少的穴居动物仅生存在阿巴克阿山，其生存依赖于良好的水质（The Nature Conservancy，1996a）。

另一个重要的淡水生态系统是夏延湿地，是阿肯色州仅存的最大的永久性湿地生态系统。它不仅作为水生动物的重要栖息地，也是超过一半的北美洲候鸟歇脚点（U.S. Environmental Protection Agency，1995; The Nature Conservancy，1996e）。

保存现状

市政、农业用地和用水的持续发展或许对敏感的动物存在负面影响，尤其是生存在洞穴和泉水中的动物。该区不仅面临地表水与地下水过度使用的问题，也存在水污染问题。农药和动物粪便随着径流进入水体，通过渗透进入地下水。该区西部的另一个污染源是矿业，尤其是在阿肯色河上游（U.S. Environmental Protection Agency，1995）。

美国大自然保护协会已经购买夏延湿地 6800 英亩的土地，将其按湿地进行管理，而非农田。（The Nature Conservancy，1996e）。湿地的总面积为 41 000 英亩。

生物多样性保护的优先举措

- 采取有效的农业操作规范，如梯田和滴灌，使污染和地下水位降低最小化。
- 把夏延湿地作为保护区。
- 通过移除受污染的沉积层，修复过去的采矿活动造成的污染。
- 严格限制用水。

合作保护伙伴

联系信息详见附录 H

- Columbia Environmental Research Center
- Kansas Natural Heritage Inventory
- National Cattlemen's Beef Association
- The Nature Conservancy（Colorado, Nebraska，New Mexico，Oklahoma，and Texas Field Offices）
- Society for Range Management

生态区编号：32

生态区名称：东得克萨斯湾区

主要生境类型：温带沿海地区河流 / 湖泊 / 泉

面积：408 405 平方千米

生物特异性：北美显著

保存现状：现状概况——易危

最终状态——易危

简介

　　该生态区从新墨西哥州西部延伸至路易斯安那州西南部，覆盖得克萨斯中心的大部分。它主要由内奇斯运河、三一河、布拉索斯河、科罗拉多河，以及上述河流的大量支流的流域所组成。该生态区的西南部是爱德华兹高原，其与西得萨斯海湾、格兰德河下游／北布拉沃河分离。这是以爱德华兹含水层为特点的喀斯特地貌，富含地下水，广泛分布着以洞穴和泉水为栖息地的动物群（详见专栏 5）。

生物特异性

　　东得克萨斯湾区 [32] 有分类学中的 268 种水生生物，其中有 36 种（13%）特有种。该区生存有 6 种鱼类特有种、5 种蚌类特有种、12 种螯虾特有种，以及 12 种水生爬行动物特有种。

　　爱德华兹高原包含有 12 种螺类特有种，以及 2 种珠蚌特有种（*Lampsilis bracteata*）和 *Quincuncina guadalupensis*）（Bowles and Arsuffi，1993）。此处也是濒临灭绝的得克萨斯盲蝾螈（*Typhlomolge rathbuni*）、爱德华兹高原闪光鱼（*Cyprinella lepida*）的起源地。正如人们所预料的那样，相比于脊椎动物，该地区的水生无脊椎动物较少为人所知（Edwards et al.，1989）。

　　瓜达卢佩河是贯穿该生态系统的一条非常重要的河流。河流的上游穿过爱德华兹高原的喀斯特基岩。在该条河流中生存着该区 6 种鱼类特有种中的 4 种：特氏黑鲈（*Micropterus treculi*）、濒临灭绝的泉镖鲈（*Etheostoma fonticola*）、丽镖鲈（*Etheostoma lepidum*）、灰吸口鱼（*Moxostoma congestum*）。此外，该河流的下游栖息着一种独特的爬行动物——卡氏地图龟（*Graptemys caglei*）（Master et al.，1998）。

保存现状

　　得克萨斯中心的脊椎动物和无脊椎动物都易受到快速发展的人类活动的破坏。这是一个干旱－半干旱地区，水源大多储存在地下。随着农业和城市的发展，日益增长的用水需求对本已稀缺的水资源施加了更多压力。除了最东部外，所有地区的水资源都是供不应求（Edwards et al.，1989）。不仅是泉水和蓄水层，大型河流和永久溪流也都面临消失的威胁。渠道修改和过多的提水破坏了河流变化规律和重要生境。为了修筑渠道和发展农业，河岸植被被清除。这些植被（以根群、悬垂、断枝的形式）为水生动物提供了重要的栖息地，也起到污染缓冲作用。

　　污染也导致东得克萨斯生境脆弱。广泛的农业和放牧导致大量的沉积物、营养盐、大肠杆菌群、农药进入地下水和地表水。

生物多样性保护的优先举措

- 采取有效的农业操作规范，如梯田和滴灌，使污染和地下水位降低最小化。
- 建立和维护河岸缓冲带。
- 严格限制农业和市政用水。
- 建立淡水生境保护区，包括泉水和含水层。
- 对该区域内的水生生物进行完整的生物调查，尤其是无脊椎动物。

合作保护伙伴

联系信息详见附录 H

- Hill Country Federation
- The Nature Conservancy（Louisiana, New Mexico, and Texas Field Offices）
- Save Barton Creek Association

- Sierra Club
- Texas Parks and Wildlife

生态区编号：33

生态区名称：西得克萨斯湾区

主要生境类型：亚热带沿海地区河流／湖泊／泉

面积：75 596 平方千米

生物特异性：北美显著

保存现状：现状概况——易危

最终状态——易危

简介

该生态区主要为纽埃西斯河流域，并完全处于得克萨斯州南部范围内。同时也包含使命河、阿蓝萨斯河、佩德罗尼溪等流域。

生物特异性

西得克萨斯湾区 [33] 包含 8 种鱼类特有种、5 种鳌虾特有种，没有知名的蚌类和水生爬行动物。

该生态区的最北边到达爱德华兹高原，其是一片有着泉水、富有特色的地下生境和动物群的区域（详见专栏 5）。小鲤刺蛾（*Cyprinella lepida*）是该区的鱼类特有种之一。爱德华兹高原是西得克萨斯湾区 [33]、东得克萨斯湾区 [32]、格兰德河下游区 [20] 的共同部分，其以地下生境和丰富的特有种而闻名。

西得克萨斯湾区 [33] 的干旱海岸平原与更南部的墨西哥干旱海岸平原拥有许多共同的动物群。这些共有物种包括黑斑蝾螈（*Notophthalmus meridionalis*）和异舌穴蟾（*Rhinophrynus dorsalis*）。

保存现状

该生态区人口稀少，纽埃西斯河流域人口总数不到 20 万（Nueces River Authority，1997）。由于该区干旱，水资源普遍地被改道用作饮用水和农田灌溉。峡谷水库和基督圣体水库两大蓄水库为市政、工业和农业供水，但并不能满足其用水需求，所以居民还必须依赖地下水。然而，为提供市政和灌溉用水，从深层含水层中抽水会使地下水很难得到补给，如果再以当前的速度抽取，地下水将会干涸。这不仅会危及人类发展，也会危及淡水生物多样性。位于西得克萨斯湾区 [33]、东得克萨斯湾区 [32]、格兰德河下游区 [20] 交界的爱德华兹含水层更是处于危险中。年抽水量估计从 1934 年的 101 900 英尺－英尺增长到 1989 年的 542 400 英尺－英尺。1934～1997 年年补给量的平均值和中值估计分别为 676 000 和 547 100 英尺－英尺（Slattery et al.，1997）。显而易见，在不久的将来，该地区的地下水位降低率将超过地下水的补给率。

农业、工业和城市污染损害了当地水质。源自牧场的营养负荷和粪便大肠菌群问题非常普遍。石油和天然气开采，以及石油制造业是该区的主导工业。西得克萨斯湾区 [33] 水体中粪便大肠菌数的增加和使命河中的重金属污染问题日益受到关注（Texas Natural Resource Conservation Commission，1997b）。

生物多样性保护的优先举措

- 采取有效的农业操作规范，如梯田和滴灌，使灌溉用水的蒸发散失最小化，防范营养物质和农用化学品进入径流。
- 实施严格的市政和工业污染管理。
- 禁止在河岸带放牧。

合作保护伙伴

联系信息详见附录 H

- The Nature Conservancy（Texas Field Office）
- Sierra Club
- Texas Center for Policy Studies
- Texas Parks and Wildlife

聚焦阿巴拉契亚山脉

阿巴拉契亚地区是世界上极其古老和扰动最小的地区之一，曾像喜马拉雅山一样雄伟的它，一直经受着缓慢的侵蚀。当约 200 万年前古大陆分裂时，这一巨大山脉的残余部分漂移至今天的格陵兰、爱尔兰、大不列颠、挪威和北美。最后也是目前最大的一部分，今天从阿拉巴马北部一直延伸到纽芬兰。

极为漫长的相对稳定的条件和高度复杂的地形，造就了阿巴拉契亚地区生物群的丰富多样性。在全球尺度上，该地区都以其水生和陆生生境的高物种丰富度、特有性和 β - 多样性而著称。阿巴拉契亚地区还扮演着古老生物庇护所的角色，如大鲵鱼（*Cryptobranchus alleganiensis*），这种原始蝾螈的近亲如今仅存于日本和中国中部地区。事实上，同样古老的中国中部地区的淡水生境，特别是长江源头，拥有大量同阿巴拉契亚地区相同的生物地理学特征。

从纽约到纽芬兰的阿巴拉契亚北部，在过去地质时期曾经是冰冻区。无处不在的冰川妨碍许多古老生物的生存和特有物种的形成。与 375 000 000 年老的阿巴拉契亚南部景观相比，阿巴拉契亚南部的生物景观仅有 15 000 年历史。南部淡水生态区包括泰斯 – 老俄亥俄区 [34]、田纳西 – 坎伯兰区 [35]、莫比尔湾区 [36]、阿巴拉契科拉区 [37]、南大西洋区 [40] 和切萨皮克湾区 [41]，它们没有经历冰川作用，具有最高等级的淡水生物多样性。

其他从未经历冰川作用的古老温带景观是存在的，但阿巴拉契亚与众不同。当山川形成时，岩石褶皱起来，造就了一系列绵延无尽的山脊和山谷。在阿巴拉契亚形成初期，山脉非常高（估计有 27 000～29 000 英尺）。所以，山脊之间的一个个山谷几乎是彼此孤立的。当山脉逐渐侵蚀时，这些山谷依然相对独立，而山脊逐渐形成了能够开拓的土地。此外，阿巴拉契亚还处于一处大型的喀斯特地貌区，所以具备多样的淡水生境，并形成了分布独立水域、彼此分隔的淡水生物群。

生态区编号：34

生态区名称：泰斯 – 老俄亥俄区

主要生境类型：温带源头水 / 湖泊

面积：373 887 平方千米

生物特异性：全球显著

保存现状：现状概况——易危

　　　　　最终状态——易危

简介

该生态区主要位于阿巴拉契亚高原西部、中央低地和内陆低地高原西南部的范围内，主要为目前的俄亥俄河流域。岭谷地区、蓝岭，以及海湾沿岸平原的少部分区域也位于该生态区范围内。其他主要河流包括印第安纳州的沃巴什河、肯塔基州的格林河和肯塔基河、俄亥俄州的马斯金格姆河、西弗吉尼亚州的新江，以及宾夕法尼亚州的莫农格希拉河、约克加尼河、阿勒格尼河。该生态区共涉及 11 个州：伊利诺伊州、印第安纳州、俄亥俄州、肯塔基州、西弗吉尼亚州、田纳西、北卡罗来纳州、弗吉尼亚州、马里兰州、宾夕法尼亚州，以及纽约州。

该区的名称源自历史上的泰斯河以及末冰河时期前俄亥俄河的古老河道。在河流冰冻之前，西部的许多河流，包括莫农格希拉河、阿勒格尼河，向北流入劳伦水系，该水系如今由圣劳伦斯河及其支流构成。因此，在冰河时期，仅生存于哈得孙湾和劳伦水系的鱼类迁移到了老俄亥俄河（Burr and Page，1986）。

历史上，该区域的大部分面积是森林，包括被冰冻的肥沃地带。在很多下游地处未被冰冻的地带，包括密西西比冲积平原的延伸地带，曾经遍布阔叶林和沼泽（U.S. Fish and Wildlife Service，1995）。

生物特异性

该生态区因其丰富的水生动物数量而全球显著，有着 206 种土著鱼类、122 种蚌类、49 种螯虾、60 种土著两栖和水生爬行动物，物种总数位于田纳西 – 坎伯兰区 [35] 之后，排在第二。这些丰富的物种主要源于多样的高地和低地生境以及冰冻和非冰冻地区的存在（Burr and Page，1986）。

该地区具有适度丰富的特有种：12% 的鱼类、14% 的蚌类、47% 的螯虾和 5% 的爬行动物，这些在其他任何地方都未有发现。某些区域明显比其他区域具有更多的特有种。例如，在格林河上游具有 1 种吸盘鱼和 4 种镖鲈特有种，包括黑鳍吸口鱼（*Moxostoma atripinne*）、巴氏镖鲈（*Etheostoma barbouri*）、巴伦镖鲈（*E. barrenense*）、贝伦镖鲈（*E. bellum*）、拉式镖鲈（*E. rafinesquei*），而在瓦巴希河中没有特有种（Burr and Page，1986）。在整个生态区中，鱼类种群由 6 种鲦鱼、2 种鲶鱼、2 种穴居春鱼和 14 种镖鲈组成。有些特有种也出现在南部的田纳西 – 坎伯兰区 [35] 区域，但分布在有限的生境内，所以也可将其视作这两个区域的特有种。爬行动物特有种仅有 3 种火蜥蜴：黑山火蜥蜴（*Desmognathus welteri*）、西弗吉尼亚地下螈（*Gyrinophilus subterraneus*）、河滨钝口螈（*Ambystoma barbouri*）。类似于一些鱼类特有种，黑山火蜥蜴也生存在有限的范围内，分布在该生态区的西南部和田纳西 – 坎伯兰区 [35] 东北部。总之，该生态区的生物群比田纳西 – 坎伯兰区 [35] 更广泛。

一种土著的俄亥俄河螯虾（*Orconectes rusticus*）特别有趣。类似于铲鲴，这种贪婪的捕食者已经通过鱼饵交易被引入到美国的许多河流中。有迹象表明，引入这种螯虾通常会使土著螯虾逐渐消失（Clancy，1997; Taylor pers.comm.）。

保存现状

主要威胁包括拦河建库、污染（工业、农业、城市径流、酸雨）、过度淤积、矿业及相关的酸性径流、薄地利用、直接改变和破坏湿地生境、快速城市化，这些问题在整个生态区都很普遍。Burr 和 Page（1986）的研究表明，该生态区和密西西比河区 [24] 都经历过美国东部最剧烈的鱼类种群变化。此外，鱼类种群分布和丰富度的变化速率仍在加快。类似于大多数美国东部地区，该生态区之前被森林覆盖，而后来随着欧洲人的到来，被至少砍伐过一次。虽然有些区域重新长出植被，但农业仍然是主要的土地利用方式。据估计，超过 50% 的地表已经被改变。

如今，部分地区人口过多，尤其是在大型的工业城市，如匹兹堡、辛辛那提、印第安纳波利斯。逐渐增长的城市和人口需要更多的商品、空间和污水处理系统。因此，沼泽和其他类型的湿地已经干涸，河流也发生改变以确保航道。伴随着河流的拓宽、疏浚、矫直，水生生物的重要生境消失了，也对河流和其他动物群造成了更多威胁。

水质退化对该区的生物造成严重威胁。农药等农业污染，以及来自工业和城市发展的化学品和其他危险品，在整个生态区都很普遍。在肯塔基州东部、伊利诺伊州、西弗吉尼亚州部分地区，大规模的地表开采对水质产生极大影响。矿业的酸性径流会造成鱼类死亡，而且煤的淤积会增加河水的浑浊度。过度开采的地区通常没有鱼类，如伊利诺伊州东南部的盐湖、肯塔基州中西部的池塘河（Burr and Page，1986）。

辛辛那提、俄亥俄等地区，不仅人口过多，而且还存在过度工业化的问题。许多河流服务于周围城镇的经济发展。填埋场、工厂、有毒废物堆放、住宅废水处理都靠近水体。例如米尔溪，其径流大约有60%来自辛辛那提市。点源污染，以及不受控制的城郊雨水径流，都影响着城市赖以生存的河水。米尔溪的问题促使美国河流协会将其列为1997年全国十大最受威胁的河流之一（American Rivers，1997）。

由农业、矿业、砍伐和城市发展引起的淤积对该生态区内的稀有蚌类造成重大威胁。此外，某些地区的越野车会造成或加重本已很严重的淤积。贯穿该生态区和田纳西－坎伯兰区[35]的丹尼尔－布恩国家森林，不断受到这一日益流行的休闲活动的威胁（Kentucky State Nature Preserves Commission，1996）。

近10年来，该区越来越多地通过剥离山顶来开采煤矿，尤其是在西弗吉尼亚地区。这种低硫煤矿的开采方法涉及去除山顶表面、在河谷倾倒土岩混合物。其环境代价是巨大的，包括填埋了整个溪流，而这些溪流通常还是河流的源头。据美国野生动物局报道，1986～1998年，洛根矿区超过470英里的西弗吉尼亚溪流被破坏（American Rivers，1999）。

外来的斑马贻贝（Dreissena polymorpha）对土著的蚌类来说是个新的威胁。据1991年在俄亥俄河下游的第一次观测（U.S. Army Corps of Engineers，1998），发现这种体型小但繁殖力强的外来物种经常攻击土著物种，使其逐渐窒息。

河蚌的过度捕捞，尤其是生产珍珠的珠蚌，可能也是该区的一个潜在问题。虽然问题的严重程度尚不明确，但研究者认为该问题仍在持续。美国野生动物局（The U.S. Fish and Wildlife Service）和国家机构是现行的管理机构。为解决俄亥俄河谷的生态问题，美国鱼类与野生动物局提议于2000财年研发基础数据，并通过监测现存的物种总数来评估危害的严重程度。捕捞许可可能会有所调整。出于收藏目的和生计而非法捕捞濒危的蚌类，可能是一个相对较小的威胁（Mueller，1993）。

生物多样性保护的优先举措

- 清除特定区域内阻碍鱼类迁移的物理障碍，尤其是格林河大坝。
- 联合当地政府、商业和工业界保护濒危物种的生境。
- 农业面源污染是造成鱼类死亡的主要原因，制定可行的管理条例使危害降到最低。
- 采用创新方法阻止斑马贻贝的迁移，控制既有的数量。其他资源应分配给该地区的调查研究。
- 采用与当地农民合作的新方法，减缓在被侵蚀土地上放牛带来的负面影响。例如，在克林奇河流域，政府机构与美国大自然保护协会联合建立财政激励机制，鼓励农民自觉远离河岸放牧（The Nature Conservancy，1996b）。
- 创建国民城市计划，通过当地市民与基层组织合作，加快恢复退化的城市河流（American Rivers，1997）。
- 修改丹尼尔－布恩国家森林管理计划，保护重要生态区域，在这些区域附近限制越野车辆的使用。此外，应投入更多资源以确保上述制度的执行（Kentucky State Nature Preserves Commission，1996）。
- 继续监督和评估蚌类的非法捕捞和潜在的过度捕捞问题。美国鱼类与野生动物局为进行这项调查提供稳定的资金支持。修改允许伪造收获记录的法律漏洞。研究这些问题的负面影响还需要额外的资金支持。

● 根据《清洁水法案》和《露天矿山管理与恢复法案》，督促州和联邦政府淘汰山顶采矿工艺（American Rivers，1999）。

合作保护伙伴

联系信息详见附录 H

● American Rivers

● Illinois Natural Heritage Division

● Indiana Natural Heritage Data Center

● Kentucky Natural Heritage Program

● The Nature Conservancy（Illinois，Indiana, Kentucky，Maryland，New York, Ohio, Pennsylvania，and West Virginia Field Offices，and Midwest and Southeast Regional Offices）

● New York Natural Heritage Program

● Ohio Natural Heritage Database

● Ohio Valley Environmental Coalition

● Pennsylvania Natural Diversity Inventory-West

● Sierra Club

● Tennessee Division of Natural Heritage

● U.S. Fish and Wildlife Service

● U.S. Forest Service

● Virginia Division of Natural Heritage

● West Virginia Highlands Conservancy

● West Virginia Natural Heritage Program

● Western Pennsylvania Conservancy

● Wildlands Project

生态区编号：35

生态区名称：田纳西 – 坎伯兰区

主要生境类型：温带源头水 / 湖泊

面积：152 292 平方千米

生物特异性：全球显著

保存现状：现状概况——易危

最终状态——濒危

简介

田纳西河、坎伯兰河流向更大的密西西比流域，其流域构成了该生态区。田纳西河起源于阿帕拉契高地，流域面积超过 103 600 平方千米。该流域主要以田纳西州为中心，此外还流经肯塔基州东南部、北卡罗来纳州西部、佐治亚州北部的 2 个间断分布区、阿拉巴马州北部、密西西比州东北角。在该生态区的北部，坎伯兰河发源于帕尔和克劳沃的交汇处。在汇入俄亥俄河之前，其流域面积超过 46 000 平方千米（Ono et al.，1983）。田纳西河的主要支流有克林奇河、鲍尔河、斯顿河、海沃西河。坎伯兰河的主要支流有大南叉河、洛克卡斯尔河、利托河。

在与俄亥俄河交汇前，田纳西河、坎伯兰河紧临，两者的地理位置相近，但在历史上两者并没有联系。如今，两条河流上的水坝改变了这一情形。坎伯兰河上的巴克利水坝，蓄水形成巴克利湖，与此同时，相隔几里之外的肯塔基水坝，修筑在田纳西河上，蓄水形成肯塔基湖。一条水渠将两个孤立的水库连接起来。其他的主河道和支流上的水库由田纳西河流管理局修建，用于蓄洪和发电。

从东到西，田纳西 – 坎伯兰区 [35] 横穿许多省市，形成多样的淡水生境。田纳西河下游流经一部分海岸平原，水流平缓。大桑迪河是田纳西河下游的主要支流，该区有沼泽地。高地圈覆盖该生态区西部大部分，具有丰富的泉水和洞穴生境。高地圈的西部是坎伯兰高地，东部是岭谷地区。田纳西河东南部源头位于蓝山地区，该地区水流湍急、水温寒冷（Starnes and Etnier，1986）。

该生态区的大部分地区被森林覆盖，尤其是杰斐逊、毗斯伽山、彻罗基、南塔哈拉、查特胡奇国家森林。在所有的土地利用类型中，农业占了很大的比例，大部分的农业用地用于放牧（Hampson，1995）。

生物特异性

该生态区包含着北美地区最多样的淡水生境，也可能是全球最多样化的温带淡水生态区（Starnes and Etnier，1986; Olson and Dinerstein，1998）。它有着最丰富的鱼类、蚌类和螯虾特有种，是北美地区特有种最丰富的生态区。高度的生物多样性主要源自该区广泛的栖息地类型，以及其有利的地理位置——毗邻大西洋斜坡、东海岸斜坡、密西西比河下游、俄亥俄河，这些地区皆富有独特的动物种群（Starnes and Etnier，1986）。

该生态区的鱼类动物种群可能最为有名，共有 232 种，其中 67 种（29%）为特有种。这些特有种包括 16 种鲦鱼、5 种吸盘鱼、2 种洞穴多春鱼、1 种鲟鱼、1 种倭太阳鱼、1 种杜父鱼，以及 41 种镖鲈。该区广阔的地理范围支撑着最多数量的鱼类物种。许多生存范围有限的鱼类多出现在各区域的交汇处或重叠部分，如美洲闪鲹（*Notropis* sp.）、贝氏石鮰（*Noturus baileyi*）、暗尾镖鲈（*Etheostoma* sp.）都明显需要生存在结合了两地区不同特征的生境内（Etnier and Starnes，1993）。尽管就该地区的鱼类种群已经进行了大量的历史研究，但仍不断有新发现的鱼类（Etnier and Starnes，1993；Burr pers. comm.）。

影响当地鱼群生存的自然条件反而促进形成了全球显著的蚌类和螯虾动物群。历史上，该地区有着 125 种蚌类和 65 种螯虾，其中分别有 20 种（16%）、40 种（62%）是特有种。其数量超过北美的其他任何地区。某些地区尤为显著。例如，克林奇河、鲍尔河、斯顿河交汇处有着最丰富的蚌类，共有 60 种（The Nature Conservancy，1996a, 1996b）。

阿巴拉契亚山脉作为公认的蝾螈多样性中心，是大量蝾螈物种的起源地，其中有许多仅生存于田纳西 – 坎伯兰区 [35]（Conant and Collins，1991; Constanz，1994）。特别的是，该生态区生存着 8 种无肺蝾螈，分别是圣提特拉暗色蝾螈（*Desmognathus imitator*）、黑山蝾螈（*Desmognathus welteri*）、小蝾螈（*Desmognathus wrighti*）、伪装蝾螈（*Desmognathus imitator*）、铲鼻蝾螈（*Leurognathus marmoratus*）、朱纳卢斯卡蝾螈（*Eurycea junaluska*）、蓝岭双线蝾螈（*Eurycea wilderae*）、田纳西洞穴蝾螈（*Gyrinophilus palleucus*）（Conant and Collins，1991）。

保存现状

Master 等（1998）的研究表明，该生态区有超过 57 种鱼类和 47 种蚌类处于危险之中。这些濒危的鱼类包括韦氏镖鲈（*Etheostoma wapiti*）、贝氏石鮰（*Noturus baileyi*）、斯氏石鮰（*Noturus stanauli*）等田纳西河流域的特有种。坎伯兰河中，特有的镖鲈［*Etheostoma*（*doration*）sp.］濒临灭绝。濒危的蚌类包括阿拉巴契亚蚌（*Alasmidonta raveneliana*）、单峰珠蚌（*Dromus dromas*）、闪光蚌（*Fusconaia cor*）、鸟翼珠蚌（*Lemiox rimosus*）、坎伯兰猴脸蚌（*Quadrula intermedia*）、坎伯兰豆蚌（*Villosa trabalis*）。安东尼河螺（*Athearnia anthonyi*），一种特有的水生腹足类动物，是另一种濒危的无脊椎动物，由于田纳西河上的蓄水工程，其生境被大量破坏。濒危的纳什维尔螯虾（*Orconectes shoupi*）特有种是联邦重点保护的 4 种螯虾之一，仅生存在田纳西河中游的几条溪流中，包括米尔溪。

该生态区富饶的淡水系统受到各种威胁的扰动：蓄水、渠道化、污染（工业、农业、城市径流、酸雨、酸性煤矿径流）、过量淤积、快速城市化（诺克斯维尔、纳什维尔、热门的旅游地——盖特林堡和鸽子谷的周边地区）。影响水质的威胁包括在陡坡上的开采、河岸带种植、农业面源污染造成的营养富集，以及工业有机化学品和微量元素污染（多氯联苯、二噁英、汞及能源部橡树岭保留地附近的放射性核素；Hampson，1995）。由于大量的威胁和物种分布的局限，该区的大量物种位列于联邦和州级的危险水平。

人类活动对该区生物群造成多重影响，其中一个实例是韦氏镖鲈，曾经发现于埃尔克河的三条支流，而如今仅存于其中的两条——里奇兰溪和印第安溪。根据美国鱼类与野生动物局（1990）的研究，物种减少的原因包括修筑水库、埃尔克河磷矿开采、土地利用改变、农药、有毒化学品、蒂姆斯福特水库排放的冷水。韦氏镖鲈从田纳西河消失是由于韦勒和威尔逊大坝的洪水。田纳西河的支流——浅溪的污染问题是另一个威胁（U.S. Fish and Wildlife Service，1990）。

该区丰富的蚌类动物群同样也处于危险之中。例如，阿巴拉契亚蚌受到淤积物和其他面源污染物（化肥、农药、重金属、石油、盐类、有机废物）的威胁（U.S. Fish and Wildlife Service，1990）。淤积物对受威胁的鸟翼珠蚌、扇壳蚌（*Cyprogania stegaria*）和单峰珠蚌等也有影响。当地农民利用附近的溪流作为牲畜饮用水源，造成河岸侵蚀。环境不友好的森林运作方式，如修筑和使用有侵蚀倾向的运材道路（The Nature Conservancy，1996a），造成更多的溪流淤积，进一步威胁着这些敏感的蚌类。

造成土壤侵蚀的另一主要原因是不断增多的越野车使用量。这种现象对丹尼尔－布恩国家森林的影响超过该生态区的其他任何地区，该森林是许多淡水生物的重要保护区，尤其是蚌类（Kentucky State Nature Preserves Commission，1996）。生存于马舔溪的小贝珠蚌（*Pegias fabula*）是其中一种受影响的蚌类。目前已就越野车辆的问题提出了详细的肯塔基森林管理计划。

从 1993 年开始，田纳西河流管理局（TVA）为应对人口增长和生活条件低下的问题，在该区修筑了大量的水坝。随着 TVA 有效地将自由流动的河流系统转变为一系列的蓄水工程，田纳西河多样的生境及其支流逐渐消失，大量的蚌类浅滩也被破坏（Ono et al.，1983）。如今，仅是田纳西河就有超过 50 座水坝。类似地，从 20 世纪上半叶开始，坎伯兰河也修筑了大量的水坝。

该生态区大量的渠道化几乎影响到了所有的流动淡水生境。历史上，开渠有利于航海，而如今也用于海水侵蚀地区的水流控制。例如，博氏镖鲈（*Etheostoma boschungi*）仅生存于阿拉巴马中北部和田纳西中南部的几条溪流中，其生境受到亨茨维尔、阿拉巴马市郊扩张过程的渠道化威胁。人们在洪泛区养殖鱼类和放牧，所以保护这些地区至关重要。与城郊扩张有关的生境破坏只是个其中一个压力；生物产卵区也可能受到养鱼场的不利影响（U.S. Fish and Wildlife Service，1998b）。

未来潜在威胁的实例是坎伯兰豆蚌，其仅生存于田纳西河、坎伯兰河的 6 条支流中。一项最新的关于在洛克卡斯尔河修筑水坝的提议，将会威胁到整个种群。其目的是建立休闲湖，创造旅游岗位，确保家庭和工厂的充足供水（Tagami，1998）。

非本地物种的入侵也造成了威胁，斑马蚌（*Dreissena polymorpha*）可能是其中一个最急迫的实例。这种具有侵略性的外来种在田纳西河和坎伯兰河都有分布，尽管田纳西河的航运相对较少（U.S. Army Corps of Engineers，1998）。莫比尔湾区 [36] 土著种也向南通过汤比格比水道进入田纳西 – 坎伯兰区 [35]（详见莫比尔湾区简介），包括黑尾闪光鱼（*Cyprinella venusta*）、杂色美洲闪鳉（*Notropis texanus*）。人为引入的鱼类包括大肚鲱（*Alosa pseudoharengus*）、鲤鱼（*Carpiodes carpio*）、褐鳟鱼（*Salmo trutta*）、条纹鲈（*Morone saxatilis*）。

珍珠蚌的过度捕捞、收集进而出口至日本的珍珠养殖企业，也是一个潜在的威胁（Williams et al.，1993）。虽然问题的严重程度尚不明确，但这样的开采水平可能不能再持续下去了。当前，对于未受威胁或非濒危的蚌类尚未有联邦捕捞限制。应大力评估这些危害的严重程度。非法捕获濒危蚌类对该生态区的蚌类动物群也是一个威胁（Mueller，1993）。

生物多样性保护的优先措施

- 与美国大自然保护协会、田纳西水族馆等组织协作，继续开展公众教育活动。
- 致力于保护和恢复特定河流的生物多样性（如克林奇河生物保护）。
- 努力形成当地居民、政府、商业、工业的合作关系，保护受危害物种的生境，包括繁殖栖息地。
- 确保不修筑用于娱乐的水坝，保持河水的自由流动（Tagami，1998）。
- 对当地牧民开展工作，以减轻放牧对土壤侵蚀的影响。例如，美国大自然保护协会与美国鱼类与野生动物局、自然资源保护协会、弗吉尼亚水土保护部门建立合作关系，开创财政激励政策以鼓励牧民自觉远离河岸放牧（The Nature Conservancy，1996b）。
- 继续致力于河岸恢复，包括修建栅栏以隔开牲畜，以及为牲畜修建跨河桥（The Nature Conservancy，1996b）。
- 建立区划指南以指导城市发展远离生态敏感的河区。避免在这些区域渠道化，维护河岸缓冲带。
- 修改丹尼尔 – 布恩国家森林的管理计划以保护重要生态地区，应格外注意在这些地区和周边地区限行越野车。此外，应投入更多的资源以确保严格实行这些措施（Kentucky State Nature Preserves Commission，1996）。
- 研究评估田纳西河流域三个高功率工厂以及与之相关的皆伐对淡水动物群的影响。必要的话，采取行动叫停。
- 农业面源污染是造成鱼类死亡的主要原因，制定可行的管理条例，使危害降到最低。
- 提议整编田纳西河管理局部门以满足环保需要，取代不作为的部门（American Rivers，1997）。
- 采用创新的方法阻止斑马蚌的入侵，控制既有的数量。其他资源投入给该地区的调查研究。

合作保护伙伴

联系信息详见附录 H

- Alabama Natural Heritage Program
- Georgia Natural Heritage Program
- Kentucky Natural Heritage Program
- Mississippi Natural Heritage Program
- The Nature Conservancy（Alabama，Kentucky，North Carolina，Tennessee，and Virginia Field Offices，and Midwest and Southeast Regional Offices）

- North Carolina Heritage Program
- The Sierra Club
- Tennessee Aquarium
- Tennessee Division of Natural Heritage
- U.S. Forest Service
- Virginia Division of Natural Heritage
- Wildlands Project
- The Wilderness Society, Southeast Region

生态区编号：36

生态区名称：莫比尔湾区

主要生境类型：温带沿海地区河流 / 湖泊 / 泉

面积：115 514 平方千米

生物特异性：全球显著

保存现状：现状概况——濒危

最终状态——极危

简介

莫比尔湾区 [36] 包括莫比尔河、汤比格比河 – 布莱克瓦尔河、阿拉巴马 – 库萨 – 塔拉普萨盆地，以及许多小型溪流、湖泊构成的水系。这些相互关联的水系形成了东海岸平原的最大流域。该生态区以阿拉巴马州为中心，包括密西西比州东部、阿拉巴马州西部，以及田纳西州南部的小部分地区。该生态区的河流流经岭谷地区、山麓高地、阿帕拉契高原，之后降落进入东海岸平原。历史上，该区的河流总长超过 1000 英里，如今，莫比尔河的水流主要受一系列的修筑与埃托瓦河、库萨河、塔拉普萨河等上游水库的控制，一定程度上也受到汤比格比河上水闸和水坝的控制（Livingston，1992; U.S. Fish and Wildlife Service，1993; Stolzenburg，1997）。

生物特异性

由于该生态区多样的地理区域、广阔的面积，以及免受更新世的冰川作用，莫比尔湾区 [36] 有着东海岸平原最多样的水生动物和特有种（U.S. Fish and Wildlife Service，1993）。该流域曾分布着 120 种水生腹足类动物，是世界上最多样的该动物种群（Stolzenburg，1997）。埃托瓦河、乌斯塔罗拉河、库萨河水系曾分布着世界上最多样的淡水软体动物（American Rivers，1997）。阿拉巴马河的一条支流——卡哈巴河栖息着 131 种鱼类物种，超过北美其他任何地区，同时也生存有大量的蚌类、鳌虾、腹足类动物（Stolzenburg，1997）。

缘于低地与高地物种的组合，该生态区具有丰富的鱼类。除了 47 种特有种外，也与其他生态区共有一些物种。187 种中有 99 种属于鲤科（Cyprinidae）、亚口鱼科（Catostomidae）、鲈科（Percidae）。有 3 种特别的物种生存于孤立的高地溪流，分别是库萨流域的冷水镖鲈（*Etheostoma ditrema*）、小杜父鱼（*Cottus pygmaeus*），以及濒危的芥镖鲈（*Etheostoma nuchale*）（Swift et al.，1986）。

保存现状

该生态区的淡水生物种群受到人类活动的严重影响，自欧洲人定居以来，有 54 种有记录的物种灭绝。

莫比尔河流域内部威胁生境和物种的因素有：为便于航海和防洪而进行的渠道修正、蓄水、排污和砂石疏浚。在整个流域内，过去一个世纪的时间里修筑了 33 个主要水坝，主要用于航海、防洪、供水、水力发电（U.S. Fish and Wildlife Service，1993），造成了显著影响。库萨河上的水库导致水生腹足类的重要生境消失，至少造成 27 个物种消失（Stolzenburg，1997）。

1993 年，美国鱼类与野生动物局将莫比尔湾区 [36] 的 8 种珠蚌列为濒危物种、3 种列为受威胁物种，并指出威胁这些物种的主要因素包括生境变化、淤积、水质恶化。在关于这 11 种物种的最终规定中，美国鱼类与野生动物局（1993）写道："没有一种物种可以承受蓄水……蓄水会对河蚌造成不利影响，如施工和清淤造成河蚌死亡、沉积物淤积使其窒息、水流的减少降低食物和氧的有效度、当地主要鱼类消失，以及其他形式的生境变化，如渠道化、渠道清理、淘金造成的河床侵蚀、浊度增加、地下水位下降、沉降及水生群落结构的变化。"

虽然莫比尔湾的水文和渠道结构变化很普遍，但田纳西－汤比格比水道需要特别关注。该水道建成于 1984 年，全长 234 英里，水道上修筑了一系列的水闸和水坝，连通了田纳西河与汤比格比河之间的航道。美国鱼类与野生动物局（1990）报道："修建田纳西－汤比格比水道改变了田纳西河的大部分生态特性。蓄水、渠道化、导流造成河流栖息地的丧失。过量的淤积破坏了蚌类生境。通航蓄水几乎改变了整个汤比格比河；维护航道还需要渠道化和频繁的清淤。"跨流域调水也导致流量改变和水的净损耗。当地将污水从阿巴拉契科拉河转送到埃托瓦河的计划也将成为新威胁。

亚特兰大城市群日益增长的用水需求也成了该生态区的一个主要威胁。《美国河流》（American Rivers，1999）报道："水管理部门提议在库萨和塔拉普萨河源头建设、重启或修缮水坝。最重要的是，提议包括计划在塔拉普萨河最后仅存的健康、自由流动的河段上修建大型水坝和蓄水区。流域内的水坝及落后的运营管理封闭和破坏了栖息地……而且也戏剧性地改变了阿拉巴马－库萨－塔拉普萨流域的流速和流量。"1999 年 12 月，阿拉巴马州、佐治亚州、佛罗里达州共同制订的水资源分配计划，可能会阻止生态退化，也可能会使问题进一步恶化（American Rivers，1999）。

土地利用会对已有潜在危险的水生动物种群造成影响。为了农业生产，莫比尔湾流域的自然植被被大量破坏，混合阔叶林也转变为松树种植园。这些土地利用已经造成淡水生境的侵蚀和淤积，以及因河岸植被丧失而带来的其他负面影响。埃托瓦河是一个重要实例，在美国同等规模河流中，该河水生生物危险程度最高（American Rivers，1997）。

点源和面源污染也会造成水生生境及其动物种群退化。点源污染包括市政和工业废水、煤层气井；面源污染包括农业、饲养场、鸡舍、牧场、煤矿山、公路。由于饲养场、废弃的和正在开采的矿山的影响，布莱克瓦尔河流域的污染相当严重。10 个城市污水处理厂、35 个地表采矿厂、1 个煤层气井，以及其他 67 处经许可的污水排放口，使得卡哈巴河的水质也同样恶劣（U.S. Fish and Wildlife Service，1993）。

河蚬（*Corbicula fluminea*）、斑马贻贝（*Dreissena polymorpha*）等外来物种威胁着土著物种特别是软体动物的生存。河蚬生长良好，可能会同土著蚌类竞争空间和营养，也会破坏麝鼠与贻贝之间捕食与被捕食的平衡关系。斑马贻贝还未被列入物种名录中，但在田纳西河已发现其踪迹，可以预料它们将沿着田纳西－汤比格比水道进入莫比尔湾流域（U.S. Fish and Wildlife Service，1993）。

生物多样性保护的优先措施

- 保护好物种丰富且当前未建设蓄水工程的卡哈巴河。
- 阻止亚特兰大建设将污水从查特胡奇流域输送到埃托瓦流域的管道（American Rivers，1997）。
- 强化管理，消除点源污染，清理废弃矿区。

- 严格管理，减少面源污染。
- 不再新建蓄水工程，开展拆除既有工程的可行性调研。
- 结合沿岸社区服务活动，制订水生动物多样性和水生生境保护的教育计划。
- 采取措施阻止河蚬（*Corbicula fluminea*）和斑马贻贝（*Dreissena polymorpha*）通过田纳西－汤比格比水道向本生态区的入侵。
- 鼓励州和联邦政府管理部门积极开展流域保护行动。

合作保护伙伴

联系信息详见附录 H

- Alabama Natural Heritage Program
- Alabama Rivers Alliance
- Alabama Wilderness Association
- American Rivers
- Cahaba River Society
- Coosa River Basin Initiative
- Coosa River Society
- Georgia Natural Heritage Program
- Mississippi Natural Heritage Program
- The Nature Conservancy（Alabama, Georgia, and Mississippi Field Offices, and Southeast Regional Office）
- The Sierra Club

生态区编号：37

生态区名称：阿巴拉契科拉区

主要生境类型：温带沿海地区河流／湖泊／泉

面积：54 403 平方千米

生物特异性：北美显著

保存现状：现状概况——濒危

最终状态——极危

简介

该生态区包括阿巴拉契科拉河和伊科费纳河流域，从佐治亚北部沿着阿拉巴马西部边界线延伸至海湾地区，穿过佛罗里达走廊。除莫比尔湾流域之外，阿巴拉契科拉河是唯一延伸至瀑布线以上的东北海湾流域。阿巴拉契科拉河的两条主要支流，查特胡奇河与弗林特河，分别起于佐治亚州北部的蓝桥地区和亚特兰大附近的山麓高原（Livingston，1992; Carr，1994）。在进入河岸平原之前，查特胡奇河穿过山麓地区的红色丘陵。而弗林特河在到达河岸平原之前横穿下降区，最终与查特胡奇河汇合形成阿巴拉契科拉河。虽然阿巴拉契科拉河完全位于河岸平原内部，但两条支流中多样的生境为淡水生物多样性奠定了基础（Livingston，1992）。由于阿巴拉契科拉河流经庇荫的峡谷，并有冰凉的溪流汇入，外来物种向南经查特胡奇河与弗林特河，在该区找到了类似于北方地区的生境（Livingston，1992; Carr，1994）。

生物特异性

虽然该生态区只包含有莫比尔湾区 [36] 一半多一点的物种（104 vs.187 种），但其比毗邻的低地生态区的物种更多（Swift et al.，1986）。该区的鱼类特有种包括波氏曲口鱼（*Campostoma pauciradii*）、宽带鳍美洲鳑（*Pteronotropis euryzonus*）、高鳞美洲鳑（*Notropis hypsilepis*）、蓝纹丽体鱼（*Cyprinella callitaenia*）、条纹闪光美洲鳑（*Luxilus zonistius*）、大吸口鱼（*Moxostoma lachneri*）、红马鱼（*Moxostoma* sp.）、浅滩黑鲈（*Micropterus* sp.）（Swift et al.，1986; Page and Burr，1991）。除了主要的淡水物种，在该区还发现有广盐性、洄游性次级淡水鱼。曾有大量的阿拉巴马西鲱（*Alosa alabamae*）、条纹鲈（*Morone saxatilis*）、尖吻鲟（*Acipenser oxyrhynchus*）溯河产卵，但吉姆伍德拉夫水坝、水闸的建设缩短了洄游路线（Livingston，1992）。

相较于鱼类而言，该区更以其蚌类动物种群闻名。这里是 38 种蚌类的栖息地，其中 17 种（45%）是特有种。在从埃斯坎比亚向西到萨旺尼河之间的所有流域中（包括 [37]、[38]、[39] 生态区），阿巴拉契科拉河拥有数量最多的淡水腹足类和双壳类动物，而且研究发现该区还是特有软体动物的核心区域（Livingston，1992）。

由于生境的多样性，阿巴拉契科拉河上游具有丰富的爬行动物种群，其爬行动物和两栖动物密度高于墨西哥以北的其他任何北美地区（Livingston，1992）。

保存现状

总体来说，阿巴拉契科拉河是东南地区受到干扰极其小的生态区之一。水坝可能已经造成最严重的生态多样性破坏。阿巴拉契科拉河、弗林特河、查特胡奇河上共有 16 个蓄水工程，其中有 13 个在查特胡奇河（Livingston，1992）。由于这些蓄水工程，大量查特胡奇河中游和下游的栖息地消失了（Gilbert，1992）。阿巴拉契科拉河唯一的水坝是吉姆伍德拉夫坝，建成于 20 世纪 50 年代，用于航行和发电（Livingston，1992; Gilbert，1992）。由于只有一个蓄水工程，阿巴拉契科拉河是沿岸平原地区流动最自然的河流之一。

该区第二个主要的干扰源是农业、城市化、工业化的污染。弗林特河上游未受到明显干扰，但受到来自亚特兰大和农业径流的污染。查特胡奇河上游直接穿过亚特兰大，该市 70% 的饮用水取自该河，下游流经重度农业区（Livingston，1992; America Rivers，1998）。随着亚特兰大人口的快速增长，大量未经处理的污水排入河流，对查特胡奇河造成了巨大的生态压力（American Rivers，1998）。自 1997 年起，查特胡奇河上游超过 330 英里的河段不再适宜用于渔业、娱乐和饮用水（American Rivers，1998）。

阿巴拉契科拉河发源于塞米诺湖上受污染的水库，首先流经一片轻工业化地区，而后穿过湿地众多的农村地区（Livingston，1992）。生存于吉姆伍德拉夫坝底部的鱼类，如红马鱼、蓝纹美洲鳑，由于大坝阻隔而免受上游淤泥的危害，但却无法避免排入水坝底部的污染（Gilbert，1992）。位于齐伯拉河的电池厂，多年来一直向水中排放酸和重金属，但自从该厂被列为美国超级基金污染厂址后，点源污染减轻了很多（Livingston，1992; Deyrup and Franz，1994）。阿巴拉契科拉河蚌类的灭绝与入侵的亚洲蛤（*Corbicula fluminea*）有关，但当地的蚌类更受到农业、道路建设、其他发展带来的淤泥的威胁（Livingston，1992; Deyrup and Franz，1994）。总之，该流域的沿海平原部分受到水土流失、开荒、地下水抽取等农业活动的干扰。

该区生物种群的第三个主要威胁是，美国陆军工程兵团为便于航行，在阿巴拉契科拉河和查特胡奇河进行持续的清淤和渠道化作业。尽管存在这些干扰，该区的淡水生境仍然保持相当良好的状态，尤其是弗林特河上游和阿巴拉契科拉河下游。这也是该水系长期有效管理的结果。该生态区支撑着当地民众的生产和生活，为了保护该生态系统及其动物种群，管理部门开展了空前规模的保护行动。阿巴拉契科拉河被评定为"杰出的佛罗里达水体"；阿巴拉契科拉湾是国家水生保护区；河流下游和海湾被评定为国家最大型的河口保护区；低谷是美国国家科学基金会生态实验保护系统的一部分（Livingston，1992）。阿巴拉契科拉河上只有一个蓄水工程，并且实施了持久的保护举措，阿巴拉契科拉生态区将会保持其特有的生物特异性。

生物多样性保护的优先措施

- 拆除吉姆伍德拉夫坝。该水坝建于 20 世纪 50 年代，其建成后切断了通向弗林特河和查特胡奇河的入口，切断了尖吻鲟（*Acipenser oxyrhynchus*）、条纹鲈（*Morone saxatilis*）和几个美洲西鲱（*Alosa spp.*）物种的洄游路线（Gilbert，1992; Carr，1994）（1897 年，死湖上的水坝被拆，使齐伯拉河水流恢复了自然状态，但沉积在湖底的淤泥估计需要 20 年或更长的时间才能清除（Deyrup and Franz,1994））。
- 停止维护航道，否则将破坏重要的蚌类栖息地。
- 维持齐伯拉河的良好水质，以保护敏感的蚌类。
- 保护洞穴，使其不受水质和水流变化的影响。
- 阻止亚特兰大建设从查特胡奇流域抽水到埃托瓦流域的管道（American Rivers，1997）。
- 保护洼地阔叶林以及相关的沿岸生境。
- 扩大现有的流域保护项目，覆盖更多小型溪流。
- 采取行动减少该区所有水域的淤积量。

合作保护伙伴

联系信息详见附录 H

- Alabama Rivers Alliance
- American Rivers
- Chattahoochee Riverkeeper
- Florida Audubon Society
- The Nature Conservancy（Alabama, Georgia, Florida Field Offices, and Southeast Regional Office）
- Upper Chattahoochee Riverkeeper

生态区编号：38

生态区名称：佛罗里达湾区

主要生境类型：温带沿海地区河流 / 湖泊 / 泉

面积：35 514 平方千米

生物特异性：北美显著

保存现状：现状概况——相对稳定

　　　　　最终状态——相对稳定

简介

该生态区是墨西哥沿岸相对较小的地区，覆盖阿拉巴马州南部和佛罗里达走廊西部。主要包括帕迪多河、埃斯坎比亚河、黑水河、黄河、扎克托哈齐河流域。帕迪多河形成了佛罗里达州边界，其上游河段穿过森林，下游河段流经沼泽和湿地。黑水河、黄河、肖尔河造就了相对凉爽的淡水生境，扎克托哈齐河流经广阔的洪泛区森林。该生态区最大的河流——比亚河起源于阿拉巴马州（Livingston，1992）。

生物特异性

该区地处狭小的沿海平原，没有临近的莫比尔湾区[36]那样丰富的鱼类物种和特有种，但也有106种物种和7种特有种，可与东部较大的阿巴拉契科拉区[37]相媲美。有些鱼类特有种是科学界所不熟知的，表明该区需要更多的物种分类研究。这7种特有种分别是灰黑美洲石鲹（*Lythrurus atrapiculus*）、美洲镖鲈（*Etheostoma colorosum*）、扎克托哈齐镖鲈（*E. davisoni*）、南方木头似鲈（*Percina autroperca*）、双带镖鲈（*E. bifascia*）、黑嘴美洲鲹（*Notropis melanostomus*）、奥卡氏镖鲈（*E.okaloosae*）。该生态区的珠蚌动物种群很有特色，7/30是特有种。埃斯坎比亚河和黄河有着为数众多的稀有阿拉巴马地图龟（*Graptemys Pulchra*）（Moler，1992）。

保存现状

佛罗里达湾区[38]每条河流的生态现状都各不相同。埃斯坎比亚河污染严重，尤其是下游河段。这些污染主要来自工业污水和农田径流。下游严重的泥沙淤积威胁着蚌类物种（Deyrup and Franz，1994）。由于含氧量低，埃斯坎比亚河也发生过大量鱼类死亡的现象（Livingston，1992）。

查克托哈奇河的部分河段受到严重的泥沙污染，但也有部分河段水质状况良好，尤其是流经保存完整的湿地和河漫滩森林的河段（Livingston，1992）。黑水河相对清洁，部分归因于受到黑水州级森林和科内库国家森林的保护，尽管清理朽木的作业会降低河流的生产力（Livingston，1992）。黄河和肖尔河河水凉爽，相对未受扰动，鱼类丰富度高。帕迪多河下游流经基本未受扰动的湿地和沼泽（Livingston，1992）。

生物多样性保护的优先措施

- 为了保护仅存的鱼类和蚌类，亟须恢复受污染的埃斯坎比亚河和查克托哈奇河，并保护未受污染的河段。这需要阿拉巴马州与佛罗里达州之间建立可行的行动指南和合作计划以有效降低淤积量。

- 保护埃格林空军基地周边的重要河水栖息地。这可以保护奥卡氏镖鲈、阿拉巴马地图龟、沼泽青蛙、内陆蛇，以及几种湿地植物。当前，落后的管理方式导致水土流失和过度的泥沙淤积（Gilbert，1992）。

- 在该生态区河流内开展物种调查，以掌握稀缺淡水物种的分布情况。

合作保护伙伴

联系信息详见附录 H

- Alabama Rivers Alliance
- American Rivers
- Florida Audubon Society
- The Nature Conservancy（Alabama and Florida Field Offices, and Southeast Regional Office）

生态区编号：39

生态区名称：佛罗里达区

主要生境类型：亚热带沿海地区河流/湖泊/泉

面积：161 393 平方千米

生物特异性：全球显著

保存现状：现状概况——濒危

最终状态——极危

简介

该生态区在海湾 – 大西洋海岸地区范围内，覆盖佐治亚州东南部和佛罗里达半岛。该区的北部边界主要由萨旺尼流域确定，从佐治亚州经过佛罗里达流向墨西哥湾或大西洋。其间还流经奥克洛克尼城和萨尔提略城。在佛罗里达北部，其他主要河流包括圣约翰河、奥克拉瓦哈河。佛罗里达南部主要是淡水大沼泽地。重要的区域还有奥克弗诺基沼泽，位于该生态区北部的佐治亚 – 佛罗里达边界。奥基乔比湖等数十个湖泊密布该生态区。

佛罗里达区 [39] 有着多样的水生生境，北美其他任何地区几乎都无法与其相媲美。该区季节性河流很少，但存在大量的沼泽、湿地、红树沼泽、池塘、湖泊、泉水及大型河流。佛罗里达生态区是世界上自流泉分布最多的地区，在萨旺尼河及其支流的周边地区存在 100 个主要泉眼（Carr，1994）。所有注入大西洋和墨西哥湾的河流的下游河段都受到潮汐的影响，所以其中通常会栖息着耐盐性淡水鱼和海洋物种，包括热带周边地区的物种（Gilbert，1992）。

生物特异性

与邻近的生态区不同，佛罗里达区 [39] 不以丰富的淡水鱼类和蚌类为特点，而是以其丰富的螯虾特有种和多样的生境类型闻名全球。该区的每种淡水生境中几乎都分布有螯虾科龙虾，洞穴螯虾是主要特有种。该区共有 63 种螯虾，其中 29 种为特有种。有趣的是，佛罗里达蓝螯虾是唯一生存于大沼泽地的螯虾（Lodge，1994）。由于丰富的泉水和洞穴系统，该区也是多种端足类动物、等足类动物和淡水腹足类动物的栖息地。迄今相关的研究甚少，大量物种仅生存于某一单一的泉眼或洞穴中（Gilbert，1992）。例如，塞米诺尔羊角（*Planorbella duryi*）仅生存于大沼泽地。更多分布广泛的腹足类动物，如佛罗里达苹果螺（*Pomacea paludosa*），分布在整个大沼泽地以及更北的温暖水域中（Lodge，1994）。

该生态区栖息着 110 种淡水鱼类，其中 10 种为特有种。沿海岸的淡水生境栖息着更具特色的鱼类，其中有很多海洋鱼类。例如，像稀有的短尾海龙（*Microphis brachyurus lineatus*）这样的洄游两栖鱼类，沿印第安咸水湖的数条支流前移。无数虾虎鱼仔鱼也从加勒比海迁移到这个咸水湖中。佛罗里达西南部的红树沼泽内生存着能适应严酷环境的鱼类，如美洲红树鳉鱼（*Rivulus marmoratus*），是生存于美国的唯一鳉属物种。佛罗里达河口常见的海草支撑着丰富的鱼群，包括多斑拟段虎鱼（*Gobionellus stigmaturus*）。在塞巴斯蒂安的克萨哈奇河和圣露西河中出现有热带鱼类，如拉美阿胡段虎鱼（*Awaous tajasica*）、呆塘鳢（*Gobiomorus dormitor*）、拟纹小虾虎鱼（*Gobionellus pseudofasciatus*）（Gilbert，1992）。佛罗里达淡水生境常见的耐盐性物种还有牛鲨（*Carcharhinus leucas*）、萨宾魟鱼（*Dasyatis sabina*）、大海鲢（*Megalops atlanticus*）、条纹鳀鱼（*Anchoa mitchelli*）、小据盖鱼（*Centropomus parallelus*）、据盖鱼（*C.undecimalis*）、睡塘鳢（*Dormitator maculatus*）、多刺塘鳢（*Eleotris pisonis*）、梭体小虾虎鱼（*Gobionellus boleosoma*）、淡水虾虎鱼（*G. shufeldti*）、紫色虾虎鱼（*Gobioides broussoneti*）、薄氏鲄虾虎鱼（*Gobiosoma bosci*）、丑侏虾虎鱼（*Microgobius gulosus*）（Swift et al.，1986）。

保存现状

由于经济发展、跨流域调水、惊人的人口增长、农业污染、磷矿开采及蓄水工程，该区的淡水生境被剧烈改变。大多数天然河流被运河所取代，除草剂的使用阻碍了水生植被的生长。这些运河的水质由于农业和城市径流而发生严重退化。该生态区内除萨旺尼河外的所有河流都修筑有水坝，而且很多河流也受到渠道化和严重污染所带来的负面影响。流经迈尔密、坦帕市、杰克逊维尔的河流中几乎不存在完整的生境。佛罗里达东南海岸广泛分布的潮汐性溪流，也面临着多种威胁，而且外来鱼类已在此处固定下来。由于蓄水工程，佛罗里达中东海岸的红树林被淹没，此外，人口增长还会更大程度地破坏沿岸红树林（Gilbert，1992）。

虽然该生态区大范围的生境都发生了改变，但相较临近的存在更广泛的蓄水工程、渠道化和污染的其他生态区，该区淡水鱼类受到的影响相对较小（Gilbert，1992）。Gilbert（1992）确定该区有 13 种淡水和耐盐性物种为稀有种或濒危种，但至今并未发现有知名的淡水鱼类灭绝。然而，该区的其他淡水动物种群面临的情形相当严峻，尤其是栖息在溪流中的物种。Deyrup 和 Franz（1994）指出，8 种淡水蜗牛、2 种地下水端足目动物、2 种地下水等足目动物，以及 13 种穴居螯虾生境有限，且易发生灭绝。所有这些物种受到当地土地利用和生境的机械破坏的威胁，这些也会导致水质和水量的改变。穴居螯虾极易因流入洞穴的食物来源改变而受到威胁（Deyrup and Franz，1994）。

虽然针对大沼泽地已经做过了广泛的研究，但其受到的威胁又引起了特别的关注。主要威胁是水文改变，包括渠道化和抽水到大草原中，这些活动导致了水流量和流速的改变（Lodge，1994）。农业用地产生的污染对该区的物种施加了更大的威胁，过量的磷和汞进入了生态环境。如今，持续的人口增长使迈阿密 – 戴德县的可用水更加紧张。上述两种因素对淡水物种和大量陆生生物所依赖的河流的水质和可利用率产生毁灭性的威胁。例如，以鱼类和水生无脊椎动物为食的涉水鸟受到了严重影响。目前，美国陆军工程部队就大沼泽地的用水管理进行了全面审查。军队负责对该生态区进行长期修复。设法确保尽最大可能地将水流恢复到自然水平，包括流量、流速及分布情况。尽最大努力确保该系统的水质，包括在农用地和城区附近建立缓冲带（World Wildlife Fund and National Audubon Society, 1996）。

生物多样性保护的优先措施

● 移除奥克拉瓦哈河上的罗德曼水坝，它是佛罗里达十字运河的遗留物，淹没了 9000 英亩的洪泛区平原森林，很可能影响到溯河产卵的短吻鲟（*Acipenser brevirostrum*）和南方奥姆式镖鲈（*Etheostoma olmstedi maculaticeps*）的数量（Gilbert, 1992）。

● 提供资金支持，阻止杜邦公司在沿奥克弗洛基沼泽东部边界共计 38 000 英亩的土地上开采钛矿，否则这一行动将会对沼泽和玛丽河造成干扰（Sierra Club, 1998; The Wilderness Society, 1998）。

● 保护一系列流向印第安咸水湖的小型溪流，因为美国仅有拟纹小虾虎鱼（*Gobionellus pseudofasciatus*）、呆塘鳢（*Gobiomorus dormitor*）、拉美阿胡段虎鱼（*Awaous tajasica*）、拉丁短尾腹囊海龙（*Microphis bachyurus lineatus*）栖息在此。为保护这些支流，需要消除点源和面源污染，尤其是沿岸的农药喷洒（Gilbert, 1992）。

● 保护圣达菲上游区域，将其设立为萨旺尼蚌（*Medionidus walkeri*）和佛罗里达蚌（*Pleurobema reclusum*）相对原始的残遗种保护区。保护水质和河岸植被，并控制开发建设（Deyrup and Franz, 1994）。

● 萨旺尼河作为该区唯一一个没有蓄水工程的大型河流，同样应受到保护。此外也应终止该流域的磷矿开采。

● 栖息在泉水和洞穴中的无脊椎动物生存范围极其有限，所以应尽可能保护其生境。

● 拆除奥基乔比湖上的杰克逊 – 布拉夫水坝。其建成于 20 世纪 20 年代，形成了塔尔昆湖，破坏了奥克洛克尼蚌（*Alasmidonta wrightiana*）的生境，可能已经导致其灭绝，并阻碍了寄生在蚌类钩毛上、溯河产卵的鱼类的洄游（Deyrup and Franz, 1994）。

● 坚持致力于修复大沼泽地。恢复其自然水文特征，包括总量、流量、水深、流速及分布。节约用水，实现该系统内城市和农业用水的自给自足。将水质恢复到原始状态。

- 努力控制已有的澳大利亚千层树（*Melaleuca quinquenervia*）和巴西胡椒（*Schinus terebinthifolius*）数量。

合作保护伙伴

联系信息详见附录 H

- Everglades Coalition
- Florida Audubon Society
- Florida Defenders of the Environment
- Florida Natural Areas Inventory
- Georgia Natural Heritage Program
- National Audubon Society
- The Nature Conservancy（Florida and Georgia Field Offices，and Southeast Regional Office）
- Sierra Club

生态区编号：40

生态区名称：南大西洋区

主要生境类型：温带沿海地区河流 / 湖泊 / 泉

面积：295 608 平方千米

生物特异性：全球显著

保存现状：现状概况——濒危

最终状态——极危

简介

本大西洋沿岸生态区从佐治亚东部延伸至弗吉尼亚南部，覆盖南卡罗来纳州全部和北卡罗来纳州大部。许多流向大西洋的河流起源于阿巴拉契亚山脉蓝岭地区东坡的小型山涧，流经山麓高原，而后下行穿过大西洋平原的南部地区。主要河流包括位于佐治亚州的阿尔塔马哈河及其两条支流——奥克尼河和奥克马尔吉河，南卡罗来纳州和佐治亚州的界河萨凡纳河，南卡罗来纳州的库伯 - 桑迪河水系和皮迪河，北卡罗来纳州的菲尔角河，以及北卡罗来纳州和佐治亚州的罗洛克河。

得益于广阔平坦的海岸平原和较高的地下水位，该生态区具有丰富的湿地（McNab and Avers, 1994）。大西洋沿岸大约有9816平方千米的滨海湿地（Alexander et al., 1986），其中约3/4面积位于北卡罗来纳州、南卡罗来纳州、佐治亚州（Chabreck, 1988）。该生态区也包括沼泽、湿地、淡水沼泽、浅水湖泊（McNab and Avers, 1994）。部分湖泊主要集中在从北卡罗来纳州南部到佐治亚州东部的海岸，包括瓦卡马湖，它们以卡罗来纳湾而闻名。这些特征是受外来天体的影响而形成的。瓦卡马湖的起源造就了其独特的化学组成，并对该湖泊独特的动物种群演变和高生产力起着重要作用（Eyton and Parkhurst, 1975; Stager and Cahoon, 1987）。

生物特异性

作为温带生态系统，南大西洋区 [40] 具有高度的物种丰富度和特有种数，与其他沿岸温带生态系统相比，该区的生物多样性尤其显著。历史上，该区生存着超过 177 种鱼类，其中 48 种（27%）是特有种。

同样引人注意的是，19/59（32%）的蚌类是特有种，39/56（70%）的螯虾是特有种。类似于其他源自阿巴拉契亚山脉的生态系统，在时间、良好的气候、稳定的地质的综合作用下，形成了多样的生境，支撑着多种水生动物种群的繁衍、生存（Rohde et al.,1994）。

南大西洋区 [40] 拥有着 177 种土著鱼类，是北美鱼类第五丰富的生态区，同时也是温带沿海地区河流湖泊中鱼类第二丰富的生态区，仅次于莫比尔湾区 [36]。48 种特有种中有以下濒危物种：菲尔角银光鱼（*Notropis mekistocholas*），仅生存于菲尔河上游的小部分地区；白氏银汉鱼（*Menidia extensa*），仅生存于瓦卡马湖；瓦卡马底鳉（*Fundulus waccamensis*），只存在于瓦卡马湖和菲尔普斯湖；瓦卡马镖鲈（*Etheostoma perlongum*），发现于瓦卡马湖和瓦卡马河源头。特有种集聚在瓦卡马湖附近，使南大西洋区 [40] 更具特色，类似的还有该生态区北部边界附近的罗诺克河流域，集中了大量的特有种。

6 种倭太阳鱼科侏儒翻车鱼中的 2 种——蓝纹太阳鱼（*Elassoma okatie*）、卡罗来纳太阳鱼（*E.boehlkei*）仅生存在美国东南部，属于特有种（Rohde et al.,1994）。该生态区也是一新物种的发现地，它是金黄吸口鱼（*Moxostoma erythrurum*）的一种亲缘物种，暂时被称作卡罗来纳吸口鱼（*Moxostoma sp.*）（Southeastern Fishes Council,1997）。总之，鱼类特有种动物种群包括 20 种鲦鱼、6 种吸盘鱼、3 种鲶鱼、1 种洞穴鱼、2 种鳉鱼、1 种银河鱼、2 种倭太阳鱼、2 种鲈鱼、13 种镖鲈。值得注意的是，这里可能还将发现新的物种。由于该区是整个美国东南部研究最少的区域，有学者表示"这是一个真正的鱼类生命史黑洞"（Burkhead pers. comm.）。

一些溯游鱼类广泛分布在美国东海岸，包括状锯腹鲱（*Alosa pseudoharengus*）、美洲西鲱（*Alosa sapidissima*）、蓝背西鲱（*Alosa aestivalis*），洄游到其出生地——沿岸水系的溪流中。

南大西洋区 [40] 也生存着大量的两栖动物，其中有 5 种是蝾螈类动物。其中 2 种属于无肺螈科，其生境也涵盖了邻近的田纳西 – 坎伯兰区 [35]。其他发现于该生态区的 3 种特有蝾螈分别是马比钝口螈（*Ambystoma mabeei*）、小泥螈（*Necturus punctatus*）、斯河泥螈（*Necturus lewisi*）。松林雨蛙（*Hyla andersonii*）也是特有两栖动物。虽然在新泽西南部和佛罗里达西部狭长地带的松林泥炭地中也发现有这种雨蛙（Conant and Collins,1991），但鉴于其分布范围有限，所以被看做是这三个生态区的特有种。

保存现状

根据 Master（1998）等的报道，至少有 47 种鱼类和蚌类处于灭绝的危险之中。主要的威胁因素包括城市化、渠道化、农业污染和其他面源污染、用于航行和发电的筑坝工程，以及非本地物种的入侵。大型、小型的蓄水工程都很普遍，每条河流至少有一座高坝，许多河流被多次蓄水。此外，几乎所有的主要河流在瀑布线都有蓄水。许多原生林都已消失，转变为农用地或松林种植园。例如，夏洛特市和罗利 – 达勒姆走廊地带等地区正经历着惊人的人口增长和随之而来的城市扩张。

无节制的养猪场所带来的农业径流是该生态区部分区域的一个新威胁，尤其是在北卡罗来纳地区。养殖场内饲养的猪密度大，平均每头猪每天会产生人类 3～5 倍的废物。很多废物最终堆置在河流附近，造成严重的富营养化，导致鱼类死亡。近年来，这个问题在北卡罗来纳州的立法中被提及，但规章、立法都没能解决这个问题（American Rivers,1997）。山前平原地区的淤积也是与农业相关的问题，其主要是由地质疏松造成的。

类似于其他许多生态区，非本地物种的入侵危害着本地生物的生存。罪魁祸首是铲鮰（*Pylodictus olivaris*），它是密西西比流域（[24]、[25]）和莫比尔湾区 [38] 的土著种。1966 年被作为垂钓鱼引入，在掠食美洲西鲱之前，此鱼已经造成菲尔河中的土著大头鱼（*Ictalurus sp.*）消失。如今，它分布在整个南大西洋区 [40]（The Nature Conservancy,1996d）。

该生态区也存在着其他蚌类富有生态区所面临的珍珠蚌过度捕捞问题。这些珍珠蚌被收集、出售到日本用于珍珠养殖（Williams et al.,1993）。虽然问题的严重性尚不明确，但研究者认为目前的捕捞水平不能再持续下去。目前还没有关于非濒危蚌类的过度捕捞问题的限制条例，应着手评估问题的严重性。此外，盗猎者和渔民的非法捕捞是濒危蚌类的新威胁（Mueller，1993）。

生物多样性保护的优先措施

- 经济发展远离林地，尤其是河岸地带和其他生态重要的地区。
- 着手开展区域生态恢复工作，包括清除阻碍鱼类洄游的物理性障碍，允许森林更新（Ricketts et al.,1999）。
- 保护菲尔角东北部和黑河东北部的黑水水系（Ricketts et al.,1999）。
- 实施好现有的养猪场管理条例。为保护水道和生物种群免受养殖排泄物的影响，应制定更严格的农场废物储存和处理管理条例。
- 创建减少农场密度的经济激励机制。此外，开发新的设备避免事故性废物排放。
- 增加对瓦卡马湖的保护（Ricketts et al.,1999）。
- 识别并保护原始的河流生境。
- 增强对指定区域的保护，放弃砍伐剩余森林的政策。
- 创建与农民的合作组织，采用新方法降低土壤侵蚀与河流淤积。
- 对该生态区的淡水动物种群进行更多的调查研究。

合作保护伙伴

联系信息详见附录 H

- American Rivers
- Coastal Plains Institute and Land Conservancy
- Georgia Natural Heritage Program
- The Nature Conservancy（Georgia，North Carolina，South Carolina, and Virginia Field Offices，and Southeast Regional Office）
- North Carolina Coastal Federation
- North Carolina Heritage Program
- The Sierra Club
- South Carolina Heritage Club
- Virgin Division of Natural Heritage

生态区编号：41

生态区名称：切萨皮克湾区

主要生境类型：温带沿海地区河流／湖泊／泉

生态区面积：179 243 平方千米

生物特异性：北美显著

保存现状：现状概况——易危

　　　　　　最终状态——濒危

简介

　　该生态区范围主要由切萨皮克湾的流域面积组成，包括弗吉尼亚州北方大部、西弗吉尼亚州东部、马里兰州大部、特拉华州西南部分地区、宾夕法尼亚州中部约 1/3 面积，以及纽约州西部部分地区。该区西部和北部是阿巴拉契亚高原和岭谷地区，中南部是山麓高原，而大西洋滨海平原位于生态区东南部。该生态区南部河流主要有波托马克河、拉帕汉诺克河，以及切萨皮克湾西海岸的詹姆斯河。发源于德尔马瓦半岛的河流有檫木河、切斯特河、查普坦河、楠蒂科克河。切萨皮克湾的最大支流是萨斯奎哈纳河，它蕴藏了切萨皮克湾 50% 的淡水。萨斯奎哈纳河发源于阿巴拉契亚高原，其干支流穿过阿巴拉契亚岭谷地区流向山麓高原。不同于该区其他河流的是，萨斯奎哈纳河一直流到滨海平原才与切萨皮克湾汇合。

生物特异性

　　该区内有 95 种土著淡水鱼，其中 7 种是特有种。特有种里的马里兰镖鲈（*Etheostoma sellare*）仅生存于马里兰中部的一小段河流中，粗首美洲鳄（*Notropis semperasper*）则仅存在于詹姆斯河的源头。

　　与其他沿海生态区类似，切萨皮克湾区 [41] 也聚集着几种溯河鱼类，包括美洲西鲱鱼（*Alosa sapidissima*）、大肚鲱（*A. pseudoharengus*）、蓝背西鲱（*A. aestivalis*）、美洲狼鲈（*Morone americana*）和条纹鲈（*M. saxatilis*）。条纹鲈是当地熟知的一种岩鱼，历史上曾是重要的经济鱼类。由于过度捕捞，条纹鲈数量严重下降，在实施了严格的保护措施之后数量才有所回升。

　　该区生存着 14 种土著螯虾和 22 种蚌类，其中有 4 种蚌类是特有种。

保存现状

　　主要威胁来自城市的快速发展、农业污染和水电站坝的建设。据估计，超过 50% 的集水区地貌因此发生改变。该生态区许多原生林曾一度被砍伐，而且很多次生林和第三次生长的地区的森林再次被砍光用来进行住宅开发。

　　马里兰和弗吉尼亚部分地区的大型家禽农场数量正逐渐增长。初步的证据表明，有害费氏藻（*Pfisteria*）的爆发与水体富营养化有关。有害费氏藻是一种微小的原生生物，会导致鱼类死亡，对人类也有潜在的威胁。农田过量施用鸡粪或许是富营养化的一个原因。宾夕法尼亚州乳牛场的农田径流污染也是该区一直存在的问题。

　　水坝，包括一些未使用的旧水坝，阻挡了美洲鲱鱼等鱼类的洄游，如距离萨斯奎哈纳河口 10 英里远的科纳温戈坝。尽管人们日益认识到水坝对水生生态系统的负面影响，但仍有新的工程在进行。例如，弗吉尼亚潮汐区域被美国大自然保护协会喻为"大西洋海岸最原始的淡水系统的心脏"（American Rivers,1999），被提议在其境内的马他·波尼河上修筑的水利开发工程就威胁着该区域的生态完整性。

　　其他问题是关于核电站的。除了放射性物品的泄漏，核电站还存在冷却系统径流造成水温升高的问题。萨斯奎哈纳河是三里岛和桃花谷核电站的所在地，沿岸分布着七个反应器，数量仅次于密西西比河（Stranahan,1995）。

生物多样性保护的优先措施

- 增强创新发展的主动权，如马里兰的智慧增长项目，其旨在通过聚焦发达走廊地区的发展，来控制城郊扩张。
- 着手重要区域的修复工作，包括清除阻挡鱼类洄游的物理性障碍和恢复林地。
- 指导在远离林地的区域进行开发，尤其是远离河岸地带和其他具有生态重要性的地区。
- 保持农民合作的积极性，实施生态农业操作规范，如采用可以减少土壤侵蚀的免耕耕作方式。

● 与家禽养殖户合作解决大型工业化农场的污染径流问题，包括采取经济激励的创新方法。在必要的地区，尽力确保家禽养殖产生的面源污染得到规范管理，以保护河流及其生物群的长期健康。

合作保护伙伴

联系信息详见附录 H。

● Anacostia Watershed Society

● Chesapeake Bay Foundation

● Natural Resources Defense Council

● The Nature Conservancy（Maryland，New York, Pennsylvania，Virginia, and West Virginia Field Offices）

● Save Our Streams

● The Sierra Club

生态区编号：42

生态区名称：北大西洋区

主要生境类型：温带沿海地区河流 / 湖泊 / 泉

生态区面积：335 412 平方千米

生物特异性：国家重点

保存现状：现状概况——易危

最终状态——濒危

简介

该生态区沿北大西洋东北海岸从特拉华州东部延伸至新斯科舍省南部，包括宾夕法尼亚州东部、纽约州南部、弗蒙特州东南部、魁北克省南部、新不伦瑞克省南部，以及新泽西州、康涅狄格州、罗德岛州、马萨诸塞州、新罕布什尔州、缅因州的全部。该区南半部分主要是特拉华河、哈得孙河、康涅狄格河等流域，北半部分包括梅里马克河、肯纳贝克河、佩诺布斯科特河、圣克罗伊河、圣约翰河，众多小型的沿岸河流则直接流向大西洋。该生态区分布着大量的湖泊。

生物特异性

距今 10 000～15 000 年前，该区大部分地区曾受到冰川作用。北部地区覆盖着大量的冰川，阻碍了淡水动物群系的发展，但是南部地区并未被冰封。这种特殊分布格局导致该区出现了两种鱼类特有种和一种两栖动物特有种，分别是亨氏白鲑（*Coregonus huntsmani*）、野胡瓜鱼（*Osmerus spectrum*）、松林雨蛙（*Hyla andersonii*），它们的种群数量是零散分离的。

北大西洋区 [42] 以溯河产卵的鱼类如安大略鲑（*Salmo salar*）、美洲西鲱（*Alosa* sp.）等为特征，同时还分布有尖吻鲟（*Acipenser oxyrhynchus*）、短吻鲟（*A. brevirostrum*）。水生动物群包括生存在纽约、弗蒙特州、新罕布什尔州的濒危的矮楔蚌（*Alasmidonta heterodon*）、小溪漂浮蚌（*A. varicosa*），以及濒危的环形纹沼泽蜻蜓（*Williamsonia lintneri*）。

保存现状

美国一些大型城市的市中心位于该生态区内，包括纽约、波士顿和费城。城郊的继续扩张威胁着水质、水量和水生生物多样性，人口增长和城市发展带来更多的点源和非点源污染，而这些人口密集地区的能源需求促进了水电站的发展，同时切断了溯河产卵鱼类的洄游产卵通道。

北部的砍伐和皆伐也是该区的一个威胁因素。缅因州很大比例的森林都被工业占用，成片的森林归私营企业所有并由他们砍伐与补种。这种做法通常能维持区域的森林覆盖，但是树木的品种单一，破坏了区域种群数量的正态分布格局及其生物多样性。

1998 年，北美洲大西洋鲑鱼的总数达到历史最低，该区一些组织致力于恢复大西洋鲑鱼的数量，重点在保护淡水生境和海洋鲑鱼的过度捕捞两方面作出努力。1999 年 7 月 1 日，为恢复鱼类种群数量，美国拆除了肯纳贝克河上的爱德华兹大坝，这是首次在联邦能源管理委员会管理下的联邦强制拆坝行动（详见专栏 16 ）。

生物多样性保护的优先措施

- 共同努力通过立法控制污染，尤其是控制非点源污染。
- 恢复水坝下游的水体流动，尤其是康涅狄格河，那里生存着特别丰富的溯河产卵鱼类。
- 保护生存有列为联邦濒危物种的沼泽和河流栖息地（尤其是康涅狄格河、内弗辛克河）。
- 以立法的方式保护河流免受污染，保护水体自然流动的区域。
- 通过恢复生境和限制鲑鱼捕捞的方式，继续努力恢复大西洋鲑鱼种群数量。

合作保护伙伴

联系信息详见附录 H

- Atlantic Salmon Federation
- Connecticut River Watershed Council
- Conservation Council of New Brunswick
- Ecology Action Centre
- Federation of Nova Scotia Naturalists
- New Brunswick Federation Naturalists
- Maine Natural Areas Program
- Natural Resources Council of Maine
- The Nature Conservancy（Connecticut, Delaware, Maine, Maryland, Massachusetts, New Hampshire, New Jersey, New York, Pennsylvania, Rhode Island, and Vermont Field Offices）
- New Hampshire Natural Heritage Inventory
- Northern Appalachian Restoration Project
- Restore the Northwoods
- Society for the Protection of New Hampshire Forests
- Trout Unlimited
- Vermont Nongame and Natural Heritage Program
- World Wildlife Fund Canada

聚焦圣劳伦斯河和五大湖流域

尽管该区域经常被看作一个生态系统，但它由五个生态区组成。这里位于北极，密西西比河和北美东部的大西洋流域之间，整个水系主要经由圣劳伦斯湾最终注入大西洋。这一区域的淡水储量约占全球的 1/5。

直到 10 000～15 000 年前，整个地区还被与威斯康星冰期有关的冰川所覆盖，而五大湖流域也正是由这些冰川的移动和冲刷力所形成的。从生物地理学上说，该区域非常年轻（Underhill,1986）。这一区域蕴含了丰富多样的鱼类，但特有种相对较少。然而，这里广泛分布的物种有着独一无二的特点。该区域的淡水物种，尤其是鱼类，有适应河湖这两种生境类型中的一种的倾向（Underhill,1986）。

在威胁五大湖生态区的所有因素中，污染一直备受关注。农业用地和城镇中心的面源径流、市政设施和工厂的点源排放、长距离外污染物的大气沉降，都或多或少地存在于这五个生态区中。湖泊作为相对封闭的系统，通过各种途径进入的污染物将随时间的推移而不断累积。湖底沉积物的污染再悬浮是又一个问题（Government of Canada and U.S. Environmental Protection Agency,1995）。作为《五大湖水质协议》（ *Great Lakes Water Quality Agreement* ）的一部分，美国和加拿大政府已经识别出那些超出环境标准或有益用途受到损害的地区。这样的地区大多位于临近城市和工厂的支流入湖口、连接湖泊的水渠沿岸，以及几乎所有的底泥受到污染的区域（Government of Canada and U.S. Environmental Protection Agency,1995；U.S. Environmental Protection Agency,1999）。

在欧洲人来此定居之前，江入每个五大湖的溪流都是清澈的。为发展农业和牧业而大量砍伐天然林，造成水土流失和侵蚀，进而溪流中的沉积物和营养负荷增高，并最终沉降在湖泊和支流入口处。五大湖原本是清凉和洁净的，但今天由于养分和有机质的输入而变得更温暖和营养化。由于过多的养分，特别是来自城镇的磷输入，湖泊中的水生植物增多，造成缺氧现象（Government of Canada and U.S. Environmental Protection Agency,1995）。

该区域景观的另一个变化是曾经广泛分布五大湖沿岸的湿地的丧失。如今，2/3 以上的湿地因开发建设、排水、污染而受到破坏（Government of Canada and U.S. Environmental Protection Agency,1995）。

作为封闭的系统，湖泊对外来物种带来的影响高度敏感。该区域臭名昭著的水生入侵物种主要有海土鳃鳗（ *Petromyzon marinus* ）、鲤鱼（ *Cyprinus Carpio* ）、欧亚梅花鲈（ *Gymnocephalus cernuus* ）、灰西鲱（ *Alosa Pseudoharengus* ）和斑马贻贝（ *Dreissena polymorpha* ）。

生态区编号：43

生态区名称：苏必利尔湖区

主要生境类型：大型温带湖泊

生态区面积：128 464 平方千米

生物特异性：北美显著

保存现状：现状概况——易危

最终状态——易危

简介

该生态区由苏必利尔湖流域构成，包括安大略省南部、明尼苏达州东部、威斯康星州北部、密歇根州北部。被瀑布阻隔分成几段的众多小型河流和溪流，最终流向苏必利尔湖——北美五大湖中最大、最深、最冷的湖，也是全球最大的温带淡水湖（按湖面面积计）。苏必利尔湖的水位由位于苏圣玛丽境内的圣玛丽河上的闸门控制，湖水的滞留时间达 191 年之久。该区除了苏必利尔湖外，还分布有许多小型湖泊。由于凉爽的气候和贫瘠的土地限制了农业的发展，该区森林繁茂且人口稀少（Government of Canada and U.S. Environmental Protection Agency，1995）。

生物特异性

相比于圣劳伦斯河复合区内的其他生态区，苏必利尔湖内生存着较少物种。该区除了以其大小著称以外，还与密歇根湖 – 休伦湖一起共同支撑了北美五大湖区深海鱼类的进化历程。这些深海鱼类分别是加拿大白鲑或湖白鲑（*Coregonus artedi*）、白鲱鱼（*C. hoyi*）、吉伊白鲑（*C. kiyi*）、天穹白鲑（*C. zenithicus*）、小柱白鲑（*Prosopium coulteri*）和圆白鲑（*P. cylindraceum*）。

该区总共有 60 种土著鱼类，约是五大湖区其他生态区鱼类总数的一半。虽然该区没有特有种，但栖息着通常在北方寒冷水域中生存的鱼类，其中包括小柱白鲑——鲑鱼科的一种，一般生存于加拿大西部和阿拉斯加南部。在西部地区，小柱鲑鱼通常生存在浅层水域，而在苏必利尔湖则栖息在 18 米以下的深水层（Lee et al.，1980）。另一种深水鱼类是体型较大的湖红点鲑（*Salvelinus namaycush*），生活在苏必利尔湖水下 270 米甚至更深处（Underhill，1986）。苏必利尔湖内其他的深水鱼类还包括深水杜父鱼（*Myoxocephalus thompsoni*）、里氏杜父鱼（*Cottus ricei*）、溪刺鱼（*Culaea inconstans*）、九斑棘鱼（*Pungitius pungitius*）。与小柱白鲑和湖红点鲑一样，这些深水鱼类主要生存于苏必利尔湖北部。

还有其他一些鱼类主要生存在苏必利尔湖的支流中，包括分布广泛的黑镖鲈（*Etheostoma nigrum*）、小镖鲈（*E. microperca*）、小口猪吻鲈（*Percina caprodes*）、小嘴鲈鱼（*Micropterus dolomieu*）（Page and Burr，1991）等。

该生态区内只有 7 种珠蚌，3 种螯虾，但都不是特有种。

保存现状

美国大自然保护协会（Natural Heritage Central Databases，1997）指出，该区有 5 种鱼类处境危险。其中，受过度捕捞、水坝和污染等因素影响，分布在各个生境内的湖鲟（*Acipenser fulvescens*）数量已经减少（Page and Burr，1991）。

外来物种是该生态区的一个主要威胁。圣克莱尔湖由于斑马贻贝（*Dreissena polymorpha*）这种滤食动物的入侵，导致土著大眼狮鲈（*Stizostedion vitreum*）种群数量的大幅度降低，这是一种适宜生存于浑浊水体环境的鱼类（MacIsaac，1996）。实际上，受农业营养负荷的输入及农田径流的影响，五大湖区许多生境处于接近富营养化状态，但由于斑马贻贝的入侵，磷含量降低，五大湖区营养状态已经转变为贫营养状态（Corkum pers. comm.）。

以各种形式存在的污染是整个五大湖区域的首要难题。该区生物群所面临的问题有酸雨、航运污染，以及进入河流和湖泊本身的径流污染。

生物多样性保护的优先措施

● 减少与控制由运输、发电、冶金引起的酸性降水，改善水质，尤其是小型溪流和支流的水质（U.S. Environmental Protection Agency，1995）。

● 禁止主要河流改道，如曾经提议将五大湖区的水体重新分配美国西南部地区的计划，确保与河流改道相关的提议计划不会实现（U.S. Environmental Protection Agency，1995）。

● 建立水生生境保护区，特别是深水生境。

● 增加资金支持，用来研究引进外来物种的生态影响。

● 支持并实施 1987 年修订的《五大湖水质协议》。

合作保护伙伴

联系信息详见附录 H

- Environment North
- Federation of Ontario Naturalists
- Great Lakes Commission
- Michigan Environmental Council
- Michigan Natural Areas Council
- National Wildlife Federation
- The Nature Conservancy（Wisconsin and Minnesota Field Offices，and Great Lakes Program）
- The Nature Conservancy of Canada（Ontario Office）
- Northwatch
- University of Wisconsin Sea Grant Program
- The Wildlands League
- World Wildlife Fund Canada

生态区编号：44

生态区名称：密歇根 – 休伦湖区

主要生境类型：大型温带湖泊

生态区面积：250 901 平方千米

生物特异性：北美显著

保存现状：现状概况——濒危

最终状态——极危

简介

该生态区范围由密歇根 – 休伦湖流域组成，覆盖了印第安纳州北部部分地区、威斯康星州西部、包括半岛南半部分在内的密歇根州大部分地区，以及安大略省东南部的西半部分。此外，沿着密歇根湖的伊利诺伊州岸线也在该区范围内。密歇根湖和休伦湖在麦基诺水道汇合。该区小河、溪流分布广泛，湖泊星罗棋布。大型的河流有密歇根州的格兰德河和弗林特河，以及安大略省的法国河。

这两个湖泊流域的土地利用方式随着气候和土壤的变化而变化。密歇根湖流域北部地区人烟稀少，只有福克斯河流域除外。福克斯河流向高度工业化的格林湾。而南部的温暖地带城市化程度较高，包括密尔沃基、芝加哥，以及它们的城郊地区。休伦湖流域的农业化程度更高，尤其是西南岸的萨吉诺湾。格林湾与萨吉诺湾一样，都是以丰富的渔业资源闻名（Government of Canada and U.S. Environmental Protection Agency，1995）。密歇根湖滨岸带是全球最大的淡水沙滩，每年吸引着数百万的游客前来旅游（Great Lakes Information Network，1999）。

生物特异性

该生态区与苏必利尔湖区 [43] 共同为进化形成的加拿大白鲑这种深水鱼类提供生存环境。在被过度捕捞之前，鲑鱼科在该区发挥着主导生态作用，包括长颌白鲑（*Coregonus alpenae*）、深水白鲑（*C. johannae*）和黑鳍白鲑（*C. nigripinnus*）。据说，黑鳍白鲑现在仅存在于安大略湖南部的尼皮贡湖中。该种群其他现存的物种有短吻白鲑（*C. reighardi*）、基氏白鲑（*C. kiyi*）和天穹白鲑（*C. zenithicus*）（The Nature Conservancy，1994）。该生态区共有 123 种土著鱼类。全球稀有物种包括湖鲟（*Acipenser fulvescens*）、无颌美洲鳉（*Notropis anogenus*）、瓦氏吸口鱼（*Moxostoma valenciennesi*）（The Nature Conservancy，1994）。

与苏必利尔湖区[43]以北、以西偏远地区不同的是，该区蚌类物种丰富，共有35种，其中无特有种，是五大湖流域蚌类种类最丰富的生态区。

保存现状

与五大湖其他生态区一样，该生态区退化现象严重。该区面临着污染、城市化、过度捕捞和外来物种入侵等严重问题，生态环境已被严重破坏，补救措施却收效甚微。

关注的焦点是污染问题。五大湖区作为主要的大洋航线，泄漏和其他常规污染问题非常常见。农田径流、营养负荷、森林径流也是所面临的问题。而后者在安大略省西班牙河尤为严重。由于该地区高度工业化，采矿、燃煤、冶炼等活动很普遍，酸雨无处不在。流域内持久性污染物给这些湖泊的湖底沉积物带来了严重污染。

该区另一个主要问题是多种外来物种的引入。最臭名昭著的是斑马贻贝（*Dreissena polymorpha*），它是通过外国货船在转移压舱水的时候进入五大湖水域的。这种贻贝侵略性极强，且繁殖力旺盛，现已有数百万只，已经超过本地物种的数量。尽管一些鱼类能够捕食斑马贻贝，但其控制作用是非常有限的。其他难处理的外来物种还包括灰西鲱鱼（*Alosa pseudoharengus*）、胡瓜鱼（*Osmerus* spp.）和梅花鲈（*Gymnocephalus cernuus*）。

生物多样性保护的优先措施

- 通过减少或控制由运输、发电、冶炼造成的酸雨沉降，以改善水质，尤其是小型溪流和支流的水质（U.S. Environmental Protection Agency，1995）。
- 禁止主要河流改道，如曾经提议将五大湖区的水体重新分配美国西南部地区的计划，确保与河流改道相关的提议计划不会实现（U.S. Environmental Protection Agency，1995）。
- 支持并实施1987年修订的《五大湖水质协议》。
- 修复重点关注的区域，设立水生生境保护区。
- 控制五大湖区的航运。

合作保护伙伴

联系信息详见附录 H

- Federation of Ontario Naturalists
- Great Lakes Commission
- Illinois Department of Natural Resources
- Michigan Land Use Institute
- National Wildlife Federation
- The Nature Conservancy（Indiana，Michigan，and Wisconsin Field Offices）
- The Nature Conservancy of Canada（Ontario Office）
- University of Wisconsin Sea Grant Program
- Wild Earth
- The Wildlands League
- Wisconsin Department of Natural Resources

- World Wildlife Fund Canada

生态区编号：45

生态区名称：伊利湖区

主要生境类型：大型温带湖泊

生态区面积：79 527 平方千米

生物特异性：国家重点

保存现状：现状概况——濒危

最终状态——极危

简介

该生态区主要由伊利湖的流域范围组成，覆盖了印第安纳州东北部、密歇根州东南部、安大略半岛南部、纽约州西部、宾夕法尼亚州西北角，以及俄亥俄州北部。大量的小型河流汇入伊利湖，其中有安大略省的泰晤士湖、位于密歇根州和安大略省之间的底特律湖和圣克莱尔湖，以及俄亥俄州的格兰德河。

伊利湖是五大湖中蓄水量最小的湖泊，但其流域内的城市化和工业化水平最高。安大略省西南部、俄亥俄州部分地区、印第安纳州和密歇根州实行精细化农耕，由此产生的农业径流最终汇入伊利湖（Government of Canada and U.S. Environmental Protection Agency，1995）。区内大城市有克利夫兰、托莱多和底特律。

生物特异性

伊利湖是五大湖区最温暖、生产力最旺盛的湖泊。它具有这些湖区和加拿大地区最丰富的淡水生物群。现存的水生动物群是从邻近的未冻结的冰期生物种遗区迁徙过来的。该区没有知名的鱼类、蚌类、螯虾、水生爬行类的特有种。该区总共有 120 种土著鱼类、不少于 42 种珠蚌、13 种螯虾，以及 32 种水生爬行类物种。

伊利湖是几种濒危物种的栖息地。白猫爪育珠蚌（*Epioblasma obliquata perobliqua*）仅存在于俄亥俄州的鱼溪，美国鱼类与野生动物局认定其濒临灭绝，美国大自然保护协会认定其处于极度危险状态（Natural Heritage Central Databases，1997）。鱼溪位于俄亥俄州与印第安纳州交界处，是 31 种淡水蚌类的栖息地（The Nature Conservancy，1996a）。由于湖岸带生境的摧毁，伊利湖水蛇（*Nerodia sipedon insularum*）数量下降，在 1994 年被列为联邦濒危物种，1991 年被列为加拿大濒危物种（U.S. Fish and Wildlife Service，1994；Committee on the Status of Endangered Wildlife in Canada，1998）。

保存现状

与五大湖其他湖泊一样，伊利湖也存在着严重的问题。该区的生物群遭受到各种类型的污染，从酸雨沉降到农田径流。外来物种给土著物种带来灭绝或被淘汰的威胁。商业捕鱼使野生物种衰竭。法律保护体系既不具有代表性，也不具备有效性。

整个五大湖/圣劳伦斯河航道是极其繁忙的水运航线。工业污染在很大程度上削减了底栖物种数量，同时造成了流域沉积物的污染。农田径流和营养负荷曾经导致了富营养化，然而随着外来滤食性物种如斑马贻贝的引入，湖泊正向贫营养化发展。整个流域存在大量的污染危险区，尤其在伊利湖的西端靠近底特律、克利夫兰和托莱多的区域。

随着近年来养分水平的降低，人们对鱼类的商业价值和自然保护价值的关注日益增加。如果养分水平下降太多，处于食物链底端的水生植物和藻类会减少，进而导致高级生物的瓦解。黄鲈（*Perca flavescens*）作为五大湖重要的本土商业鱼类，其数量的下滑受到格外关注。然而，近来黄鲈数量的回升使担忧略微有所缓和。

生物多样性保护的优先措施

- 支持并实施 1987 年修订的《五大湖水质协议》。
- 增加资金支持，用来研究引进外来物种的生态影响。
- 建立水生生境保护区。
- 维持在长角鸟类观测台开展的保护活动。

合作保护伙伴

联系信息详见附录 H

- Federation of Ontario Naturalists
- Great Lakes Commission
- National Wildlife Federation
- The Nature Conservancy（Indiana，Michigan，New York，Ohio，and Pennsylvania Field Offices，and Great Lakes Program）
- The Nature Conservancy of Canada（Ontario Office）
- New York Natural Heritage Program
- University of Wisconsin Sea Grant Program
- Western Pennsylvania Conservancy
- The Wildlands League
- World Wildlife Fund Canada

生态区编号：46

生态区名称：安大略湖区

主要生境类型：大型温带湖泊

生态区面积：67 573 平方千米

生物特异性：国家重点

保存现状：现状概况——濒危

　　　　　最终状态——极危

简介

该生态区是圣劳伦斯复合区的一部分，根据安大略湖流域范围而定，主要包括纽约州西部和安大略省南部。汇入安大略湖的河流有尼亚加拉河、克罗河和奥斯维戈河。区内湖泊包括纽约北部的五指湖区以及其他许多小型湖泊。安大略湖承接了五大湖其他四个湖泊的所有输出。尼亚加拉大瀑布形成了安大略湖与其他湖泊之间航运的天然屏障，直到修筑了塞文水道、伊利湖和韦兰运河，才将这个问题解决。作为五大湖区最小的湖泊，其平均水深仅次于苏必利尔湖，位居第二。

历史上，安大略湖流域几乎完全被落叶林覆盖，而如今绝大部分的森林已消失，或转变为其他用地，或已经严重破碎化（Ricketts et al.，1999）。加拿大最大城市多伦多及其周边城市群、水牛城、纽约都位于该区范围内。因此，该区的部分地区被过度城市化和工业化，尤其在加拿大西部境内。其他地区则主要转变为农业用地。

生物特异性

该区生态环境还未从发生在 10 000～15 000 年前的冰川作用中恢复过来。大多数淡水生境是从南部冰期生物种遗区（毗邻冰冻区域的未受冰冻区）发展而来的，因此，该区的特有种水平低。该区没有知名的本土鱼类、蚌类、螯虾和水生爬行动物。

栖息在该区的全球稀有物种包括湖鲟（*Acipenser fulvescens*）、无颊美洲鳡（*Notropis anogenus*）、铜色吸口鱼（*Moxostoma hubbsi*）和瓦氏吸口鱼（*M.valenciennesi*）（The Nature Conservancy，1994）。生存在圣劳伦斯河口的濒危白鲸同样令人担忧，它受到整个五大湖区的污染物质和人类活动的影响。

保存现状

生物多样性的主要威胁包括点源和非点源污染、城市扩张的压力，以及水生生境的改变、退化和消失。持久性污染物如 DDT、二恶英、多氯联苯造成的困扰是个历史性问题，直接影响了流域内野生动植物的种群数量。如今，许多点源污染被消除了，大量的有毒物质也彻底削减了（U.S. Environmental Protection Agency，1998）。

美国国家环境保护局（U.S. Environmental Protection Agency，1998）的调查结果显示："鱼类和野生动植物生境的减少是湖泊范畴上的损害，其原因主要有人工湖的水位控制、外来物种入侵，以及生境的消失、改变和破坏，如森林砍伐和支流筑坝。"与有毒物质的削减不同的是，这些威胁更难以消除，至今未被彻底解决（The Nature Conservancy，1994）。

生物多样性保护的优先措施

- 强制实施和遵守 1987 年修订的美国与加拿大之间的《五大湖水质协议》。
- 由美国和加拿大提供资金，用于五大湖流域内重要区域的修复。
- 建立更多的水生生境保护区，并确保其代表性。
- 控制五大湖区的航运。

合作保护伙伴

联系信息详见附录 H

- Le Centre de Donnees sur le Patrimoine Naturel du Québec
- Federation of Ontario Naturalists
- Great Lakes Commission
- National Wildlife Federation
- The Nature Conservancy（New York Field Office and Great Lakes Program）
- The Nature Conservancy of Canada（Québec Office）
- New York National Heritage Program
- Union Québecoise pour la Conservation de la Nature（UQCN）
- University of Wisconsin Sea Grant Program

- Wild Earth
- The Wildlands League
- World Wildlife Fund Canada

聚焦北部生态区

[47]～[60] 号生态区是气候寒冷地带，地表水资源丰富，但淡水物种相对贫乏，相互间具有类似的特征。这些生态区的大部分地带位于北方。Schindler（1998）对北部地区的水生生态系统及其威胁作了精彩的总结分析。在曾被冰川所覆盖的土地上的北方水体，支撑着有限的对外界扰动极为敏感的生物群落。广泛分布的湖泊中鱼类物种极少，并且由于生产力低，其他动物数量也有限。中度到高度的渔业压力和外来物种的入侵会严重削弱土著鱼类数量。无脊椎动物多样性也有限，并且有研究表明，某一物种若丧失，可能找不到能代替其功能的其他物种。许多鱼类和无脊椎动物对温暖的气温和低氧的耐受性低，导致它们对气候变化和其他原因造成的变暖现象极其敏感（Schindler，1998）。

直到 20 世纪中叶，北部生态区的大部分区域因遥远和荒凉而未大规模开发。从那以后，技术进步使得人类易于到达这一区域，各种工业随之快速发展。粗放的林业开发加重了水土流失，泥沙淤积和化学污染，并且伐木公路使得外界进入更频繁、湿地被占用、水体被分割，又进一步加重了水土流失和淤积。娱乐和商业性捕鱼对土著物种造成压力，诱饵桶的大量使用在很大程度上传播了外来物种。包括斑马贻贝（*Dreissena Polymorpha*）和锈螯虾（*Orconectes rusticus*）在内的外来无脊椎动物也正向北扩散。远距离外污染物的酸沉降导致水生动物体内多氯联苯、农药、二噁英和汞的浓度大幅升高。汞也从被水力发电站水库所淹没的土地中释放出来。长期以来，造纸厂和氯碱厂排放了二噁英、汞。如今，工厂是高氮磷负荷的来源。加拿大的露天石油砂开采正迅速扩张，2007 年会有 9～10 个项目。为农业和住宅建设而进行的土地修整也正扩张。最后需指出的是，酸雨、气候变暖、紫外线辐射的增加都是该北方水生态系统所面临的高度敏感的威胁因素（Schindler，1998）。

Schindler（1998）提出了一系列可缓解当前威胁和阻止未来影响的举措，包括：

（1）立即实施捕鱼和放鱼的相关政策。

（2）针对公路和铁路对流域形态造成的扰动出台更多限制性规定。

（3）不鼓励增加额外的别墅开发。

（4）严格限制进入该区域。

（5）更严格地消减二氧化硫和二氧化氮的排放。

（6）大幅减少森林采伐。

（7）停止使用活诱饵钓鱼。

（8）进一步优化造纸厂排水，长期目标为零排放。

（9）限制北方地区的人口数量。

（10）不破坏自然流水状态。

（11）切断汞和其他污染物的当地污染源。

（12）保护河岸带。

（13）对营养物质输入进行严格管理。

以上举措或多或少地适用于各北部生态区。每个生态区的具体信息见如下表述。

生态区编号：47

生态区名称：圣劳伦斯河下游区

主要生境类型：温带沿海地区河流／湖泊／泉

生态区面积：855 097 平方千米

生物特异性：北美显著

保护状态：现状概况——易危

最终状态——濒危

简介

该生态区的范围主要是从安大略湖到大西洋之间的圣劳伦斯河流域，包括爱德华王子岛、纽芬兰岛、新斯科舍省的布雷顿角岛，以及位于圣劳伦斯河湾地区的安蒂科斯蒂岛淡水生态系统。该区覆盖了纽约州北部、弗蒙特州北部、魁北克省南部、安大略省南部、纽芬兰岛陆域南部（拉布拉多地区）、新不伦瑞克省和新斯科舍省。该区遍布着河流和湖泊，其中包括圣约翰湖、圣莫里斯河、马尼夸根河、圣玛格丽特河、喜鹊河，以及匹提特梅卡提纳河。

圣劳伦斯河下游的大多数淡水栖息地与五大湖区都形成于冰川的作用，而曼尼古根湖的形成原理则有所不同。它是由 2.12 亿年前巨大的陨石冲击形成的环形湖。陨石坑受到了反复的冰川作用侵蚀（Strain and Engle，1993）。

生物特异性

该生态区的显著特征是在圣劳伦斯河干流上有鲟鱼属（*Acipenser* spp.）存在而且还有溯河产卵的安大略鳟（*Salmo salar*）洄游产卵。虽然它们的数量所剩无几，但仍是全球最健康的大西洋鲑鱼的代表（Master，pers. comm.）。正如人们所料，受冰川作用影响，该区特有种数量很少。仅有的两种鱼类特有种是野胡瓜鱼（*Osmerus spectrum*）和铜色吸口鱼（*Moxostoma hubbsi*）。整个生态区共有 93 种土著淡水鱼、20 种珠蚌、6 种鳌虾和 28 种水生爬行动物。

保存现状

多种威胁危及该生态区。首先，该区是主要的航运通道之一，当外国船只进入圣劳伦斯河和五大湖时，将压舱水倒入了湖水中，这种做法导致了一些外来物种的入侵，包括斑马贻贝（*Dreissena polymorpha*）——北美最严重的入侵物种之一。其次，由于航运、农业、砍伐和城市排放造成的污染问题也很严重。酸雨问题尤其麻烦，会使湖泊环境多年不适于物种繁衍。由于生境和食物（软体动物）中存在酸性污染物，加上日益严重的浑浊度增加、泥沙淤积和竞争性物种的引进等问题，铜色吸口鱼数量明显下降，已被列为加拿大濒危物种（Natural Resources Canada，1998a）。

该区存在大量的水电站坝，阻碍了溯河鱼类洄游产卵，而且大量的砍伐行为导致了淤积和水质改变。白鲸（*Delphinapterus leucas*）栖息于圣劳伦斯河河口，极度濒危，仅存不足 500 只。与其他鲸类动物一样，它们都受到船舶扰动的危害，包括撞击、噪声污染、生境退化、有毒污染物等。圣劳伦斯河还受到 DDT 和多氯联苯的严重污染，以至于鲸的尸体都必须作为有毒废物处理。20 多年来，世界自然基金会（WWF）加拿大分会一直坚持圣劳伦斯河白鲸的保护和恢复工作，并主持政府修复团队，尽管这很困难且成功几率不大（Kemf and Phillips，1998）。

生物多样性保护的优先措施

- 考虑停止使用和拆除水电站坝。

- 控制燃煤和冶金，以减少酸雨的发生。
- 落实 1987 年修订的《五大湖水质协议》。
- 对将要进入五大湖的船只进行压舱水检查。
- 加强对农业和砍伐造成的非点源污染的管理。

合作保护伙伴

联系信息详见附录 H

- Canadian Parks and Wilderness Society
- Federation of Ontario Naturalists
- Le Centre de Donnees sur le Patrimoine Naturel du Québec
- The Nature Conservancy（New York Field Office, and Great Lakes Program）
- The Nature Conservancy of Canada（Atlantic Region，Ontario, and Québec Offices）
- New York Natural Heritage Program
- Strategies Saint-Laurent，Inc.
- Union Québecoise pour la Conservation de la Nature（UQCN）
- Wild Earth
- World Wildlife Fund Canada

生态区编号：48

生态区名称：北大西洋 – 昂加瓦湾区

主要生境类型：温带沿海地区河流 / 湖泊 / 泉

生态区面积：626 555 平方千米

生物特异性：国家重点

保存现状：现状概况——相对稳定

最终状态——易危

简介

该生态区包括魁北克省北部和纽芬兰省北方大部，覆盖范围主要由几条注入拉布拉多海的沿岸河流组成，包括利夫里弗河、拉奇河、卡尼帕斯卡河、鲸鱼河、乔治河、卡耐瑞克托克河，以及丘吉尔河。

生物特异性

该生态区同加拿大其他大部分地区一样，在距今 10 000～15 000 年前曾受到冰川作用，结果导致该区的水生动物群发生严重萎缩。该区没有知名的本土鱼类、蚌类、螯虾和水生爬行动物。整个生态区只有 20 种土著鱼类、1 种土著蚌类和 4 种水生爬行动物。根据 Hocutt 和 Wiley（1986）的研究结果，地理学者和水文工作者将昂加瓦湾流域列入哈得孙湾。冰川作用之后，生存于密西西比河、白令吉亚、大西洋冰期生物种遗区的物种进入该生态区。

保存现状

在不久的将来，该生态区极易受到生态破坏的威胁。对水域生态威胁最严重的因素是水资源的改变，如斯莫尔伍德水库造成的水文变化。其他威胁包括南部和西部偏远地区的工业、林地和矿业所带来的大气污染物沉降。冒着可能威胁到陆地和淡水生物多样性的危险,昂加瓦半岛准备开采矿产资源。拉格伦矿山位于魁北克省昂加瓦半岛西北端,是世界上镍矿储藏最丰富的未被开发的矿床之一(Natural Resources Canada,1998b)。人口的增长和持续发展的旅游业威胁着昂加瓦流域的淡水生境。

生物多样性保护的优先措施

- 对北方森林实行严格的管理。
- 鼓励发展淡水生境保护区。
- 加强本地和外来人口关于保护脆弱北极生态区的必要性的教育。
- 消除不必要的渠道变更。

合作保护伙伴

联系信息详见附录 H

- Canadian Nature Federation
- Grand Council of the Crees
- Labrador Inuit Association
- The Nature Conservancy of Canada(Atlantic Region and Quebec Offices)
- Union Québecoise pour la Conservation de la Nature(UQCN)
- World Wildlife Fund Canada

生态区编号:49

生态区名称:加拿大洛基山脉区

主要生境类型:温带源头水/湖泊

面积:36 928 平方千米

生物特异性:北美显著

保存现状:现状概况——相对稳定

最终状态——易危

简介

这个相对较小的生态区几乎完全位于加拿大亚伯达省境内,还包括不列颠哥伦比亚到蒙大拿北部之间的数个生物间断分布区。该区位于美国洛基山脉分水岭东侧,几条河流的上游形成了生态区的边界。这些河流分别是斯内克河、萨斯克彻温河、清水河、高木河、卡尔斯河、沃特顿河。该生态区位于许多保护区范围内。班夫国家公园、贾斯伯国家公园、沃特顿湖国家公园、洛基山脉森林保护区、美国冰川公园的部分区域处于该区境内。

生物特异性

该生态区的特有种与萨斯克彻温河源头的其他区域有所不同。在威斯康星冰期,该区完全被大陆冰盖所包围,但并未被冰冻,因此它成了淡水物种的冰期生物种遗区。特有的水生动物包括 3 种腹足类动物(*Stagnicola montanensis*、*Physa jennessi athearni* 和 *Physa johnsoni*)、班夫温泉鲦鱼(*Rhinichthys cataractae smithi*)、金字塔湖吸盘鱼(*Catostomus catostomus lacustris*)、1 种盲眼无色等足类动物(*Salmasellus steganothrix*)、2 种盲眼地下端足目动物(*Stygobromus canadensis* 和 *S. secundus*)。该生态区因其作为冰期生物种遗区，以及其与众不同的地下生境和高度的地域性而成为北美显著的生态区（Crossman and McAllister，1986）。

保存现状

由于该生态区的大部分区域位于加拿大班夫国家公园、贾斯伯国家公园和美国冰川公园保护区范围内，水生生物多样性得以保存。然而，该区面临着来自国家公园内外的直接威胁。

采掘工业如伐木、开采煤矿威胁着该区的水质。1996 年 3 月，卡丁内河煤矿股份有限公司宣布计划在洛基山麓进行大型的露天煤矿开采。提议的切维厄特矿区范围为 23 千米 ×3.5 千米，距联合国世界遗产地贾斯伯国家公园仅有 2.8 千米（Alberta Wilderness Association，1998a）。根据联邦法律，在批准这项提议以前，必须对其环境效益做详细的评估。修建和维护矿场会使卡丁内河的自然流量产生很大变化。建设项目包括桥梁、涵洞、河流与溪流的重新调整、渠道修复，以及修筑抛石护面和挡土结构。因此受到影响的河流包括麦克劳德河、桑顿溪、切尔维特溪、佩罗斯佩克特溪、怀特霍斯溪，以及当地称为洞泉溪和莱兰溪的两条溪流（Alberta Wilderness Association，1998b）。煤矿开采的污染会相当严重。然而，1997 年 10 月 2 日，加拿大政府发布决议允许切维厄特项目继续实行，而不需进一步的环境评估（Alberta Wilderness Association，1998a）。

该区也受到开发和旅游的威胁。加拿大洛基山脉区 [49] 因其与众不同的地貌和令人惊叹的景色而成为一个热门的旅游目的地。旅游本身会威胁到敏感的生境，更重要的是，伴随着大兴土木而来的是景观的退化。

生物多样性保护的优先措施

- 班夫国家公园、贾斯伯国家公园、美国冰川公园保护了该区的淡水生境和动物群，但保护区的边界需要进一步扩展。最好能越过洛基山脉，一直到另一边的山脚下。
- 严格限制伐木、采矿及开发。
- 使当地居民和游客认识到加拿大洛基山脉淡水生境的独特性。

合作保护伙伴

联系信息详见附录 H

- Alberta Wilderness Association
- Banff/Bow Valley Naturalists
- Canadian Arctic Resources Committee
- Canadian Parks and Wilderness Society
- The Nature Conservancy of Canada（Alberta Office）
- The Sierra Club
- World Wildlife Fund Canada

生态区编号：50

生态区名称：萨斯克彻温河上游区

主要生境类型：温带源头水 / 湖泊

面积：304 749 平方千米

生物特异性：国家重点

保存现状：现状概况——易危

最终状态——濒危

简介

该生态区覆盖萨斯克彻温省和亚伯达省部分区域。主要由北萨斯克彻温河和南萨斯克彻温河，以及它们汇集形成萨斯克彻温河的交点包围的面积组成。主要支流有维米里翁河、巴特尔河、迪尔河。该区内的几个湖泊占据了亚伯达省南部和萨斯克彻温省西南部的大部分区域。由于该生态区位于山前，所以会受到雨影效应的影响而发生周期性的干旱。

生物特异性

类似于加拿大的其他地区，该生态区也经受了严重的冰川作用。该区没有鱼类、蚌类、螯虾和水生爬行类的特有种。生存在此的有 41 种土著鱼类、4 种蚌类、1 种螯虾和 10 种水生爬行动物。鱼类物种包括北美湖鲟（*Acipenser fulvescens*）、似鲱异齿鱼（*Hiodon alosoides*）、鲱形白鲑（*Coregonus clupeaformis*）、山白鲑（*Prosopium williamsoni*）、北极茴鱼（*Thymallus arcticus*），以及 5 种大马哈鱼。美国大自然保护协会公布：该区没有一种鱼类处于濒危状态（Natural Heritage Center Databases，1997）。

该生态区具有位于洛基山脉的前山的特殊地理位置特点。河水以湍急的流速流向山底，继而平缓地铺开流向生态区东部的大平原。该区内的一些河流汇合后漫过一片原本处于冰冻状态的陆地，水位逐步抬升。这些河流交织形成了特别的淡水生境。

在水源充足的区域也存在很多重要湿地。加拿大地区拥有着全球 1/4 的湿地，分布在萨斯克彻温省的湿地约占加拿大全部湿地的 17%。这些湿地为稀有濒危的鸟类提供了重要生境，如笛鸻（*Charadrius melodus*）、美洲鹤（*Grus americana*）、号手天鹅（*Cygnus buccinator*）（Saskatchewan Wetland Conservation Corporation，1997）。

保存现状

该生态区面临的主要威胁有水力发电、过度放牧、干旱区域用于作物灌溉的地下水开采、在湿润地区小麦种植、在西部地区的伐木和制浆，以及炼油的污染。北萨斯克彻温河流域有两座大型水坝，一座是位于北萨斯克彻温河，形成了亚伯拉罕湖的比格霍斯水坝，另一座是位于布拉佐河的布拉佐水坝。南萨斯克彻温河流域也有许多运河及水库（Alberta Environmental Protection，1997）。

生物多样性保护的优先措施

- 发展生态农业。
- 建立严格的森林保护的生态学标准。
- 将国家森林公园的边界从洛基山脉山坡扩展至北美大平原。

合作保护伙伴

联系信息详见附录 H

- Alberta Wilderness Association
- Canadian Nature Federation
- Ducks Unlimited Canada

- Federation of Alberta Naturalists
- The Nature Conservancy of Canada（Alberta and Saskatchewan Offices）
- Nature Saskatchewan
- Prairie Conservation Forum
- Saskatchewan Wetland Conservation Corporation
- Saskatchewan Wildlife Federation
- Society of Grassland Naturalists
- World Wildlife Fund Canada

生态区编号：51

生态区名称：萨斯克彻温河下游区

主要生境类型：温带源头水 / 湖泊

面积：523 809 平方千米

生物特异性：北美显著

保存现状：现状概况——相对稳定

最终状态——相对稳定

简介

该生态区贯穿亚伯达省东部、萨斯克彻温省中部、曼尼托巴省中部，以及安大略省西北部的一小块区域。该区的西部主要由萨斯克彻温流域分水岭直到南、北萨斯克彻温河交汇处所包络的区域组成，包括曼尼托巴省的整个锡达湖。北部和东部区域由丘吉尔河及其支流组成。海斯河及其支流形成了该区的东部边界。纳尔逊河位于丘吉尔河与海斯河之间。该区遍布大量湖泊。

生物特异性

萨斯克彻温河下游区 [51] 位于哈得孙湾西南部边缘。由于冰川作用和处于加拿大地盾的地理位置，该区具有丰富的贫营养化湖泊和清澈的溪流。这些生境支撑着特有的冷水物种。38 种土著淡水物种包括北美湖鲟（*Acipenser fulvescens*）、革鳞异齿鱼（*Hiodon tergisus*）、湖白鲑（*Coregonus artedi*）、鲱形白鲑（*C. clupeaformis*）、天穹白鲑（*C. zenithicus*）、真柱白鲑（*Prosopium cylindraceum*）、北极红点鲑（*Salvelinus alpinus*）、湖红点鲑（*S. namaycush*）、北极茴鱼（*Thymallus arcticus*）、白斑狗鱼（*Esox lucius*）。该区还有 4 种珠蚌、1 种螯虾，以及 5 种水生爬行类。该生态区也是北极熊的避暑区。

保存现状

该区的淡水生境受到排污、筑坝和商业捕鱼的威胁。农药、化肥和侵蚀土壤随着径流扩散，使农业成为最主要的污染源。

历史上，萨斯克彻温河和其他河流上曾修筑了大量水坝。近年来，修筑新的水坝遭到了公众抗议和起诉（Pearse and Quinn，1996）。

最后，对白鲑鱼、鲈鱼、湖红点鲑的商业捕捞日益增加。作为加拿大濒危物种之一的天穹白鲑，就是因受到过度捕捞而变得种群易危的深水鱼类的一个实例。

生物多样性保护的优先措施

- 建立淡水生境保护区。
- 使当地和外来民众认识到北极区生态区的脆弱性。
- 禁止进一步的拦河蓄水。
- 实行严格的污染与淤积控制。

合作保护伙伴

联系信息详见附录 H

- Canadian Arctic Resources Committee
- Ecology North
- The Nature Conservancy of Canada (Manitoba and Saskatchewan Offices)
- World Wildlife Fund Canada

生态区编号：52

生态区名称：英格兰 – 温尼伯湖区

主要生境类型：温带源头水 / 湖泊

面积：639 319 平方千米

生物特异性：北美显著

保存现状：现状概况——易危

最终状态——易危

简介

该生态区从南亚伯达省东端延伸至安大略省西南部，包括萨斯克彻温省东南部、曼尼托巴省南部、北达科他州南部和东部，以及明尼苏达州北部的大部分地区。该区由大量的汇入温尼伯湖周边区域的河流及浅的冰川湖组成，包括温尼伯湖、曼尼托巴湖，以及一个名为边界水域泛舟区的湖泊。大型河流有阿西尼玻河和红河。

生物特异性

类似于北美洲大多数北部生态区，该区在 10 000～15 000 年前也受到严重的冰川作用，使得目前的生物多样性受到限制。该区没有鱼类、蚌类、螯虾和水生爬行动物特有种，但由于其特殊的地形造就了独特的生物多样性。当地的地貌、地质，加之冰川作用形成了一系列独特的生境。

该区生存有 79 种土著淡水鱼类。其中有 3 种七鳃鳗（栗色鱼吸鳗（*Ichthyomyzon castaneus*）、北方鱼吸鳗（*I. fossor*）和尖端鱼吸鳗（*I. unicuspis*））、1 种鲟鱼（北美湖鲟 *Acipenser fulvescens*）、1 种雀鳝（长吻雀鳝 *Lepisosteus osseus*）、4 种白鲑鱼 [湖白鲑（*Coregonus artedi*）、鲱形白鲑（*C.clupeaformis*）、天穹白鲑（*C.zenithicus*）和尼皮冈长颌白鲑（*Leucichthys nipigon*）]、2 种大马哈鱼 [克拉克大马哈鱼（*Oncorhynchus clarki and S*）、湖红点鲑（*alvelinus namaycush*）]、2 种梭子鱼 [（白斑狗鱼（*Esox lucius*）和北美狗鱼（*E. masquinongy*）]。

该生态区也是北美洲东西部的过渡地区，位于北美东西两半之间。例如，在该生态区的东部生存有半眉蟾蜍（*Bufo hemiophrys*），而北风蟾蜍（*Bufo boreas*）仅生存于西部地区。

保存现状

该区生态脆弱，并面临着日益严重的退化趋势。农业所带来的农药、化肥及沉积物威胁着河流与湖泊中的生物多样性。三大湖泊渔场存在过度捕捞的现象。曾生存于此的似鲱异齿鱼（*Hiodon alosoides*）、北美湖鲟（*Acipenser fulvescens*），由于捕捞已经灭绝。调水和筑坝威胁着河流生态，外来物种也威胁本地淡水生境。位于马尼托巴皮纳瓦附近的怀特谢尔核设施，其地下铀矿也是一个潜在威胁。

生物多样性保护的优先措施

- 鼓励生态农业。
- 鼓励生态渔业。
- 向当地居民、渔民、农民和游客宣传该区的水生生物多样性。
- 重新审议该区所有的筑坝和调水计划。

合作保护伙伴

联系信息详见附录 H

- Friends of the Boundary Water Wilderness
- Manitoba Naturalists Society
- The Nature Conservancy（Minnesota and North Dakota Field Offices）
- The Nature Conservancy of Canada（Manitoba，Saskatchewan，and Ontario Omces）
- Nature Saskatchewan
- World Wildlife Fund Canada

生态区编号：53

生态区名称：南哈得孙湾区

主要生境类型：北极地区河流／湖泊

面积：601 216 平方千米

生物特异性：国家重点

保存现状：现状概况——相对完整

　　　　　最终状态——相对完整

简介

该区域由大量的汇入哈得孙湾和詹姆斯湾的河流组成，覆盖了安大略省北方大部分地区，也包括马尼托巴省的两个间断区和魁北克省西部小部分。其西北延伸到马齐齐河，而西部主要以塞文河为界。东部地区包括与沃瓦戈西克河交汇处下游的哈瑞卡纳河部分区域。其他主要的大型河流有斯卡特河、温尼斯科河、奥尔巴尼河及莫斯河。

生物特异性

该生态区位于古老的加拿大地盾区，最后一次冰川期末期，此处的冰川消融形成了数百个湖泊和河流。南哈得孙河生态区的腹地，尤其是威尼斯克河、塞文河、斯卡特河、奥尔巴尼河流域，主要是湿地。在发展变化过程中，陆地表面的冰层严重限制了水生生物多样性演替。该区没有鱼类、蚌类、鳌虾和水生爬行动物特有种。然而，该区是哈得孙湾周边生物多样性最丰富的生态区。具有 43 种土著鱼类，3 种珠蚌，比毗邻生态区的物种数更丰富。同时，该区也是北极熊的避暑区。然而，该区并未栖息着东哈得孙生态区特有的溯河产卵鱼类。

保存现状

该区相对完整，人口稀少，没有受到人类的直接干扰。然而，如果不及时采取措施，该区在不久的将来也会面临一些威胁。由于存在大量的河流，非常适合水力发电。目前已经建成了一些大坝，并有更多的筑坝计划。

由于北方针叶林的敏感，伐木是一项责任重大的工作。该区的森林几乎保存完整，因此也成了具有吸引力的资源。在适当的地方已经有一些林业操作，如易洛魁瀑布、考昆及斯慕思岩瀑布地区。这些北方针叶林极其脆弱，需要数百至数千年的恢复时间。

采矿活动已经对该生态区造成严重的后果，在将来或许会产生更严重的影响。古老的加拿大地盾区岩层蕴含着丰富的矿物，尤其是铀。除铀矿开采之外，该区有着世界上最大的商业铀矿冶炼厂，以及加拿大唯一的铀矿转换设施。

生物多样性保护的优先措施

- 禁止在北方针叶林区进行毁灭性的砍伐活动。
- 建立水生生境和湿地保护区。
- 严禁水力发电的盲目发展。
- 阻止向南哈得孙地区移民和过度捕鱼。

合作保护伙伴

联系信息详见附录 H

- Federation of Ontario Naturalists
- Grand Council of the Crees
- The Nature Conservancy（Ontario and Québec Offices）
- Northwatch
- The Wildlands League
- World Wildlife Fund Canada

生态区编号：54

生态区名称：东哈得孙湾区

主要生境类型：北极地区河流/湖泊

面积：552 051 平方千米

生物特异性：国家重点

保存现状：现状概况——相对稳定

　　　　　　最终状态——相对稳定

简介

该生态区完全包含于魁北克西北部，边界主要由汇向哈得孙湾和詹姆斯湾的数条省界河流确定。该区的西部延伸到贝尔河和哈瑞卡纳河上游。主要河流包括位于北部的恰克塔特河、波文格尼土克河，位于中部的拉巴兰河，以及位于南部的鲁伯特河。

生物特异性

一定程度上，由于近期的冰川作用，该生态区没有鱼类、蚌类、螯虾和水生爬行动物特有种。该区的物种数与北极区以北和以东地区相似。然而，与这些生态区所不同的是，该区栖息着小眼须雅罗鱼（*Semotilus corporalis*）和溯河产卵的大西洋鲑（*Salmo salar*）。

保存现状

尽管该区人口稀少，但水生动物群仍受到人类活动的广泛威胁。其中 2 个臭名昭著的工程是：被提议的大型循环与北部发展计划（GRAND）和已实施的詹姆斯湾工程。

大型循环与北部发展计划于 1964 年被提出，其目的在于将詹姆斯湾由盐水湖转变为淡水湖。首先，需要在河湾口建立堤坝，不断地让河水稀释水体的盐度。然后将淡水输入五大湖流域，为干旱的美国西南部地区和中西部地区供水。这项工程引起了激烈的争议，最终并未实施。然而，美国对需水量的日益增加将可能会使这个威胁成为现实。

詹姆斯湾工程部分已经付诸实施。如果完全实现这项巨大的水力发电工程，将会淹没 15 000 平方千米的土地，并转移 16 000 名克里族和因纽特族的原住民。1973 年，第一期工程完成，10 000 平方千米的土地被淹没。位于大威尔河的第二期工程，预计还将会淹没 5000 平方千米的土地。

这两项大型工程导致该生态区的土地被开发建设基础设施以满足工程运行与维护所需。这些改变以道路和输电线路的形式为主。

该生态区也存在用于自给的捕渔业，同时也有少量但逐渐发展的商业捕捞。

生物多样性保护的优先措施

- 停止进一步的堤坝工程。
- 获取詹姆斯湾工程环境冲击性影响的数据，并采取行动减轻影响和阻止进一步的干扰。
- 获取詹姆斯湾第二期工程的环境冲击性数据，包括潜在的风险和水生动物群的全面调查。
- 鼓励节约用电，使用当地的电能，避免远距离传输所造成的巨大电能损失。
- 阻止大型循环与北部发展计划工程的实施，警惕这项工程将对当地生态环境造成的严重影响。

合作保护伙伴

联系信息详见附录 H

- Grand Council of the Crees
- Environmental Defense Fund
- The Nature Conservancy of Canada（Québec Office）
- The Sierra Club
- Union Québecoise pour la Conservation de la Nature（UQCN）
- World Wildlife Fund Canada

生态区编号：55

生态区名称：育空区

主要生境类型：北极地区河流 / 湖泊

面积：1 567 884 平方千米

生物特异性：北美显著

保存现状：现状概况——相对完整

最终状态——相对完整

简介

该区是北极复合区的一部分，是北美洲最大的生态区。覆盖阿拉斯加州大部分、育空地区大部分、不列颠哥伦比亚北方小部分，延伸到西北领地的西北角。阿留申群岛、普里比洛夫群岛、努尼瓦克岛、圣马修岛、圣劳伦斯岛也在该生态区境内。该区主要由育空河以及其他数条流向白令海峡和波弗特海的河流定界。这些河流包括库兹特林河、库斯科昆姆河、科尔维尔河、萨加瓦尼塔科河。

生物特异性

该区的大部分面积被冰覆盖，但仍有小部分未受到冰川作用。如今，这里栖息着少量淡水物种特有种。鱼类特有种有：至今未被命名的斯夸加白鲑鱼（*Coregonus* sp.）、阿奈图式红点鲑（*Salvelinus anaktuvukensis*）、阿拉斯加黑鱼（*Dallia pectoralis*）、白令白鲑（*Coregonus laurettae*）。该生态区还有着 1 种珠蚌特有种——白令吉亚无齿蚌（*Anodonta beringiana*）。此外，该区以其溯河产卵的鱼类著称。据说，鲑鱼从白令海峡沿育空河逆流迁徙超过 2000 千米。

保存现状

虽然该生态系统保存相对完整，但威胁依然存在。其中主要是采矿，尤其是淘金，通过物理性的淘洗河流底泥沉积物来筛选提取矿物。由于水流通常被用来搅起沉积物，所以这会引起径流增加，进而导致浑浊度增加。

对淡水生境的其他威胁包括旅游业、定居人口的增加、筑坝和较低水平的林业所产生的影响。经证实，从工业区到南部以及亚洲地区的大气污染物会污染鱼类。在拉伯奇湖泊栖息着湖红点鲑，研究发现在其体内聚集着高浓度的毒杀芬、多氯联苯、DDT 及汞（Schindler，1998）。针叶林地带的森林和淡水生境在被干扰后都需要非常长的再生时间。

生物多样性保护的优先措施

建立淡水生境保护区。

合作保护伙伴

联系信息详见附录 H

- Alaska Boreal Forest Council
- Canadian Arctic Resources Committee
- Ecology North
- The Nature Conservancy（Alaska Field Office）
- The Nature Conservancy of Canada
- World Wildlife Fund Canada

生态区编号：56

生态区名称：麦肯齐河下游区

主要生境类型：北极地区河流／湖泊

面积：1 209 314 平方千米

生物特异性：国家重点

保存现状：现状概况——相对完整

最终状态——相对完整

简介

这个大型的生态区位于北极复合区内，包括育空地区北部和东部的两个生物间断区、不列颠哥伦比亚的东北部、亚伯达省西北小部，以及西北地区的西部。主要由大奴湖以下的麦肯齐河下游流域确定。大奴湖和其他几个较小湖泊位于该区境内。

生物特异性

相对特殊的种群栖息在温暖、浑浊的麦肯齐河干流中，以及山地的支流和湖泊的较清澈、较冷的水体中。类似于大多数北极地区河流，该区也栖息着溯河产卵的鱼类，包括秋白鲑（*Coregonus autumnalis*）、阿拉斯加白鲑鱼（*C.nelsoni*）、宽白鲑（*C. nasus*）、白北鲑（*Stenodus leucichthys*）、七鳃鳗（*Lampetra japonica*）。其中有些鱼类游得相当远，由于在冬季麦肯齐河的水温比波弗特海高 1～3℃。总共，该区有 41 种土著淡水鱼类、2 种珠蚌和 3 种水生爬行动物土著种。

保存现状

该生态区相对完整，目前没有重要的威胁因素。麦肯齐河下游可能面临的威胁来自从工业区到南部以及亚洲地区的大气污染。位于麦肯齐河河口的油田可能会威胁到半咸水生境，而且采矿会危及水质（Kavanagh pers. comm.）。

生物多样性保护的优先措施

- 建立淡水生境保护区。
- 完成生态区的生物调查和测绘工作。

合作保护伙伴

联系信息详见附录 H

- Canadian Arctic Resources Committee
- Canadian Nature Federation
- Canadian Parks and Wilderness Society
- Ecology North
- The Nature Conservancy of Canada（Headquarters and British Columbia Office）
- World Wildlife Fund Canada

生态区编号：57

生态区名称：麦肯齐河上游区

主要生境类型：北极地区河流／湖泊

面积：702 806 平方千米

生物特异性：国家重点

保存现状：现状概况——相对稳定

最终状态——易危

简介

该区是北极复合区的一部分，从不列颠哥伦比亚东部开始，穿过亚伯达中部和北部，延伸至西北领地和马尼托巴湖西北部分地区。亚大巴斯卡湖的流域形成了其主要轮廓。此外，除了大量湖泊外，主要河流有奴河，及其支流和平河、托尔森河、亚大巴斯卡河。

生物特异性

该区的生物多样性较低，淡水生物特有物种数也较少。作为北极生态系统的一部分，该区曾受到严重冰川作用影响，阻碍了其生物多样性的发展。该区有 41 种土著淡水鱼类、3 种珠蚌、8 种水生爬行动物。

该区的两个重要特征是和平河与亚大巴斯卡河三角洲。这里是鲱形白鲑（*Coregonus clupeaformis*）以及其他鱼类的栖息地，也是鸣鹤（*Grus americana*）、鸭子、黑嘴天鹅（*Cygnus buccinator*）重要的筑巢区。北方流域研究（Northern River Basins Study，1996）表明，由于河道和水流变化无常，栖息在此的鱼类"面临周期性的环境波动"，因此"许多物种不得不大量地迁移以适应这样的情形"。研究还发现，栖息在不同生境的物种在迁移的过程中所发生的变化是不同的。

保存现状

该区面临各种直接威胁，其中有许多已经得到北方流域研究（Northern River Basins Study，1996）的证实，这是一项由加拿大亚伯达省政府发起的调查。西北领地林业发展迅速，其生态环境受到冲击。

采矿和砍伐是淡水生境的主要干扰因素。对该地区丰富矿藏的关注促进了新的采矿作业的发展，包括铀、钻石、沥青等的提取。例如，萨斯克彻温省北部的麦克阿瑟河和雪茄湖是全球最大的铀矿床，铀矿开采也位于该生态区境内。

伐木导致径流和淤积的增加。与之相关的纸浆厂会排放磷负荷很高的废水，反过来又会导致原先贫营养的湖泊富营养化。阿萨巴斯卡河与韦皮蒂/斯默克河中磷含量的增加主要归咎于纸浆厂，在较小程度上是由于不适当的废水处理方法而导致的。这两个流域相比于和平河和奴河，流量较小但流域发展程度更高（Northern River Basins Study，1996）。

历史上，阿萨巴斯卡河三角洲盛产桦树和鸟类，但筑坝破坏了该系统。根据北方流域研究（Northern River Basins Study，1996），和平河的班尼特水坝"对水流、泥沙迁移、河貌、成冰、生境有重大影响。在缺乏洪水时，三角洲会逐渐干旱，深深地影响了自然环境和当地居民的传统生活方式。北方流域研究（Northern River Basins Study，1996）也表明，水坝对水流的调节影响了奴河三角洲向大奴湖的增长速率"。

生物多样性保护的优先措施

● 建立淡水生境保护区。

● 致力于降低伐木、油砂和其他矿业发展所造成的影响。

● 遵循北方流域研究（Northern River Basins Study，1996）的建议，管理机构应该将污染防治作为主要目标，包括消除持久有毒污染物、营养负荷，以及其他废物。尤其要密切关注从城市污水处理设施和纸厂中流出的水。

● 重现班尼特水坝运行前的状态，使水流恢复到自然状态，进而使三角洲、河边居民和水文状况恢复到自然状态（Northern River Basins Study，1996）。

合作保护伙伴

联系信息详见附录 H

● Canadian Arctic Resources Committee

● Canadian Parks and Wilderness Society

● Ecology North

● The Nature Conservancy of Canada（Headquarters，Alberta，British Columbia，Manitoba，and Saskatchewan Offices）

● World Wildlife Fund Canada

生态区编号：58

生态区名称：北极北部区

主要生境类型：北极地区河流 / 湖泊

面积：598 863 平方千米

生物特异性：北美显著

保存现状：现状概况——相对完整

　　　　　最终状态——相对完整

简介

该生态区面积广阔，全部位于加拿大最北部的海岸沿线。该区内的大型河流有：贝克河、伯恩赛德河、科珀曼河、霍纳迪河、安德森河。

生物特异性

整个生态区内只有 22 种淡水鱼类物种，没有土著的软体动物、螯虾和爬行类动物。没有一种鱼类是特有种。生物多样性程度低主要是由于距今 10 000～15 000 年前的冰川作用和目前的寒冷气候。

该生态区是重要的过渡区。它是秋白鲑（*Coregonus autumnalis*）、宽鼻白鲑（*C. Nasus*）、小白鲑（*C. sardinella*）的东部边界。这些物种生存于从该生态区西部到白海和白令海峡的范围内，而不包括该生态区东部地区。

一些鱼类的洄游模式也有所不同。红点鲑、白鲑，以及其他一些麦肯齐三角洲鱼类有时会通过海洋洄游到溪流中进行捕食。

保存现状

由于该区地理位置偏远，所以保持相对完整。商业和工业很少。事实上，这里道路极少。然而，脆弱的生态未必不会受到干扰。初步的迹象表明，该区正受到全球变暖的影响。据记载，工业区的空气污染物在此处聚集。日益增长的捕鱼和旅游威胁着土著物种和生境。由于生态极其脆弱，所以该区受到的破坏很难被缓解。

矿业的发展可能会严重危及水质和生境的完整性。为了支持矿业，该地区正在修建道路和水力发电站。其中铜矿开采是主要威胁，而该区的湖泊正面临因钻石开采而干涸的危险（Kavanagh pers. comm.）。

生物多样性保护的优先措施

- 建立淡水生物多样性保护区。
- 使本地和外来群众认识到北极生态系统的脆弱性。

合作保护伙伴

联系信息详见附录 H

- Canadian Arctic Resources Committee
- Ecology North
- The Nature Conservancy of Canada
- World Wildlife Fund Canada

生态区编号：59

生态区名称：北极东部区

主要生境类型：北极地区河流 / 湖泊

面积：624 339 平方千米

生物特异性：国家重点

保存现状：现状概况——相对完整

　　　　　最终状态——相对完整

简介

该生态区是北极复合区的一部分，从马尼托巴湖北部延伸至西北地区东部。该区南至西尔河，西至塞隆河。其他河流还有劳瑞拉德河、泰安妮河和斯勒维扎河。

生物特异性

该区位于哈得孙湾最西北部。北冰洋海岸和哈得孙湾分界线形成了该区和北极地区的边界。令人难以置信的是，该区没有游至西部地区产卵的鱼类。

类似于北部其他地区，该区也曾受到严重的冰川作用影响。只有 8 种土著淡水鱼类，没有珠蚌、螯虾和水生爬行动物。没有鱼类特有种。

保存现状

该生态区相对完整。危及该区的主要因素有日益发展的矿业和西南部工业区的空气污染。由于生态的脆弱性，任何环境破坏都会产生重大而持久的影响。

生物多样性保护的优先措施

- 鼓励新的努勒维特地方政府建立淡水生物多样性保护区。
- 使居民认识到北极生态系统的脆弱性。

合作保护伙伴

联系信息详见附录 H

- Canadian Arctic Resources Committee
- Ecology North

- The Nature Conservancy of Canada（Headquarters and Manitoba Office）
- Nunavut Wildlife Management Board
- World Wildlife Fund Canada

生态区编号：60

生态区名称：北极群岛区

主要生境类型：北极地区河流/湖泊

面积：1 407 571 平方千米

生物特异性：北美显著

保存现状：现状概况——相对完整

　　　　　最终状态——相对完整

简介

该生态区包括北极圈以北的西北领地的大多数岛屿。包括巴芬岛、伊丽莎白女王群岛、帕里群岛。

生物特异性

这些岛屿被这个大洲最北部的淡水水体所包围。此处并未栖息着多种淡水物种。该区只有 8 种淡水鱼类，其中有 5 种是鲑鱼。

该区没有鱼类特有种。然而，却有部分软体动物特有种。例如，一种腹足类动物（*Stagnicola kennicotti*），是毗邻北美大陆的维多利亚岛上的特有种（Crossman and McAllister，1986）。

该区的大部分地区曾受到严重的冰川作用影响。班克斯岛和巴芬岛东海岸则避免了冰川作用影响，成为鱼类、软体动物等淡水物种的冰期遗种区。高山冰川仍然占有一定面积。该区有着长达 6 个月的极夜，所以冰冻时间很长。

一般地，冰川作用会对淡水物种总数产生明显的影响。简言之，发生冰冻时，淡水会很稀少，仅有少数的物种能生存下来。然而，冰川作用会促进至少一种特有生境的形成。当沿海地区被冰川覆盖时，地表会很萧条。然后，当冰川退去时，海水会漫过原先干旱的地区。当冰川完全消融时，地表重新开始抬升，于是形成了高于海平面的咸水湖。随着时间的推移，这些咸水湖的含盐量会在降水和冰川径流的作用下逐渐降低。原先的海洋物种经过数代繁衍逐渐适应淡水生境，这些物种被称作海洋残遗种。有一种鱼类——四角床杜父鱼（*Myoxocephalus quadricornis*）和至少一种甲壳纲动物——糠虾（*Mysis* sp.）是这样的。

保存现状

虽然该生态区可能会受到来自遥远的城市的空气污染物的影响，但并没有面临较多直接的威胁。该区内也有矿业，虽然规模有限，但其污染和淤积作用也可能对当地生物群产生严重影响。日益发展的旅游和渔业会对生态增加更多的负荷。

虽然没有严重的威胁，但该区生态依然极其脆弱。使被破坏的环境再恢复需要极长的时间。该区植物生长缓慢，并且很小的影响也会使动物数量产生很大动荡。必须尽最大的努力，使生物多样性免受发展、旅游和矿物开采的破坏。

生物多样性保护的优先措施

- 使本地和外来群众认识到北极生态系统的脆弱性。
- 建立湖泊海洋残遗种保护区。

合作保护伙伴

联系信息详见附录 H

- Canadian Arctic Resources Committee
- Ecology North
- The Nature Conservancy of Canada
- Nunavut Wildlife Management Board
- World Wildlife Fund Canada

生态区编号：61

生态区名称：索诺兰沙漠区

主要生境类型：干旱地区河流 / 湖泊 / 泉

面积：203 936 平方千米

生物特异性：北美显著

保存现状：现状概况——易危

最终状态——濒危

简介

该沿海生态区包括亚利桑那州北部的数个分散地区、索诺拉省大部分地区和奇瓦瓦州东部小部分地区。该区的北部边界是一系列山脉，包括基拉山、卡贝萨·普里埃山、塞拉平塔山、哥姆巴比山、巴博基瓦里山。洛基山脉分水岭形成了东西部边界。该区降水稀少，雨水经过康赛普西翁河、索诺拉河、雅基河、蒙特苏马河，流向加利福尼亚湾。该生态区南至梅奥河。

生物特异性

索诺兰沙漠是北美四大沙漠之一。与奇瓦瓦生态区以东地区不同，该区没有很高的水生生物多样性及大量特有种。事实上，该区的淡水动物群相当贫瘠。只有 8 种鱼类特有种，包括普氏曲口鱼（*Campostoma pricei*）、伯氏亚口鱼（*Catostomus bernardini*）、秀丽美洲鲃（*Notropis formosus mearnsi*）、普氏真鮰（*Ictalurus pricei*）。至少有 3 种腹足类特有种：一种圣贝纳迪诺钉螺（*Fontelicella* sp.）、一种叶普美勒钉螺（*Fontelicella* sp.）和一种叶普美勒截螺（*Tryonia* sp.）。该区没有知名的螯虾和水生爬行类特有种。

在很大程度上，该区的水生动物群与格兰德河相似。最可能的解释是：在先前某个时间，孔乔斯河的源头是属于雅基河流水系的（Hendrickson et al.,1980）。

该区的水生生物已经适应了极端少雨的气候。鲎虫卵在干燥的土地中休眠了数年，等待一场稀缺的降雨。借助于湿润的环境，卵开始孵化，虾在雨水形成的水塘中交配、产卵，等待下一场降雨（Sonoran Arthropod Studies Institute，1998）。

保存现状

该区的水生生物多样性面临一些直接而严峻的威胁。其中最严重的是水质退化问题。历史上，该区曾是矿业中心，导致水底沉积物的重金属污染。放牧也会对水质产生影响。土地的过度使用导致淤积和动物废物污染。大量生产力高的河岸带被改变或破坏（McIntyre，1997）。

该区像索诺兰沙漠一样干旱，淡水生物与人类竞争水资源。水资源的过度使用和地下水位的降低危及地下固氮物种。地表水位也在降低，这也是雅基河秀丽美洲鳉从美国水域消失的主要原因（Williams et al.,1985）。一些大型水库，如普鲁塔克亚利斯塔尔水库、安戈斯图拉水库，为城市、工业、农业供水。这些建筑物改变了土著物种的生境和水流变化规律，降低了水质。

生物多样性保护的优先措施

- 为保护河岸免受侵蚀、建立污染缓冲带、保护重要的陆地和水生生境，需要维持充足的河岸缓冲带。
- 实施严格的用水规定，使含水层水位降低和水生生境减少最小化。
- 修复沉积物中的重金属污染。
- 开展完整的土著和外来物种的生物调查。

合作保护伙伴

联系信息详见附录 H

- La Comisión Nacional para el Conocimiento y uso de la Biodiversidad（CONABIO）
- Instituto Tecnologico y de Estudios Superiores de Monterrey（ITESM）
- The Nature Conservancy
- Universidad Autónoma de Chihuahua（UACH）
- Universidad Autónoma de Nuevo León（UANL）
- Universidad Autónoma de Sinaloa（UAS）
- Universidad de Occidente
- Universidad de Sonora（UNISON）
- Universidad Nacional Autónoma de México（UNAM）
- University of Arizona
- World Wildlife Fund México

生态区编号：62

生态区名称：锡那罗亚沿海区

主要生境类型：亚热带沿海地区河流／湖泊／泉

面积：126 886 平方千米

生物特异性：北美显著

保存现状：现状概况——易危

最终状态——濒危

简介

该生态区包含索诺拉南部、奇瓦瓦州西南部、锡那罗亚、杜兰戈州西部、纳亚里特州北部。洛基山脉分水岭形成了东西部边界。从北向南，流入加利福尼亚湾和太平洋的河流依次有：富埃尔特河、锡那罗亚河、胡玛雅河、多摩河、圣罗伦索河、普雷西迪奥河。

生物特异性

该区没有大量水生动物特有种。只有 2 种鱼类特有种（金腹大马哈鱼（*Oncorhynchus chrysogaster*）和光若花鳉（*Poeciliopsis lucida*））和 1 种螯虾特有种。只有 9 种土著鱼类、2 种螯虾，却有 81 种水生爬行动物。该区受到威胁的物种有粗壮骨尾鱼（*Gila robusta*）、紫骨尾鱼（*Gila purpurea*）。总体上，该区的已知淡水生物数量不多。

保存现状

该区的水生物种主要受到水质恶化和生物通道改变的影响。该区的河流起源于马德雷山脉高山，水位梯度很大，被广泛用于发电。发电站水坝改变了水环境、水流态、上游及下游的水温，从而阻碍了水生动物的线性运动，这些水坝也因此声名狼藉。该区的水坝也用于灌溉和防洪。

该区过度提取地下水，导致海水倒灌入沿岸平原，使水质受到影响。由于农药的使用和邻近河流的沉积作用，农业也会加剧水质退化。在上游地区，矿物开采以及家庭和城市垃圾是主要的污染源。

生物多样性保护的优先措施

- 提高市政用水效率，如采用控制流量的装置、进行适当的污水处理。
- 限制农用化学品的使用。
- 采取环境友好的农业操作规范。
- 编制整个生态区的水生物种名录。
- 控制采矿业的污染。
- 暂停筑坝。

合作保护伙伴

联系信息详见附录 H

- La Comisión National para el Conocimiento y uso de la Biodiversidad（CONABIO）
- Instituto Tecnologico y de Estudios Superiores de Monterrey（ITESM）
- The Nature Conservancy
- Universidad Autónoma de Sinaloa（UAS）
- Universidad de Occidente
- Universidad de Sonora（UNISON）
- Universidad National Autónoma de México（UNAM）
- World Wildlife Fund México

生态区编号：63

生态区名称：圣地亚哥区

主要生境类型：亚热带沿海地区河流 / 湖泊 / 泉

面积：106 998 平方千米

生物特异性：北美显著

保存现状：现状概况——易危

最终状态——濒危

简介

该生态区的范围主要由圣佩德罗河、圣地亚哥河，以及它们的支流的流域面积组成，包括米兹卡河、格兰德河、博拉诺斯河、胡皮奇拉河。该区覆盖从纳亚里特州中部，经过哈里斯科东部，一直到萨卡特卡斯南部、瓜纳华托西部的海岸。包括阿瓜斯卡连特斯州大部分面积。

生物特异性

该区位于马德雷山脉西坡，而且栖息在此的水生生物特有种数相当少。仅有 5 种鱼类、1 种螯虾、1 种水生爬行类特有种。鱼类特有种中有 1 种丽体鱼（*Cichlasoma*）、1 种鮰鱼（*Ictalurus*）。该区共有 45 种淡水鱼类、3 种螯虾和 84 种水生爬行动物。

在某种程度上，该区以其地下生态为特点。阿瓜斯卡连特斯州有着温暖的地下含水层。在此栖息着独特的水生无脊椎动物，如轮虫。

保存现状

该区水生生态的完整性面临危险。生物通道改变，如筑坝，以及水资源的过度使用对淡水生物的多样性造成了严重的影响。农药的无节制使用和矿区的重金属污染影响了水质。森林砍伐增加了河道淤积，家庭和城市污水导致水体富营养化和大肠杆菌污染。外来物种的引进影响了该区的鱼类多样性。引入圣地亚哥的奥利亚口孵非鲫（*Oreochromis aureus*）和鲤鱼（*Cyprinus carpio*）威胁了当地动物群的生存。

最后，该区变得像锡那罗亚沿海区 [62] 一样，已知的水生物种稀少，而且从未编制完整的物种名录。

生物多样性保护的优先措施

● 完整地编制圣地亚哥区 [63] 物种名录。

● 有效使用农业灌溉的水资源。

● 在流域上游的矿区实施污染管理条例。

● 维持阿瓜斯卡连特斯州的水位，保护独特的动物群。采取有效的林业操作规范，使淤积最小化，禁止皆伐。

● 禁止进一步的生物通道改变，并考虑将一些现存的水坝停止运行。

合作保护伙伴

联系信息详见附录 H

● La Comisión Nacional para el Conocimiento y uso de la Biodiversidad（CONABIO）

● The Nature Conservancy

● Universidad Autónoma de Aguascalientes

● Universidad Autónoma de Nayarit（UAN）

● Universidad Nacional Autónoma de México（UNAM）

● World Wildlife Fund México

生态区编号：64

生态区名称：马南特兰 – 阿梅卡区

主要生境类型：亚热带沿海地区河流 / 湖泊 / 泉

面积：49 563 平方千米

生物特异性：全球显著

保存现状：现状概况——相对稳定

最终状态——相对稳定

简介

该生态区包括纳亚里特州南部一小部分、哈利斯科州南部大部分、米却肯西部两个分离地区、整个科利马州。该区主要由阿梅卡河北部、阿胡加罗河南部流域确定。

生物特异性

该区因其特有种，尤其是鱼类特有种而独具特色。该区有 1 种水生爬行动物特有种，25 种鱼类，其中有 14 种鱼类是特有种。鱼类特有种包括贝氏若花鳉（*Poeciliopsis baenschi*）、稀卡花鳉（*Poecilia chica*）、特氏若花鳉（*Poeciliopsis turneri*）、谷鳉（*Ilyodon* sp.）。其特有种比率属于全球显著级别。

该区的胎鳉生存状态良好。异齿谷鳉（*Allodontichthys*）、谷鳉（*Ilyodon*）、花鳉（*Poecilia*）、若花鳉（*Poeciliopsis*）及异仔鳉（*Xenotoca*）在寇华加纳河和阿梅利亚河中很常见，异纹谷鳉（*Xenotaenia resolanae*）栖息于阿育奎拉河、阿梅利亚河、马南特兰河。一种鲹鱼特有种——墨西哥食草美洲鲹（*Algansea aphanea*），栖息于科阿瓦亚纳河和阿梅利亚河中。阿胡虾虎鱼（*Awaous*）、瓢虾虎鱼（*Sicydium*）、脂塘鳢（*Dormitator*）、钝塘鳢（*Eleotris*）、呆塘鳢（*Gobiomorus*）也栖息于此（Azas，1991b）。

保存现状

影响水生生物多样性的人类活动有人口增长、旅游、农业（农药的使用）、林业、含水层的过度开采（主要用于市政和旅游）、过度捕捞。

外来物种的引进，如奥里亚罗非鱼（*Oreochromis aureus*），影响了该区的淡水生物多样性。这些外来物种掠食土著鱼类，其数量超过了土著物种。对该区水生动物群的研究也很少。

生物多样性保护的优先措施

- 完整地编制该区的物种名录，包括土著和外来物种。
- 控制上游和中游地区的林业，保护河岸带以限制淤积。
- 旅游设施建设最小化。
- 鼓励采取有效的农业和市政用水规范，尤其是针对含水层，以阻止损耗和海水入侵。

合作保护伙伴

联系信息详见附录 H

- La Comisión Nacional para el Conocimiento y uso de la Biodiversidad（CONABIO）
- Fundación Ecológica de Cuixmala
- Universidad Nacional Autónoma de México（UNAM）
- World Wildlife Fund México

生态区编号：65

生态区名称：查帕拉区

主要生境类型：干旱地区河流 / 湖泊 / 泉

面积：7486 平方千米

生物特异性：全球显著

保存现状：现状概况——易危

最终状态——濒危

简介

查帕拉湖是中美洲的最大自然湖泊，位于西海岸的哈利科斯和米却肯。该湖泊位于墨西哥高原，湖泊构成了东–西洼地，邻接两个地理断层（Ferrusquia-Villafranca，1993）。查帕拉湖位于莱尔马河的末端，流入圣地亚哥河，最终流入太平洋。

生物特异性

查帕拉湖以其鱼类为特点，几乎所有鱼类都是特有种。鱼类特有种和近似特有种包括：棕色七鳃鳗（*Lampetra spadicea*）、波波食草美洲鲹（*Algansea popoche*）、双线斯基法鳉（*Skiffia bilineata*）、达氏真鲴（*Ictalurus dugesi*）、驼谷鳉（*Chapalichthys encaustus*）、皮刺卡颏银汉鱼（*Chirostoma aculeatum*）、墨西哥卡颏银汉鱼（*C. arge*）、查氏卡颏银汉鱼（*C. chapalae*）、苦卡颏银汉鱼（*C. consocium*）、欢卡颏银汉鱼（*C. estor*）、拉巴氏卡颏银汉鱼（*C.labarcae*）、梭形卡颏银汉鱼（*C. lucius*）、前黑卡颏银汉鱼（*C. promelas*）、锤卡颏银汉鱼（*C. sphyraena*）。在属的等级上，斯鳉属（*Skiffia*）和驼谷鳉（*Chapalichthys*）都是莱尔马河和圣地亚哥河流域的特有种。巨足蛙（*Rana megapoda*）和蒙特祖马蛙（*R. montezumae*）也是该区的特有种。

保存现状

查帕拉湖地处下游，深受上游地区高度工业化和农业化，以及因人口稠密而供水短缺的影响。河水流经莱尔马河流域时，会受到化学品、石油、食品加工业、养猪场及其他农业源的污染。在注入查帕拉湖之前，大量的河水被改道用于工业和农业，而剩下的水量难以满足最低的水质标准。到1989年，有90%的河水水质过差，不能被人类和野生动物所饮用（Gutierrez，1997；Mestre，1997；Arriaga et al.，1998）。

瓜达拉哈拉70%的饮用水来自额外的地下水提取。由于莱尔马河流域含水层过度开采，20世纪以来，湖泊面积缩小了14%，水量减少了54%。湖泊被外来的水葫芦（*Eichhornia crassipes*）所包围，也受到引进鱼类物种达氏真鲴（*Ictalurus dugesi*）、罗非鱼（*Oreochromis* spp.）、大口黑鲈（*Micropterus salmoides*）的威胁，而且土著物种也有被过度捕捞的趋势（Gutierrez，1997；Arriaga et al.，1998）。

1993年，就查帕拉湖和莱尔马河流域所面临的威胁问题，相关人员成立了莱尔马–查帕拉流域委员会。委员会采取流域水利计划，分配地表水源、处理污水、提高水资源利用率、修正土地利用方式。后来查帕拉湖的水质有所改善，但随着区域发展和人口的日益增长，湖泊的淡水生境和水生动物群将会面临更严重的问题（Mestre，1997）。

生物多样性保护的优先措施

- 与莱尔马–查帕拉流域委员会合作，实现河流上游地区的水源分配，提高水资源利用率（尤其是灌溉），改进湖泊上游的废水处理工艺。

- 控制在开放地区放牧。
- 在上游地区植树造林，以降低侵蚀速率。
- 在不采用毒害方案的前提下，阻止新的外来物种的引进，控制已有的物种数量。
- 与愿将该区设为文化保护区的印第安人合作。

合作保护伙伴

联系信息详见附录 H

- Comisión Nacional del Agua
- La Comisión Nacional para el Conocimiento y uso de la Biodiversidad（CONABIO）
- Estación Ecológica Chapala（Universidad Autónoma de Guadalajara）
- Lerma-Chapala River Basin Council
- The Nature Conservancy
- World Wildlife Fund México

生态区编号：66

生态区名称：萨拉多平原区

主要生境类型：内陆河流 / 湖泊 / 泉

面积：55 330 平方千米

生物特异性：北美显著

保存现状：现状概况——极危

最终状态——极危

简介

这个墨西哥内陆生态区起始于萨卡特卡斯东南部、阿瓜斯卡连特斯州东北部、哈利斯科东北部、瓜纳华托州北部，穿过圣路易斯波托西中部，延伸至新莱昂州南部、塔毛利帕斯州西南部。

生物特异性

该区是内陆生态系统，没有入海口。因此，雨水主要由于蒸发减少。这种现象在全球的干旱山区很常见。严酷的生境、独特的岩石构造、水生生物的遗传隔离促进了高度专一和独特的物种的进化发展。

萨拉多平原区 [66] 物种丰富度很低，但特有种占比很高，9 种鱼类中有 8 种是特有种。该区南部有 2 种异谷鳉（*Xenoophorus*）属的特有种。而北部有着 6 种鱼类特有种，且全都是鳉鱼：阿氏鳉（*Cyprinodon alvarezi*）、墨西哥鳉（*C. inmemoriam*）、长背鳉（*C.longidorsalis*）、维氏鳉（*C. veronicae*）、紫色鳉（*C.cecilae*）墨西哥大鳉（*Megupsilon aporus*）。此外，还有 1 种鳌虾特有种——原鳌虾属（*Procambarus* sp.）。

保存现状

该区独特的淡水生物群很容易受到过度用水的破坏。在这个降水稀少的地区，上千年来被开采用于农业和市政的深层地下水，如今正急剧减少。人口的增长对这个脆弱的生态区施加了很大压力，使其难以承受这样的负荷。外来物种的引进对该区的生物群也是一种威胁，其比土著物种更能抵抗生境干扰。

生物多样性保护的优先措施

- 控制地下水的抽取。
- 限制用于农业和居住的土地开发。

合作保护伙伴

联系信息详见附录 H

- La Comisión National para el Conocimiento y uso de la Biodiversidad（CONABIO）
- The Nature Conservancy
- World Wildlife Fund México

生态区编号：67

生态区名称：贝尔德河源头区

主要生境类型：干旱地区河流 / 湖泊 / 泉

面积：4859 平方千米

生物特异性：全球显著

保存现状：现状概况——相对稳定

　　　　　最终状态——相对稳定

简介

该区以一处名为半月（La Medialuna）的景点而闻名，由一系列恒温的含水层、沼泽和流水构成，地处贝尔德河流域山间盆地，大约位于圣路易斯波托西州的里约贝尔德城镇西南偏南 10 千米处，海拔大约 1000 米。在未发生改变的状态下，半月只有在大雨的时候与贝尔德河 – 帕努科河水域有间歇性的接触。其名字源于大型的月牙形浅湖，该湖发源于 6 个泉，并为临近的 3 个城镇提供饮用水和灌溉用水。该区属于亚热带，气候温和，降雨具有明显的季节性。

生物特异性

贝尔德河源头区 [67] 有 11 种鱼类，其中 9 种是特有种。其中有稀有的上颌圆吻鲹（*Dionda mandibularis*）仅生存于两处泉水中，双色圆吻鲹（*D.dichroma*）仅生存于上游的泉水生境中。半月内分布有墨西哥可拉鲹（*Cualac tessellatus*）、托氏无纹鲹（*Ataeniobius toweri*），两者皆是单型属。同时，半月也是巴氏丽体鱼（*Cichlasoma bartoni*）、黄丽体鱼（*Cichlasoma* sp.）、半月虾（*Palaemonetes lindsayi*）、半月螯虾（*Procambarus roberti*），以及螯虾专性寄生物半月介形虫（*Ankylocythere barbouri*）的栖息地。根据 Williams 等（1985），这些螯虾"与其亚种高度分离，可能是上新世向南迁移的残余体"。

保存现状

破坏该区完整性的最大威胁是用于农业的大规模地下水开采。由于技术上的原因，仍然不能成功地直接从湖泊里提水。然而，经济压力促使墨西哥农业商品化的继续，在不久的将来为了满足区域发展可能进一步直接开采半月赖以生存的地下水。这样做会导致科鱼、可拉鲹（*Cualac tesselatus*）、古氏鲹、拉氏无纹鲹（*Ataeniobius toweri*）的栖息地湿地生境的直接损失。

1972 年以来，该区引进了共 5 种外来物种。奥里亚罗非鱼（*Oreochromis aureus*）的引进是有意为之。3 种花鲹科和 1 种丽鱼科鱼——珍珠德州丽鱼（*Herichthys carpintis*），是帕努科河的土著种，它们是通过一系列用于将泉水引去灌溉而挖掘的渠道进入该流域的。在间隙及其流水中栖息着大量的外来花鳉科，大量的科鱼和古德鳉科已经急剧减少。随着奥里亚罗非鱼和珍珠德州丽鱼的入侵，土著丽鱼科鱼的数量急剧下降。1985 年以来，丽鱼科鱼的总数似乎有所回升，目前保持稳定。然而，有证据表明，特有的厚唇南渡丽鲷鱼（*Nandopsis labridens*）和珍珠德州丽鱼发生了杂交。由于缺乏精确的数据，所以没法估计珍珠德州丽鱼对厚唇南渡丽鲷鱼的基因完整性产生了多大威胁。其他威胁因素还有旅游、娱乐用水、密集的放牧等（Arriaga et al.,1998）。

生物多样性保护的优先措施

● 限制该区的地下水开采，禁止抽取半月区域主要湖泊的水。

● 外来物种已经严重威胁了少数几种土著物种，禁止新的外来物种的引进，制订计划控制或根除已有的外来物种。

● 维持圈养的土著种数量。

● 控制旅游，限制将湖泊作为沐浴场所。

● 限制放牧。

合作保护伙伴

联系信息详见附录 H

● The Nature Conservancy

● Universidad del Noreste

● Universidad de Tampico

● World Wildlife Fund México

备注：以上描述除了特别标注的地方，都是直接引用于 Loiselle（1993）。需要原始资料请咨询 Loiselle。

生态区编号：68

生态区名称：塔毛利帕斯 – 韦拉克鲁斯区

主要生境类型：亚热带沿海地区河流 / 湖泊 / 泉

面积：132 524 平方千米

生物特异性：全球显著

保存现状：现状概况——易危

最终状态——濒危

简介

该生态区覆盖塔毛利帕斯南部、新莱昂东南部、圣路易斯波托西东部、瓜纳华托东北部、克雷塔罗东北部、伊达尔戈州大部分、墨西哥州北部、特拉斯卡拉一小部分、普埃布拉北部、韦拉克鲁斯北半部分。该区域内的河流最终流入墨西哥湾。其中有坎塔布利亚河、智化河、圣玛利亚河。

生物特异性

该生态区是墨西哥干旱的北方与潮湿的炎热带南方之间的过渡区。虽然该区的净蒸发量大于降水量，但降雨量也不像奇瓦瓦州北部和东北部那样稀少。该区的水生动物群相当丰富，但其生态状况仍然是未知的。94 种鱼类中有 29 种是特有种。其中大多数特有种是花鳉科和丽鱼科鱼，包括侧斑花鳉（*Poecilia latipinna*）、亚马逊帆鱼（*P. formosa*）、短鳍帆鳍鳉（*P. mexicana*）。剑尾鱼（*Xiphophorus*）、圆口丽体鱼（*Cyclosoma*）、食蚊鱼（*Gambusia*）也是该区的特有种。此外，还有 17 种特有种和 16 种水生爬行动物特有种。

保存现状

淡水生境受到人类活动的影响。生物多样性委员会制定该区的几个地区为优先保护区。其中有塔美西河，源自马德雷山脉，流经墨西哥东部的海岸平原。其中栖息着大量的特有鱼类，并受到农药、市政污水、热排放、盐碱化的影响。渠道化和水资源的过度使用威胁着河岸生境，外来物种如罗非鱼（*Oreochormis* spp.）、水葫芦（*Eichhornia crassipes*）危害土著动物群。.

生物多样性保护的优先措施

- 持续研究和编制该区的水生动物群目录，包括外来物种。
- 处理水资源的过度开采问题，尤其是沼泽地区。
- 采取有效的耕作方法，如梯田，以减少污染。
- 颁布更加严格的市政和工业污水排放规范。

合作保护伙伴

联系信息详见附录 H

- Comisión Nacional del Agua
- The Nature Conservancy
- Universidad del Noreste
- World Wildlife Fund México

生态区编号：69

生态区名称：莱尔马河区

主要生境类型：内陆河流／湖泊／泉

面积：69 780 平方千米

生物特异性：全球显著

保存现状：现状概况——濒危

　　　　　　最终状态——极危

简介

该生态区位于墨西哥内陆，覆盖哈利科斯东部、米却肯北部、瓜纳华托大部分、克雷塔罗西南部、墨西哥州北部、联邦特区、莫雷诺斯北部、伊达尔戈东南部、特拉斯卡拉北部、普埃布拉中部、韦拉克鲁斯西部。除流域内各河流注入的查帕拉湖之外，该生态区都与莱尔马河流域相关（详见查帕拉区 [65] 的描述）。莱尔马河主线总长超过 700 千米，沿线有大量的支流和含水层。该区的降雨量是墨西哥的平均水平，在干旱季节时，水量极少。

生物特异性

该区以其高度的鱼类特有种数全球闻名，包括双生七鳃鳗（*Lampetra geminis*）、髯食草美洲鲹

（*Algansea barbata*）、湖栖食草美洲鲂（*A. lacustris*）、波波食草美洲鲂（*Algansea popoche*）、皮刺卡颏银汉鱼（*Chirostoma aculeatum*）、墨西哥卡颏银汉鱼（*C. arge*）、跃卡颏银汉鱼（*C. attenuatum*）、巴氏卡颏银汉鱼（*C. bartoni*）、查氏卡颏银汉鱼（*C. chapalae*）、康氏卡颏银汉鱼（*C. consocium*）、埃斯托卡颏银汉鱼（*C. estor*）、拉氏卡颏银汉鱼（*C. cabarcae*）、卢休斯卡颏银汉鱼（*C. lucius*）、奥氏卡颏银汉鱼（*C. ocatlane*）、帕兹湖卡颏银汉鱼（*C.patzcuaro*）、前黑卡颏银汉鱼（*C. promelas*）、里氏卡颏银汉鱼（*C. riojai*）、锤卡颏银汉鱼（*C. sphyraena*）、海波银汉鱼（*Poblana alchichica*）、费氏海波银汉鱼（*P. ferdebueni*）、遗鳞海波银汉鱼（*P.letholepis*）、米氏异育鳉（*Allotoca meeki*）、英氏驼谷鳉（*Chapalichthys encaustus*）、卢氏谷鳉（*Goodea luitpoldi*）、赫氏谷鳉（*Hubbsina turneri*）、叉泞齿鳉（*Ilyodon furcidens*）、迪氏鳉（*Neoophorus diazi*）、双线斯鳉（*Skiffia bilineata*）、（*S.lermae*）、多斑斯鳉（*S. multipunctata*）。该区有4种种属鱼类特有种和近似特有种：赫氏谷鳉属（*Hubbsina*）、斯鳉属（*Skiffia*）、驼谷鳉属（*Chapalichthys*），以及已灭绝的真墨西哥鮈属（*Evarra*）。该区还栖息着一种蝾螈的近特有种——蝾螈属（*Ryacosiredon*）。这样的特有种丰富度几乎超越了北美任何生态区，也是全球少有。

保存现状

近年来，由于区域供水问题导致生物群面临严重威胁，使得保护莱尔马河与圣地亚哥河流域（包括查帕拉湖）的生态环境成为主题。历史上，供水受到来自农业、工业、人口增长的巨大压力。莱尔马–圣地亚哥河流域70%的水资源用于农业灌溉，其中也包括地下水。相比之下，工业和家庭用水只占了很小比例，但会产生局部影响，尤其是对地下水。当然，抽水会加剧干旱时期的低的水位，随着时间的推移，也会导致流入查帕拉湖的水量下降（Gutierrez，1997; Arriaga et al., 1998）。水位的降低也会加剧水质的降低。来自墨西哥和克雷塔罗地区的化工、石油、食品加工工厂和瓜纳华托和米却肯地区的养猪场的废水，未经处理，直接排入了河流之中。区域的快速发展导致森林砍伐和平原、山坡的侵蚀，造成严重淤积问题。到1989年，莱尔马河的三个主要河段和数条主要支流被定性为严重污染（Gutierrez，1997; Mestre，1997; Arriaga et al., 1998）。

1991年，为解决这些问题，相关人员成立了莱尔马–查帕拉流域委员会。通过流域水利计划，在提高用水利用率和改善水质方面有所进展，但恢复区域的生态健康还需跨越几个主要的障碍（Mestre，1997）。

生物多样性保护的优先措施

以Gutierrez（1997）、Mestre（1997）和Arriaga等（1998）的推荐规范为基础：

● 与莱尔马–查帕拉流域委员会合作，实现河流上游地区的水源分配、提高利用率（尤其是灌溉）、废水处理的目标。

● 控制在开放地区放牧。

● 在上游地区植树造林，以降低侵蚀速率。

● 在不采用大规模毒害方案的前提下，阻止新的外来物种的引进，控制已有的物种数量。

● 与愿将该区设为文化保护区的印第安人合作。

合作保护伙伴

联系信息详见附录H

● Comisión Nacional del Agua

● Estación Ecológica Chapala（Universidad Autónoma de Guadalajara）

- Lerma-Chapala River Basin Council
- The Nature Conservancy
- World Wildlife Fund México

生态区编号：70

生态区名称：巴尔萨斯河区

主要生境类型：亚热带沿海地区河流 / 湖泊 / 泉

面积：114 547 平方千米

生物特异性：北美显著

保存现状：现状概况——易危

　　　　　最终状态——濒危

简介

该生态区主要由巴尔萨斯河及其支流确定，包括特帕卡提佩河。其他流入太平洋的河流有科阿科曼河和奈斯帕河。该生态区沿着海岸向北经过米却肯中部、哈利科斯东部，然后向东穿过格雷罗北部、墨西哥州南部、莫雷诺斯大部分、特拉斯卡拉南部、普埃布拉南部，最后到达东部边界——瓦哈卡西部。

生物特异性

该区的鱼类数量很少，但其中很大比例是特有种。其分布模式与其他亚热带太平洋海岸的多山生态区一致（锡那罗亚沿海区 [62]、圣地亚哥区 [63]、马南特兰 – 阿梅卡区 [64]、特万特佩克区 [74]）。这些生态区以其青蛙和其他水生爬行动物特有种为特点，如马氏蛙（*Rana madrensis*）、斯氏蛙（*Rana sweifeli*）、福氏蛙（*Rana forrers*）。该区总共约有 100 种水生爬行动物和两栖动物。

该区有 7 种鱼类特有种。分别是惠氏汀齿鳉（*Ilyodon whitei*）、皇异育鳉（*Allotoca regalis*）、墨西哥若花鳉（*Poeciliopsis balsas*）、梅氏花鳉（*Poecilia maylandi*）、巴尔萨斯银汉鱼（*Atherinella balsana*）、墨西哥鮰（*Ictalurus balsanus*）、布氏鮈鲅（*Hybopsis boucardi*）。该区没有丰富的丽鱼科鱼，其在墨西哥南部广泛分布。而出现在该区的只有矶丽体鱼（*Cichlasoma istlanum*）（Azas，1991b）。

保存现状

生物多样性委员会指定了该生态区内几个区域，在此，对水生生物进行特别保护。其中有巴尔萨斯河的昆卡巴雅段，受到污染物和沿岸生境改变的威胁。河流修改至少包括两个水坝，其中一个位于巴尔萨斯河口，形成了一个大型水库；另一个建于巴尔萨斯河的支流沙特帕克溪上，用于蓄水。这些水坝通常用于供水和发电。

该区的污染主要来自上游地区密集的采矿业。重金属和酸性径流造成了严重污染。农业活动的径流也会产生污染，尤其是牲畜产生的废物、淤积和农药。森林砍伐造成了额外的污染。

生物多样性保护的优先措施

- 更加严格地控制矿业的酸性径流和重金属污染。
- 禁止皆伐和保护河岸带，以控制森林砍伐。
- 采取有效的耕作方法，使用水量和径流最小化。
- 禁止进一步的渠道化和改道。

合作保护伙伴

联系信息详见附录 H

- Instituto Nacional de Ecología
- The Nature Conservancy
- Universidad Michoacana
- Universidad Nacional Autónoma de México（UNAM），Instituto de Biología
- World Wildlife Fund México

生态区编号：71

生态区名称：帕帕洛阿潘河区

主要生境类型：亚热带沿海地区河流 / 湖泊 / 泉

面积：55 870 平方千米

生物特异性：北美显著

保存现状：现状概况——易危

最终状态——濒危

简介

该生态区覆盖韦拉克鲁斯中部、普埃布拉东部两个分离的地区、瓦哈卡州北部。该区域的范围主要由圣多明各河与特立尼达拉河两条河流的流域而确定，这两条河流最终都注入墨西哥湾。

生物特异性

该区以其相对较丰富的鱼类特有种为特点。70 种土著鱼类中有 12 种（17%）是特有种。特有种包括：锯花鳉（*Priapella bonita*）、食蚊鱼（*Gambusia*）和异小鳉（*Heterandria*）的物种，以及 2 种螯虾特有种。该区有 27 种（26%）水生爬行动物特有种，如中美洲棘元囊蛙（*Anotheca spinosa*）。

卡特马科湖也在该区范围内，在此栖息着一群非凡的鱼类特有种。由于该湖泊内的动物群独具特色，所以将其视为一个独立的生态区。

保存现状

该区水生生态系统最大的威胁是农业用途的渠道修改和农业污染。帕帕洛阿潘河上有几座大型水库，不断地将天然河道的水转移，以用于甘蔗灌溉。种植甘蔗促使水资源的过度使用和抽取，导致农用化学品污染。工业和城市污水导致墨西哥南部相对低海拔地区的水质恶化。

生物多样性保护的优先措施

- 减少甘蔗的种植量。通过减少用水量和营养负荷，可以适度地改善水质。
- 采取有效的耕作方法，使水资源损失和污染最小化。
- 确保有效地处理市政和工业污水。

合作保护伙伴

联系信息详见附录 H

- La Comisión Nacional para el Conocimiento y uso de la Biodiversidad（CONABIO）
- Instituto de Ecología A.C.

- The Nature Conservancy
- Universidad Veracruzana
- World Wildlife Fund México

生态区编号：72

生态区名称：卡特马科湖区

主要生境类型：亚热带沿海地区河流 / 湖泊 / 泉

面积：192 平方千米

生物特异性：全球显著

保存现状：现状概况——相对稳定

最终状态——相对稳定

简介

卡特马科湖是位于大西洋滨海平原的火山口湖，地处韦拉克鲁斯以南 176 千米。此湖地处长 11 千米、宽 8 千米、海拔 335 米的盆地。许多小型溪流流入该湖，最终注入格兰德河。此湖往下 12 千米处，有一 45 米高的艾伊普兰塔瀑布，将卡特马科湖与帕帕洛阿潘河下游隔离开来。滨海平原地处热带，存在严重的季节性降雨。由于卡特马科湖中存在大量的玄武岩悬浮颗粒物，湖水极其浑浊。

生物特异性

该区有 10 种鱼类，其中 8 种是特有种（Contreras-Balderas pers. comm.）。最重要的科属有丽鱼科、花鳉科、脂鲤科。孔原黑丽鱼（*Theraps fenestratus*）是丽鱼科特有种，是广泛分布的河鱼尚未确认的近似种，具有多色态的特点。

保存现状

5 种外来物种，其中奥里亚罗非鱼（*Oreochromis aureus*）已经在卡特马科湖中定居下来了。然而，威胁生态的主要因素是人为的富营养化。该区人口过多，湖区北部的卡特马科市人口总数达 25 万。该湖是热门的度假胜地，也是房地产开发的中心。

其他的威胁因素有森林砍伐与土壤侵蚀、道路建设、重金属污染、土著物种的过度捕捞。

生物多样性保护的优先措施

- 阻止新的外来物种的引进，提出控制已有外来物种数量的方案。
- 使当地居民认识到其行为对生态的影响。
- 加强污水处理，以降低富营养化。
- 限制湖泊周边的森林砍伐。
- 建立和实施渔业管理条例。

合作保护伙伴

联系信息详见附录 H

- Instituto de Ecología A.C.
- The Nature Conservancy
- Universidad Nacional Autónoma de México（UNAM），Instituto de Biología

- Universidad Veracruzana
- World Wildlife Fund México

备注：以上描述除了特别标注的地方，都是直接引用于 Loiselle（1993）。需要原始资料请咨询 Loiselle。

生态区编号：73

生态区名称：夸察夸尔科斯区

主要生境类型：亚热带沿海地区河流 / 湖泊 / 泉

面积：29 294 平方千米

生物特异性：北美显著

保存现状：现状概况——易危

最终状态——濒危

简介

该区覆盖瓦哈卡州东北部、韦拉克鲁斯东部、塔巴斯克西部。该区范围主要由夸察夸尔科斯河及其下游湖泊和沼泽系统，以及一些较小的沿海河流确定。夸察夸尔科斯河的主要支流有哈特佩克河、乌斯帕纳帕河。这些河流汇集于美国大陆洛基山脉分水岭以北地区，最终注入墨西哥湾。

生物特异性

该区呈现出高度的鱼类特有种。58 种土著鱼类，其中有 18 种（31%）特有种。这些鱼类主要是丽鱼科鱼和胎鳉（花鳉科）。该区没有像南部特万特佩克太平洋生态区那样丰富的水生爬行动物。事实上，该区 71 种爬行动物中只有 2 种特有种。没有螯虾特有种。

河流源头的物种非常丰富。8 种科属的共 18 种鱼类集中分布在格兰德河。这些科属分别是脂鲤科（*Axtyanax* sp.）、长须鲇科（*Rhamdia* sp.）、斗鱼科（*Strogylura* sp.）、胎鳉鱼科（2 种摩利鱼、2 种若花鳉、1 种拟剑尾鱼）、银汉鱼科（*Archomenidia* sp. 和 *Xenatherina* sp.）、鲻科（*Agonostomus* sp.）、塘鳢科（*Gobiomorus* sp.）、丽体鱼科（6 个物种）（Azas，1991a）。

保存现状

该生态区受到森林砍伐和其他地貌改变的威胁。此外，源自农业活动的农药、固体废物、粪便大肠杆菌污染了河流，也危及了淡水生境。

用于水产养殖和其他目的的外来物种引入是另一个问题。夸察夸尔科斯河中最常见的外来物种是奥里亚罗非鱼（*Oreochromis aureus*）。

生物多样性保护的优先措施

- 监控畜禽养殖污染和农药污染。
- 控制森林砍伐，维护河岸带，使淤积最小化。禁止在河岸带砍伐和放牧。
- 编制完整的淡水生物群目录，包括外来物种。

合作保护伙伴

联系信息详见附录 H

- Centro Interdisciplinario de Investigacion para el Desarrollo Integral Regional（CIIDIR）

- La Comisión Nacional para el Conocimiento y uso de la Biodiversidad（CONABIO）
- The Nature Conservancy
- Proyecto UNAM-PEMEX
- Universidad Juarez Autónoma de Tabasco（UJAT）
- World Wildlife Fund México

生态区编号：74

生态区名称：特万特佩克区

主要生境类型：亚热带沿海地区河流 / 湖泊 / 泉

面积：963 703 平方千米

生物特异性：北美显著

保存现状：现状概况——易危

　　　　　最终状态——易危

简介

该生态区从墨西哥州延伸至哥斯达黎加北部，包括美国大陆洛基山脉分水岭以南的大量注入太平洋的河流。本书只描述位于墨西哥内的格雷罗州南部、瓦哈卡州南部、恰帕斯州南部的这部分地区。该区的主要河流有佩塔特兰河、帕帕加约河、贝尔德河、特万特佩克河。

生物特异性

该区位于墨西哥太平洋海岸南部，具有典型的山区沿海地带鱼类分布特征。仅有 29 种土著鱼类，其中有 6 种（21%）特有种，包括丽鱼科鱼。而该区的水生爬行动物特有种更为引人注意。共有 125 种土著水生爬行动物，远多于北美的其他生态区。其中有 42 种特有种，在北美地区丰富度最高。其中有蛙类马德雷蛙（*Rana sierramadrensis*）、兹氏蛙（*Rana zluefeli*）、奥氏蛙（*Rana omiltemana*）。

保存现状

由于人类因素，该区的水生生态遭到严重削弱，如森林砍伐、渠道修改、旅游、废水、地下水的过度开采、农业污染。该区的旅游业大受欢迎表明未来这些威胁将持续存在。

土地类型转变用于放牧导致河流淤积和污染，是该区面临主要的问题之一。这可能会导致地表土损失、土壤板结、大肠菌污染、河道淤积，最终引起河流的水流和形态改变。由于酒店和城市会产生垃圾和有机废物，所以旅游业对生态产生的危害尤其严重。

生物多样性保护的优先措施

- 建立淡水生境保护区。
- 限制旅游业的基础设施建设。
- 维护河岸带，禁止在此放牧和砍伐。
- 鼓励有效的市政用水，使取水量最小化。

合作保护伙伴

联系信息详见附录 H

- Centro Interdisciplinario de Investigation para el Desarrollo Integral Regional（CIIDIR）

- La Comisión Nacional para el Conocimiento y uso de la Biodiversidad（CONABIO）
- The Nature Conservancy
- Universidad Autónoma de Chihuahua（UACH）
- Universidad Autónoma de Guerrero（UAG）
- Universidad del Mar
- Universidad Nacional Autónoma de México（UNAM）
- World Wildlife Fund México

生态区编号：75

生态区名称：格里哈尔瓦 – 乌苏马辛塔区

主要生境类型：亚热带沿海地区河流 / 湖泊 / 泉

面积：136 290 平方千米

生物特异性：北美显著

保存现状：现状概况——易危

　　　　　最终状态——易危

简介

该生态区覆盖韦拉克鲁斯东南部、恰帕斯大部分、塔巴斯科东部、坎佩切南方大部分、金塔纳罗奥州东南部。危地马拉也在此生态区范围内，但本书不予探讨。该区的边界主要由格里哈尔瓦河、乌苏马辛塔河，以及它们的支流的流域确定。

这些河流地处美国大陆洛基山脉分水岭以北，且都汇入墨西哥湾。内陆河流域的可米腾、蒙特贝洛两条河也在此生态区内。

生物特异性

该区以淡水生境的多样性为特点。具有相当广泛的沿岸生境、广阔的湿地，以及内流盆地。由于多样的生境及其孤立性，该区具有大量的鱼类特有种。70 种鱼类中有 29 种（41%）特有种。其中一些鱼类特有种是花奇鳉（*Xenodexia*）、考氏丽体鱼（*Cichlasoma callolepus*）、伊氏丽体鱼（*C. ellioti*）、鲍氏丽体鱼（*C. pozolera*）。82 种土著水生爬行动物中有 12 种（15%）是特有种。

保存现状

虽然该区面积广阔、人口稀少，但水和其他资源的开采速度却在不断增长。森林砍伐是主要问题之一。大范围的森林被砍伐用于柴火和建筑。森林砍伐导致受纳水体淤积和营养负荷的增加，危及河流的自然生物群。农业也是问题之一。农用化学品的大量使用，如肥料和杀虫剂，最终会聚集在河道里。石油工业废物也会造成污染。

格里哈尔瓦河上的水坝，包括内萨瓦尔科约特尔水库和安戈斯图拉水库，这几个大型水库明显改变了水的自然流态。这些水坝的水力发电为墨西哥提供了很大一部分电力能源。

生物多样性保护的优先措施

- 禁止皆伐。加强已实施的有效林业操作规范，包括严格的河岸带管理条例。
- 建立淡水生境保护区，包括内流盆地和大型湿地。

- 采取有效的耕作方法，使水资源浪费和水体污染最小化。

合作保护伙伴

联系信息详见附录 H

- Comisión Nacional del Agua
- La Comisión Nacional para el Conocimiento y uso de la Biodiversidad（CONABIO）
- The Nature Conservancy
- Secretaria de Medio Ambiente Recursos Naturales y Pesca（SEMARNAP）
- Universidad Juarez Autónoma de Tabasco（UJAT）
- World Wildlife Fund México

生态区编号：76

生态区名称：尤卡坦区

主要生境类型：亚热带沿海地区河流 / 湖泊 / 泉

面积：79 602 平方千米

生物特异性：北美显著

保存现状：现状概况——相对稳定

最终状态——相对稳定

简介

该生态区完全位于尤卡坦州半岛，覆盖坎佩切北部、尤卡坦州、金塔纳罗奥州北部。该区内有大量的流入墨西哥湾和加勒比海的沿岸河流，以及半岛内陆的洞穴、天然井、局地水体。

生物特异性

由于该区淡水生境的生物学研究相对较少，因此，真正的生物多样性应该比已有记载更加丰富。尽管如此，现有信息仍包括了一些淡水地方物种。淡水鱼类特有种中有 5 种鳉鱼，皆是奇强卡纳普湖的特有种（Espinosa-Pérez et al., 1993a），分别是贝氏鳉（*Cyprinodon beltrani*）、扁鼻鳉（*C. simus*）、玛雅鳉（*C. maya*）、大唇鳉（*C. labiosus*）、春鳉（*C. verecundus*）。2 种蛙类——雨蛙（*Treprion petasatus*）、尤卡坦无趾蝾螈（*Bolitoglossa yucatana*），以及淡水龟——尤卡坦动胸龟（*Kinosternon creaseri*）皆是该区的特有种。在该区的喀斯特地下生境中栖息着大量的特别的物种，如鱼类胎须鳚（*Ogilbia pearsi*）、阴曹蛇胸鳝（*Ophisternon infernale*），以及几种地下端足目甲壳类动物（Holsinger，1990，1993; Proudlove，1997a）。该区也存在一些特别的海岸河流，由海洋流向内陆。

保存现状

生物多样性委员会将几个淡水区域列为重要的保护区，分别是奇强卡纳普湖、柯若苏 – 皮托、西垂科区、阿昆罗溶洞、坎昆 – 突伦姆走廊、突伦姆 – 科巴洞和西恩卡恩（Arriaga et al.，1998）。引进的罗非鱼（*Oreochromis mossambicus*）威胁着奇强卡纳普湖的特有种动物群，河道修改和有机物污染也导致生境退化。其他地区面临的威胁有农业污染、含水层污染、非法捕鱼、水资源和木材的过度开采、城市和工业污染、海水入侵、地表植被的损失、不受控制的旅游业的负面影响（Arriaga et al.，1998）。

生物多样性保护的优先措施

- 进一步调查淡水生物多样性，包括地下水系统。
- 阻止新的外来物种的引入，提出关于已有外来种的管理计划。
- 鼓励更加有效的用水方式，阻止自然水流状态发生进一步的改变。
- 减少人类定居因素导致的水体富营养化。

合作保护伙伴

联系信息详见附录 H

- Amigos de Sian Ka'an
- Centro de Investigación y de Estudios Avanzado（CLNVESTAV）
- La Comisión Nacional para el Conocimiento y uso de la Biodiversidad（CONABIO）
- El Colegio de la Frontera Sur（ECOSUR）
- Instituto Tecnológico Regional de Chetumal
- The Nature Conservancy
- Pronatura Peninsula de Yucatan
- Universidad de Quintana Roo
- World Wildlife Fund México

附录H 合作保护伙伴联系信息

注：下述列表为前面生态区简介中所涉及的合作保护伙伴汇总，并非从事水生态保护事业的全部组织和个人的综合名录。致力于地方、区域、国家层面，以及专注于特定流域水生态保护工作的组织数量庞大，本书无法一一涵盖。如需获取更多相关信息，我们建议您按以下方式联络或咨询：

International Rivers Network
1847 Berkeley Way
Berkeley, CA 94703 USA
Tel: 510-848-1155, Fax: 510-848-1008
Email: irn@irn.org
Website: http://www.irn.org

River Network
P.O. Box 8787
Portland, OR 97207, USA
Tel: 503-241-3506
Email: info@rivernetwork.org
Website: http://www.rivernetwork.org

另外，美国、加拿大和墨西哥有大量政府机构采取保护措施，可通过本地目录或互联网获取相关联系信息。

Alabama Natural Heritage Program

Huntington College, Massey Hall
1500 East Fairview Avenue
Montgomery, AL 36106-2148, USA
Tel: 334-834-4519, Fax: 334-834-5439
Email: alnhp@wsnet.com
Website: http://www.heritage.tnc.org/nhp/us/al/

Alabama Rivers Alliance
700 28th Street South, Suite 202G
Birmingham, AL 35233, USA
Tel: 205-322-6395, Fax: 205-322-6397
Email: alabamariv@aol.com

Alaska Boreal Forest Council
Hidden Drive, Number 3
P.O. Box 84530
Fairbanks, AK 99708, USA
Tel: 907-457-8453, Fax: 907-457-5185

Website: http://www.ptialaska.net/～abfc/

Alberta Wilderness Association
P.O. Box 6398, Station D
Calgary, AB T2P 2E1, Canada
Tel: 403-283-2025, Fax: 403-270-2743
Website: http://www.web.net/～awa/index.htm

American Rivers
1025 Vermont Avenue, NW
Suite 720
Washington, DC 20005, USA
Tel: 202-347-9224, Fax: 202-347-9240
Email: amrivers@amrivers.org
Website: http://www.amrivers.org/

Amigos de Sian Ka'an
Website: http://www.coa.edu/HEJourney/yucatan/
SianKaan/

Anacostia Watershed Society
The George Washington House
4302 Baltimore Avenue
Bladensburg, MD 20710, USA
Tel: 301-699-6204, Fax: 301-699-3317
Website: http://www.anacostiaws.org/

The Arctic Institute of North America
201 Rasmuson Library
University of Alaska
Fairbanks, AK 99775-1005, USA
Arkansas Natural Heritage Commission
1500 Tower Building
323 Center Street
Little Rock, AR 72201, USA
Tel: 501-324-9150, Fax: 501-324-9618
Website: http://www.heritage.state.ar.us:80/nhc/
heritage.html

Atlantic Salmon Federation
P.O.Box 429
St. Andrews, NB E0G 2X0, Canada
Tel: 506-529-4581, Fax: 506-529-4985
Email: asfpub@nbnet.nb.ca
Website: http://www.asf.ca/

Banff/Bow Valley Naturalists
Box 1693
Banff, AB T0L 0C0, Canada
Tel: 403-762-4160, Fax: 403-762-4160

Bioconservación, A.C.
Apartado Postal 504
San Nicolas, N.L. 66450, México
Tel/Fax: 8-376-2231

British Columbia Ministry of Environment,
Lands, and Parks
Fifth Floor, 2975 Jutland Road
Victoria, BC V8T 5J9,Canada
Tel: 250-387-1161

Cahaba River Society
2717 7th Avenue South
Suite 205
Birmingham, AL 35233-3421, USA
Tel: 205-322-5326, Fax: 205-324-8346
Email: cahaba@igc.apc.org
Website: http://home.judson.edu/ers.html

California Department of Fish and Game
1416 9th Street
Sacramento, CA 95814, USA
Tel: 916-653-7664, Fax: 916-653-1856

California Native Grass Association
P.O. Box 566

Dixon, CA 95620, USA

Tel: 916-78-6282

The California Native Plant Society

1772 J Street, Suite 17

Sacramento, CA 95814, USA

Tel: 916-447-2677, Fax: 916-447-2727

Website: http://www.calpoly.edu/～dchippin/society.html

Canadian Arctic Resources Committee

7 Hinton Avenue North, Suite 200

Ottawa, ON K1N 4P1, Canada

Tel: 613-759-4284, Fax: 613-722-3318

Website: http://www.carc.org/

Canadian Nature Federation

1 Nicholas Street, Suite 606

Ottawa, ON K1N 7B7, Canada

Tel: 613-562-3447, Fax: 613-562-3371

Website: http://www.cnf.ca/

Canadian Parks and Wilderness Society

880 Wellington Street, Suite 506

Ottawa, ON K1R 6K7, Canada

Tel: 613-569-7226, Fax: 613-569-7098

Website: http://www.cpaws.org/

Canyon Preservation Trust

1401 Canyon Road

Santa Fe, NM 87501, USA

Tel: 505-989-8606

Central Cascades Alliance

P.O. Box 1104

Hood River, OR 97031, USA

Tel/Fax: 541-387-2274

Email: cascades@linkport.com

Le Centre de Donnees sur le Patrimoine Naturel du Québec

Ministère de l'Environnement et de la Faune

Direction de la conservation et du patrimoine écologique

675, boulevard René-Lévesque Est, 10e étage

Québec (Québec) G1R 4Y1, Canada

Tel: 418-644-3361, Fax: 418-646-6169

Email: cdpnq@mef.gouv.qc.ca

Website: http://www.mef.gouv.qc.ca/fr/environn/devdur/centre.htm

Centro Interdiscipcinario de Investigacion para el Desarrollo Integral Regional (CIIDIR)

Tel/Fax: 52/91-353-30218

Email: cidirm@vmredipn.ipn.mx

Centro de Investigaciones Biológicas del Noreste, S.C. (CIBNOR)

Aptdo 128, LaPaz, B.C.S. 23000, México

Tel: 682-5-3633, Fax: 682-5-3625

Website: http://www.main.conacyt.mx/conacyt/sepconacyt/cibnor.html

Centro de Investigación y de Estudios Avanzados (CIN VESTAV)

A.P. Cordemex

C.P. 97310

Mérida, Yucatán, México

Tel: 52/81-29-60 or 52/81-29-31, Fax: 52/81-29-23 or 52/81-29-19

Telex: 753654 CIEMME

Website: http://kin.cieamer.conacyt.mx/LaUnidad/Home.html.

Chesapeake Bay Foundation

Headquarters

162 Prince George Street

Annapolis, MD 21401, USA

Tel: 1-888-SAVEBAY (728-3229)

Website: http://www.cbf.org/

Chattahoochee Riverkeeper

P.O. Box 1492

Columbus, GA 31902, USA

Tel:706-663-2774, Fax: 706-323-9809

Coastal Plains Institute and Land Conservancy

1313 North Duval Street

Tallahassee, FL 32301, USA

Tel:850-681-6208

El Colegio de la Frontera Sur (ECOSUR)

Website: http://www.ecosur.mx

Colorado Rivers Alliance

P.O. Box 40065

Denver, CO 80204, USA

Tel: 303-212-2405, Fax: 303-758-8976

Email: info@coloradorivers.org

Website: http://www.coloradoriversalliance.org

Columbia Environmental Research Center

4200 New Haven Road

Columbia, MO 65201, USA

Tel: 573-875-5399, Fax: 573-876-1896

Website: http://www.ecrc.cr.usgs.gov/

Columbia River Inter-Tribal Fish Commission

729 NE Oregon, Suite 200

Portland, OR 97232, USA

Tel: 503-238-0667, Fax: 503.235.4228

Email: croj@critfc.org

Website: http://www.critfc.org/

Comisión Nacional del Agua

Gerencia de Saneamiento y Calidad del Agua

Comisión Nacional del Agua

Avenida San Bernabé 549

San Jerónimo Lídice

10200 México, D.F., México

Website: http://www.can.gob.mx/

La Comisión Nacional para el Conocimiento y uso de la Biodiversidad (CONABIO)

Fernández Leal No. 43 Barrio de la Concepción

Coyoacán, D.F. C.P. 04020, México

Tel: 52/422-35-00, Fax: 52/422-35-31

Email: conabio@xolo.conabio.gob.mx

Website: http://www.conabio.gob.mx/

Confederated Tribes of the Umatilla Indian Reservation

P.O. Box 638

Pendleton, OR 97801, USA

Tel:541-276-3165, Fax: 541-276-3095

Connecticut River Watershed Council

1 Ferry Street

Easthampton, MA 01027, USA

Tel: 413-529-9500, Fax: 413-529-9501

Website: http://www.ctriver.org/crwc.html

Conservation Council of New Brunswick

180 St. John Street

Fredericton, NB E3B 4A9, Canada

Tel. 506-458-8747, Fax: 506-458-1047

Website: http://www.webnet/ ～ ccnb/

Coosa River Society

816 Chestnut Street

Gadsden, AL 35999, USA

Tel: 205-546-4429, Fax: 205-546-8173

Defenders of Wildlife

1101 14th Street, NW #1400

Washington, D.C. 20005, USA

Tel: 202-682-9400

Website: http://www.defenders.org/

Desert Fishes Council

P.O. Box 337

Bishop, CA 93515, USA

Tel/Fax: 760-872-8751

Website: http://www.utexas.edu/depts/tnhc/.www/

fish/dfc

Ducks Unlimited Canada

Box 1160, Oak Hammock Marsh

Stonewall, MB ROC 2Z0, Canada

Tel: 204-467-3000, Fax: 204-467-9436

Website: http://www.ducks.ca/

Ecology Action Centre

Suite 31, 1568 Argyle Street

Halifax, NS B3J 2B3, Canada

Tel: 902-429-2202

Website: http://www.chebucto.ns.ca/Environment/

EAC/EAC-Home.html

Ecology North

4807 49th Street, Suite 8

Yellowknife, NT X1A 3T5, Canada

Tel: 403-873-6019, Fax: 403-873-3654

Website: http://www.ssimicro.com/%Eecononorth/

about.htm

Environment Canada

Inquiry Centre

351 Saint Joseph Boulevard

Hull, Québec K1A Oh3, Canada

Tel: 819-997-2800

Email: enviroinfo@ec.gc.ca

Website: http://www.ec.gc.ca/

Environment North

704 Holly Crescent

Thunder Bay, ON P7E 2T2, Canada

Tel: 807-475-5267, Fax:807-577-6433

Environmental Defense Fund

257 Park Avenue South

New York, NY 10010, USA

Website: http://www.edf.org/

Estación Ecológica Chapala (Universidad Autónoma de Guadalajara)

Contact through Chapala Ecology Station

Department of Biology

Baylor University

PO Box 97388

Waco, TX 76798-7388, USA

Website: http://www.baylor.edu/～ces/

Everglades Coalition (an alliance of nearly 30 Florida and national environmental organizations)

Co-chair: Mary Munson (Defenders of Wildlife)

Tel: 202-682-9400

Co-chair: David Guggenheim (Conservancy of Southwest Florida)

Tel: 941-262-0304

Federation of Alberta Naturalists

Box 1472

Edmonton, AB T5J 3V9, Canada

Tel: 780-427-8124, Fax: 780-422-2663

Email: fan@connect.ab.ca

Website: http://www.connect.ab.ca/～fan/

Federation of Nova Scotia Naturalists

c/o Nova Scotia Museum

1747 Summer Street

Halifax, NS B3H 3A6, Canada

Website: http://www.chebucto.ns.ca/Environment/ FNSN/

Federation of Ontario Naturalists

355 Lesmill Road

Don Mills, ON M3B 2WB, Canada

Tel: 416-444-8419, Fax: 416-444-9866

Website: http://www.ontarinature.org/

Florida Audubon Society

1331 Palmetto Avenue, Suite 110

Winter Park, FL 32789, USA

Tel: 407-539-5700, Fax: 407-539-5701

Website: http://www.audubon.usf.edu/

Florida Defenders of the Environment

4424 N.W. 13th Street, Suite C-8

Gainesville, FL 32609-1885, USA

Tel: 352-378-8465, Fax: 352-377-0869

Website: http://www.afn.org/ ～ fde/

Florida Natural Areas Inventory

1018 Thomasville Road

Suite 200-C

Tallahassee, FL 32303, USA

Tel: 850-224-8207, Fax: 850-681-9364

Website: http://www.fnai.org/

Fondo Mexicano para la Conservación de la Naturaleza (FMCN)

Damas 49

San Jose Insurgentes

03900 México, D.F., México

Tel: 5-661-9779

Forest Guardians

1411 Second Street, Suite One

Santa Fe, NM 87505, USA

Tel: 505-988-9126, Fax: 505-989-8623

Website: http://www.fguardians.org/

Friends of the Animas River

P.O. Box 3685

Durango, CO 81302, USA

Tel/Fax: 970-259-1120

Friends of the Boundary Waters Wilderness

1313 Fifth Street, SE, Suite 329

Minneapolis, MN 55414, USA

Tel: 612-379-3835

Website: http://www.friends-bwca.org/

Friends of the Earth

1025 Vermont Avenue NW, Third Floor

Washington, DC 20005, USA

Tel: 202-783-7400, Fax: 202-783-0444

Email: foe@foe.org

Website: http://www.foe.org

Friends of the Los Angeles River

P.O. Box 292134

Los Angeles, CA 90029, USA

Tel: 213-223-0585, Fax: 818-980-0700

Website: http://www.folar.org

Friends of the White Salmon

367 Oakridge Road

White Salmon, WA 98672, USA

Tel: 360-493-3891

Fundación Ecológica de Cuixmala

Cuixmala, Jalisco, México

Tel: 335-10-040

Georgia Natural Heritage Program

Wildlife Resources Division

Georgia Department of Natural Resources

2117 U.S. Highway 278 SE

Social Circle, GA 30279, USA

Tel: 706-557-3032, Fax: 706-557-3040

Email: natural_heritage@mail.dnr.state.ga.us

Website: http://www.heritage.tnc.org/nhp/us/ga/

Grand Canyon Trust

2601 N. Fort Valley Road

Flagstaff, AZ 86001, USA

Tel: 520-774-7488, Fax: 520-774-7570

Website: http://www.kaibab.org/gct/

Grand Council of the Crees

2 Lakeshore Road

Nemaska, James Bay (Québec) J0Y 2B0, Canada

Tel: 819-673-2600, Fax: 819-673-2606

Website: http://www.gcc.ca/

Great Lakes Commission

400 Fourth Street

Ann Arbor, MI 48103, USA

Tel:734-665-9135, Fax:734-665-4370

Email: glc@great-lakes.net

Website: http://www.glc.org

Greater Yellowstone Coalition

13 South Willson, Suite 2

P.O. Box 1874

Bozeman, MT 59771, USA

Tel: 406-586-1593, Fax: 406-586-0851

Email: gyc@greateryellowstone.org

Website: http://www.greateryellowstone.org/

Headwaters Environmental Center

84 Fourth Street

P.O. Box 729

Ashland, OR 97520, USA

Tel: 541-482-4459, Fax: 541-482-7282

Email: headwtrs@mind.net

Website: http://www.headwaters.org

Hill Country Foundation

1800 Guadalupe, Suite C

Austin, TX 78701, USA

Tel: 512-478-5743

Humboldt State University

Arcata, CA 95521, USA

Tel: 707-826-3256

Website: http://www.humboldt.edu

Idaho Rivers United

731 N. 15th Street

Boise, ID 83702, USA

Tel: 208-343-7481, Fax: 208-343-8184

Illinois Department of Natural Resources

524 South 2nd Street

Room 400 LTP

Springfield, IL 62764, USA

Tel: 217-782-5597

Website: http://dnr.state.il.us/

Illinois Natural Heritage Division

Department of Natural Resources

524 South Second Street

Springfield, IL 62701, USA

Tel:217-785-8774, Fax: 217-785-8277

Website: http://dnr.state.il.us/

Indiana Department of Natural Resources

402 West Washington Street

Room W225B

Indianapolis, IN 46204-2748, USA

Tel:317-232-4200, Fax:317-232-8036

Website: http://www.state.in.us/dnr/

Indiana Natural Heritage Date Center

Division of Nature Preserves

Indiana Department of Natural Resources

402W. Washington Street, Room W267

Indianapolis, IN 46204, USA

Tel: 317-232-4052, Fax: 317-233-0133

Website: http://www.state.in.us/dnr/naturepr/ center.htm

Instituto de Ecología A,C.

Km 2.5 Antigua carretera a Coatepec

Xalapa 91000, Veracruz, México

Tel: 28-18-6000

Email: ieco@sun.ieco.conacyt.mx/

Instituto Tecnologico Regional de Chetumal

Ave. Andres Quintana Roo y Ave. Insurgentes

Chetumal, Quintana Roo, México

Tel: 2-10-19

Instituto Nacional de Ecología (affiliated with SEMARNAP)

Avenue Revolución 1425

Col. Campestre Tlacopac, C.P.

01040, México, D.F., México

Website: http://www.ine.gob.mx/

Instituto Tecnológico y de Estudios Superiores de Monterrey (ITESM)

Av. Eugenio Garza Sada #2501

Sur. Sucursal de Correos "J" C.P. 64849

Monterrey, N.L., México

Tel: 8-358-2000

Website: http://www.mty.itesm.mx/

Kansas Natural Heritage Inventory

Kansas Biological Survey

2041 Constant Avenue

Lawrence, KS 66047-2906, USA

Tel: 785-864-7698, Fax: 785-864-5093

Website: http://www.heritage.tnc.org/nhp/us/ks/

Kentucky Natural Heritage Program

Kentucky State Nature Preserves Commission

801 Schenkel Lane

Frankfort, KY 40601, USA

Tel: 502-573-2886, Fax: 502-573-2355

Email: ksnpc@mail.state.ky.us

Website: http://www.state.ky.us/agencies/nrepc/ ksnpc/index.htm

Klamath Forest Alliance

P.O. Box 820

Etna, CA 96027, USA

Tel: 530-467-5405, Fax: 530-467-3130

Email: klamath@sisqtel.net

Website: http://www.sisqtel.net/users/Klamath

Labrador Lnuit Association

302-240 Water Street

St. John's, NF A1C 1B7, Canada

Tel: 709-722-6160, Fax: 709-722-6185

Website: http://www.cancom.net/～franklia/ main.html

Lerma-Chapala River Basin Council (Consejo de la Cuenca Lerma-Chapala)

Email: erick@ciateq.mx

Website: http://www.ciateq.mx/～lermaham/ lerma.htm

Louisiana Natural Heritage Program

Department of Wildlife & Fisheries

POBox 98000

Baton Rouge, LA 70898-9000, USA

Tel: 225-765-2821, Fax: 225-765-2607

Website: http://www.heritage.tnc.org/nhp/us/la/

Lower Mississippi River Conservation Committee

2524 South Frontage Road, Suite C

Vicksburg, MS 39180, USA

Tel: 601-629-6602, Fax: 601-636-9541

Website: http://www.lmrcc.org/index.htm

Maine Natural Areas Program

159 Hospital Street

No. 93 State House Station

Augusta, ME 04333-0093, USA

Tel: 207-287-8044, Fax: 207-287-8040

Website: http://www.state.me.us/doc/nrimc/mnap/
home.htm#welcome

Manitoba Naturalists Society

63 Albert Street, Suite 401

Winnipeg, MB R3B 1G4, Canada

Tel: 204-943-9029

Website: http://www.mbnet.mb.ca/mns/

Michigan Environmental Council

119 Pere Marquette Drive, Suite 2A

Lansing, MI 48912, USA

Tel: 517-487-9539, Fax: 517-487-9541

Website: http://www.mienv.org/

Michigan Land Use Institute

845 Michigan Avenue

P.O. Box 228

Benzonia, MI 49616, USA

Tel: 616-882-4723

Website: http://www.mlui.org/

Michigan Natural Areas Council

University of Michigan

c/o Matthaei Botanical Gardens

1800 N. Dixboro Road

Ann Arbor, MI 48109-9741, USA

Tel: 313-435-2070

Website: http://www.cyberspace.org/～mnac/

Minnesota Department of Natural Resources

500 Lafayette Road

St. Paul, MN 55155-4001, USA

Tel: 612-296-6157, Fax: 612-297-3618

Website: http://www.dnr.state.mn.us/

Mississippi Natural Heritage Program

Museum of Natural Science

111 North Jefferson Street

Jackson, MS 39201-2897, USA

Tel: 601-354-7303, Fax: 601-354-7227

Email: heritage@mmns.state.ms.us

Website: http://www.heritage.tnc.org/nhp/us/ms/

Mississippi Wildlife Federation

P.O. Box 1814

Jackson, MS 39215, USA

Tel: 601-353-6922, Fax: 601-353-3437

Missouri Department of Conservation

P.O. Box 180

Jefferson City, MO 65102-0180, USA

Tel: 573-751-4115, Fax: 573-751-4467

Website: http://www.conservation.state.mo.us/

Missouri Natural Heritage Database

(same contact information as above for Missouri

Department of Conservation)

Mono Lake Committee
P.O. Box 29
Lee Vining, CA 93541, USA
Tel: 760-647-6595, Fax: 760-647-6377
Website: http://www.monolake.org/

MoRAP
Midwest Science Center
4200 New Haven Road
Columbia, MO 65201, USA
Tel: 314-875-5399, Fax: 314-876-1896
Website: http://www.msc.nbs.gov/morap/

National Audubon Society-Main Office
700 Broadway
New York, NY 10003, USA
Tel: 212-979-3000
Website: http://www.audubon.org/nas/

National Cattlemen's Beef Association
Environmental Stewardship Award
PO Box 3469
Englewood, CO 80155, USA
Tel: 303-694-0305
Website: http://www.beef.org/

National Wildlife Federation
8925 Leesburg Pike
Vienna, VA 22184, USA
Tel: 703-790-4000
Website: http://www.nwf.org/nwf/

Natural Resources Council of Maine
3 Wade Street
Augusta, ME 04330, USA
Tel: 207-622-3101, Fax: 207-622-4343

Natural Resources Conservation Service

USDA
14th and Independence Avenue, SW
P.O. Box 2890
Washington, DC 20013, USA
Tel: 202-720-3210 (call for regional information)
Website: http://www.nrcs.usda.gov/

Natural Resources Defense Council
40 West 20th Street
New York, NY 10011, USA

The Nature Conservancy
1815 North Lynn Street
Arlington, VA 22209, USA
Tel: 703-841-5300, Fax: 703-841-1283
Website: http://www.tnc.org

The Nature Conservancy, Alabama Field Office
2821-C 2nd Avenue S.
Birmingham, AL 35233, USA
Tel: 205-251-1155

The Nature Conservancy, Alaska Field Office
421 West First Avenue, Suite 200
Anchorage, AK 99501, USA
Tel: 907-276-3133

The Nature Conservancy, Arizona Field Office
300 E. University Boulevard
Suite 230
Tucson, AZ 85705, USA
Tel: 520-622-3861

The Nature Conservancy, Arkansas Field Office
601 N. University Avenue
Little Rock, AR 72205, USA
Tel: 501-663-6699

The Nature Conservancy, California Regional Office
201 Mission Street, 4th Floor
San Francisco, CA 94105, USA
Tel: 415-777-0487

The Nature Conservancy, Colorado Field Office
1244 Pine Street
Boulder, CO 80302, USA
Tel: 303-444-2950

The Nature Conservancy, Connecticut Field Office
55 High Street
Middletown, CT 06457, USA
Tel: 860-344-0716

The Nature Conservancy, Delaware Field Office
260 Chapman Road, Suite 201D
Newark, DE 19702, USA
Tel: 302-369-4144

The Nature Conservancy, Eastern Regional Office
201 Devonshire Street, 5th Floor
Boston, MA 02110, USA
Tel: 617-542-1908

The Nature Conservancy, Florida Regional Office
222 S. Westmonte Drive, Suite 300
Altamonte Springs, FL 32714, USA
Tel: 407-682-3664

The Nature Conservancy, Georgia Field Office
1401 Peachtree Street, N.E., Suite 236
Atlanta, GA 30309, USA
Tel: 404-873-6946

The Nature Conservancy, Great Lakes Program

8 South Michigan Avenue, Suite 2301
Chicago, IL 60603, USA
Tel: 312-759-8017, Fax: 312-759-8409

The Nature Conservancy, Idaho Field Office
P.O. Box 165
Sun Valley, ID 83353, USA
Tel: 208-726-3007

The Nature Conservancy, Illinois Field Office
8 S. Michigan Avenue, Suite 900
Chicago, IL 60603, USA
Tel: 312-346-8166

The Nature Conservancy, Indiana Field Office
1330 West 38th Street
Indianapolis, IN 46208, USA
Tel: 317-923-7547

The Nature Conservancy, Iowa Field Office
108 Third Street, Suite 300
Des Moines, IA 50309-4758, USA
Tel: 515-244-5044, 515-244-8890

The Nature Conservancy, Kansas Field Office
820 SE Quincy, Suite 301
Topeka, KS 66612-1158, USA
Tel: 913-233-4400, Fax: 913-233-2022

The Nature Conservancy, Kentucky Field Office
642 W. Main Street
Lexington, KY 40508, USA
Tel: 606-259-9655

The Nature Conservancy, Louisiana Field Office
P.O. Box 4125
Baton Rouge, LA 70821, USA
Tel: 504-338-1040

The Nature Conservancy, Maine Field Office
14 Maine Street, Suite 401
Brunswick, ME 04011, USA
Tel: 207-729-5181

The Nature Conservancy, Maryland/DC Field
Office
Chevy Chase Metro Building
2 Wisconsin Circle, Suite 300
Chevy Chase, MD 20815, USA
Tel: 301-656-8673

The Nature Conservancy, Massachusetts Field
Office
79 Milk Street, Suite 300
Boston, MA 02109, USA
Tel: 617-423-2545

The Nature Conservancy, Michigan Field Office
2840 E. Grand River, Suite 5
East Lansing, MI 48823, USA
Tel: 517-332-1741

The Nature Conservancy, Midwest Regional
Office
1313 Fifth Street, S.E., No. 314
Minneapolis, MN 55414, USA
Tel: 612-331-0700

The Nature Conservancy, Minnesota Field Office
1313 Fifth Street S.E.
Suite 320
Minneapolis, MN 55414, USA
Tel: 612-331-0750

The Nature Conservancy, Mississippi Field Office
P.O. Box 1028
Jackson, MS 39215-1028, USA

Tel: 601-355-5357

The Nature Conservancy, Missouri Field Office
2800 S. Brentwood Boulevard
Street Louis, MO 63144, USA
Tel: 314-968-1105

The Nature Conservancy, Montana Field Office
32 South Ewing
Helena, MT 59601, USA
Tel: 406-443-0303

The Nature Conservancy, Nebraska Field Office
1722 Street Mary's Avenue
Suite 403
Omaha, NE 68102, USA
Tel: 402-342-0282

The Nature Conservancy, Nevada Field Office
1771 East Flamingo, Suite 111B
Las Vegas, NV 89119, USA
Tel: 702-737-8744

The Nature Conservancy, New Hampshire Field
Office
2 1/2 Beacon Street, Suite 6
Concord, NH 03301, USA
Tel: 603-224-5853

The Nature Conservancy, New Jersey Field Office
200 Pottersville Road
Chester, NJ 07930, USA
Tel: 908-879-7262

The Nature Conservancy, New Mexico Field
Office
212 East Marcy, Suite 200
Santa Fe, NM 87501, USA

Tel:505-998-3867

The Nature Conservancy, New York Office,
Adirondack Chapter
　　P.O. Box 65, Route 73
　　Keene Valley, NY 12943, USA
　　Tel: 518-576-2082

The Nature Conservancy, New York Office,
Central and Western NY Chapter
　　315 Alexander Street, 2nd Floor
　　Rochester, NY 14604, USA
　　Tel: 716-546-8030

The Nature Conservancy, New York Office,
Eastern NY Chapter
　　200 Broadway, 3rd Floor
　　Troy, NY 12180, USA
　　Tel: 518-272-0195

The Nature Conservancy, New York Office, Long
Island Chapter
　　250 Lawrence Hill Road
　　Cold Spring Harbor, NY 11724, USA
　　Tel: 516-367-3225

The Nature Conservancy, New York Office,
Lower Hudson Chapter
　　41 South Moger Ave
　　Mt. Kisco, NY 10549, USA
　　Tel: 914-244-3271

The Nature Conservancy, New York Office, South
Fork/Shelter Island Chapter
　　P.O. Box 5125
　　E. Hampton, NY 11937, USA
　　Tel: 516-329-7689

The Nature Conservancy, New York City Office
570 Seventh Avenue No. 601
New York, NY 10018, USA
Tel: 212-997-1880

The Nature Conservancy, New York Regional
Office
415 River Street, 4th floor
Troy, NY 12180, USA
Tel: 518- 273-9408, Fax: 518-273-5022

The Nature Conservancy, North Carolina Field
Office
4011 University Drive, Suite 201
Durham, NC 27707, USA
Tel: 919-403-8558

The Nature Conservancy, North Dakota Field
Office
2000 Schafer Street, Suite B
Bismarck, ND 58501, USA
Tel: 701-222-8464

The Nature Conservancy, Ohio Field Office
6375 Riverside Drive, Suite 50
Dublin, OH 43017, USA
Tel: 614-717-2770

The Nature Conservancy, Oklahoma Field Office
23 West Fourth, Suite 200
Tulsa, OK 74103, USA
Tel: 918-585-1117

The Nature Conservancy, Oregon Field Office
821 SE 14th Avenue
Portland, OR 97214, USA
Tel: 503-230-1221

The Nature Conservancy, Pennsylvania Field Office

Lee Park, Suite 470

1100 East Hector Street

Conshohocken, PA 19428, USA

Tel: 610-834-1323, Fax: 610-834-6533

The Nature Conservancy, Rhode Island Field Office

45 South Angell Street

Providence, RI 02906, USA

Tel: 401-331-7110

The Nature Conservancy, South Carolina Field Office

P.O. Box 5475

Columbia, SC 29250, USA

Tel: 803-254-9049

The Nature Conservancy, South Dakota Field Office

1000 West Avenue North, Suite 100

Sioux Falls, SD 57104, USA

Tel: 605-331-0619

The Nature Conservancy, Southeast Regional Office

P.O. Box 2267

Chapel Hill, NC 27515-2267, USA

Tel: 919-967-5493

The Nature Conservancy, Tennessee Field Office

50 Vantage Way, Suite 250

Nashville, TN 37228, USA

Tel: 615-255-0303

The Nature Conservancy, Texas Field Office

P.O. Box 1440

San Antonio, TX 78295-1440, USA

Tel: 210-224-8774

The Nature Conservancy, Utah Field Office

559 E. South Temple

Salt Lake City, UT 84102, USA

Tel: 801-531-0999

The Nature Conservancy, Vermont Field Office

27 State Street

Montpelier, VT 05602-2934, USA

Tel: 802-229-4425

The Nature Conservancy, Virginia Field Office

1233-A Cedars Court

Charlottesville, VA 22903-4800, USA

Tel: 804-295-6106

The Nature Conservancy, Washington Field Office

217 Pine Street, Suite 1100

Seattle, WA 98101, USA

Tel: 206-343-4344

The Nature Conservancy, West Virginia Field Office

723 Kanawha Boulevard East Suite 500

Charleston, WV 25301, USA

Tel: 304-345-4350

The Nature Conservancy, Western Regional Office

2060 Broadway, Suite 230

Boulder, CO 80302, USA

Tel: 303-444-1060

The Nature Conservancy, Wisconsin Field Office

633 West Main Street

Madison, WI 53703, USA

Tel: 608-251-8140

The Nature Conservancy, Wyoming Field Office
258 Main Street, Suite 200
Lander, WY 82520, USA
Tel: 307-332-2971

The Nature Conservancy of Canada, National Office
110 Eglinton Avenue West, Suite 400
Toronto, Ontario M4R 1A3, Canada
Tel.: (416) 932-3202, Fax: (416) 932-3208
Toll-free: 1-800-465-0029
Website: http://www.natureconservancy.ca/

The Nature Conservancy of Canada, Alberta Office
602-11th Avenue S.W., Suite 320
Calgary, Alberta T2R 1J8, Canada
Tel: 403-262-1253, Fax: 403-515-6987

The Nature Conservancy of Canada, Atlantic Region Office
108 Prospect Street Suite, Suite 2
Fredericton, New Brunswick E3B 2T9, Canada
Tel: 506-450-6010, Fax: 506-450-6013

The Nature Conservancy of Canada, Manitoba Office
298 Garry Street
Winnipeg, Manitoba R3C 1H3, Canada
Tel: 204-942-6156, Fax: 204-947-2591

The Nature Conservancy of Canada, Ontario Office
121 Wyndam Street N., Suite 202-204,
Guelph, ON N1H4E9, Canada
Tel: (519)826-0068, Fax:(519)826-9206

The Nature Conservancy of Canada, Québec Office
800 René-Lévesque Blvd. West Suite 2450
Montreal, Québec H3B 4V7, Canada
Tel: 514-876-1606, Fax; 514-871-8772

The Nature Conservancy of Canada, Saskatche-wan Office
1845 Hamilton Street, 7th Floor
Regina, Saskatchewan S4P 2C1, Canada
Tel: 306-777-9885, Fax: 306-569-9444

The Nature Conservancy of Canada, British Columbia, Vancouver Office
827 West Pender Street, 2nd Floor
Vancouver, British Columbia V6C 3G8, Canada
Tel: 604-684-1654, Fax: 250-479-0546

The Nature Conservancy of Canada, British Columbia, Victoria Office
3960 Quadra Street, Suite 404
Victoria, BC V8X 4A3, Canada
Tel: 250-479-3191, Fax: 250-479-0546

Nature Saskatchewan
1860 Lorne Street, Suite 206
Regina, SK S4P 2L7, Canada
Website: http://www.unibase.com/~naturesk/

Nebraska Natural Heritage Program
Game and Parks Commission
2200 North 33rd Street
P.O. Box 30370
Lincoln, NE 68503, USA
Tel: 402-471-5469, Fax: 402-471-5528
Website: http://www.heritage.tnc.org/nhp/us/ne/

New Brunswick Federation of Naturalists

277 Douglas Avenue

Saint John, NB E2K 1E5, Canada

Tel: 506-532-3482

New Hampshire Natural Heritage Program

Department of Resources and Economic Development

172 Pembroke Road

P.O. Box 1856

Concord, NH 03302-1856, USA

Tel: 603-271-3623, Fax: 603-271-2629

Website: http://www.heritage.tnc.org/nhp/us/nh/

New Mexico Department of Game and Fish

Villagra Building

P.O. Box 25112

Santa Fe, NM 87504, USA

Tel: 505-827-7911, Fax: 505-827-7915

Website: http://www.gmfsh.state.nm.us/

New York Natural Heritage Program

Department of Environmental Conservation

700 Troy-Schenectady Road

Latham, NY 12110-2400, USA

Tel: 518-783-3932

Website: http://www.heritage.tnc.org/nhp/us/ny/

North Carolina Coastal Federation

3609 Highway 24 (Ocean)

Newport, NC 28570, USA

Tel: 800-232-6210, Fax: 252-393-7508

Email: nccf@nccoast.org

Website: http://www.nccoast.org/

North Carolina Natural Heritage Program

NC Department of Environment, Health & Natural Resources

Division of Parks and Recreation

P.O. Box 27687

Raleigh, NC 27611, USA

Tel: 919-733-4181, Fax: 919-715-3085

Website: http://www.ncsparks.net/nhp

Northcoast Environmental Center

879 9th street

Arcata, CA 95521, USA

Tel: 707-822-6918, Fax: 707-822-0827

Email: nec@igc.apc.org

Northern Appalachian Restoration Project

P.O. Box 6

Lancaster, NH 03584, USA

Tel: 603-636-2952

Northwatch

Box 264

North Bay, ON P1B 8H2, Canada

Tel: 705-497-0373, Fax: 705-476-7060

Northwest Power Planning Council

851 SW 6th Avenue, Suite 1100

Portland, OR 97204, USA

Tel: 800-222-3355, Fax: 503-795-3370

Website: http://www.nwppc.org/welcome.htm

Nunavut Wildlife Management Board

P.O. Box 1379

Iqaluit, NWT, Canada

Tel: 819-979-6962

Website: http://pooka.nunanet.com/～nwmb/index.html

Ohio Natural Heritage Database

Division of Natural Areas & Preserves

Department of Natural Resources

1889 Fountain Square, Building F-1

Columbus, OH 43224, USA

Tel: 614-265-6543, Fax: 614-267-3096

Website: http://www.dnr.state.oh.us/odnr/dnap/dnap.html

Ohio Valley Environmental Coalition

Post Office Box 6753

Huntington, WV 25773-6753, USA

Tel: 304-522-0246

Website: http://www.ohvec.org/

Oklahoma Natural Heritage Inventory

111 East Chesapeake Street

University of Oklahoma

Norman, OK 73019-0575, USA

Tel: 405-325-1985, Fax: 405-325-7702

Website: http://www.biosurvey.ou.edu/onhi.html

Oregon Lakes Association

P.O. Box 345

Portland, OR 97207, USA

Email: breiling@worldnet.att.net

Website: http://www.ola.pdx.edu

Oregon Natural Desert Association

16 NW Kansas

Bend, OR 97701, USA

Tel: 541-330-2638, Fax: 541-385-3370

Website: http://www.onda.org

Oregon Natural Resources Council

5825 North Greeley

Portland, OR 97217-4145, USA.

Tel: 503-283-6343, Fax: 503-283-0756

Website: www.onrc.org

Oregon Trout

117 S.W. Naito Parkway

Portland, OR 97204, USA

Tel: 503-222-9091, Fax: 503-222-9187

Email: info@ortrout.org

Website: http://www.ortrout.org

The Ozark Society

P.O. Box 2914

Little Rock, AR 72203, USA

Pacific Rivers Council

P.O. Box 10798

Eugene, OR 97440, USA

Tel: 541-345-0119, Fax: 541-345-0710

Email: info@pacrivers.org

Website: http://www.pacrivers.org

Pennsylvania Natural Diversity Inventory-West

Western Pennsylvania Conservancy

409 Fourth Avenue

Pittsburgh, PA 15222, USA

Tel: 412-288-2777, Fax: 412-281-1792

Website: http://www.paconserve.org/

Prairie Conservation Forum

Bag 3014, Third Floor, YPM Place

530-8th Street South

Lethbridge, AB T1J 4C7, Canada

Tel: 403-381-5430, Fax: 403-381-5723

PROFAUNA-Protección de la Fauna Mexicana A.C.

Morelos Sur 371

Saltillo, Coah. 25000, México

Tel: 528-412-5404, Fax: 528-410-5714

Pronatura Peninsula de Yucatan

Calle 1-D #254 entre 36 y 38

Col. Campestre, CP 97120

Merida, Yucatan, México

Email: ppy@pibil.finred.com.mx

Website: http://www.coa.edu/ACADEMICPROG-RAM/IntStudies/pronaturaquestions. html

Protected Areas Association of Newfoundland and Labrador

P.O. Box 1027, Station C

St. John's, NF A1C 5M5, Canada

Tel: 709-726-2603

Website: http://www.web.net/～paa/paa.html

Proyecto UNAM-PEMEX

See Universidad Nacional Autónoma de México

Pyramid Lake Paiute Tribe

P.O. Box 256

Nixon, NV 89424, USA

Tel: 702-574-1000, Fax: 702-574-1008

Website: http://thecity.sfsu.edu/NativeWeb/home/plpt.html

Restore the Northwoods

23 Bradford Street, Floor 3

Concord, MA 01742, USA

Tel: 978-287-0320

Rio Grande Alliance

Office of Border Affairs, MC 121

P.O. Box 13087

Austin, TX 78711, USA

Tel: 512-239-3600, Fax: 512-239-3515

Website: http://www.riogrande.org/

Rivers Unlimited-Mill Creek Restoration Project

2 Centennial Plaza, Suite 610

805 Central Avenue

Cincinnati, OH 45202, USA

Tel: 513-352-1588, Fax: 513-352-4970

Sacramento River Preservation Trust

P.O. Box 5366

Chico, CA 95927, USA

Tel: 916-345-1865

Saskatchewan Wetland Conservation Corporation

2050 Cornwall Street, Suite 202

Regina, Saskatchewan S4P 2K5, Canada

Tel: 306-787-0726, Fax: 306-787-0780

Website: http://www.wetland.sk.ca/

Saskatchewan Wildlife Federation

Box 788

Moose Jaw, SK S6H 4P5, Canada

Tel: 306-692-8812, Fax: 306-692-4370

Website: http://www.wwwdi.com/swf/

Save Barton Creek Association

P.O. Box 5923

Austin, TX 78763, USA

Fax: 512-328-3001

Save Our Streams

258 Scotts Manor Drive

Glen Burnie, MD 21061, USA

Tel: 410-969-0084, Fax: 410-969-0135

Website: http://www.saveourstreams.org/

Save Our Wild Salmon

975 John Street, Suite 204

Seattle, WA 98109, USA

Tel: 206-622-2904

Website: http://www.wildsalmon.org

Secretaria de Medio Ambiente Recursos Naturales y Pesca (SEMARNAP)

Dirección General de Comunicación Social

Periférico Sur 4209, Fraccionamiento Jardines en la Montaña

Delegación Tlalpan, C.P. 14210

México, D.F., México

Tel: 5/628-0600, ext. 2104

Website: http://www.semarnap.gob.mx

Sierra Club

85 Second Street, Second Floor

San Francisco, CA 94105, USA

Tel: 415-977-5500, Fax: 415-977-5799

Website: http://www.sierraclub.org

Sierra Club, Cascade Chapter

8511 15th Avenue NE, Suite 201

Seattle, WA 98115, USA

Tel: 206-523-2147, Fax: 206-523-2079

Email: cascade.chapter@sierraclub.org

Website: http://www.cascadechapter.org/

Sierra Club, Rocky Mountain Chapter

1410 Grant Street, Suite B205

Denver, CO 80203, USA

Website: http://www.rmc.sierraclub.org/

Siskiyou Regional Education Project

PO Box 220

Cave Junction, OR 97523, USA

Society of Grassland Naturalists

Box 2491

Medicine Hat, AB T1A 8G8, Canada

Tel: 403-526-6443

Society for the Protection of New Hampshire Forests

54 Portsmouth Street

Concord, NH 03301-5400, USA

Tel: 603-224-9945, Fax: 603-228-0423

Website: http://www.spnhf.org/

Society for Range Management

1839 York Street

Denver, CO 80206, USA

Tel: 303-355-7070, Fax: 303-355-5059

Email: srmden@ix.netcom.com

Website: http://www.srm.org/

Sonoran Institute

7650 E. Broadway, Suite 203

Tucson, AZ 85710

Tel: 520- 290-0828, Fax: 520- 290-0969

Email: si_info@sonoran.org

Website: http://www.sonoran.org/si/

South Carolina Heritage Trust

South Carolina Department of Natural Resources

PO Box 167

Columbia, SC 29202, USA

Tel: 803-734-3893, Fax: 803-734-6310

Website: http://water.dnr.state.sc.us/wild/heritage/preserve.html

Southeast Alaska Conservation Council

419 6th Street, No. 328

Juneau, AK 99801, USA

Tel: 907-586-6942, Fax: 907-463-3312

Email: info@seacc.org

Website: http://www.seacc.org

Southern Utah Wilderness Alliance

1471 S. 1100 E.

Salt Lake City, UT 84105-2423, USA

Tel: 801-486-3161, Fax: 801-486-4233

Website: http://www.suwa.org/

texas.htm

Southwest Center for Biological Diversity

PO Box 710

Tucson, AZ 85702, USA

Tel: 520-624-7893, Fax: 520-623-9797

Website: http://www.sw-center.org/swcbd/

Strategies Saint-Laurent, Inc.

690 Grande-Allée, 4th Floor

Québec, QC G1R 2K5, Canada

Tel: 418-648-8079, Fax: 418-648-0991

Tennessee Aquarium

One Broad Street

Chattanooga, TN 37401-2048, USA

Tel: 800-262-0695 or 423-265-0698

Website: http://www.tennis.org/

Tennessee Division of Natural Heritage

Tennessee Department of Environment &
Conservation

410 Church Street, Life and Casualty Tower, 8th
Floor

Nashville, TN 37243-0447, USA

Tel: 615-532-0431, Fax: 615-532-0046

Website: http://www.state.tn.us/environment/nh/

Texas Center for Policy Studies

PO Box 2618

Austin, TX 78768, USA

Tel: 512-474-0811

Texas Conservation Data Center

The Nature Conservancy of Texas

PO Box 1440

San Antonio, TX 78295-1440, USA

Tel: 210-224-8774, Fax: 210-228-9805

Website: http://www.tnc.org/infield/State/Texas/

Texas Parks and Wildlife

4200 Smith School Road

Austin, TX 78744, USA

Tel: 800-792-1112 or 512-389-4800

Website: http://www.tpwd.state.tx.us/

Trout Unlimited

1500 Wilson Boulevard, Suite 310

Arlington, VA 22209, USA

Tel: 703-522-0200, Fax: 703-284-9400

Union Québecoise pour la Conservation de la
Nature (UQCN)

690 Grande Allée, 4th Floor

Québec, QC G1R 2K5, Canada

Tel: 418-648-2104, Fax: 418-648-0991

Website: http://uqen.qc.ca/

University of Wisconsin Sea Grant Program

Sea Grant Institute

University of Wisconsin-Madison

1975 Willow Drive, Second Floor

Madison, WI 53706-1103, USA

Tel: 608-262-0905, Fax: 608-262-0591

Website: http://www.seagrant.wisc.edu/

U.S. Bureau of Land Management

Office of Public Affairs

1849 C Street Room 406-LS

Washington, DC 20240, USA

Tel: 202-452-5125, Fax: 202-452-5124

Website: http://www.blm.gov/

U.S. Fish and Wildlife Service

1849 C Street, NW

Washington, DC 20240, USA

Website: http://www.fws.gov/

U.S. Forest Service
P.O. Box 96090
Washington, DC 20090-6090, USA
Tel: 202-205-1760, Fax: 202-205-0885
Email: oc/wo@fs.fed.us
Website: http://www.fs.fed.us/

Universidad Autónoma Agraria Antonio Narro (UAAAN)
Buenavista, Coahuila, México
Tel: 52/84-17-30-22, ext. 401, 402, or 407 (Saltillo)
Tel. 52/17-33-10-90, ext. 110, 111 (Torreón)
Website: http://www.uaaan.mx/index_az.html

Universidad Autónoma de Aguascalientes
Avenida Universidad
Esq. Avenida Aguascalientes, México
Tel: 52/91-49-12-33-45 or 52/91-49-12-32-84
Email: wwwadm@correo.uaa.mx
Website: http://www.uaa.mx:8001/

Universidad Autónoma de Baja California (UABC)
S/N Edificio de Rectoría, C.P. 21100
Mexicali, B.C., México
Tel: 01-65-518200 de México (within México)
Tel: 011-526-551-8200 (from outside México)

Universidad Autónoma de Baja California Sur (UABCS)
Carretera al Sur km. 4-5
23080 La Paz, B. C. S. México
Tel: 52/112-107-55 or 52/112-111-40, ext. 124

Universidad Autónoma de Chiapas

Tel: 52/5-10-21, Fax: 52/5-06-64 or 52/5-04-05
Tuxtla Gutierrez, Chiapas, México
Website: http://www.unach.mx/

Universidad Autónoma de Chihuahua
Avenida Escorza #900
Colonia Centro
C.P. 31000
Chihuahua, Chihuahua, México
Tel: 011-439-1550
Website: http://www.uach.mx/

Universidad Autónoma de Guerrero
Website: http://uag.uagfm.mx/

Universidad Autónoma de Nayarit
Ciudad de la Cultura Amado Nervo
C.P. 63190, Tepic, Nayarit, México
Tel: 32-14-85-12
Website: http://www.uan.mx/

Universidad Autónoma de Nuevo León
Website: http://www.uanl.mx/

Universidad Autónoma de Sinaloa (UAS)
Tel: 01 (67) 15-65-20, 13-93-91 or 12-54-41

Universidad Juarez Autónoma de Tabasco (UJAT)
Website: http://México.ujat.mx/

Universidad de Occidente
Website: http://200.33.16.97/

Universidad de Quintana Roo
Website: http://www.uqroo.mx/uqroo/index1.html

Universidad de Sonora (UNISON)
Ext. 340 or 341

Tel. 52/59-21-36 or 52/59-21-37, Fax: 52/59-21-35

Universidad de Tampico

Instituto Tecnologico y de Estudios Superiores de Monterrey

Campus Tampico

Blvd. Petrocel Km. 1.3 Puerto Industrial Altmira, Tamaulipas, México

Tel/Fax: 52-12-29-16-00

Website: http://www.tam.itesm.mx/

Universidad del Mar

Km. 1.5 Carr. a Zipolite

Puerto Angel, Oaxaca, México

Tel: 52/958-4-30-78 or 52/958-4-30-57,

Fax: 52/958-4-30-49

Website: http://www.umar.mx/

Universidad del Noreste

Pro. Av. Hidalgo 6315

Col. Nuevo Aeropuerto

Tampico, Tamualipas C.P. 89337, México

Tel/Fax: 12-28-11-82, 12-28-11-56, 12-28-11-77

Universidad Michoacana

Edificio de Rectoría, segundo piso

Tel: 52/43-16-7020

Website: http://www.ccu.umich.mx/

Universidad Nacional Autónoma de México (UNAM)

Costado Norte del Edificio "D" de la Facultad de Química

Circuito de la Investigación Científica

Ciudad Universitaria, D.F. 045 México

Tel: 52-550-9192, 52-622-5204, or 52-622-4999, Fax: 52-622-5223

Universidad Veracruzana

Dirección General de Informática

Dirección de Cómputo Académico

Lomas del Estadio S/N, Edificio "E"

Zona Centro, Xalapa Veracruz, México

Tel: 52/42-17-99 or 52/12-21-87

Website: http://www.coacode.uv.mx/

The University of Arizona

Tucson, AZ 85721, USA

Tel: 520-621-2211 (main switchboard)

Website: http://www.arizona.edu/

Upper Chattahoochee Riverkeeper

1900 Emery Street, Suite 450

Atlanta, GA 30318, USA

Tel: 404-352-9828, Fax: 404-352-8676

Email: rivrkeep@mindspring.com

Website: http://wwwxhattahoochee.org

Utah Rivers Council

1471 S. 1000 E.

Salt Lake City, UT 84105, USA

Tel: 801-486-4776

Website: http://www.wasatch.com/ ~ urc

Virginia Natural Heritage Program

217 Governor Street

Richmond, VA 23219, USA

Tel: 804-786-7951, Fax: 804-371-2674

Website: http://www.state.va.us/ ~ der/vaher.html

Washington Environmental Council

1100 Second Avenue, Suite 102

Seattle, WA 98101, USA

Tel: 206-622-8103, Fax: 206-622-8113

West Central Research and Extension Station,

University of Nebraska

Route 4 Box 46A

North Platte, NE 69101-9495, USA

Tel: 308-532-3611

Website: http://www.ianr.unl.edu/ianr/wcrec/index.htm

West Virginia Highlands Conservancy

Tel: 304-924-6263

Website: http://www.wvhighlands.org/

West Virginia Natural Heritage Program

Division of Natural Resources

Ward Road, PO Box 67

Elkins, WV 26241, USA

Tel: 304-637-0245, Fax: 304-637-0250

Website: http://www.heritage.tnc.org/nhp/us/wv/

Western Pennsylvania Conservancy

PNDI-West, 209 Fourth Avenue

Pittsburgh, PA 15222, USA

Tel: 412-288-2777, Fax: 412-281-1792

Website: http://www.paconserve.org/

Wild Earth

PO Box 455

Richmond, VT 05477, USA

Tel: 802-434-4077

The Wilderness Society

900 Seventeenth Street NW

Washington, DC 20006, USA

Tel: 1-800-THE-WILD

Website: http://www.wilderness.org

The Wilderness Society-Alaska Region

430 West 7th Avenue, No. 210

Anchorage, AK 99501, USA

Tel: 907-272-9453

The Wilderness Society-Northern Rockies Region

105 W. Main Street, Suite E

Bozeman, MT 59715, USA

Tel: 406-587-7331

The Wilderness Society-Pacific Northwest Region

1424 Fourth Avenue, Suite 816

Seattle WA 98101-2217, USA

Tel: 202-624-6430

The Wilderness Society-Southeast Region

1447 Peachtree Street, N.E., Suite 812

Atlanta, GA 30309, USA

Tel: 404-872-9453

The Wildlands League

401 Richmond Street West, Suite 380

Toronto, ON M5V 3A8, Canada

Tel: 416-971-9453, Fax: 416-979-3155

Website: http://www.wildlandsleague.org/

The Wildlands Project

1955 W. Grant Road, Suite 148

Tucson, AZ 85745, USA

Tel: 520-884-0875

Website: http://www.wildlandsproject.org/

Wisconsin Department of Natural Resources

Box 7921

Madison, WI 53707 USA

Tel: 608-266-2621

Website: http://www.dnr.state.wi.us/

World Wildlife Fund Canada

245 Eglinton Avenue East, Suite 410

Toronto, ON M4P 3J1, Canada

Tel: 416-489-8800, Fax: 416-489-3611

Website: http://www.wwfcanada.org/

World Wildlife Fund México

Ave. Mexico No. 51

Col. Hipodromo Condesa

06170 Mexico, D.F., México

Tel: 525-286-5631/5634, Fax: 525-286-5637

作者一览表

Robin A. Abell, M.S.
Freshwater Conservation Biologist
Conservation Science Program
World Wildlife Fund–United States

David M. Olson, Ph.D.
Senior Scientist
Conservation Science Program
World Wildlife Fund–United States

Eric Dinerstein, Ph.D.
Chief Scientist and Director
Conservation Science Program
World Wildlife Fund–United States

Patrick T. Hurley
Research Assistant
Conservation Science Program
World Wildlife Fund–United States

James T. Diggs, M.S.
Conservation Analyst
Conservation Science Program
World Wildlife Fund–United States

William Eichbaum, L.L.B.
Vice President
U.S. Program
World Wildlife Fund–United States

Steven Walters, M.S.
GIS Specialist
Conservation Science Program
World Wildlife Fund–United States

Wesley Wettengel, M.C.P.
GIS Specialist
Conservation Science Program
World Wildlife Fund–United States

Tom Allnutt, M.S.
Conservation Analyst/GIS Specialist
Conservation Science Program
World Wildlife Fund–United States

Colby J. Loucks, M.E.M.
Conservation Analysist/GIS Specialist
Conservation Science Program
World Wildlife Fund–United States

Prashant Hedao
GIS Specialist
Conservation Science Program
World Wildlife Fund–United States

本书贡献者

Richard Biggins
U.S. Fish and Wildlife Service
Ecological Services
Asheville Field Office
160 Zillicola Street
Asheville, NC 28801, USA

Noel M. Burkhead
Florida Caribbean Science Center
Biological Resources Division, USGS
7920 NW 71st Street
Gainesville, FL 32653-3071, USA

Brooks M. Burr
Zoology Department
Mail Code 6501
Southern Illinois University at Carbondale
Carbondale, IL 62901-6501, USA

Ronald Cicerello
Kentucky State Nature Preserves Commission
801 Schenkel Lane
Frankfort, KY 40601, USA

Salvador Contreras-Balderas
Bioconservación, A.C.
Loma Larga 2524, Col. Obispado
Monterrey, N.L., Mexico

Lynda Corkum
Department of Biological Sciences
University of Windsor
Windsor, Ontario N9B 3P4, Canada

Hector Espinoza
Instituto de Biología
U.N.A.M.
Ciudad Universitaria
04510 Mexico D.F., Mexico

Andrew Fahlund
Hydropower Reform Coalition
1025 Vermont Avenue NW
Suite 720
Washington, DC 20005, USA

Terrence Frest
Deixis
6842 24th Avenue NE
Seattle, WA 98115, USA

Christopher Frissell
Flathead Lake Biological Station
The University of Montana
311 BioStation Lane
Polson, MT 59860, USA

Dean A. Hendrickson
Texas Natural History Collections
LSF R4000
University of Texas, Austin
Austin, TX 78712, USA

Howard L. Jelks
Florida Caribbean Science Center
Biological Resources Division, USGS
7920 NW 71st Street
Gainesville, FL 32653-3071, USA

Jean Krejca
Department of Zoology
University of Texas at Austin
Austin, TX 78712, USA

James B. Ladonski
Department of Zoology
Southern Illinois University
Carbondale, IL 62901, USA

Tom Maloney
Connecticut River Watershed Council
1 Ferry Street
Easthampton, MA 01027, USA

Lawrence L. Master
Chief Zoologist
The Nature Conservancy
Eastern Conservation Science Division
201 Devonshire Street, 5th floor
Boston, MA 02110, USA

Don McAllister
Canadian Museum of Nature
Canadian Centre for Biodiversity
2086 Walkley Road
P.O. Box 3443, Station D
Ottawa, Ontario K1P 6P4, Canada
　　　　AND
Ocean Voice International
Box 37026
Ottawa, Ontario K1V 0W0, Canada

Gary K. Meffe
Department of Wildlife Ecology and Conservation
Newins-Ziegler Hall
University of Florida
Gainesville, FL 32611, USA

Patricia Melhop
New Mexico Natural Heritage Program
851 University Boulevard
Department of Biology
Albuquerque, NM 87131-1091, USA

W.L. Minckley
Department of Biology
Arizona State University
Tempe, AZ 85287-1501, USA

Peter B. Moyle
University of California–Davis
Department of Wildlife & Fisheries Biology
Davis, CA 95616, USA

John Pittenger
New Mexico Department of Game and Fish
Villagra Building
P.O. Box 25112
Santa Fe, NM 87504, USA

David Propst
New Mexico Department of Game and Fish
Villagra Building
P.O. Box 25112
Santa Fe, NM 87504, USA

Mark H. Stolt
Department of Natural Resources Science
University of Rhode Island
Kingston, RI 02881, USA

David L. Strayer
Institute for Ecosystem Studies
Box AB
Millbrook, NY 12545, USA

Christopher A. Taylor
Illinois Natural History Survey
Center for Biodiversity
172 Natural Resources Building
607 East Peabody Drive
Champaign, IL 61820, USA

Craig Tenbrink
Missouri Department of Conservation
Fish and Wildlife Research Center
1110 South College Avenue
Columbia, MO 65201, USA

Peter J. Unmack
Department of Biology
Arizona State University
Tempe, AZ 85287-1501, USA

Barbara Vlamis
Butte Environmental Council
116 W. Second Street, Suite 3
Chico, CA 95928, USA

Steven J. Walsh
Florida Caribbean Science Center
Biological Resources Division, USGS
7920 NW 71st Street
Gainesville, FL 32653-3071, USA

G. Thomas Watters
Ohio Biological Survey and Aquatic Ecology
　Laboratory
Ohio State University
1315 Kinnear Road
Columbus, OH 43212, USA

James D. Williams
Florida Caribbean Science Center
Biological Resources Division, USGS
7920 NW 71st Street
Gainesville, FL 3653-3071, USA